Packt>

Learn Python Programming
3rd edition

Python
编程入门与实战

第3版

[意] 法布里奇奥 · 罗马诺 (Fabrizio Romano)
[英] 海因里希 · 克鲁格 (Heinrich Kruger) 著
徐波 译

人民邮电出版社
北京

图书在版编目（CIP）数据

Python编程入门与实战 : 第3版 / (意) 法布里奇奥·罗马诺 (Fabrizio Romano) , (英) 海因里希·克鲁格 (Heinrich Kruger) 著 ; 徐波译. -- 3版. -- 北京 : 人民邮电出版社, 2023.8
ISBN 978-7-115-60738-6

Ⅰ. ①P… Ⅱ. ①法… ②海… ③徐… Ⅲ. ①软件工具—程序设计 Ⅳ. ①TP311.561

中国国家版本馆CIP数据核字(2023)第014570号

版权声明

◆ 著　　[意] 法布里奇奥·罗马诺（Fabrizio Romano）
　　　　[英] 海因里希·克鲁格（Heinrich Kruger）
译　　徐 波
责任编辑　郭泳泽
责任印制　王 郁　焦志炜

◆ 人民邮电出版社出版发行　　北京市丰台区成寿寺路 11 号
邮编　100164　　电子邮件　315@ptpress.com.cn
网址　https://www.ptpress.com.cn
大厂回族自治县聚鑫印刷有限责任公司印刷

◆ 开本：800×1000　1/16
印张：25　　　　2023 年 8 月第 3 版
字数：581 千字　　2023 年 8 月河北第 1 次印刷
著作权合同登记号　图字：01-2022-4268 号

定价：129.80 元

读者服务热线：(010)81055410　印装质量热线：(010)81055316
反盗版热线：(010)81055315
广告经营许可证：京东市监广登字 20170147 号

内容提要

本书是一本全面介绍 Python 编程，并针对多个应用场景给出解决方案的编程手册。本书从 Python 的基础知识开始，介绍了数据类型、函数、条件、循环等基本概念，展示了生成器、面向对象编程等具有 Python 特色的高级概念，并给出了定位和排除异常、测试代码、调试的方法。随后，本书针对 GUI、数据科学等实用场景，使用 Python 解决实际问题，最后给出了发布 Python 程序的方法。本书适合想要学习编程或有一定编程基础、想要学习 Python 的人阅读。

“感谢埃莉萨，我生命中的最爱。感谢所有为世界带来美丽笑容的人。”

法布里奇奥·罗马诺

“感谢我的妻子黛比，没有她的爱护、支持和无尽的耐心，我无法完成这项工作。”

海因里希·克鲁格

作者简介

法布里奇奥·罗马诺（Fabrizio Romano），1975 年出生于意大利。他获得了帕多瓦大学计算机科学工程硕士学位。他从 1999 年开始成为一名专业的软件开发人员。法布里奇奥自 2016 年起成为 Sohonet 产品团队的成员。2020 年，该团队被美国电视学院授予技术及工程艾美奖，以表彰他们在高级远程协作方面的卓越贡献。

“我想感谢 Packt 出版社的每位工作人员和本书的审核人员，他们对于本书的成功是不可或缺的。我还想感谢海因里希·克鲁格和汤姆·瓦伊纳，感谢他们与我共同经历的这一切。我最感激的是我的未婚妻埃莉萨。感谢你们！感谢你们的关爱和支持。”

海因里希·克鲁格（Heinrich Kruger），1981 年出生于南非。他获得了荷兰乌得勒支大学的计算机科学硕士学位。他从 2014 年开始成为一名专业的软件开发人员，并从 2017 年开始加入 Sohonet 产品团队，成为法布里奇奥的同事。

“感谢法布里奇奥邀请我参与本书的编写。能够与你一起工作我深感荣幸。感谢汤姆·瓦伊纳和罗东熙！感谢他们提出的很多宝贵意见。感谢 Packt 出版社中帮助我们完成本书的所有同仁。最重要的是，我要感谢我的妻子黛比，感谢她对我的爱护、鼓励和支持。”

审校者简介

汤姆·瓦伊纳（Tom Viner）是一位居住在伦敦的卓越软件开发者。他在创建 Web 应用程序方面有着超过 13 年的经验，使用 Python 和 Django 也已长达 10 年之久。他对开源软件、Web 安全和测试驱动的开发有着非同寻常的兴趣。

“感谢法布里奇奥·罗马诺和海因里希·克鲁格邀请我对本书进行审校。”

罗东熙（Dong-hee Na）是一位软件工程师，是开源软件的积极支持者。他就职于 Line 公司，担任后端工程师。他在基于 Python 和 C++的机器学习项目中具有丰富的专业经验。在开源项目中，他专注于编译器和解释器领域，尤其是在与 Python 有关的项目中。他从 2020 年开始成为一名 CPython 核心开发人员。

前言

本书的第 1 版在我 40 岁生日的时候问世。它似乎近在眼前，但实际上已经过去了 6 年。仅用了几周，该书就成为顶级的畅销书。时至今日，我仍然不断地收到来自全世界的问候和邮件。

几年后，我编写了第 2 版。这一版更加出色，不论是畅销程度还是受欢迎程度都超过了第 1 版。

现在是第 3 版问世的时候了，这次不再由我单独为读者讲解，因为我亲爱的朋友和同事海因里希 • 克鲁格也加入了本书的项目中。

我们一起对本书的结构进行了重新组织，删除了不再适合的内容，并增加了能够最大限度地帮助读者的内容。我们对本书进行了调整，对旧的章节进行修订，并撰写了新的章节。我们确信，读者在阅读每一页的时候都能看到我们做出的贡献和我们精心设计的思路。对此，我们感到非常欣慰。

我一直想和海因里希在一个类似本书这样的项目上合作。从我认识他的第一天起，我就对他敬佩有加。他为本书带来了独特的观点，体现了他作为一名软件开发人员的优秀天赋，而且还提高了我的英语水平！

现在 Python 已经升级到 3.9 版本，当然大多数代码在任何较新的 Python 3 版本中都可以运行。关于并发的难度很大的那一章被删除，介绍 Web 编程的那一章被介绍 API 概念的新章节所取代。我们还增加了全新的一章讲解如何对 Python 应用程序进行打包，我们觉得由它作为本书的最后一章非常合适。

我们相信这一版要明显优于之前的版本，它的内容更加成熟，讲解更为流畅，能够让读者身临其境。

我感到非常欣慰的一件事情是本书的核心思想依旧如故。这并不仅仅是一本讲述 Python 的书。首先，也是最重要的是，本书是关于编程的。本书的目标是向读者提供尽可能多的信息。有时候限于篇幅，本书会提供一些网站，鼓励读者进行更深入的探索。

本书以恒久长新为目标，它表达概念和信息的方式能够经得起时间的考验。我们投入了大量的时间和精力努力实现这个目标。

读者可以下载本书的代码，我们鼓励读者对代码进行尝试、扩展、更改、破坏，看看会发生什么。我们希望读者能够养成批判性思维，能够独立自主地开展工作。这就是本书的灵魂所在。我们希望在读者进入本书的学习之旅后，它可以尽其所能地帮助读者走得更远，成为更优秀的程序员。

当我们基于第 2 版的草稿开始撰写第 3 版时，我非常惊讶地发现无法在这些书页上找到自己的影子。这些书页显示了我的思维方式以及我的写作风格在过去几年里发生了怎样的改变。

变化一直交织在这个世界的每个角落里，所有的东西都在一直发生变化。因此，我们希望读者的思维不要僵化。我们希望自己的工作和讲解方式可以帮助读者保持灵活、聪明、务实，不断地适应新事物。

祝读者好运！不要忘了享受学习的乐趣！

本书的目标人群

本书的读者应该具有一定的编程经验，但并不需要熟悉 Python。如果读者掌握一些基本的编程概念，对于阅读本书会有所帮助，但这并非先决条件。

即使读者已经有过一些 Python 编程的经验，本书仍然能够提供很大的帮助，它不但可以作为 Python 基础知识的参考书，而且提供了范围极广的思路和建议，这是集两位作者 40 年的工作经验提炼而成的。

本书涵盖的内容

第 1 章讲述了基本的编程概念和 Python 语言的结构。它还指导读者在自己的计算机中安装和运行 Python。

第 2 章讲述了 Python 的内置数据类型。Python 提供了丰富的本地数据类型，本章提供了每种数据类型的描述和示例。

第 3 章讲述了如何插入条件、应用逻辑、执行循环以控制代码的执行流。

第 4 章讲述了如何编写函数。函数对于代码的复用、减少调试时间、编写质量更高的代码至关重要。

第 5 章讲述了 Python 编程的功能特点。本章指导读者编写解析和生成器，它们是功能极为强大的工具，可用于编写更加快速、更加简洁的代码，并且能够节省内存。

第 6 章讲述了用 Python 进行面向对象编程的基础知识。本章介绍了这种编程模式的关键概念和所有潜在特点。本章还讲述了 Python 语言实用的特性之一：装饰器。

第 7 章介绍了异常的概念，它表示应用程序中出现的错误。本章讲述了如何处理异常，并且还介绍了上下文管理器，后者在处理资源时非常实用。

第 8 章讲述了如何处理文件、流、数据交换格式、数据库。

第 9 章讲述了安全、散列、加密、令牌的概念，它们是编写安全软件的关键所在。

第 10 章讲述了测试的基础知识，并指导读者通过一些示例掌握如何对代码进行测试，使代码更加健壮、快速、可靠。

第 11 章讲述了对代码进行调试和性能分析的主要方法，并提供了如何应用这些方法的一些示例。

第 12 章从两个不同的角度完成一个示例：一种实现是脚本，另一种实现是图形用户界面（GUI）应用程序。

第 13 章通过一个综合性的例子，使用功能强大的 Jupyter Notebook，描述了一些关键的概念。

第 14 章介绍了 API 开发和 Python 的类型提示，还提供了关于如何消费 API 的不同例子。

第 15 章指导读者完成一个项目的发布准备过程，并讲述了如何把打包结果上传到 **Python 包**索引（PyPI）。

最大限度地利用本书

我们鼓励读者对本书的所有示例进行试验。读者需要计算机、网络连接和浏览器。本书是为 Python 3.9 编写的，但也适用于 Python 3 的所有较新版本。我们提供了在操作系统中安装 Python 的指南。具体的做法很快就会过时，因此我们推荐读者在网络上寻找最精确的安装指南。我们还解释了如何安装本书各章使用的所有额外程序库。在输入代码时，本书并没有要求使用任何特定的编辑器，但我们建议读者如果想运行全书的代码，可以考虑使用一种合适的编码环境。我们在本书的第 1 章提供了这方面的一些建议。

下载示例代码文件

本书的代码包可以从 GitHub 网站的 PacktPublishing/Learn-Python-Programming-Third-Edition 资源库中获取。读者还可以从 GitHub 网站的 PacktPublishing 主页所提供的丰富图书和视频目录中获取其他代码包。

下载彩色图像

我们还提供了一个 PDF 文件，其中包含了本书使用的截图或示意图的彩色图像。读者可以通过本书的配套资源获取这个文件。

本书使用的约定

下面是本书使用的一些文本约定。

本书的代码段按照下面的方式设置：

```
# 我们定义一个名为 local 的函数
def local():
    m = 7
    print(m)
```

当我们希望把读者的注意力集中在代码段的一个特定部分时，相关的代码行或代码项设置为粗体：

```
# key.points.mutable.assignment.py
x = [1, 2, 3]
def func(x):
    x[1] = 42    # 对原来的实际参数进行了修改!
    x = 'something else' # 使 x 指向新的字符串对象
```

所有的命令行输入或输出以下面的形式显示：

```
>>> import sys
>>> print(sys.version)
```

黑体：表示新术语、重要词语或屏幕（例如菜单或对话框）上看到的词语。例如，“当一个错误是在执行时被检测到时，它称为**异常**”。

警告或重要说明以这种形式显示。

提示和技巧以这种形式显示。

资源与支持

本书由异步社区出品，社区（https://www.epubit.com）为您提供相关资源和后续服务。

配套资源

本书提供配套代码。

请在异步社区本书页面中点击 配套资源 ，跳转到下载界面，按提示进行操作。注意：为保证购书读者的权益，该操作会给出相关提示，要求输入提取码进行验证。

提交勘误

作者和编辑尽最大努力来确保书中内容的准确性，但难免会存在疏漏。欢迎您将发现的问题反馈给我们，帮助我们提升图书的质量。

当您发现错误时，请登录异步社区，按书名搜索，进入本书页面，单击“提交勘误”，输入勘误信息，单击“提交”按钮即可。本书的作者和编辑会对您提交的勘误进行审核，确认并接受后，您将获赠异步社区的 100 积分。积分可用于在异步社区兑换优惠券、样书或奖品。

与我们联系

我们的联系邮箱是 contact@epubit.com.cn。

如果您对本书有任何疑问或建议，请您发邮件给我们，并请在邮件标题中注明本书书名，以便我们更高效地做出反馈。

如果您有兴趣出版图书、录制教学视频，或者参与图书翻译、技术审校等工作，可以发邮件给我们；有意出版图书的作者也可以到异步社区在线投稿（直接访问 www.epubit.com/contribute 即可）。

如果您所在的学校、培训机构或企业想批量购买本书或异步社区出版的其他图书，也可以发邮件给我们。

如果您在网上发现有针对异步社区出品图书的各种形式的盗版行为，包括对图书全部或部分内容的非授权传播，请您将怀疑有侵权行为的链接发邮件给我们。您的这一举动是对作者权益的保护，也是我们持续为您提供有价值的内容的动力之源。

关于异步社区和异步图书

“异步社区”是人民邮电出版社旗下 IT 专业图书社区，致力于出版精品 IT 图书和相关学习产品，为作译者提供优质出版服务。异步社区创办于 2015 年 8 月，提供大量精品 IT 图书和电子书，以及高品质技术文章和视频课程。更多详情请访问异步社区官网。

“异步图书”是由异步社区编辑团队策划出版的精品 IT 专业图书的品牌，依托于人民邮电出版社近 30 年的计算机图书出版积累和专业编辑团队，相关图书在封面上印有异步图书的 LOGO。异步图书的出版领域包括软件开发、大数据、AI、测试、前端、网络技术等。

异步社区

微信服务号

目录

第 1 章　Python 概述 ……1

1.1　编程预备知识……2
1.2　走近 Python……3
1.3　关于 Python……4
1.3.1　可移植性……4
1.3.2　一致性……4
1.3.3　开发人员的效率……4
1.3.4　广泛的程序库……5
1.3.5　软件质量……5
1.3.6　软件集成……5
1.3.7　满足感和乐趣……5
1.4　Python 的缺点……5
1.5　当前的 Python 用户……6
1.6　安装环境……6
Python 2 和 Python 3……6
1.7　安装 Python……7
1.7.1　安装 Python 解释器……7
1.7.2　关于虚拟环境……9
1.7.3　第一个虚拟环境……10
1.7.4　安装第三方程序库……12
1.7.5　控制台是我们的好帮手……13
1.8　怎样运行 Python 程序……13
1.8.1　运行 Python 脚本……13
1.8.2　在交互式 shell 中运行 Python……14
1.8.3　以服务的形式运行 Python……15
1.8.4　以 GUI 应用程序的形式运行 Python……15
1.9　Python 代码的组织形式……16
使用模块和程序包……17
1.10　Python 的执行模型……18
1.10.1　名称和名字空间……19
1.10.2　作用域……20
1.10.3　对象和类……23
1.11　编写优质代码的指导原则……25
1.12　Python 的文化……26
1.13　关于 IDE 的说明……27
1.14　总结……28

第 2 章　内置的数据类型……29

2.1　一切皆是对象……29
2.2　可变还是不可变？这是个问题……30
2.3　数值……32
2.3.1　整数……32
2.3.2　布尔值……34
2.3.3　实数……35
2.3.4　复数……36
2.3.5　分数和小数……36
2.4　不可变序列……37
2.4.1　字符串和 bytes 对象……37
2.4.2　元组……41
2.5　可变序列……42

2.5.1 列表 ······ 42
2.5.2 bytearray（字节数组） ······ 45
2.6 集合类型 ······ 46
2.7 映射类型——字典 ······ 48
2.8 数据类型 ······ 51
2.8.1 日期和时间 ······ 52
2.8.2 collections 模块 ······ 56
2.8.3 枚举 ······ 60
2.9 最后的考虑 ······ 60
2.9.1 小值缓存 ······ 61
2.9.2 如何选择数据结构 ······ 61
2.9.3 关于索引和截取 ······ 62
2.9.4 关于名称 ······ 63
2.10 总结 ······ 64

第 3 章 条件和迭代 ······ 65

3.1 条件编程 ······ 65
3.1.1 一种特殊的 else：elif ······ 66
3.1.2 三元操作符 ······ 68
3.2 循环 ······ 69
3.2.1 for 循环 ······ 69
3.2.2 迭代器和可迭代对象 ······ 71
3.2.3 对多个序列进行迭代 ······ 72
3.2.4 while 循环 ······ 74
3.2.5 break 和 continue 语句 ······ 76
3.2.6 一种特殊的 else 子句 ······ 77
3.3 赋值表达式 ······ 79
3.3.1 语句和表达式 ······ 79
3.3.2 使用海象操作符 ······ 80
3.3.3 告诫 ······ 81
3.4 综合应用 ······ 81
3.4.1 质数生成器 ······ 81
3.4.2 应用折扣 ······ 83
3.5 itertools 模块速览 ······ 86
3.5.1 无限迭代器 ······ 86
3.5.2 终止于最短输入序列的迭代器 ······ 86
3.5.3 组合迭代器 ······ 87
3.6 总结 ······ 88

第 4 章 函数，代码的基本构件 ······ 89

4.1 为什么要使用函数 ······ 90
4.1.1 减少代码的重复 ······ 90
4.1.2 分割复杂任务 ······ 91
4.1.3 隐藏实现细节 ······ 91
4.1.4 提高可读性 ······ 92
4.1.5 提高可追踪性 ······ 92
4.2 作用域和名称解析 ······ 93
global 和 nonlocal 语句 ······ 95
4.3 输入参数 ······ 96
4.3.1 实际参数的传递 ······ 97
4.3.2 形式参数名称的赋值 ······ 97
4.3.3 修改可变对象 ······ 98
4.3.4 传递实际参数 ······ 99
4.3.5 定义形式参数 ······ 101
4.4 返回值 ······ 109
返回多个值 ······ 110
4.5 一些实用的提示 ······ 111
4.6 递归函数 ······ 112
4.7 匿名函数 ······ 113
4.8 函数的属性 ······ 114
4.9 内置函数 ······ 115
4.10 代码的文档和注释 ······ 115
4.11 导入对象 ······ 116
相对导入 ······ 117
4.12 最后一个例子 ······ 118
4.13 总结 ······ 119

第 5 章 解析和生成器 ······ 120

5.1 map()、zip()、filter()函数 ······ 121
5.1.1 map() ······ 121
5.1.2 zip() ······ 124
5.1.3 filter() ······ 125
5.2 解析 ······ 125

5.2.1 嵌套的解析 …… 126
5.2.2 对解析进行过滤 …… 127
5.2.3 字典解析 …… 129
5.2.4 集合解析 …… 130
5.3 生成器 …… 130
5.3.1 生成器函数 …… 130
5.3.2 next 的幕后 …… 133
5.3.3 yield from 表达式 …… 135
5.3.4 生成器表达式 …… 136
5.4 性能上的考虑 …… 138
5.5 不要过度使用解析和生成器 … 141
5.6 名称局部化 …… 143
5.7 内置的生成行为 …… 144
5.8 最后一个例子 …… 145
5.9 总结 …… 146

第 6 章 面向对象编程、装饰器和迭代器 …… 148

6.1 装饰器 …… 148
装饰器工厂 …… 153
6.2 面向对象编程（OOP） …… 155
6.2.1 最简单的 Python 类 …… 155
6.2.2 类和对象的名字空间 …… 156
6.2.3 属性屏蔽 …… 157
6.2.4 使用 self 变量 …… 158
6.2.5 实例的初始化 …… 159
6.2.6 OOP 与代码复用有关 …… 159
6.2.7 访问基类 …… 164
6.2.8 多重继承 …… 165
6.2.9 静态方法和类方法 …… 169
6.2.10 私有方法和名称改写 …… 173
6.2.11 property 装饰器 …… 175
6.2.12 cached_property 装饰器 …… 176
6.2.13 操作符重载 …… 178
6.2.14 多态——简单说明 …… 178
6.2.15 数据类 …… 179
6.3 编写自定义的迭代器 …… 180
6.4 总结 …… 181

第 7 章 异常和上下文管理器 …… 182

7.1 异常 …… 182
7.1.1 触发异常 …… 184
7.1.2 自定义异常类 …… 184
7.1.3 回溯 …… 184
7.1.4 处理异常 …… 185
7.1.5 不仅仅用于错误 …… 188
7.2 上下文管理器 …… 189
7.2.1 基于类的上下文管理器 …… 191
7.2.2 基于生成器的上下文管理器 …… 192
7.3 总结 …… 194

第 8 章 文件和数据持久化 …… 195

8.1 操作文件和目录 …… 195
8.1.1 打开文件 …… 196
8.1.2 读取和写入文件 …… 197
8.1.3 检查文件和目录是否存在 … 199
8.1.4 对文件和目录进行操作 …… 200
8.1.5 临时文件和临时目录 …… 202
8.1.6 目录的内容 …… 203
8.1.7 文件和目录的压缩 …… 204
8.2 数据交换格式 …… 204
使用 JSON …… 205
8.3 I/O、流和请求 …… 211
8.3.1 使用内存中的流 …… 211
8.3.2 创建 HTTP 请求 …… 212
8.4 对磁盘上的数据进行持久化 … 214
8.4.1 使用 pickle 对数据进行序列化 …… 214
8.4.2 使用 shelve 保存数据 …… 216
8.4.3 把数据保存到数据库 …… 217
8.5 总结 …… 222

第 9 章 加密与令牌 ······ 223

9.1 加密的需要 ······ 223
加密的实用指导原则 ······ 224
9.2 Hashlib 模块 ······ 224
9.3 HMAC 模块 ······ 226
9.4 secrets 模块 ······ 227
9.4.1 随机数 ······ 227
9.4.2 令牌的生成 ······ 228
9.4.3 摘要的比较 ······ 229
9.5 JSON Web 令牌 ······ 230
9.5.1 已注册的诉求 ······ 232
9.5.2 使用非对称（公钥）算法 ··· 235
9.6 参考阅读 ······ 235
9.7 总结 ······ 236

第 10 章 测试 ······ 237

10.1 对应用程序进行测试 ······ 237
10.1.1 测试结构详解 ······ 239
10.1.2 测试的指导原则 ······ 240
10.1.3 单元测试 ······ 241
10.1.4 测试一个 CSV 生成器 ······ 243
10.2 测试驱动的开发 ······ 255
10.3 总结 ······ 257

第 11 章 调试和性能分析 ······ 258

11.1 调试技巧 ······ 259
11.1.1 用 print 进行调试 ······ 259
11.1.2 用自定义函数进行调试 ······ 259
11.1.3 使用 Python 调试器 ······ 261
11.1.4 检查日志 ······ 263
11.1.5 其他方法 ······ 266
11.1.6 去哪里寻找信息 ······ 267
11.2 故障排除指南 ······ 267
11.2.1 在哪里检查 ······ 267
11.2.2 使用测试进行调试 ······ 268
11.2.3 监视 ······ 268
11.3 对 Python 进行性能分析 ······ 268
11.3.1 什么时候进行性能分析 ······ 271
11.3.2 测量执行时间 ······ 271
11.4 总结 ······ 272

第 12 章 GUI 和脚本 ······ 273

12.1 第一种方法：脚本 ······ 275
12.1.1 导入部分 ······ 275
12.1.2 参数解析 ······ 276
12.1.3 业务逻辑 ······ 278
12.2 第二种方法：GUI 应用程序 ··· 281
12.2.1 导入部分 ······ 282
12.2.2 布局逻辑 ······ 283
12.2.3 业务逻辑 ······ 286
12.2.4 如何改进这个应用程序 ······ 291
12.3 下一步的方向 ······ 292
12.3.1 turtle 模块 ······ 292
12.3.2 wxPython、Kivy 和 PyQt ······ 292
12.3.3 最小惊讶原则 ······ 293
12.3.4 线程方面的考虑 ······ 293
12.4 总结 ······ 293

第 13 章 数据科学简介 ······ 295

13.1 IPython 和 Jupyter Notebook ··· 296
13.1.1 使用 Anaconda ······ 297
13.1.2 启动 Notebook ······ 298
13.2 处理数据 ······ 298
13.2.1 设置 Notebook ······ 299
13.2.2 准备数据 ······ 299
13.2.3 清理数据 ······ 303
13.2.4 创建 DataFrame ······ 304
13.2.5 把 DataFrame 保存到文件中 ······ 311
13.2.6 显示结果 ······ 311
13.3 下一步的方向 ······ 316
13.4 总结 ······ 317

第 14 章 API 开发……318

14.1 什么是 Web……318
14.1.1 Web 的工作方式……319
14.1.2 响应状态码……320
14.2 类型提示：概述……320
14.2.1 类型提示的优点……321
14.2.2 类型提示的精华……322
14.3 API 简介……324
14.3.1 什么是 API……324
14.3.2 API 的用途……324
14.3.3 API 协议……325
14.3.4 API 数据交换格式……325
14.4 铁路 API……326
14.4.1 对数据库进行建模……327
14.4.2 主要的设置和配置……332
14.4.3 车站端点……333
14.4.4 用户认证……345
14.4.5 创建 API 文档……347
14.5 消费 API……348
通过 Django 调用 API……348
14.6 未来的方向……353
14.7 总结……354

第 15 章 打包 Python 应用程序……355

15.1 Python 包索引……355
15.2 列车调度项目……357
15.3 用 setuptools 进行打包……361
15.3.1 必要的文件……361
15.3.2 程序包的元数据……364
15.3.3 定义程序包的内容……369
15.3.4 指定依赖项……371
15.3.5 入口……373
15.4 生成和发布程序包……374
15.4.1 生成……374
15.4.2 发布……375
15.5 启动新项目的建议……377
15.6 其他工具……377
15.7 进一步的学习方向……378
15.8 总结……378

第 1 章 Python 概述

"授人以鱼不如授之以渔。"

——中国谚语

根据维基百科的定义，**计算机编程**的含义是：

"……设计和生成一个可执行计算机程序的过程，以实现一个特定的计算结果或执行一项特定的任务。编程所涉及的任务包括：分析和生成算法、监测算法的正确性和资源消耗情况、选择使用一种编程语言实现算法（此过程一般称为编码）。"

概括地说，**计算机编程**就是指示计算机用一种它能理解的语言完成某个任务。

计算机是一种功能非常强大的工具，但遗憾的是，它本身并不具备思考能力。我们需要向它们指定所有的任务细节：怎样执行一个任务、怎样评估一个条件以决定采取哪条路径、怎样处理来自某个设备（例如网络或磁盘）的数据以及当某件不可预见的事情（例如什么东西坏了或者不见了）发生时应该采取什么操作。

我们在编写代码时可以选择许多不同的风格和语言。编程是不是很难？可以说是，也可以说不是。它有点像写作，这是每个人都可以学会的技能。但是，如果我们想成为一名诗人呢？要想成为诗人，光知道怎样写作是远远不够的。我们还需要掌握一整套的其他技巧，而这需要大量的时间和精力。

最后，编程还取决于我们想要在这条道路上走得多远。编程绝不仅仅是把一些指令组合在一起使之能够运行，它意味着更多事情！

优秀的代码短小、快速、优雅、易于阅读和理解、简单、易于修改和扩展、易于缩放和重构，并且容易进行测试。想要编写同时具备上述特点的代码需要时间的积累，不过有个好消息是当读者阅读本书的时候，就已经朝着这个目标迈出了可喜的第一步。我们毫不怀疑读者能够做到这一点。事实上，每个人随时都在进行着编程，只不过他们并没有意识到这一点。观察下面的例子。

假设我们想泡一杯速溶咖啡。我们必须要有咖啡杯、速溶咖啡罐、茶匙、水、水壶。即使我们并没有意识到，实际上已经对大量的数据进行了评估。我们需要确保水壶中有水并且水壶已经插上了电、咖啡杯必须已经洗干净了并且咖啡罐里有足够的咖啡。然后，我们烧好开水，同时在咖啡杯里倒入一些咖啡。水烧开之后，就可以把开水倒入杯中并进行搅拌。

那么，这个过程中的编程体现在什么地方呢？

没错，我们收集资源（水壶、咖啡、水、茶匙、咖啡杯）并验证一些与它们有关的条件（水壶已经插上电、咖啡杯已经洗干净、咖啡的数量足够）。然后我们开始两项活动（烧开水、把咖啡倒入咖啡杯中），当这两项都完成之后，我们把开水倒入咖啡杯中并进行搅拌，从而完成了整个过程。

能不能理解？我们只是在较高的层次上描述了泡咖啡程序的功能。这并不是很难，因为这正是我们的大脑每天所做的事情：评估条件、决定采取操作、执行任务、重复其中一些任务并在某个时刻停止。

现在，我们需要的就是学习如何把自己在现实生活中自动完成的那些活动进行结构分解，使计算机能够实际理解它们。另外，我们还需要学习一种能够指示计算机执行任务的语言。

这就是本书的目的所在。我们将告诉读者一种成功编写代码的方式，并通过许多简单但目标明确的示例来实现这一点。

在本章中，我们将讲解下面这些内容。

- Python 的特征及其生态系统。
- 关于安装和运行 Python 与虚拟环境的指南。
- 如何运行 Python 程序。
- Python 代码的组织形式和 Python 的执行模型。

1.1 编程预备知识

我们在讲解编程的时候喜欢引用现实世界的例子。我们相信它们可以帮助人们更好地理解相关的概念。但是，现在我们需要采取更严格的方式，更多地从技术的角度观察什么是编程。

当我们编写代码时，我们指示计算机完成一些必须完成的事情。这些活动是在哪里发生的？在许多地方都有可能：计算机内存、硬盘、网线、CPU 等。这是一个完整的世界，在大多数情况下可以看成是现实世界的一个子集。

如果我们编写一个软件，允许人们在线购买服装，就必须在程序的边界之内表示现实的人、现实的衣服、现实的品牌、尺码等概念。

为此，我们需要在自己所编写的程序中创建和处理对象。一个人是一个对象，一辆汽车也是一个对象，一条裤子也是一个对象。幸运的是，Python 能够很好地理解对象这个概念。

任何对象都有两个主要特性：**属性**和**方法**。我们以人这个对象为例。一般情况下，在计算机程序中，人这个对象是以顾客或员工的形式出现的。我们在这种对象中所存储的属性包括姓名、社会保障号码、年龄、是否拥有驾照、电子邮件、性别等。在计算机程序中，我们存储所有必要的数据，以便按照预期的方式使用这种对象。如果我们为一个销售服装的网站编写代码，除了顾客的其他信息之外，很可能还需要存储身高和体重数据，以便向他们推荐合适的服装尺码。因此，属性就是对象的特征。我们实际上一直在使用对象的属性：“可以把那支笔递给我吗？”“哪一支？”“黑色的那支”。在这里，我们使用了笔的颜色（黑色）属性来标识这个对象（它很可能和其他不同颜色的笔放在一起，必要时通过颜色进行区分）。

方法就是对象可以做的事情。作为一个人，我可以说话、走路、睡觉、醒来、吃东西、做梦、写字、阅读等。我可以做的任何事情都可以看成是表示我的那个对象的方法。

现在，我们知道了什么是对象，并且知道了它们提供了一些可以运行的方法和一些可以检查的属性，这样我们就可以开始编写代码了。编写代码实际上就是简单地对我们的软件所复刻的世界子集中所存在的对象进行管理。我们可以按照自己的意愿创建、使用、复用、删除对象。

根据 Python 官方文档的“数据模型”这一章的说法：

> “对象是 Python 对数据的抽象。Python 程序中的所有数据都是由对象或者对象之间的关系所表示的。”

我们将在第 6 章中更深入地讨论 Python 对象。现在，我们只需要知道 Python 中的每个对象都有 **ID**（或称为标识）、**类型**、**值**。

一旦创建了一个对象之后，它的 ID 就不会改变。每个 ID 都是一个独一无二的标识符，当我们需要使用这个对象时，Python 就会在幕后用 ID 来提取这个对象。同样，对象的类型也不会改变。类型决定了对象所支持的操作以及可以向对象赋什么样的值。我们将在第 2 章中讨论 Python 的大部分重要数据类型。对象的值有些能够改变，有些不能改变。如果可以改变，这种对象就称为**可变**（mutable）对象。如果不能改变，这种对象就称为**不可变**（immutable）对象。

我们应该怎样使用对象呢？当然，我们需要为它提供一个名称！当我们为一个对象提供一个名称后，就可以用这个名称提取这个对象并使用它。从更基本的意义上说，像数值、字符串（文本）、集合这样的对象是与一个名称相关联的。我们通常把这种名称叫作变量名。我们可以把变量看成可以保存数据的盒子。

现在，有了需要的所有对象之后，接下来应该怎么做呢？不错，我们需要使用它们。我们可能需要通过网络连接发送它们或者把它们存储在数据库中。我们也可能想把它们显示在一个网页上或者把它们写入一个文件中。为此，我们需要对用户填写表单或者点击按钮或者打开网页并进行搜索的行为做出响应。我们通过运行自己的代码对这些行为做出响应，对条件进行评估以选择需要执行的程序部分、确定需要执行多少次以及需要在什么样的情况下执行。

为了实现这个目的，我们需要一种语言，Python 就适合这种用途。Python 是我们在本书中指示计算机执行任务时所使用的语言。

现在，我们已经介绍了足够的理论背景，可以进入正式的学习之旅了！

1.2 走近 Python

Python 是荷兰计算机科学家、数学家吉多·范罗苏姆（Guido Van Rossum）的杰出作品，这是他在 1989 年圣诞节期间参与一个项目时为全世界送上的一份礼物。Python 在 1991 年前后出现在公众视野中，在此之后不断发展，逐渐成为当今世界广泛使用的主流编程语言之一。

我们都从很小的时候就开始学习编程。法布里奇奥从 7 岁开始在一台 Commodore VIC-20

计算机上学习编程，这台机器后来被它的进化版本 Commodore 64 所取代。它所使用的语言是 **BASIC**。海因里希是从高中学习 Pascal 的时候开始学习编程的。我们用 Pascal、汇编语言、C、C++、Java、JavaScript、Visual Basic、PHP、ASP、ASP.NET、C#以及其他很多我们甚至已经想不起名字的非主流语言编写过程序。但是，直到接触 Python 之后，我们才最终意识到它才是最适合我们的语言。我们全身心地发出这样的呐喊：“就是它了！这才是最完美的语言！”。

我们只花了一天的时间就适应了它。它的语法与我们所习惯的语法稍有差异，但在克服了最初的不适应（就像刚刚穿上新鞋时）之后，我们都发现自己深深地喜欢上了它。下面我们详细解释为什么 Python 是一种完美的语言。

1.3 关于 Python

在讨论冰冷的细节之前，我们首先要体会为什么需要使用 Python（推荐读者阅读维基百科的 Python 页面，了解更详细的信息）。

对我们而言，Python 具有下面这些优点。

1.3.1 可移植性

Python 可运行于范围很广的平台，把一个程序从 Linux 移植到 Windows 或 Mac 通常只需要修改路径和设置就可以了。Python 在设计时充分考虑了可移植性，能够处理特定**操作系统**（OS）接口背后的古怪特性，从而避免了在编写代码时不得不进行剪裁以适应某个特定平台的麻烦。

1.3.2 一致性

Python 具有极强的逻辑性和一致性。我们可以看到它是由一位卓越的计算机科学家所设计的。大多数情况下，即使我们并不熟悉某个方法，也可以猜出它是怎么被调用的。

现在，读者可能还没有意识到这个特点的重要性，尤其在初学编程的时候。但是，这是 Python 的一个主要特性。它意味着我们的大脑中不会有太多混乱的东西，并且需要阅读的文档也很少，当我们编写代码时需要理解的映射关系也很少。

1.3.3 开发人员的效率

根据 Mark Lutz（*Learning Python* 第 5 版，O’Reilly Media）的说法，Python 程序的长度一般只有对应的 Java 或 C++程序的五分之一到三分之一。这意味着使用 Python 可以更快速地完成工作。快速显然是个很好的优点，意味着在市场上能够得到更快的响应。更少的代码不仅意味着需要编写的代码更少，同时意味着需要阅读（专业程序员所阅读的代码数量要远远多于他们所编写的代码）、维护、调试、重构的代码也更少。

Python 的另一个重要优点是它在运行时不需要冗长耗时的编译和链接步骤，因此我们不需要等待就可以看到自己的工作成果。

1.3.4　广泛的程序库

Python 提供了一个标准库（就像手机的随机电池），其涵盖范围之广令人难以置信。如果觉得这还不够，遍布全球的 Python 社区还维护了一个第三方的程序库主体，可以通过裁剪适应具体的需要。我们可以很方便地通过 **Python 包索引**（PyPI）获取它们。在大多数情况下，当我们编写 Python 代码并感觉需要某个功能时，至少有一个程序库已经实现了这个功能。

1.3.5　软件质量

Python 专注于可读性、一致性和质量。语言的一致性提供了极高的可读性，这在如今是至关重要的，因为现在的代码往往是多人合作的成果，而不是一个人的单独工作。Python 的另一个重要特点是它内在的多范式性质。我们可以把它当作一种脚本语言，但是也可以采用面向对象式的、命令式的和函数式的编程风格。它是一种极为全能的语言。

1.3.6　软件集成

Python 的另一个重要特点是它可以扩展并与其他许多语言进行集成，这意味着即使一家公司使用另一种不同的语言作为主流工具，仍然可以使用 Python 作为复杂应用程序之间的黏合剂，使它们可以按照某种方式彼此通信。这个话题比较高级，但是在现实世界中，这个特性是非常重要的。

1.3.7　满足感和乐趣

最后一个但绝非不重要的特点是它的乐趣！用 Python 编写代码是一件快乐的事情。我们可以编写 8 个小时的代码，然后兴高采烈并心满意足地离开办公室。其他程序员就没这么惬意了，因为他们所使用的语言并没有提供同等数量的设计良好的数据结构和代码结构。Python 使编程充满乐趣，这点是毫无疑问的。编程的乐趣能够提升工作动力和工作效率。

上面这些优点是我们向每个人推荐 Python 的主要原因。当然，我们还可以举出其他许多技术特点和高级特性，但在入门章节中并不适合讨论这些话题。它们将会在本书后面详细讲解 Python 时自然而然地呈现在读者面前。

1.4　Python 的缺点

我们在 Python 中唯一可以找到的与个人偏好无关的缺点就是它的执行速度。一般而言，Python 代码的执行速度要慢于经过编译的代码。Python 的标准实现在我们运行程序时会生成源代码的编译版本，称为字节码（扩展名为.pyc），然后由 Python 解释器运行。这种方法的优点是可移植性高，其代价是速度较慢，因为 Python 不像其他语言一样编译到机器层次。

尽管如此，Python 的运行速度在当今这个时代并不是什么问题，因此这个并不重要的缺点并没有影响它的广泛应用。在现实生活中，硬件成本不再是什么问题，并且通过任务的并行化很容易实现速度的提升。而且，许多程序的大部分运行时间花在等待 I/O 操作的完成上。因此，原始运行速度只是总体性能的一个次要因素。

在速度确实非常重要的场合，我们可以切换为更快速的 Python 实现，例如 **PyPy**，它通过一些高级的编译技巧，平均能够提升 4 倍的速度。我们也可以用速度更快的语言（例如 C 或 C++）编写代码中性能关键的部分，并将它们与 Python 代码集成。像 **pandas** 和 **NumPy** 这样的程序库（常用于在 Python 中实现数据科学的操作）就使用了这样的技巧。

Python 语言有一些不同的实现。在本书中，我们将使用引用实现，称为 CPython。读者可以从 Python 官网找到其他实现的列表。

如果觉得说服力还不够，可以注意到 Python 已经用于驱动像 Spotify 和 Instagram 这样非常重视性能的后端服务。从这一点看，可以认为 Python 能够完美地完成各种任务。

1.5 当前的 Python 用户

仍然没有被说服？我们简单地观察一下当前使用 Python 的公司：Google、YouTube、Dropbox、Zope Corporation、Industrial Light & Magic、Walt Disney Feature Animation、Blender 3D、Pixar、NASA、the NSA、Red Hat、Nokia、IBM、Netflix、Yelp、Intel、Cisco、HP、Qualcomm、JPMorgan Chase 和 Spotify，这些仅仅是其中的一部分。甚至像 *Battlefield 2*、*Civilization IV* 和 *The Sims 4* 这样的游戏也是用 Python 实现的。

Python 可用于许多不同的环境，例如系统编程、网页和 API 编程、GUI 应用程序、游戏和机器人、快速原型、系统集成、数据科学、数据库应用、实时通信等。一些声名卓著的大学已经采用 Python 作为计算机科学课程的主要教学语言。

1.6 安装环境

在讨论如何在系统中安装 Python 之前，我们首先说明本书所使用的 Python 版本。

Python 2 和 Python 3

Python 有两个主要版本：旧版本 Python 2 和现在的新版本 Python 3。这两个版本尽管非常相似，但是有几个方面是不兼容的。

在现实世界中，Python 2 现在只用于运行遗留软件。Python 3 早在 2008 年就出现了，从 Python 2 到 Python 3 的漫长转换差不多已经结束了。Python 2 在业界被广泛使用，因此为了完成转换，往往需要漫长的时间和巨大的精力。有些 Python 2 软件一直没有被更新为 Python 3，只是因为并不值得为此付出太多的时间和精力。因此，有些公司仍然和原先一样保留了旧的遗留系统，而不是为了更新而更新。

在本书写作之时，Python 2 已经不被提倡，大多数广泛使用的程序库已经移植到了 Python 3。如果需要开启一个新项目，强烈建议使用 Python 3。

在过渡阶段，许多程序库进行了重写，以便与两个版本都兼容，这主要是利用了 six 程序库的功能（这个名称来自 2×3，表示从版本 2 到版本 3 的移植），它可以帮助我们根据所使用的版本对程序库的行为进行自查和变更。现在，Python 2 已经到达了它的**生命终点**（End of Life，EOL），有些程序库开始改变态度，不再支持 Python 2。

根据 PEP 373（参见 Python 官方文档），Python 2.7 的生命终点被设置为 2020 年。Python 2 的最后版本是 2.7.18，不存在 Python 2.8。

在法布里奇奥的计算机（MacBook Pro）上，使用的是最新版本的 Python：

```
>>> import sys
>>> print(sys.version)
3.9.2 (default, Mar 1 2021, 23:29:21)
[Clang 12.0.0 (clang-1200.0.32.29)]
```

因此，我们可以看到版本是 Python 3.9.2，该版本是在 2021 年 3 月 1 日发布的。上面的文本与我们在控制台所输入的 Python 代码有点相似。稍后我们将对此进行讨论。

本书的所有例子都是用 Python 3.9 运行的。如果读者想要运行本书的所有例子并下载本书的所有源代码，请确保使用的是同样的 Python 版本。

1.7　安装 Python

我们并没有想到要在本书中专门安排一个“安装”章节，尽管读者确实需要安装一些东西。大多数情况下，作者编写书中的代码与读者实际运行这些代码之间存在几个月的时间差。过了这么长时间，很可能已经发生了版本的变化，本书所描述的方法很可能已经不再适用。幸运的是，我们现在有了网络。因此，为了帮助读者完成安装和运行，我们将提供一些指南和目标。

我们注意到本书的大多数读者希望书中能够提供一些关于安装 Python 的指导。我们并不认为这能够为读者提供真正的帮助。我们非常坚定地认为，如果读者想要学习使用 Python 进行编程，一开始花点时间熟悉它的生态系统是极有帮助的。这是非常重要的，当读者阅读以后的章节时会极大地提升信心。如果在这个过程中遇到困难，记住搜索引擎是我们的好朋友。在安装过程中，所有相关的问题都可以在网络上找到。

1.7.1　安装 Python 解释器

我们首先讨论操作系统。Python 是完全集成的，并很可能已经安装于几乎每个 Linux 系统中。如果读者使用的计算机系统是 macOS，很可能也已经安装了 Python（尽管很可能只支持 Python 2.7）。但是，如果读者使用的是 Windows，很可能需要自己安装 Python。

获取 Python 和必要的程序库并使之能够运行，需要一些手工活。对于 Python 程序员而言，

Linux 和 macOS 是相当友好的操作系统。反之，使用 Windows 系统的程序员就需要付出一些额外的精力。

读者首先需要关注的是 Python 的官方网站。这个网站提供了 Python 的官方文档和其他很多非常实用的资源。读者应该花点时间探索这个网站。

另一个提供了 Python 及其生态系统的丰富资源的优秀网站是 The Hitchhiker's Guide to Python。读者可以在这个网站中找到在不同的操作系统中安装 Python 的不同方法。

在这个网站中找到安装部分，并选择适合自己的操作系统的安装程序。如果操作系统是 Windows，要确保在运行安装程序时检查安装 pip 选项（实际上，我们建议进行完整的安装，为了安全起见，最好安装所有的组件）。如果读者需要在 Windows 上安装 Python 的更多指南，可以参考 Python 官方文档。

在操作系统中安装了 Python 之后，接下来的目标就是打开控制台窗口并输入 python，运行 **Python 交互式 shell**。

注意，我们通常简单地用 Python **控制台**表示 Python 交互式 shell。

为了在 Windows 中打开控制台，进入“**开始**”菜单，选择“**运行**”并输入 cmd。如果在运行本书的示例时遇到类似权限这样的问题，请确保以管理员身份运行控制台。

在 macOS 中，可以通过“**应用程序**” > “**工具**” > “**终端**”启动一个终端窗口。

使用 Linux 操作系统的读者很可能已经知道关于控件台的所有信息。

我们将使用**控制台**这个术语表示 Linux 的控制台、Windows 的命令行窗口和 Macintosh 的终端。我们还将用 Linux 默认格式表示命令行的输入提示，如下所示：

```
$ sudo apt-get update
```

如果读者对此并不熟悉，可以花些时间学习控制台工作方式的基础知识。概括地说，在$符号之后，一般是一条必须输入的指令。注意大小写和空格，它们是非常重要的。

不管打开的是哪种控制台，在提示符后面输入 python，确保显示 Python 交互式 shell。输入 exit()退出控制台窗口。记住，如果操作系统预安装了 Python 2，可能需要指定 Python 3。

下面大概就是读者在运行 Python 时所看到的(根据版本和操作系统，细节可能有所不同)：

```
fab $ python3
Python 3.9.2 (default, Mar 1 2021, 23:29:21)
[Clang 12.0.0 (clang-1200.0.32.29)] on darwin
Type "help", "copyright", "credits" or "license" for more information.
>>>
```

既然已经安装了 Python 并可以运行，现在需要确保运行本书的示例所需的另一个工具（即虚拟环境）也就绪。

1.7.2　关于虚拟环境

用 Python 进行工作时，使用虚拟环境是极为常见的。我们将解释什么是虚拟环境，并通过一个简单的示例说明为什么需要虚拟环境。

我们在系统中安装 Python，并为顾客 X 做一些网站相关的工作——项目 X。我们创建一个项目文件夹并开始编写代码。在这个过程中，我们还安装了一些程序库，例如 Django 框架。我们将在第 14 章介绍这个程序库。我们假设为项目 X 所安装的 Django 版本是 2.2。

现在，网站运作良好，因此我们又迎来了另一位顾客 Y。她要求我们创建另一个网站，因此我们启动了项目 Y，并且在这个过程中需要再次安装 Django。唯一的问题是，现在 Django 的版本是 3.0，我们无法把它安装在自己的系统中，因为这将替换我们为项目 X 所安装的版本。我们不想冒引入不兼容问题的风险，因此我们面临两个选择：要么继续沿用自己的计算机当前所安装的版本，要么对它进行更新并确保第一个项目在新版本中仍然能够正确地运行。

坦率地说，这两个方案都不是很有吸引力。因此，我们可以采用另一个解决方案：虚拟环境！

虚拟环境是一种隔离的 Python 环境，每个虚拟环境都是一个文件夹，包含了所有必要的可执行文件，以便使用 Python 项目所需要的程序包（暂时可以把程序包看成是程序库）。

因此，我们为项目 X 创建一个虚拟环境，安装所有的依赖关系，然后可以毫不担心地为项目 Y 创建另一个虚拟环境并安装它的所有依赖关系，因为我们所安装的每个程序库都被限定在适当的虚拟环境的边界之内。在我们的例子中，项目 X 将使用 Django 2.2，而项目 Y 将使用 Django 3.0。

至关重要的是，我们绝不会在系统层次上直接安装程序库。例如，Linux 依赖 Python 完成许多不同的任务和操作，如果我们变动 Python 的系统安装，很可能会破坏整体系统的完整性。因此，我们需要制订一个规则，就像在睡觉之前必须刷牙一样：当我们启动一个新项目时，总是为它创建一个虚拟环境。

为了在系统中安装一个虚拟环境，可以采用一些不同的方法。在 Python 3.5 中，推荐的方式是使用 venv 模块创建虚拟环境。关于这方面的详细信息，可以参考官方文档。

例如，如果读者使用的是基于 Debain 的 Linux 版本，就需要安装 venv 模块才能使用它：

```
$ sudo apt-get install python3.9-venv
```

创建虚拟环境的另一种常见方式是使用 Python 的第三方程序包 virtualenv，详见它的官方网站。

在本书中，我们将使用推荐的技巧，也就是使用 Python 标准库的 venv 模块。

1.7.3 第一个虚拟环境

创建虚拟环境是非常简单的。但是，根据系统的配置以及在虚拟环境中需要运行的 Python 版本，我们需要正确地运行命令。我们使用虚拟环境时需要做的另一件事情就是将其激活。激活虚拟环境相当于在幕后生成一些路径，这样当我们从 shell 调用 Python 解释器时，实际上所调用的是那个活动的虚拟环境，而不是系统环境。下面我们展示一个适用于 Windows 和 Ubuntu（在 macOS 中，过程与 Ubuntu 非常相似）的完整例子。我们将执行下面的操作。

（1）打开一个终端，进入作为项目根（root）目录的文件夹（此文件夹是 srv）。我们将创建一个称为 myproject 的新文件夹并进入它。

（2）创建一个称为 lpp3ed 的虚拟环境。

（3）在创建了虚拟环境之后，我们将其激活。Linux、macOS 和 Windows 所采用的方法稍有不同。

（4）运行 Python 交互式 shell，确保当前运行的是我们所需要的 Python 版本（3.9.X）。

（5）取消虚拟环境的激活。

有些开发人员喜欢用相同的名称称呼所有的虚拟环境（例如.venv）。按照这种方式，他们只需要知道其所关注的项目名称就可以为任何虚拟环境配置工具和运行脚本。.venv 中的点号是存在的，因为在 Linux/macOS 中，在一个名称前加上一个点号可以使该文件或文件夹不可见。

这些步骤就是我们启动一个项目时需要的所有操作。

下面是 Windows 上的一个例子（注意，根据操作系统、Python 版本等的不同，结果可能会有细微的差别）。在下面的指令清单中，以#开始的指令行是注释，为了便于阅读加上了空格，→表示上一行的空间不足导致的换行：

```
C:\Users\Fab\srv>mkdir my-project # 步骤 1
C:\Users\Fab\srv>cd my-project

C:\Users\Fab\srv\my-project>where python # 查找系统中的 Python
C:\Users\Fab\AppData\Local\Programs\Python\Python39\python.exe
C:\Users\Fab\AppData\Local\Microsoft\WindowsApps\python.exe

C:\Users\Fab\srv\my-project>python -m venv lpp3ed # 步骤 2

C:\Users\Fab\srv\my-project>lpp3ed\Scripts\activate # 步骤 3

# check python again, now virtual env python is listed first
(lpp3ed) C:\Users\Fab\srv\my-project>where python
C:\Users\Fab\srv\my-project\lpp3ed\Scripts\python.exe
C:\Users\Fab\AppData\Local\Programs\Python\Python39\python.exe
C:\Users\Fab\AppData\Local\Microsoft\WindowsApps\python.exe
```

```
(lpp3ed) C:\Users\Fab\srv\my-project>python # 步骤 4
Python 3.9.2 (tags/v3.9.2:1a79785, Feb 19 2021, 13:44:55)
→ [MSC v.1928 64 bit (AMD64)] on win32
Type "help", "copyright", "credits" or "license" for more information.
>>> exit()

(lpp3ed) C:\Users\Fab\srv\my-project>deactivate # 步骤 5
C:\Users\Fab\srv\my-project>
```

每个步骤都用一条注释进行说明，因此读者应该能够很顺利地完成这些步骤。

在 Linux 计算机上，步骤是相同的，但指令稍有区别。而且，我们可能还需要执行一些额外的步骤才能使用 venv 模块创建虚拟环境。我们无法提供适用于所有 Linux 版本的指令，因此读者可以在线查找适合自己版本的安装指南。

一旦完成了安装，就可以使用下面的指令创建虚拟环境：

```
fab@fvm:~/srv$ mkdir my-project # 步骤 1
fab@fvm:~/srv$ cd my-project

fab@fvm:~/srv/my-project$ which python3.9 # 查找系统中的 Python 3.9
/usr/bin/python3.9 # <-- 系统中的 Python 3.9

fab@fvm:~/srv/my-project$ python3.9 -m venv lpp3ed # 步骤 2
fab@fvm:~/srv/my-project$ source ./lpp3ed/bin/activate # 步骤 3

# 在虚拟环境中再次查找
(lpp3ed) fab@fvm:~/srv/my-project$ which python
/home/fab/srv/my-project/lpp3ed/bin/python

(lpp3ed) fab@fvm:~/srv/my-project$ python # 步骤 4
Python 3.9.2 (default, Feb 20 2021, 20:56:08)
[GCC 9.3.0] on linux
Type "help", "copyright", "credits" or "license" for more information.
>>> exit()

(lpp3ed) fab@fvm:~/srv/my-project$ deactivate # 步骤 5
fab@fvm:~/srv/my-project$
```

注意，为了激活虚拟环境，我们需要运行 lpp3ed/bin/activate 脚本，后者又需要通过 source 指令导入当前环境中。当一个脚本进行了 source 处理之后，意味着它可以在当前的 shell 中执行，因此它的效果在执行之后仍然会持续。这是非常重要的。另外，注意在激活虚拟环境之后命令提示符所发生的变化，它在左边显示了虚拟环境的名称（当我们取消虚拟环境的激活之后，这个名称就会消失）。

现在，我们应该能够创建并激活一个虚拟环境。读者可以尝试在没有指导的情况下自己创建另一个虚拟环境。读者需要熟悉这个过程，因为这是我们一直在做的事情：我们绝不会用 Python 进行整个系统的操作，牢记这一点。虚拟环境是极其重要的。

本书的源代码在每一章都有一个专用的文件夹。当某章所显示的代码需要安装第三方程序库时，我们就会包含一个 requirements.txt 文件（或等价的 requirements 文件夹，里面有多个文本文件），读者可以据此安装运行代码所需要的程序库。我们建议当读者运行某一章的代码时，为该章创建一个专门的虚拟环境。通过这种方式，读者将会熟悉虚拟环境的创建，并熟悉第三方程序库的安装。

1.7.4 安装第三方程序库

为了安装第三方程序库，需要使用 Python Package Installer，称为 **pip**。读者的虚拟环境中可能已经包含了所需的程序库。若是没有，可以通过 pip 的官方页面了解详情。

下面这个例子说明了如何创建一个虚拟环境，并安装需求文件所要求的一些第三方程序库。

```
mpro:srv fab$ mkdir my-project
mpro:srv fab$ cd my-project/

mpro:my-project fab$ python3.9 -m venv lpp3ed
mpro:my-project fab$ source ./lpp3ed/bin/activate

(lpp3ed) mpro:my-project fab$ cat requirements.txt
Django==3.1.7
requests==2.25.1

# 使用 pip 安装所需程序库
(lpp3ed) mpro:my-project fab$ pip install -r requirements.txt
Collecting Django==3.1.7
  Using cached Django-3.1.7-py3-none-any.whl (7.8 MB)

... much more collection here ...

Collecting requests==2.25.1
  Using cached requests-2.25.1-py2.py3-none-any.whl (61 kB)

Installing collected packages: ..., Django, requests, ...
Successfully installed Django-3.1.7 ... requests-2.25.1 ...

(lpp3ed) mpro:my-project fab$
```

在上面这个清单的底部可以看到，pip 已经安装了需求文件所指定的两个程序库，并安装了一些其他程序库。这是因为 django 和 requests 都有自己所依赖的第三方程序库列表，因此 pip 会自动安装它们。

因此，做好了相关的准备工作之后，我们可以更多地介绍 Python 以及它的用法。不过在此之前，我们先简单地讨论一下控制台。

1.7.5 控制台是我们的好帮手

在 GUI 和触摸屏的时代，在所有的操作都可以通过点击或触碰完成的时候，使用一个像控制台这样的工具听上去有些荒谬。

但事实是，每次我们把自己的右手（如果是左撇子，则是左手）从键盘移开并抓住鼠标，把光标移动到自己想要点击的位置，我们都会浪费一些时间。用控制台完成相同的操作，虽然看上去不太直观，但是它的效率更高、速度更快。作为程序员，我们必须要坚信这一点。

速度和效率是非常重要的。我们并不反对使用鼠标，但另外还有一个非常重要的原因需要我们熟悉控制台操作：当我们开发在服务器上运行的代码时，控制台可能是唯一可用的工具。如果我们熟练掌握了控制台的操作，在紧急状况下就不会陷入手足无措的困境（一个典型的紧急状况是，当网站崩溃，我们必须快速找出原因时）。

如果你还没有做出决定，请相信我们的建议并进行尝试。它比你想象的要容易得多，你绝不会后悔的。对于优秀的开发人员而言，没有什么事情比迷失于一个与某台服务器的 SSH 连接更为痛心的了，因为他们已经习惯了自己的工具集，而且只熟悉这些工具。

现在，让我们回到 Python 本身。

1.8 怎样运行 Python 程序

我们可以使用一些不同的方法运行 Python 程序。

1.8.1 运行 Python 脚本

Python 可以作为脚本语言使用。事实上，它一直证明了自己是一种非常实用的脚本语言。脚本一般是在完成某个任务时所执行的文件（通常较小）。许多开发人员随着时间的积累会创建他们自己的工具集，并在需要执行一个任务时使用它们。例如，我们可以使用脚本解析某种格式的数据，并把它保存为另一种不同的格式。或者我们可以使用脚本对文件和文件夹进行操作。我们也可以用脚本创建或修改配置文件。从技术上说，没有什么是脚本不能完成的。

让脚本在一台服务器上在某个精确的时间运行是相当常见的做法。例如，如果我们的网站数据库需要每隔 24 小时清理一次（例如，存储了用户会话的表，它们很快就会过期，但并不会被自动清理），那么我们可以设置一个 Cron 作业在每天的凌晨 3 点触发脚本的运行。

根据维基百科的说法，软件工具 Cron 是一种在类 UNIX 的计算机操作系统中所运行的基于时间的作业调度工具。人们在设置和维护软件环境时使用 Cron（或类似的技术）对作业（指令或 shell 脚本）进行调度，使其在某个固定的时间、日期或间隔定期运行。

我们用 Python 脚本完成需要几分钟甚至更多的时间才能手工完成的所有杂务。从某一时刻起，我们决定采用自动化。第 12 章有一半的篇幅介绍使用 Python 编写脚本。

1.8.2 在交互式 shell 中运行 Python

运行 Python 的另一种方法是调用交互式 shell。这正是此前我们在控制台的命令行中输入 python 时所看到的方式。

因此，打开控制台，激活虚拟环境（读者现在对这个操作应该已经驾轻就熟）并输入 python。此时，控制台将显示几行类似下面这样的信息：

```
(lpp3ed) mpro:my-project fab$ python
Python 3.9.2 (default, Mar 1 2021, 23:29:21)
[Clang 12.0.0 (clang-1200.0.32.29)] on darwin
Type "help", "copyright", "credits" or "license" for more information.
>>>
```

>>>是 shell 的输入提示符。它表示 Python 正等待我们输入内容。如果我们输入一条简单的指令，能够容纳于一行之中，它看上去就非常直观。但是，如果我们所输入的内容超过了一行，shell 就会把输入提示符改变为...，该提示符给我们一种视觉提示，提醒我们正在输入一个多行语句（或其他任何需要多行代码的东西）。

继续，我们接着进行试验，完成一些基本的数学运算：

```
>>> 3 + 7
10
>>> 10 / 4
2.5
>>> 2 ** 1024
179769313486231590772930519078902473361797697894230657273430081157
732675805500963132708477322407536021120113879871393357658789768814
416622492847430639474124377767893424865485276302219601246094119453
082952085005768838150682342462881473913110540827237163350510684586
298239947245938479716304835356329624224137216
```

最后一个操作显示了令人难以置信的结果。我们取 2 的 1024 次幂，而 Python 非常轻松地完成了这个任务。如果在 Java、C++或 C#中尝试这样的做法，肯定会失败，除非使用能够处理这类巨大数值的特殊程序库。

我们每天都在使用交互式 shell。它在快速调试方面极为实用，例如检查一种数据结构是否支持某个操作。或者，我们可以用它检查或运行一段代码。

当我们使用 Django（一种 Web 框架）时，它附带了交互式 shell，允许我们按照自己的方式使用这个框架的工具，对数据库中的数据进行检查或者执行其他许多操作。在学习 Python 的过程中，我们会发现交互式 shell 很快会成为我们亲密的伙伴之一。

另一种解决方案具有更漂亮的图形外观，称为**集成开发和学习环境**（Integrated Development and Learning Environment，IDLE）。这是一种相当简单的**集成开发环境**（Integrated Development Environment，IDE），主要是面向初学者。它的功能相比控制台中的原始交互式 shell 稍微强大一点，因此读者可能想对它进行探索。Windows 操作系统的 Python 安装程序是免费的，可以很方便地把它安装在任何系统中。我们可以在 Python 网站上找到更多关于它的信息。

Guido Van Rossum 以英国喜剧团 Monty Python 的名字为 Python 命名，所以有传言说 IDLE 这个名字是为了纪念 Monty Python 的创使人之一——Eric Idle。

1.8.3　以服务的形式运行 Python

除了作为脚本运行或者在 shell 中运行之外，Python 也可以编成代码以应用程序的形式运行。我们在本书中将会看到很多采用这种模式的例子。稍后当讨论如何组织和运行 Python 代码时，我们将会对此产生更深刻的理解。

1.8.4　以 GUI 应用程序的形式运行 Python

Python 也可以以**图形用户界面**（Graphical User Interface，GUI）的形式运行。我们可以使用几种框架，有些框架是跨平台的，也有些框架是某个平台特定的。在第 12 章中，我们将看到一个使用 **Tkinter** 创建的 GUI 应用程序的示例。Tkinter 是一个面向对象的层，位于 Tk（Tkinter 的含义是 Tk 接口）的顶部。

Tk 是一个 GUI 工具包，它将桌面应用程序开发提升到比传统方法更高的层次上。它是**工具命令语言**（Tool Command Language，TCL）的标准 GUI，但也可用于许多其他动态语言。它可以生成丰富的本地应用程序，能够无缝地在 Windows、Linux、macOS 和其他操作系统中运行。

Tkinter 已经集成到 Python 中，因此 Python 程序员可以很方便地访问 GUI 世界。基于这个原因，我们选择它作为本书所讲解的 GUI 示例的框架。

在其他 GUI 框架中，下面这些框架是最为常用的：

- PyQt5/PySide 2；
- wxPython；
- Kivy。

对它们进行详细描述超出了本书的范围，但读者可以在 Python 官方网站的“What platform-independent GUI toolkits exist for Python?”（“Python 存在哪些独立于平台的 GUI 工具包？”）一节中找到需要的所有信息。如果读者想要寻找一些 GUI 框架，记住要根据一些原则选择最适合的框架，确保它们满足下面的要求。

- 提供了开发项目时可能需要的所有特性。
- 能够在可能需要支持的所有平台上运行。
- 所依赖的社区尽可能庞大并且活跃。
- 包装了图形驱动程序和工具，使我们可以方便地安装和访问。

1.9 Python 代码的组织形式

我们对 Python 代码的组织形式稍做讨论。在本节中，我们更深入一步，介绍一些技术性更强的名称和概念。

首先是最基本的概念，Python 代码是如何组织的？当然，我们把代码编写在文件中。当我们用.py 扩展名保存一个文件时，这个文件就成为一个 Python **模块**。

如果是在 Windows 或 macOS 这种一般会隐藏扩展名的操作系统中，我们建议对配置进行修改，以便看到完整的文件名。这并不是严格的要求，而是一个建议，它有助于对文件进行区分。

把软件需要的所有代码都保存在一个文件中是不切实际的。这种方法只适用于脚本，它的长度一般不会超过几百行（而且通常要比这个短得多）。

一个完整的 Python 应用程序可能由数十万行代码组成，因此我们不得不把它们划分到不同的模块中。这种做法要好一点，但还不够好。事实证明，就算采用了这种做法，我们在操作代码时仍然是非常麻烦的。因此，Python 提供了另一种称为**程序包**（package）的结构，它允许我们把模块组合在一起。一个程序包就是一个简单的文件夹，但它必须包含一个特殊的文件__init__.py。这个文件并不需要包含任何代码，但是它的存在告诉 Python 这个文件夹不仅仅是个文件夹，而且还是个程序包。

和往常一样，我们用一个示例更加清楚地说明这些概念。我们在本书的项目中创建了一个示例结构，当我们在控制台中输入：

```
$ tree -v example
```

就可以看到 ch1/example 文件夹内容的树形表现形式，它包含了本章示例的代码。下面是一个相当简单的应用程序的结构：

```
example
├── core.py
├── run.py
└── util
    ├── __init__.py
    ├── db.py
    ├── math.py
    └── network.py
```

可以看到，这个例子的根目录中有两个模块：core.py 和 run.py，另外还有一个程序包 util。core.py 可能包含了这个应用程序的核心逻辑。在 run.py 模块中，我们很可能会发现这个应用程序的启动逻辑。在 util 程序包中，我们期望能够看到各种工具。事实上，我们可以猜到这些模块是根据它们所包含的工具的类型而命名的：db.py 可能包含了操作数据库的工具，math.py 可能包含了数学工具（这个应用程序可能需要处理金融数据），network.py 可能包含了通过网络发送和接收数据的工具。

如前所述，__init__.py 的作用就是告诉 Python：util 是一个程序包，而不仅仅是一个简单的文件夹。

如果这个软件只是在模块内部进行组织的，那么推断它的结构是非常困难的。我们把一个只含模块的示例放在 ch1/files_only 文件夹中，读者可以自行查阅：

```
$ tree -v files_only
```

这将展现一幅完全不同的画面：

```
files_only
├── core.py
├── db.py
├── math.py
├── network.py
└── run.py
```

要想猜出每个模块的功能有点难，是不是？现在，考虑到它只是一个简单的例子，因此我们可以想象，如果不采用程序包和模块的方式对代码进行组织，那么理解一个真正的应用程序将是一件多么困难的事情。

使用模块和程序包

当开发人员编写应用程序时，很可能需要把同一段逻辑应用于程序的不同部分。例如，为用户可能在网页上填写的数据编写解析器时，应用程序必须验证某个字段是否包含了数字。不管这种验证的逻辑是如何编写的，很可能有多个字段都需要使用这种逻辑。

例如，在一个投票应用程序中，用户需要回答多个问题，很可能有几个问题要求答案是数值形式的，如下所示。

- 您多大年纪？
- 您养了几只宠物？
- 您有几个孩子？
- 您结了几次婚？

在每个需要数值答案的地方复制粘贴（更正式的说法是重复）验证逻辑是一种非常糟糕的做法。这违反了**“不要做重复劳动”**（Don’t Repeat Yourself，DRY）的原则。这个原则表示我们在应用程序中不应该重复同一段代码超过一次。尽管 DRY 原则通俗易懂，我们觉得还是有必要在这里强调这个原则的重要性：**绝对不要在应用程序中把同一段代码重复多次！**

把同一段逻辑重复多次的做法之所以极为糟糕有很多原因，下面列出最重要的 4 个。

- 这段逻辑中可能会存在缺陷，因此我们不得不在这段逻辑的每份副本上都修正这个缺陷。
- 我们可能想要改进验证方式，同样不得不在它的每份副本上都进行修改。
- 我们可能忘记修正或改进某一段逻辑，因为我们在搜索时漏掉了它，这将导致应用程序中存在错误或不一致的行为。
- 代码在没有正当理由的情况下变得更长。

Python 是一种出色的语言，为我们提供了实现最佳的编码实践需要的所有工具。在这个特定的例子中，我们需要复用一段代码。为了有效地实现这个目的，我们需要使用一种结构保存这段代码，这样每次当我们需要复制它所蕴含的逻辑时就可以调用这个结构。这样的结构确实存在，它就是**函数**。

我们不打算在此深入介绍函数的特定细节，只需要记住函数是一段有组织的、可复用的代码，用于完成一个任务。根据函数所属的环境类型，它们可能具有不同的形式和不同的名称，但现在我们还不需要详细了解这一点。我们将在本书的后面真正领会函数的作用时领会这些细节。函数是应用程序模块化的基础构件，几乎是不可或缺的。除非我们所编写的是一个超级简单的脚本，否则肯定会用到函数。我们将在第 4 章中详细介绍函数。

如前所述，Python 提供了一个非常全面的程序库。现在就是对**程序库**进行定义的良好时机：程序库是一些函数和对象的集合，提供了一些功能，从而丰富了语言的功能。例如，在 Python 的 math 库中，我们可以发现大量的函数，其中一个是 factorial 函数，它计算一个数的阶乘。

在数学中，非负整数 N 的阶乘用 $N!$表示，其定义是小于或等于 N 的所有正整数的乘积。例如，5 的阶乘的计算方式如下：

$5! = 5 \times 4 \times 3 \times 2 \times 1 = 120$

我们规定 0 的阶乘是 $0! = 1$。

因此，如果我们想在自己的代码中使用这个函数，只需要将它导入并用正确的输入值调用它。现在，读者可能并不熟悉输入值和调用这两个概念，对此无须焦虑，请把注意力集中在重要的部分。当我们使用一个程序库时，可以导入这个程序库中我们所需要的功能并在代码中使用该功能。在 Python 中，为了计算 5 的阶乘，只需要下面的代码：

```
>>> from math import factorial
>>> factorial(5)
120
```

不管我们在 shell 中输入什么，如果它具有可输出的表示形式，都会在控制台中输出（在这个例子中，将会输出这个函数调用的结果：120）。

现在，让我们回到那个包含了 core.py、run.py、util 等内容的例子。在这个例子中，程序包 util 是工具程序库。我们的自定义工具 belt 包含了应用程序需要的所有可复用工具（即函数）。其中有些用于处理数据库（db.py），有些用于处理网络（network.py），有些所执行的数学计算（math.py）超出了 Python 标准库 math 的范围，因此我们不得不自己编写代码实现这些功能。

我们将在专门的章节中讲述如何导入和使用函数。现在，我们介绍另一个非常重要的概念：**Python 的执行模型**。

1.10 Python 的执行模型

在本节中，我们将介绍一些非常重要的概念，例如作用域、名称和名字空间。当然，读者可以阅读官方语言参考，了解与 Python 的执行模型有关的所有信息。但是，我们觉得它的介绍技术性太强并且过于抽象，因此我们首先提供一个非正式的解释。

1.10.1 名称和名字空间

假设我们正在寻找一本书，因此来到图书馆并询问管理员自己想要借的书。管理员提供了类似“二楼，X 区域，第 3 排”这样的信息。我们上楼之后找到 X 区域并继续寻找。如果一家图书馆的所有书籍都随机堆在一个大房间里——没有楼层、没有区域、没有书架、没有顺序，情况就大不相同。从这样的图书馆里寻找一本书是件极其困难的事情。

在编写代码的时候，我们会面临相同的问题：我们必须对代码进行组织，这样以前并不了解这些代码的人也可以很方便地找到他们所寻找的东西。当软件具有正确的结构时，可以提高代码的复用率。组织形式糟糕的软件很可能散布着大量具有重复逻辑的代码。

首先，我们以书为例子。用书名表示一本书，用 Python 的术语表示就是**名称**。Python 的名称最接近于其他语言所称的变量。名称一般表示对象，是通过**名称绑定**操作所引入的。我们观察一个简单的例子（注意，#后面的内容是注释）：

```
>>> n = 3 # 整数
>>> address = "221b Baker Street, NW1 6XE, London" # Sherlock Holmes 的地址
>>> employee = {
...     'age': 45,
...     'role': 'CTO',
...     'SSN': 'AB1234567',
... }
>>> # 输出它们
>>> n
3
>>> address
'221b Baker Street, NW1 6XE, London'
>>> employee
{'age': 45, 'role': 'CTO', 'SSN': 'AB1234567'}
>>> other_name
Traceback (most recent call last):
  File "<stdin>", line 1, in <module>
NameError: name 'other_name' is not defined
>>>
```

记住，每个 Python 对象都具有标识、类型和值。在上面的代码中，我们定义了 3 个对象。下面我们解释它们的类型和值。

- 整数变量 n（类型：int，值：3）。
- 字符串 address（类型：str，值：Sherlock Holmes' address）。
- 字典 employee（类型：dict，值：一个包含了 3 个键值对的字典对象）。

不要担心，现在不知道什么是字典是非常正常的。我们将在第 2 章中看到它是 Python 数据结构之王。

有没有注意到，当我们输入 employee 的定义之后，输入提示符从>>>变成了...？这是因为它的定义跨越了多行。

因此，n、address、employee 是什么呢？它们是**名称**。我们可以使用名称在代码中提取数据。它们需要保存在某个地方，这样当我们需要提取那些对象时，就可以用名称来提取它们。我们需要一些空间保存它们，这个空间就是**名字空间**！

名字空间就是从名称到对象的一种映射。名字空间的例子包括内置名称的集合（包含了所有 Python 程序可以访问的函数）、模块中的全局名称以及函数中的局部名称等。甚至一个对象的属性集合也可以看成一个名字空间。

名字空间的优美之处在于它们允许我们清晰地定义和组织名称，而不会出现重叠或冲突。例如，我们在图书馆所寻找的一本书的相关联名字空间就可以用于导入这本书本身，就像下面这样：

```
from library.second_floor.section_x.row_three import book
```

我们从名字空间 library 开始，通过点号操作符（.）进入这个名字空间。在这个名字空间中，找到 second_floor 并再次使用点号操作符。然后进入名字空间 section_x，并在最后一个名字空间 row_three 中找到了我们想要寻找的名称：book。

当读者接触现实的代码例子时，很容易理解名字空间的概念。现在，读者只需要记住名字空间就是把名称与对象进行关联的场所就可以了。

另一个与名字空间密切相关的概念是**作用域**（scope），我们将对它进行简单的讨论。

1.10.2 作用域

根据 Python 官方文档的说法：

“作用域是 Python 程序的文本区域，可以在其中直接访问名字空间。”

可以直接访问意味着当我们查找一个未加限定引用的名称时，Python 会试图在当前名字空间中查找。

作用域是静态确定的，但在运行时，它们实际上是被动态使用的。这意味着我们可以通过检查源代码，确定一个对象的作用域是什么。Python 提供了 4 个可访问的不同作用域（当然，它们并不一定同时存在）。

- **局部**作用域（local scope），它是最内层的作用域，包含了局部名称。
- **外层**作用域（enclosing scope），它是所有外层函数的作用域。它包含了非局部的名称和非全局的名称。
- **全局**作用域（global scope），包含了全局名称。
- **内置**作用域（built-in scope），包含了内置的名称。Python 提供了一组可以现成使用的函数，例如 print、all、abs 等。它们生存在内置作用域中。

规则如下：当我们引用一个名称时，Python 首先在当前名字空间中寻找它。如果没有找到这个名称，Python 就继续在外层作用域中寻找。这个过程一直持续，直到搜索完了内置作用域。

如果在搜索了内置作用域之后仍未找到该名称，Python 就会触发一个 NameError 异常，表示这个名称未被定义（在前面的例子中可以看到这个结果）。

因此，在寻找一个名称时，名字空间的搜索顺序是：**局部、外层、全局、内置（LEGB）**。

这个描述过于抽象，因此下面我们观察一个例子。为了展示局部和外层作用域，我们必须定义一些函数。现在没有必要担心不熟悉定义函数的语法这个问题。我们将在第 4 章中介绍函数。现在只要记住，在下面的代码中，当我们看到 def 时，它表示定义了一个函数：

```
# scopes1.py
# 局部和全局作用域的比较
# 定义了一个称为 local 的函数
def local():
    m = 7
    print(m)

# 在全局作用域中定义了 m
m = 5

# 调用（或执行）local 函数
local()

print(m)
```

在上面这个例子中，我们定义了相同的名称 m，它们分别位于全局作用域和局部作用域（local 函数所定义的作用域）。当我们用下面的指令执行这个程序时（记得激活虚拟环境）：

```
$ python scopes1.py
```

可以看到控制台所打印的两个数字：5 和 7。

Python 解释器从上向下解析这个文件。首先，它找到几个注释行并将其忽略。其次，解析 local 函数的定义。当 local 函数被调用时，它执行两项任务：为表示数字 7 的对象设置一个名称并打印它。Python 解释器继续执行自己的任务，并找到另一个名称绑定。这次的绑定发生在全局作用域，其值是 5。下一行是对 local 函数的调用。当 Python 在这个时候执行这个函数时，局部作用域中发生了 m = 7 的绑定并将其打印出来。最后，Python 调用了 print 函数，这个函数被执行，这次打印了 5。

一个值得注意的重要事实是，属于 local 函数定义的那部分代码向右缩进了 4 个空格。事实上，Python 是通过缩进代码来定义作用域的。通过缩进进入一个作用域，并通过取消缩进退出这个作用域。有些程序员使用 2 个空格的缩进，有些则使用 3 个空格的缩进，但建议使用的缩进数量是 4 个空格。这是一种最大限度地提高代码可读性的良好措施。以后，我们会进一步讨论在编写 Python 代码时应该遵循的所有约定。

在诸如 Java、C#和 C++这样的语言中，作用域是通过一对花括号{ ... }而界定的。因此，在 Python 中，缩进代码对应于左花括号，取消缩进对应于右花括号。

如果我们删除 m = 7 这一行会发生什么呢？记住 LEGB 规则。Python 首先会在局部作用域（local 函数）中寻找 m。由于没有找到，所以它会进入下一个外层作用域。在这个例子中，这个外层作用域就是全局作用域，因为 local 函数并没有出现在其他函数调用的内部。因此，我们将在控制台上看到数字 5 被打印了两次。下面我们观察这种情况下的代码是什么样的：

```
# scopes2.py
# 局部和全局作用域的比较

def local():
    # m 并不属于 local 函数所定义的作用域
    # 因此 Python 将在下一个外层作用域中寻找
    # m 最终在全局作用域中找到
    print(m, 'printing from the local scope')

m = 5
print(m, 'printing from the global scope')

local()
```

运行 scopes2.py 将打印出下面的结果：

```
$ python scopes2.py
5 printing from the global scope
5 printing from the local scope
```

正如我们所预期的那样，Python 首先打印 m，然后当 local 函数被调用时，Python 并没有在这个函数的作用域中找到 m，因此 Python 沿着 LEGB 链继续寻找，直到在全局作用域中找到 m。下面我们观察一个具有额外层的例子，也就是局部作用域和全局作用域之间有一个外层作用域：

```
# scopes3.py
# 局部、外层和全局作用域

def enclosing_func():
    m = 13

    def local():
        # m 并不属于 local 函数所定义的作用域
        # 因此 Python 将会在外层作用域中寻找
        # 这次 m 是在外层作用域中找到的
        print(m, 'printing from the local scope')

    # 调用 local 函数
    local()

m = 5
print(m, 'printing from the global scope')

enclosing_func()
```

运行 scopes3.py，将会在控制台上打印：

```
$ python scopes3.py
5, 'printing from the global scope'
13, 'printing from the local scope'
```

可以看到，local 函数中的 print 指令像以前一样引用了 m。m 在这个函数中仍然是未定义的，因此 Python 按照 LEGB 顺序开始在外层作用域中寻找。这次，它在外层作用域中找到了 m。

如果读者对这个过程仍然不是很清楚，不必心怀忧虑。随着我们不断地讲解本书的例子，读者迟早会彻底弄清这个过程。Python 官方教程的“类”一节对作用域和名字空间有一段有趣的描述。如果读者想要更深入地理解这个主题，可以花点时间阅读这段内容。

在结束本章之前，我们简单介绍一下对象。不管怎样，Python 中的所有东西都是对象，因此值得对它们进行更多的关注。

1.10.3　对象和类

1.1 节在介绍对象时，提及了对象表示现实世界的物品。例如，我们如今通过网络销售所有种类的商品，需要能够适当地处理、存储和表示它们。但是，对象的实际含义要丰富得多。我们在 Python 中所完成的绝大部分工作都是对对象进行操作。因此，我们在此并不会详细介绍对象（将在第 6 章中深入讲解），只是对类和对象进行一些简要的介绍。

我们已经理解了对象是 Python 对数据的抽象。事实上，Python 中的所有东西都是对象。数值、字符串（保存文本的数据结构）、容器、集合甚至函数都是对象。我们可以把对象看成至少具有 3 个特征的盒子：ID（独一无二的）、类型和值。

但它们是怎么出现的？我们是怎样创建它们的？我们应该怎样编写自定义对象？答案藏在一个简单的字“**类**”中。

事实上，对象就是类的实例。Python 的优美在于类本身也是对象，但我们现在不会深究这个概念。它引出了 Python 语言的高级概念之一：**元类**（metaclass）。现在最合适的方法是通过一个例子理解类和对象之间的区别。

假设有一位朋友说：“我买了一辆自行车！”我们立即就明白对方的意思。我们看到过这辆自行车吗？不。知道它的颜色吗？不。知道牌子吗？不。知道其他细节吗？不。

但是，我们已经知道了足够的信息，足以理解朋友所表示的“她买了一辆自行车”是什么意思。我们知道自行车有两个轮子装在车架上，还有车座、踏板、车把、刹车等配件。换句话说，即使我们没有看到过这辆自行车，仍然能够知道自行车这个概念。特性和特征的一组抽象集合组合在一起形成了一种称为“自行车”的东西。

在计算机编程中，这种抽象称为类。这个概念非常简单。类用于创建对象。换句话说，我们知道自行车是什么，我们知道这个类。但是，当我们的朋友有了她自己的自行车时，它就是自行车类的一个实例。她的自行车具有它自己的特征和方法。其他人也有自己的自行车，它们属于同一个类，但属于不同的实例。这个世界上的每辆自行车都是自行车类的一个实例。

下面我们观察一个例子。我们将编写一个定义自行车的类，然后创建两辆自行车，一辆红色的和一辆蓝色的。我们尽管使代码保持简单，但是如果读者仍然不能完全理解这些代码，也不必气馁。现在，我们只需要理解类和对象（或类的实例）之间的区别：

```
# bike.py
# 定义 Bike 类
class Bike:

    def __init__(self, colour, frame_material):
        self.colour = colour
        self.frame_material = frame_material

    def brake(self):
        print("Braking!")

# 创建几个实例
red_bike = Bike('Red', 'Carbon fiber')
blue_bike = Bike('Blue', 'Steel')

# 检查我们所拥有的对象，也就是 Bike 类的实例
print(red_bike.colour)  # 打印出：Red（红色）
print(red_bike.frame_material)  # 打印出：Carbon fiber（碳纤维）
print(blue_bike.colour)  # 打印出：Blue（蓝色）
print(blue_bike.frame_material)  # 打印出：Steel（钢）

# 刹车!
red_bike.brake()  # 打印出：Braking!（刹车！）
```

现在，我们希望已经不用再详细指导读者如何运行这个文件。每个代码块的第一行指定了文件名。要在 Python 模块中执行代码，只需运行$ python filename.py。
记住要激活虚拟环境。

这里有很多值得注意的有趣的事情。首先，类的定义是用 class 语句创建的。class 语句后面的代码都被缩进，称为类体。在这个类中，类定义的最后一行是 print("Braking!")。

定义了这个类之后，就可以创建一些实例了。可以看到，这个类的类体包含了两个方法的定义。简单地说，**方法**就是属于某个类的函数。

第一个方法__init__是这个类的**初始化方法**。它使用了 Python 的一些魔法，使用我们在创建对象时所传递的值来设置对象。

在 Python 中，每个具有前缀和后缀双下线的方法称为**魔术方法**。Python 所使用的魔术方法具有很多不同的作用。因此，在创建自定义的方法时，不应该使用双下线作为方法名的前缀和后缀。这个命名约定最好保留给 Python 使用。

这个类所定义的另一个方法 brake 是我们在刹车时想要调用的方法。当然，它只包含了一条 print 语句。它仅仅是一个简单的例子而已。

因此，我们创建了两个 Bike 对象：一个为红色，采用了碳纤维的车架；另一个为蓝色，采用了钢制车架。在创建对象时向它们传递这些值。在创建之后，打印出红色自行车的颜色属性和车架类型，然后打印出蓝色自行车的车架类型。我们还调用了 red_bike 对象的 brake 方法。

最后还有一点值得注意。还记得我们曾经说过一个对象的属性集合也是一个名字空间吗？我们希望读者现在对这个概念已经有了更进一步的理解。可以看到，通过不同的名字空间（red_bike、blue_bike）获取 frame_type 属性可以得到不同的值。它们不会出现重叠，也不会发生冲突。

当然，这里的点号操作符（.）用于进入一个名字空间，它作用于对象时也是如此。

1.11　编写优质代码的指导原则

编写优质代码并不像看上去那么简单。如前所述，优秀的代码具有很多难以同时具备的品质。在某种程度上，编写优质代码是一门艺术。不管我们打算采用什么样的学习之路，有一样东西能够让我们的代码品质得到即刻的提升：PEP 8。

Python 增强建议书（PEP）是一种文档，它描述了 Python 的新增特性。PEP 还记录了围绕 Python 语言的开发过程，并提供了更基本的指南和信息。读者可以在 Python 官网找到所有 PEP 的索引。

PEP 8 很可能是所有 PEP 中最著名的一个。它提出了一个简单但非常有效的指导方针集合，把 Python 定义为一种美学，使我们可以编写优美的 Python 代码。如果读者只能从本章得到一个建议，那就是：使用 PEP 8，张开双手拥抱它。读者很快就会庆幸这个决定。

如今的编程不再是一种个人的登记/退出业务，它更像是一项需要社交能力的活动。几个开发人员共同协作，通过类似 Git 和 Mercurial 这样的工具共同开发一段代码，其结果就是一段代码很可能出自很多不同的开发人员之手。

Git 和 Mercurial 很可能是如今最为常用的分布式修订控制系统。它们是非常重要的工具，其目的是帮助开发人员团队在同一个软件项目上实现协作。

现如今，我们较以往更加需要一种一致的方法编写代码，因此愈发强调了代码可读性的重要性。当一家公司的所有开发人员都遵循 PEP 8 时，一种非常可能出现的情况就是，任何人在接触一段代码时，觉得它就像是自己所编写的（对法布里奇奥来说，情况一直都是如此，他总是忘了哪些代码是他自己编写的）。

这就产生了一个显著的优点：当我们阅读符合自己编写习惯的代码时，就很容易理解它。如果没有这样的约定，每个程序员都按自己喜欢的方式组织代码，或者简单地按照他们所学到或习惯的方式编写代码，这意味着在理解每段代码时都必须了解编写者的个人风格。多亏了 PEP 8，我们才可以避免这种情况。我们都是 PEP 8 的推崇者，在评价代码时，如果它不符合 PEP 8 的精神，就不会给予它太高的评价。因此，请花点时间研究这个建议书，它是非常重要的。

如今，Python 开发人员可以使用一些不同的工具将他们的代码根据 PEP 8 的指导原则自动格式化。这类工具有一个称为 black，它在最近几年非常流行。另外还有一些称为 linter 的工具，它们检查代码是否被正确地格式化，并向开发人员发出警告，指示如何修正错误。一种非常流行的 linter 是 flake8。我们鼓励读者使用这些工具，因为它们可以简化使软件具有良好格式的任务。

在本书的示例中，我们尽量符合 PEP 8 的精神。遗憾的是，我们没有奢求每行代码不超过 79 个字符（这是 PEP 8 所推荐的每行代码的最大长度），也不得不削减一些空行和其他内容，但我们保证尽最大努力完善代码的布局，使它们尽可能地容易阅读。

1.12 Python 的文化

Python 在所有的编码行业中都得到了广泛的应用。许多不同的公司使用 Python 完成许多不同的工作，而且 Python 也广泛应用于教育领域（因为它的简洁性，所以它是一种优秀的教学语言，它的许多特性非常容易学习；它可以培养编写具有良好可读性代码的习惯；它与平台无关，并支持现代的面向对象编程范式）。

Python 如今非常流行的一个原因是它的社区庞大、富有活力，并且聚集了大量优秀的人才。Python 社区在全世界范围内组织了许多活动，大部分是围绕 Python 或它的 Web 主框架（如 Django）进行的。

Python 的源代码是开放的，它的支持者的思维也往往是非常开放的。访问 Python 网站的社区页面以获取更多信息并积极参与其中。

与 Python 有关的另一个现象是 Python 心理惯性。事实上，Python 允许我们使用一些其他语言所没有的惯用法，至少在形式上明显不同或者在其他语言中不容易实现（现在，当我们用一种非 Python 语言编写代码时，就会产生恐慌感）。

不管怎样，在过去的几年里，确实出现了 Python 心理惯性。按照我们的理解，它有点类似于“按照 Python 所建议的方式做其他任何事情”。

为了帮助读者更好地理解 Python 的文化和 Python 心理惯性，我们特意展示了 **Python 之禅**。这是一个非常流行的复活节彩蛋。打开 Python 控制台并输入 import this，就会出现下面的输出[①]：

```
>>> import this
The Zen of Python, by Tim Peters

Beautiful is better than ugly.
Explicit is better than implicit.
Simple is better than complex.
```

① “Python 之禅”有众多版本的译文，读者可以自行搜索。——编者注

```
Complex is better than complicated.
Flat is better than nested.
Sparse is better than dense.
Readability counts.
Special cases aren't special enough to break the rules.
Although practicality beats purity.
Errors should never pass silently.
Unless explicitly silenced.
In the face of ambiguity, refuse the temptation to guess.
There should be one-- and preferably only one --obvious way to do it.
Although that way may not be obvious at first unless you're Dutch.
Now is better than never.
Although never is often better than *right* now.
If the implementation is hard to explain, it's a bad idea.
If the implementation is easy to explain, it may be a good idea.
Namespaces are one honking great idea -- let's do more of those!
```

这里存在两个层次的理解。一个层次是把它看成一组通过有趣的方式组织而成的指导方针，另一个层次是把它记在心里，偶尔温故知新，加深对它的理解：我们可能必须深入理解一些 Python 特征，才能按照预想的方式编写 Python 代码。从有趣出发，然后深入挖掘。总是要想办法挖掘得更深。

1.13 关于 IDE 的说明

我们在这里简单地讨论一下 IDE。为了运行本书的所有例子，并不需要使用 IDE。所有的文本编辑器都可以很好地完成任务。如果需要更高级的特性，例如语法特殊颜色显示和自动完成等，可以使用 IDE。读者可以在 Python 的网站上找到大量开放源代码的 IDE（只要在搜索引擎中搜索“Python IDE”）。

法布里奇奥使用 Microsoft 的 Visual Studio Code。它是免费的并提供了丰富的功能，可以通过安装扩展进行增强。多年以来使用过好几个编辑器（包括 Sublime Text）之后，他觉得这个编辑器对他来说是效率最高的。

海因里希则是 Vim 的铁杆用户。尽管 Vim 的学习曲线陡峭，但它是一种功能非常强大的文本编辑器，还支持用插件进行扩展。它还有一个优点，就是可以安装在软件开发人员所使用的几乎所有系统中。

两个重要的建议如下。

- 不管选择使用哪个 IDE，都要充分了解它，尽可能地发挥它的长处。但是，不要过分依赖它。偶尔要尝试用 Vim（或其他任何文本编辑器）进行工作，学会在任何平台上使用任何工具集都可以工作。
- 不管使用的哪种文本编辑器或 IDE，在编写 Python 代码时，保持缩进为 4 个空格。不要使用 Tab 键，不要混用 Tab 键和空格。使用 4 个空格，而不是 2 个、3 个或 5 个，就是使用 4 个。其他人也都采用这样的约定，我们不会因为自己使用 3 个空格的缩进而被看成是异类。

1.14 总结

在本章中，我们开始探索编程世界并初步了解了 Python。在学习之旅中，我们仅仅触及了表面，只是稍稍接触了一些概念。我们将在本书的后面详细讲解这些概念。

我们讨论了 Python 的主要特性、它的用户以及它的用途，并讨论了编写 Python 程序的不同方法。

在本章的最后，我们简单讨论了名字空间、作用域、类、对象的基本概念。我们还看到了如何使用模块和程序包组织 Python 代码。

在实践层面，我们学习了怎样在系统中安装 Python、怎样保证自己所需要的工具（如 pip）已经就绪。我们还创建并激活了第一个虚拟环境，后者允许我们在一个自包含的环境中工作，而不用冒着与 Python 的系统安装发生冲突的风险。

现在，大家已经准备好了跟随我们进行本书的学习之旅。我们所需要的就是热情、一个激活的虚拟环境、本书、双手和一杯咖啡。

读者应该尝试运行本章的示例。我们尽量使它们保持简短。如果亲手输入这些例子并运行，相比仅仅阅读它们，无疑能够留下更深刻的印象。

在第 2 章中，我们将探索 Python 丰富的内置数据类型集合。对于这个主题，我们有大量的东西需要学习！

第 2 章 内置的数据类型

“数据！数据！数据！”他不耐烦地叫喊道，“没有黏土，我可做不出砖头。”

——《铜山毛榉案》

我们用计算机所做的每件事情都是在管理数据。数据呈现出许多不同的形态和风格。我们所聆听的音乐、所观赏的电影、所打开的 PDF 文件都是数据。就算是读者此刻正在阅读的这一章，其来源也只是一个文件，它也是数据的一种。

数据可以非常简单，例如表示年龄的整数。数据也可以非常复杂，例如一个网站中所显示的订单。数据可以是单个对象，也可以是一组对象的集合。数据甚至可以是用于描述数据的，这种数据称为元数据。这种数据用于描述其他数据结构的设计，或者描述应用数据，或者描述它的上下文环境。在 Python 中，对象是数据的抽象。Python 所提供的数据结构种类之多令人吃惊，我们可以用它们表示数据，或者将它们组合在一起创建自定义数据。

在本章中，我们将讨论下面这些内容。

- Python 对象的结构。
- 可变对象和不可变对象。
- 内置数据类型：数值、字符串、日期和时间、序列、集合、映射类型。
- collections 模块。
- 枚举。

2.1 一切皆是对象

在深入探索细节之前，我们需要对 Python 中的对象有一个清晰的理解。因此，我们对这个概念稍做解释。如前所述，Python 中的所有东西都是对象。但是，当我们在一个 Python 模块中输入像 age = 42 这样的指令时会发生什么呢？

如果访问 Python Tutor 网站，可以在一个文本框中输入这条指令并看到它的可视化表示形式。记住这个网址，它非常有助于我们巩固对幕后所发生事情的理解。

因此，实际发生的事情就是有一个**对象**被创建。它获得了一个 id，类型被设置为 int（整数），值为 42。全局名字空间中出现了一个称为 age 的名称，它指向这个对象。此后，当我们位于全局名字空间时，在执行了这行代码之后，就可以简单地通过名称 age 来访问这个对象。

打个比方，如果我们打算搬家，可能会把所有的餐刀、叉子和汤匙放在一个盒子里，并贴上“餐具”的标签。这是完全相同的概念。图 2-1 是这个网页的一个可能的屏幕截图（为了获得相同的视图，可能需要调整一些设置）。

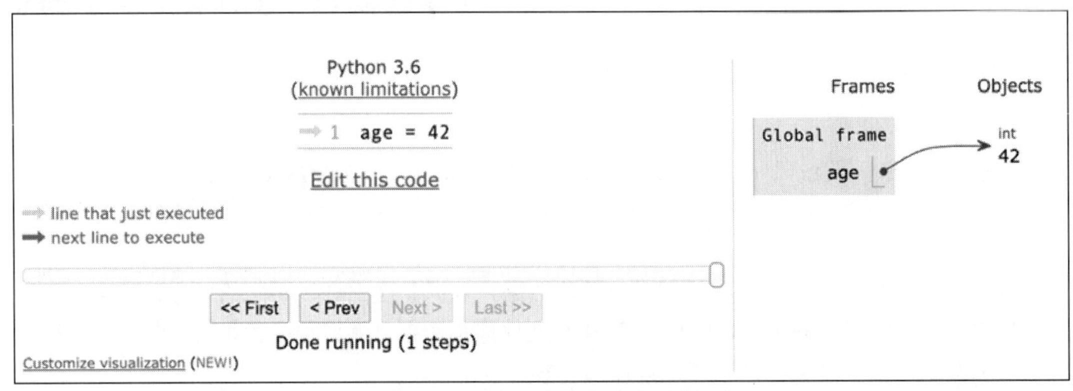

图 2-1 一个名称指向一个对象

因此，在本章的剩余部分，当我们看到像 name = some_value 这样的代码时，可以认为有一个名称出现在与该指令所在的作用域相关联的名字空间中，用一个箭头指向一个具有 id、类型、值的对象。对于这种机制，还有很多需要解释的细节，但通过一个例子来说明这些概念更为简单，稍后我们将继续讨论这些概念。

2.2 可变还是不可变？这是个问题

在 Python 中，数据之间的第一个基本区别就是对象的值是否可以改变。如果对象的值可以改变，该对象就称为**可变对象**。如果对象的值不能改变，该对象就称为**不可变对象**。

理解可变对象和不可变对象之间的区别是非常重要的，因为它会影响我们所编写的代码。以下面的代码为例：

```
>>> age = 42
>>> age
42
>>> age = 43 #A
>>> age
43
```

在上面这段代码中，#A 行是不是改变了 age 的值？答案是否定的，但现在它是 43 了（我们可以感觉到读者的疑问……）。是的，它是 43，但 42 是个 int 类型的整数，是不可变对象。事实的真相出现在第一行，age 是一个名称，指向一个 int 类型的对象，这个对象的值是 42。

当我们输入 age = 43 时，其结果就是创建了另一个对象，它的类型也是 int，值为 43（id 将是不同的），此时 age 这个名称就指向这个新对象。因此，我们并没有把 42 这个值改变为 43，而是把 age 指向一个不同的位置，也就是值为 43 的那个新的 int 对象。下面我们观察输出 id 的代码：

```
>>> age = 42
>>> id(age)
4377553168
>>> age = 43
>>> id(age)
4377553200
```

注意，我们调用了内置的 id()函数输出对象的 id。可以看到，这两个 id 是不同的，符合我们的预期。记住，age 在任一时刻只能指向一个对象，首先指向 42，然后指向 43。它绝不会同时指向两个对象。

如果读者把这段代码复制到自己的计算机上，将会注意到实际所显示的 id 是不同的。这完全符合我们的预期，因为它们是由 Python 随机生成的，每次的结果都是不同的。

现在，我们观察一个可变对象的例子。在这个例子中，我们使用了一个 Person 对象，它具有一个 age 属性（现在不需要关心类的定义，它出现在这里只是为了代码的完整性）：

```
>>> class Person:
...     def __init__(self, age):
...         self.age = age
...
>>> fab = Person(age=42)
>>> fab.age
42
>>> id(fab)
4380878496
>>> id(fab.age)
4377553168
>>> fab.age = 25 # 我希望如此
>>> id(fab) # 将是相同的
4380878496
>>> id(fab.age) # 将是不同的
4377552624
```

在这个例子中，我们设置了一个 Person 类型（一个自定义类）的对象 fab。在创建这个对象时，age 的值是 42。我们输出这个对象的值和它的对象 id，另外输出 age 的 id。注意，即使把 age 改为 25，fab 的 id 仍然不变（当然，age 的 id 发生了变化）。Python 的自定义对象是可变的（除非把它设计为不可变的）。记住这个概念，它是极为重要的。在本章的剩余部分，我们会反复向读者灌输这个概念。

2.3 数值

我们首先介绍 Python 表示数值的内置数据类型。Python 的设计者拥有数学和计算机科学双硕士学位，因此 Python 对数值提供了强大的支持是完全符合逻辑的。

数值是不可变对象。

2.3.1 整数

Python 中的整数并没有范围限制，仅仅受限于可用的虚拟内存。这意味着我们并不需要担心数值过大这个问题，只要它能够被计算机内存所容纳，Python 就能够处理妥当。整数可以是正数、负数或 0。它们支持所有的基本数学操作（运算），如下面的例子所示：

```
>>> a = 14
>>> b = 3
>>> a + b    # 加法
17
>>> a - b    # 减法
11
>>> a * b    # 乘法
42
>>> a / b    # 真实的除法
4.666666666666667
>>> a // b   # 整数除法
4
>>> a % b    # 求模运算
2
>>> a ** b   # 乘方运算
2744
```

上面的代码应该很容易理解，不过要注意一个重要的地方：Python 提供了两种除法操作符，一种是**真正的除法**（/），它返回操作数的商；另一种是所谓的**整数除法**（//），它返回向下取整后的商。

值得注意的是，Python 2 中除法操作符/的行为与 Python 3 中不同。

下面我们观察在涉及负数时，除法的行为存在什么样的区别：

```
>>> 7 / 4     # 真实的除法
1.75
>>> 7 // 4    # 整数除法，截取后返回 1
1
>>> -7 / 4    # 仍然是真实的除法，其结果是前一个真实除法的相反数
-1.75
>>> -7 // 4   # 整数除法，其结果并不是前一个整数除法的相反数
-2
```

这是个有趣的例子。如果读者期望最后一行返回–1，不要对实际结果感觉糟糕，这只是Python 的工作方式而已。在 Python 中，整数除法的结果总是向无限小取整。如果我们不想向下取整，而是想把一个数直接截取为整数，可以使用内置的 int()函数，如下面的例子所示：

```
>>> int(1.75)
1
>>> int(-1.75)
-1
```

注意，截取操作是向 0 的方向进行的。

int()函数也可以根据字符串表示形式返回一个特定基数的整数：

```
>>> int('10110', base=2)
```

值得注意的是，乘方操作符**也存在一个对应的内置函数 pow()，如下面的例子所示：

```
>>> pow(10, 3)
1000.0 # 结果是 float 值
>>> 10 ** 3
1000 # 结果是 int 值
>>> pow(10, -3)
0.001
>>> 10 ** -3
0.001
```

另外还有一个操作符用于计算除法的余数，称为**求模操作符**，用百分符号（%）表示：

```
>>> 10 % 3 # 10 // 除以 3 的余数
1
>>> 10 % 4 # 10 // 除以 4 的余数
2
```

pow()函数允许接受第三个参数以执行**模幂运算**（modular exponentiation）。即首先计算前两个参数的乘方，其结果再对第三个参数执行求模运算。如果底数和模数互质，它就接受一个负的指数，并计算底数的**模乘逆元**（当指数为非–1 的其他负数时，也对应地计算底数的该负数绝对值次幂的模乘逆元）对第三个参数执行求模运算所产生的值。下面是一个例子：

```
>>> pow(123, 4)
228886641
>>> pow(123, 4, 100)
41  # 注意：228886641 % 100 == 41
>>> pow(37, -1, 43) # (37^1-11) mod 43 的逆元
7
>>> 7 * 37 % 43 # 证明上面是正确的
1
```

Python 3.6 所引入的一个优秀特性是它可以在数值字面值内部添加下线（在数字或基数指示符之间，但不能出现在最前面或最后面）。它的作用是使一些数值看上去更清楚，例如1_000_000_000：

```
>>> n = 1_024
>>> n
1024
>>> hex_n = 0x_4_0_0 # 0x400 == 1024
>>> hex_n
1024
```

2.3.2 布尔值

布尔（boolean）代数是一个代数子集，布尔变量的值是真值，也就是真或假。在 Python 中，True 和 False 是两个用于表示真值的关键字。布尔值是整数的一个子类，True 和 False 的表现分别类似于 1 和 0。布尔值对应的 int 类是 **bool** 类，它返回 True 或 False。每个内置的 Python 对象在布尔值语境中都有一个值，意味着当它们输入 bool 函数时其结果要么为 True，要么为 False。我们将在第 3 章中观察这方面的例子。

在布尔表达式中，可以使用逻辑操作符 and、or 和 not 对布尔值进行组合。同样，我们将在第 3 章详细讨论这种方法，现在我们只是观察一个简单的例子：

```
>>> int(True) # True 的行为类似于 1
1
>>> int(False) # False 的行为类似于 0
0
>>> bool(1) # 1 在布尔值语境中求值为 True
True
>>> bool(-42) # 所有非负的数值都是如此
True
>>> bool(0) # 0 求值为 False
False
>>> # 逻辑操作符（and、or、not）速览
>>> not True
False
>>> not False
True
>>> True and True
True
>>> False or True
True
```

当我们把 True 和 False 相加时，可以发现它们其实是整数的子类。Python 会把它们向上转换为整数，然后再执行加法：

```
>>> 1 + True
2
>>> False + 42
42
>>> 7 - True
6
```

向上转换是一种类型转换操作，是把一个子类转换为它的父类。在这个例子中，True 和 False 都属于整数类的一个子类，它们会根据需要转换为整数。这个话题与继承有关，将在第 6 章中详细介绍。

2.3.3 实数

实数（或**浮点数**）在 Python 中是用 **IEEE 754** 双精度二进制浮点格式表示的，它存储 64 位的信息，分为 3 个部分：符号位、指数、尾数。

如果读者对这种数据格式的细节感兴趣，可以访问维基百科的 Double Precision Floating Point Format 页面。

有些编程语言向程序员提供了两种不同的浮点格式：单精度和双精度。前者占据 32 位的内存，后者则是 64 位。Python 只支持双精度格式。我们观察一个简单的例子：

```
>>> pi = 3.1415926536 # 我们可以背出 PI 的多少位小数?
>>> radius = 4.5
>>> area = pi * (radius ** 2)
>>> area
63.617251235400005
```

在计算面积时，我们在 radius ** 2 两边加上括号。尽管这是不必要的，因为乘方运算的优先级高于乘法，但我们觉得这种写法更加清晰。而且，读者所得到的面积结果应该与上面的结果略有不同，这个并不需要担心。它可能依赖于操作系统、Python 的编译方式等。只要小数点后的前几位数字是正确的，我们就知道它是正确的结果。

sys.float_info 序列保存了浮点数在系统中的行为信息。下面是读者可能看到的一个例子：

```
>>> import sys
>>> sys.float_info
sys.float_info(
    max=1.7976931348623157e+308, max_exp=1024, max_10_exp=308,
    min=2.2250738585072014e-308, min_exp=-1021, min_10_exp=-307,
    dig=15, mant_dig=53, epsilon=2.220446049250313e-16, radix=2,
    rounds=1
)
```

我们对此可以进行一些思考：我们用 64 位表示浮点数，这意味着它最多可以表示 2^{64}（即 18 446 744 073 709 551 616）个不同的数。只要观察浮点数的最大值和最小值，就可以意识到要想表示所有的浮点数是不可能的。64 位的空间并不足够，因此会近似地取最接近的可表示值。读者很可能会觉得只有非常大或非常小的值才会遇到这种问题。实际上并非如此，读者可以细加思量，并在控制台中试验下面的代码：

```
>>> 0.3 - 0.1 * 3 # 它应该是0!
-5.551115123125783e-17
```

这个例子说明了什么？它告诉我们，双精度浮点数即使在表示像 0.1 或 0.3 这样的简单数值时也会遇到精确性问题。这一点为什么非常重要？如果我们处理的是价格、金融计算或任何不能取近似值的数据类型时，就会遇到很大的问题。不要担心，Python 还提供了 decimal 类型，它就不存在这个问题。我们将在稍后讨论这种类型。

2.3.4 复数

Python 创造性地提供了对**复数**的支持。有些读者可能不明白复数是什么，复数就是用 $a + ib$ 形式表示的数，其中 a 和 b 都是实数，而 i（工程师可能会用 j）是虚数单位，也就是–1 的平方根。a 和 b 分别称为复数的实部和虚部。

除非我们所编写的代码涉及科学计算，否则用到复数的可能性微乎其微。但我们还是观察一个简单的例子：

```
>>> c = 3.14 + 2.73j
>>> c = complex(3.14, 2.73) # 与上面相同
>>> c.real # 实部
3.14
>>> c.imag # 虚部
2.73
>>> c.conjugate() # A + Bj 的共轭是 A - Bj
(3.14-2.73j)
>>> c * 2 # 允许乘法
(6.28+5.46j)
>>> c ** 2 # 也允许乘方运算
(2.4067000000000007+17.1444j)
>>> d = 1 + 1j # 也允许加法和减法
>>> c - d
(2.14+1.73j)
```

2.3.5 分数和小数

我们对数值的探索之旅的最后一站是分数和小数。分数保存最简形式的有理数分子和分母。我们观察一个简单的例子：

```
>>> from fractions import Fraction
>>> Fraction(10, 6)
Fraction(5, 3) # 注意它已经被简化
>>> Fraction(1, 3) + Fraction(2, 3) # 1/3 + 2/3 == 3/3 == 1/1
Fraction(1, 1)
>>> f = Fraction(10, 6)
>>> f.numerator
5
>>> f.denominator
```

```
3
>>> f.as_integer_ratio()
(5, 3)
```

整数和布尔值也增加了 as_integer_ratio()方法。这是非常实用的，它可以帮助我们在使用数值时不需要担心它们的类型。

尽管分数对象有时候非常实用，但它们在商业软件中并不常用。在精度至关重要的场景（例如科学计算和金融计算）中，使用小数更加方便。

值得注意的是，绝对精确的小数意味着性能的代价。每个小数所存储的数据量远远多于它的分数或浮点数形式。在小数的处理方式上也是如此，它导致 Python 解释器在幕后所执行的工作量要多出很多。另一件值得注意的事情是，我们可以通过 decimal.getcontext(). prec 获取和设置小数的精度。

下面我们观察一个使用小数的简单例子：

```
>>> from decimal import Decimal as D # 为了简单起见，进行了重命名
>>> D(3.14) # 来自浮点值的 pi，因此存在近似值问题
Decimal('3.140000000000000124344978758017532527446746826171875')
>>> D('3.14') # 来自字符串的 pi，因此不存在近似值问题
Decimal('3.14')
>>> D(0.1) * D(3) - D(0.3) # 来自浮点值，仍然存在问题
Decimal('2.775557561565156540423631668E-17')
>>> D('0.1') * D(3) - D('0.3') # 来自字符串，一切完美
Decimal('0.0')
>>> D('1.4').as_integer_ratio() # 7/5 = 1.4 (是不是很酷?)
(7, 5)
```

注意，当我们从浮点数构建小数时，它接收了浮点数可能存在的所有近似值问题。当我们从数字的整数或字符串表示创建小数时，将不会出现近似问题，因此计算结果不会表现出古怪的行为。在涉及金钱或精确性至关重要的计算时，就需要使用小数。

现在我们就完成了对内置的数值类型的介绍。下面让我们观察序列。

2.4　不可变序列

我们首先讨论不可变序列：字符串、元组和字节。

2.4.1　字符串和 bytes 对象

Python 中的文本数据是用 str 对象处理的，它更常见的名称是**字符串**。它们是 **Unicode 代码点**的不可变序列。Unicode 代码点可以表示字符，但也可以具有其他含义，例如用于格式化数据。和其他语言不同，Python 并不支持 **char** 类型，因此单个字符被简单地认为是长度为 1 的字符串。

Unicode 是一种优秀的数据处理方式，任何应用程序都应该在内部使用这种格式。但是，

当我们存储文本数据或者通过网络发送它们时，可能想要使用一种适合当前所使用媒介的编码方式对它们进行编码。编码的结果产生了一个 **bytes** 对象，它的语法和行为与字符串类似。字符串字面值在 Python 中是用单引号、双引号或三引号（同时包括单引号和双引号）界定的。如果字符串出现在一对三引号内部，则它可以跨越多行。下面这个例子清晰地说明了这一点：

```
>>> # 创建字符串的 4 种方式
>>> str1 = 'This is a string. We built it with single quotes.'
>>> str2 = "This is also a string, but built with double quotes."
>>> str3 = '''This is built using triple quotes,
... so it can span multiple lines.'''
>>> str4 = """This too
... is a multiline one
... built with triple double-quotes."""
>>> str4 #A
'This too\nis a multiline one\nbuilt with triple double-quotes.'
>>> print(str4) #B
This too
is a multiline one
built with triple double-quotes.
```

在#A 和#B，我们输出了 str4，首先是隐式地打印，然后使用 print()函数显式地输出。找出它们不相同的原因是一个很好的练习。读者是不是准备好了迎接这个挑战？（提示：查阅 str()和 repr()函数。）

和任何序列一样，字符串具有长度。我们可以调用 len()函数获取字符串的长度：

```
>>> len(str1)
49
```

Python 3.9 引入了两个新方法，用于处理字符串的前缀和后缀。下面是一个解释它们的工作方式的例子：

```
>>> s = 'Hello There'
>>> s.removeprefix('Hell')
'o There'
>>> s.removesuffix('here')
'Hello T'
>>> s.removeprefix('Ooops')
'Hello There'
```

它们的优秀之处如最后一条指令所示：当我们试图删除一个不存在的前缀或后缀时，这两个函数简单地返回原字符串的一个副本。这意味着这两个方法在幕后会检查前缀或后缀是否与调用时所提供的参数匹配，如果匹配就删除它。

1. 字符串的编码和解码

使用 encode 和 decode 方法，我们可以对 Unicode 字符串进行编码并对 bytes 对象进行解码。**UTF-8** 是一种可变长度的**字符编码方式**，几乎能够对所有的 Unicode 代码点进行编码。它是网络上占据主导地位的编码方式。另外，注意在一个字符串声明之前添加一个字母 b 就创建了一个 bytes 对象：

```
>>> s = "This is üŋíc0de" # unicode 字符串：代码点
>>> type(s)
<class 'str'>
>>> encoded_s = s.encode('utf-8') # s 的 utf-8 编码版本
>>> encoded_s
b'This is \xc3\xbc\xc5\x8b\xc3\xadc0de' # 结果：bytes 对象
>>> type(encoded_s) # 验证它的另一种方式
<class 'bytes'>
>>> encoded_s.decode('utf-8') # 把它恢复到原始形式
'This is üŋíc0de'
>>> bytes_obj = b"A bytes object" # 一个 bytes 对象
>>> type(bytes_obj)
<class 'bytes'>
```

2. 字符串的索引和截取

对序列进行操作时，访问它的一个精确位置（**索引**）或者获取它的一个子序列（**截取**）都是极为常见的操作。处理不可变序列的时候，这两个操作都是只读的。

索引操作一般只有一种形式，就是以 0 为基数访问序列中的任何位置。截取操作可能以不同的形式出现。当我们获取一个序列的一个片段时，可以指定起始位置、终止位置、步长。它们是像下面这样用冒号（:）分隔的：my_sequence[start:stop:step]。所有的参数都是可选的，start 是含指定位置的，stop 则不含指定位置。用一个例子来说明截取操作远比语言描述要清楚得多：

```
>>> s = "The trouble is you think you have time."
>>> s[0] # 取位置 0 的索引，即第 1 个字符
'T'
>>> s[5] # 取位置 5 的索引，即第 6 个字符
'r'
>>> s[:4] # 截取，只指定终止位置
'The '
>>> s[4:] # 截取，只指定起始位置
'trouble is you think you have time.'
>>> s[2:14] # 截取，同时指定起始位置和终止位置
'e trouble is'
>>> s[2:14:3] # 截取，指定了起始位置、终止位置和步长（每 3 个字符）
'erb '
>>> s[:] # 创建一个副本的快速方式
'The trouble is you think you have time.'
```

最后一行相当有趣。如果我们不指定任何参数，Python 会为我们指定默认参数。在这种情况下，start 将是字符串的起始位置，stop 将是字符串的末尾，step 将是默认的 1。这是获取字符串 s 的一个副本（相同的值，但不同的对象）的一种方便而快捷的方法。读者能不能通过截取操作获取一个字符串的反向副本呢？（不要查答案，想办法自己完成。）

3. 字符串的格式化

字符串的一个特性是它可以作为模板使用。有几种不同的方式可以对字符串进行格式化，我们鼓励读者通过查阅文档寻找所有可能的格式化方式。下面是一些常见的例子：

```
>>> greet_old = 'Hello %s!'
>>> greet_old % 'Fabrizio'
'Hello Fabrizio!'
>>> greet_positional = 'Hello {}!'
>>> greet_positional.format('Fabrizio')
'Hello Fabrizio!'
>>> greet_positional = 'Hello {} {}!'
>>> greet_positional.format('Fabrizio', 'Romano')
'Hello Fabrizio Romano!'
>>> greet_positional_idx = 'This is {0}! {1} loves {0}!'
>>> greet_positional_idx.format('Python', 'Heinrich')
'This is Python! Heinrich loves Python!'
>>> greet_positional_idx.format('Coffee', 'Fab')
'This is Coffee! Fab loves Coffee!'
>>> keyword = 'Hello, my name is {name} {last_name}'
>>> keyword.format(name='Fabrizio', last_name='Romano')
'Hello, my name is Fabrizio Romano'
```

在上面这个例子中，我们介绍了对字符串进行格式化的 4 种不同方法。第一种方法依赖%操作符，它已经被摒弃，不应该再使用。当前对字符串进行格式化的现代方法是使用字符串的 format()方法。我们可以从不同的例子中看到，一对花括号作为字符串内部的一个占位符。当我们调用 format()时，就向它传递数据替换这些占位符。我们可以在花括号内指定索引（以及其他更多信息），甚至在其中指定名称，表示我们在调用 format()时所使用的是关键字参数而不是位置参数。

注意，我们在调用 format()时是如何通过传递不同的数据使 greet_positional_idx 产生不同结果的。

我们所介绍的最后一个特性是 Python 3.6 新增加的一个功能，称为**格式化字符串字面值**。这个特性相当酷（它比 format()方法更快）：字符串加上前缀 f，并包含了花括号内的替换字段。替换字段是在运行时进行求值的表达式，并使用格式化协议进行格式化：

```
>>> name = 'Fab'
>>> age = 42
>>> f"Hello! My name is {name} and I'm {age}"
"Hello! My name is Fab and I'm 42"
>>> from math import pi
>>> f"No arguing with {pi}, it's irrational..."
"No arguing with 3.141592653589793, it's irrational..."
```

另一项有趣的新功能是 Python 3.8 对 f 字符串的增强，它允许在 f 字符串子句（即替换字段）中添加一个等号指示符，使表达式被展开为表达式文本、等号、被求值表达式的表示形式。这对于注释和调试是极有帮助的。下面这个例子显示了行为上的不同之处：

```
>>> user = 'heinrich'
>>> password = 'super-secret'
>>> f"Log in with: {user} and {password}"
'Log in with: heinrich and super-secret'
>>> f"Log in with: {user=} and {password=}"
"Log in with: user='heinrich' and password='super-secret'"
```

读者可以参阅官方文档，了解字符串格式化的所有细节，领略它的强大功能。

2.4.2　元组

我们所介绍的最后一种不可变序列类型是**元组**（tuple）。元组是任意 Python 对象的序列。在元组声明中，元素是由逗号分隔的。元组在 Python 中使用得极为广泛，因为它允许使用模式，这个功能在其他语言中很难实现。有时候元组是隐式使用的，例如在一行中设置多个变量或者允许函数返回多个不同的对象（在许多其他语言中，一个函数通常只返回一个对象）。在 Python 控制台中，我们可以隐式地使用元组，用一条指令打印多个元素。稍后读者将会看到囊括所有这些情况的例子：

```
>>> t = () # 空元组
>>> type(t)
<class 'tuple'>
>>> one_element_tuple = (42, ) # 需要逗号!
>>> three_elements_tuple = (1, 3, 5) # 括号在这里是可选的
>>> a, b, c = 1, 2, 3 # 元组用于多个赋值
>>> a, b, c # 隐式的元组，用一条指令进行打印
(1, 2, 3)
>>> 3 in three_elements_tuple # 成员测试
True
```

注意，成员操作符 in 也可以在列表、字符串、字典中使用。一般而言，它适用于集合和序列对象。

注意，为了创建一个只包含 1 个元素的元组，需要在这个元素后面添加一个逗号。原因是如果没有这个逗号，而只有这个元素出现在括号中，它就会被当作一个冗余的数学表达式。另外还要注意，在赋值时，括号是可选的，因此 my_tuple = 1, 2, 3 和 my_tuple = (1, 2, 3)是相同的。

元组赋值还允许我们进行单行交换，不需要第三个临时变量。我们首先观察完成这个任务的一种更为传统的方法：

```
>>> a, b = 1, 2
>>> c = a # 我们需要 3 行代码和一个临时变量 c
>>> a = b
>>> b = c
>>> a, b # a 和 b 已经被交换
(2, 1)
```

现在我们观察如何在 Python 中完成这个任务：

```
>>> a, b = 0, 1
>>> a, b = b, a # 这是 Python 所采用的方法
>>> a, b
(1, 0)
```

我们可以观察 Python 所采用的交换两个值的方法。还记得我们在第 1 章中所说的吗？Python 程序的长度一般只有对应的 Java 或 C++代码的五分之一到三分之一，像单行交换这样的特性就在其中起到了很大的作用。Python 是优雅的，而这种场景下的优雅同时也意味着节约。

由于元组是不可变的，因此它们可以作为字典（稍后讨论）的键。对我们而言，元组是 Python 的一种内置数据，它最接近于数学的向量概念。不过，这并不意味着这就是它们的创建原因。元组通常包含了元素的混合序列。反之，列表的元素大多是同种类型的。而且，元组一般是通过拆包或索引访问的，而列表一般是通过迭代访问的。

2.5 可变序列

可变序列与不可变序列的区别在于它们在创建之后可以改变。Python 提供了两种可变序列类型：**列表**和**字节数组**。

2.5.1 列表

Python 的列表与元组非常相似，但它没有不可变这个限制。列表一般用于存储相同类型的对象集合，但是在列表中存储不同类型的对象也是可行的。列表可以采用许多不同的方式创建。下面让我们观察一个例子：

```
>>> [] # 空列表
[]
>>> list() # 与[]相同
[]
>>> [1, 2, 3] # 和元组一样，元素是用逗号分隔的
[1, 2, 3]
>>> [x + 5 for x in [2, 3, 4]] # Python 很神奇
[7, 8, 9]
>>> list((1, 3, 5, 7, 9)) # 列表的元素来自一个元组
[1, 3, 5, 7, 9]
>>> list('hello') # 列表的元素来自一个字符串
['h', 'e', 'l', 'l', 'o']
```

在上面这个例子中，我们展示了如何使用不同的技巧创建列表。我们希望读者仔细看一下注释了“Python 很神奇”的这一行，现在我们并不指望读者完全看懂（除非读者并不是初学者）。这个方法称为**列表解析**（list comprehension），这是 Python 所提供的一个非常强大的功能特性。我们将在第 5 章中详细讨论这个特性。现在，我们只希望能够激发读者对这个功能的好奇心。

创建列表自然很好，但真正的乐趣来自使用列表，因此下面我们观察列表所提供的主要

方法：

```
>>> a = [1, 2, 1, 3]
>>> a.append(13) # 我们可以在列表的末尾追加任何对象
>>> a
[1, 2, 1, 3, 13]
>>> a.count(1) # 列表中有多少个'1'?
2
>>> a.extend([5, 7]) # 用另一个列表（或序列）扩展这个列表
>>> a
[1, 2, 1, 3, 13, 5, 7]
>>> a.index(13) # '13'在列表中的位置（基于 0 的索引）
4
>>> a.insert(0, 17) # 在位置 0 插入'17'
>>> a
[17, 1, 2, 1, 3, 13, 5, 7]
>>> a.pop() # 弹出（移除并返回）最后一个元素
7
>>> a.pop(3) # 弹出位置 3 的元素
1
>>> a
[17, 1, 2, 3, 13, 5]
>>> a.remove(17) # 从列表中移除'17'
>>> a
[1, 2, 3, 13, 5]
>>> a.reverse() # 反转列表的元素顺序
>>> a
[5, 13, 3, 2, 1]
>>> a.sort() # 对列表进行排序
>>> a
[1, 2, 3, 5, 13]
>>> a.clear() # 从列表中移除所有的元素
>>> a
[]
```

上面的代码显示了列表的主要方法。我们以 extend()为例说明它们的功能有多么强大。读者可以使用任何序列类型对列表进行扩展：

```
>>> a = list('hello') # 根据一个字符串创建一个列表
>>> a
['h', 'e', 'l', 'l', 'o']
>>> a.append(100) # 追加 100 这个值，与其他元素的类型不同
>>> a
['h', 'e', 'l', 'l', 'o', 100]
>>> a.extend((1, 2, 3)) # 用一个元组扩展这个列表
>>> a
['h', 'e', 'l', 'l', 'o', 100, 1, 2, 3]
>>> a.extend('...') # 用一个字符串扩展这个列表
>>> a
['h', 'e', 'l', 'l', 'o', 100, 1, 2, 3, '.', '.', '.']
```

现在，我们观察列表最常见的操作是什么：

```
>>> a = [1, 3, 5, 7]
>>> min(a) # 列表中的最小值
1
>>> max(a) # 列表中的最大值
7
>>> sum(a) # 列表中所有元素之和
16
>>> from math import prod
>>> prod(a) # 列表中所有元素之积
105
>>> len(a) # 列表中元素的数量
4
>>> b = [6, 7, 8]
>>> a + b # 列表的'+'操作表示连接
[1, 3, 5, 7, 6, 7, 8]
>>> a * 2 # '*'具有一种特殊的含义
[1, 3, 5, 7, 1, 3, 5, 7]
```

注意，我们极其方便地实现了列表中所有值的求和与乘积。math 模块的 prod()函数是 Python 3.8 新增加的许多函数之一。即使读者并不会频繁地使用这个模块，但对 math 模块进行探索并熟悉它的函数是个很好的思路，可以提供相当大的帮助。

上面代码的最后两行相当有趣，因为它们引入了一种称为**操作符重载**的概念。简言之，它意味着像+、–、*、%这样的操作符可以根据它们使用时所处的语境表示不同的操作。对两个列表进行求和显然没有任何意义，因此+符号就用于连接这两个列表。同理，*符号可以根据右操作数把列表与自身进行连接。

现在，让我们更进一步，观察一些更加有趣的东西。我们希望向读者展示 sorted()方法的强大功能，并展示 Python 可以非常方便地实现一些在其他语言中需要很大的工作量才能完成的任务：

```
>>> from operator import itemgetter
>>> a = [(5, 3), (1, 3), (1, 2), (2, -1), (4, 9)]
>>> sorted(a)
[(1, 2), (1, 3), (2, -1), (4, 9), (5, 3)]
>>> sorted(a, key=itemgetter(0))
[(1, 3), (1, 2), (2, -1), (4, 9), (5, 3)]
>>> sorted(a, key=itemgetter(0, 1))
[(1, 2), (1, 3), (2, -1), (4, 9), (5, 3)]
>>> sorted(a, key=itemgetter(1))
[(2, -1), (1, 2), (5, 3), (1, 3), (4, 9)]
>>> sorted(a, key=itemgetter(1), reverse=True)
[(4, 9), (5, 3), (1, 3), (1, 2), (2, -1)]
```

上面的代码值得进一步解释。首先，a 是一个元组类型的列表。这意味着 a 中的每个元素都是一个元组（在这个例子中都是二元组）。当我们调用 sorted(my_list)时，就得到了 my_list 的一个排序版本。在这个例子中，对二元组列表的排序首先是根据元组中的第一个元素进行的。

如果第一个元素相同，则根据第二个元素进行排序。我们可以从 sorted(a)的结果中看到这个行为，它产生的结果是[(1, 2), (1, 3), …]。Python 还允许我们指定根据元组的第几个元素进行排序。注意，当我们指示 sorted()函数根据每个元组的第一个元素进行排序时（通过 key = itemgetter(0) 指定），其结果是不同的：[(1, 3), (1, 2), …]。这种排序只是根据每个元组的第一个元素（位置 0 的元素）进行的。如果我们想要复制 sorted(a)调用的默认行为，需要指定 key=itemgetter(0, 1)，告诉 Python 首先根据元组位置 0 的元素进行排序，然后根据位置 1 的元素进行排序。对结果进行比较，读者可以发现它们是符合预期的。

为了完整起见，我们包含了一个只根据位置 1 的元素进行排序的例子，然后是一个排序依据相同但采用反序的例子。如果读者对其他语言中的排序有所了解，相信此刻会留下深刻的印象。

Python 排序算法的功能极为强大，它是由 Tim Peters（我们已经看到过这个名字，还记得是在什么时候吗？）所编写的。它被恰如其分地命名为 **Timsort**，是**归并排序**和**插入排序**的一种混合方式，比主流编程语言所使用的大多数其他算法具有更好的时间性能。Timsort 算法是一种稳定的排序算法，意味着当多条记录具有相同的键时，它们原先的顺序会被保留。我们已经在 sorted(*a*, key=itemgetter(0))的结果中看到了这一点，它所产生的结果是[(1, 3), (1, 2), …]，这两个元组原先的顺序得到了保留，因为它们位置 0 的值是相同的。

2.5.2　bytearray（字节数组）

在结束对可变序列类型的讲解之前，我们花点时间讨论一下 **bytearray** 类型。它基本上可以看成是 bytes 对象的可变版本。它提供了可变序列的大多数常用方法，同时提供了 bytes 类型的大多数方法。bytearray 中的元素是范围为[0, 256)的整数。

在表示区间时，我们将使用表示开区间和闭区间的标准记法。方括号表示这个值是包括在内的，而圆括号表示这个值是被排除在外的。它的粒度通常是根据边缘元素的类型推断的，因此区间[3, 7]表示 3 和 7 之间的所有整数，包括 3 和 7。反之，区间(3, 7)表示 3 和 7 之间的所有整数，但不包括 3 和 7（即 4、5 和 6）。bytearray 类型中的元素是 0 和 256 之间的整数，0 是包括在内的，但 256 并不包括在内。采用这种区间表示方法是为了便于编写代码。如果我们把一个范围$[a, b)$分解为 N 个连续的范围，可以很方便地通过连接表示原先的范围，如下所示：

$$[a, k_1)+[k_1, k_2)+[k_2, k_3)+\cdots+[k_{N-1}, b)$$

中间点(k_i)被排除在一端之外，但被包括在另一端之内，这样在代码中处理区间时可以很方便地进行连接和分割。

下面我们观察一个使用 bytearray 类型的例子：

```
>>> bytearray()    # 空的 bytearray 对象
bytearray(b'')
>>> bytearray(10) # 给定长度的实例，用 0 填充
bytearray(b'\x00\x00\x00\x00\x00\x00\x00\x00\x00\x00')
```

```
>>> bytearray(range(5)) # bytearray 的元素为可迭代的整数
bytearray(b'\x00\x01\x02\x03\x04')
>>> name = bytearray(b'Lina') #A  bytearray 的元素来自一个 bytes 对象
>>> name.replace(b'L', b'l')
bytearray(b'lina')
>>> name.endswith(b'na')
True
>>> name.upper()
bytearray(b'LINA')
>>> name.count(b'L')
1
```

可以看到，我们可以使用几种不同的方法创建 bytearray 对象。它们可用于许多场合。例如，通过套接字接收数据时，它们可以消除在轮询时连接数据的需要，因此提供了极大的便利性。在#A 这一行，我们创建了一个称为 name 的 bytearray 对象，它的元素来自 bytes 字面值 b'Lina'，说明了 bytearray 对象同时提供了序列类型和字符串类型的方法，这样非常便利。如果细加思量，我们可以把它们看成可变字符串。

2.6 集合类型

Python 还提供了两种集合类型：**set** 和 **frozenset**。set 类型是可变的，而 frozenset 类型是不可变的。它们都是不可变对象的无序集合。**散列性**是一种允许把一个对象作为集合的成员和字典的键的特性，稍后我们将对此进行讨论。

根据 Python 官方文档的说法："如果一个对象具有一个在其生命期内绝不会改变的散列值，可以与其他对象进行比较，那么它就是**可散列**的……具备散列性的对象可以作为字典的键和集合的成员使用，因为这两种数据结构在内部使用了散列值。Python 的绝大多数不可变内置对象都是可散列的，而可变容器（例如列表或字典）则是不可散列的。用户定义类型的对象在默认情况下是可散列的。它们相互比较的结果都是不相等的（除非与自身进行比较），它们的散列值是由它们的 id()推衍所得的。"

比较结果相同的对象必然具有相同的散列值。在集合中，成员测试是极为常用的，因此我们在下面的例子中引入了 in 操作符：

```
>>> small_primes = set() # 空的 set
>>> small_primes.add(2) # 一次添加一个元素
>>> small_primes.add(3)
>>> small_primes.add(5)
>>> small_primes
{2, 3, 5}
>>> small_primes.add(1) # 观察我的做法，1 并不是质数！
>>> small_primes
{1, 2, 3, 5}
```

```
>>> small_primes.remove(1) # 因此将它移除
>>> 3 in small_primes # 成员测试
True
>>> 4 in small_primes
False
>>> 4 not in small_primes # 非成员测试
True
>>> small_primes.add(3) # 再次尝试添加 3
>>> small_primes
{2, 3, 5} # 没有变化，不允许重复的值
>>> bigger_primes = set([5, 7, 11, 13]) # 更快速的创建
>>> small_primes | bigger_primes # 并集操作符 '|'
{2, 3, 5, 7, 11, 13}
>>> small_primes & bigger_primes # 交集操作符 '&'
{5}
>>> small_primes - bigger_primes # 差集操作符'-'
{2, 3}
```

在上面的代码中，我们可以看到创建 set 对象的两种不同方法。一种是创建一个空 set 对象，然后一次向它添加 1 个元素。另一种创建 set 对象的方法是把一个数值列表作为参数传递给 set 的构造函数，后者会为我们完成所有的工作。当然，我们可以根据一个列表或一个元组（或任何可迭代的类型）创建一个 set 对象，然后根据需要从集合中添加或删除成员。

我们将在第 3 章讨论**可迭代**对象和迭代。现在，读者只需要知道可迭代对象就是可以从一个方向进行迭代的对象。

创建 set 对象的另一种方法是简单地使用花括号记法，如下所示：

```
>>> small_primes = {2, 3, 5, 5, 3}
>>> small_primes
{2, 3, 5}
```

注意，我们添加了一些重复的值，以强调最终结果中并不会出现重复的值。下面我们观察 set 类型的不可变版本 frozenset 的一个例子：

```
>>> small_primes = frozenset([2, 3, 5, 7])
>>> bigger_primes = frozenset([5, 7, 11])
>>> small_primes.add(11) # 不能向 frozenset 对象添加元素
Traceback (most recent call last):
  File "<stdin>", line 1, in <module>
AttributeError: 'frozenset' object has no attribute 'add'
>>> small_primes.remove(2) # 也不能移除元素
Traceback (most recent call last):
  File "<stdin>", line 1, in <module>
AttributeError: 'frozenset' object has no attribute 'remove'
>>> small_primes & bigger_primes # 允许交集、并集等操作
frozenset({5, 7})
```

可以看到，frozenset 对象与可变的 set 对象相比是相当受限制的。但是，它在成员测试、

并集操作、交集操作、差集操作方面还是被证明是非常有效的，并且由于性能方面的原因存在一定的用武之地。

2.7 映射类型——字典

在 Python 的所有内置数据类型中，字典是比较有趣的一种。它是唯一的一种标准映射类型，是支撑起每个 Python 对象的“主心骨”。

字典把键映射到值。键必须是可散列对象，而值可以是任意类型。字典也是可变对象。我们可以采用几种不同的方式创建字典对象。因此，在下面这个简单的例子中，我们用 5 种不同的方式创建了一个等于{'A': 1, 'Z': −1}的字典：

```
>>> a = dict(A=1, Z=-1)
>>> b = {'A': 1, 'Z': -1}
>>> c = dict(zip(['A', 'Z'], [1, -1]))
>>> d = dict([('A', 1), ('Z', -1)])
>>> e = dict({'Z': -1, 'A': 1})
>>> a == b == c == d == e # 它们都相同吗?
True # 它们确实相同
```

有没有注意到那些双等于符号？赋值是用一个等号完成的，为了检查一个对象是否与另一个对象相同（或者像这个例子一样，检查 5 个对象是否相同），我们使用了双等于符号。还有另一种方法可以用于对象之间的比较，它涉及 is 操作符，检查两个对象是否为同一个（它们是否具有相同的 id，而不仅仅是相同的值）。但是，除非我们有充足的理由，否则应该使用双等于符号。在前面的代码中，我们还使用了一个出色的函数：zip()。它的名称来自现实世界的拉链，它像拉链一样把两件物品结合在一起，一次把两个对象结合为一个元素。下面我们观察一个例子：

```
>>> list(zip(['h', 'e', 'l', 'l', 'o'], [1, 2, 3, 4, 5]))
[('h', 1), ('e', 2), ('l', 3), ('l', 4), ('o', 5)]
>>> list(zip('hello', range(1, 6))) # 等效的操作，更具 Python 风格
[('h', 1), ('e', 2), ('l', 3), ('l', 4), ('o', 5)]
```

在上面这个例子中，我们用两种不同的方法创建了相同的列表，一种方法更为明确，另一种方法更偏向 Python 风格。读者暂时可以忽略我们围绕 zip()调用包装 list()构造函数的做法（原因是 zip()返回一个迭代器而不是列表，因此如果我们想观察其结果，必须把这个迭代器消耗到某个容器中，在这个例子中是一个列表），而是把注意力集中在它的结果上。观察 zip()是如何把它的两个参数进行配对的，首先合成第一个元素，然后是第二个元素，再接着是第三个元素，依次类推。

观察手提箱、钱包或枕头套上的拉链，可以看到实际拉链的行为是与之相同的。但是，现在我们回到字典对象，观察它们提供了哪些出色的方法允许我们根据需要对它们进行操作。我们首先讨论基本操作：

```
>>> d = {}
>>> d['a'] = 1 # 设置一些（键，值）对
>>> d['b'] = 2
>>> len(d) # 有多少对?
```

```
2
>>> d['a']  #  'a'的值是什么?
1
>>> d  #  'd'现在看上去是什么样子?
{'a': 1, 'b': 2}
>>> del d['a'] # 移除'a'
>>> d
{'b': 2}
>>> d['c'] = 3  # 添加'c': 3
>>> 'c' in d  # 根据键检测是否为成员
True
>>> 3 in d  # 不能根据值来检测
False
>>> 'e' in d
False
>>> d.clear()  # 清除字典中的所有元素
>>> d
{}
```

注意，不管我们操作的类型是什么，对字典中的键进行访问总是通过方括号完成的。还记得字符串、列表和元组吗？我们也是通过方括号访问某个位置的元素，这是 Python 一致性的另一个例子。

现在，我们观察 3 个称为字典视图的特殊对象——keys、values、items。这些对象提供了字典中元素的动态视图，并在字典发生变化时随之变化。keys()返回字典中所有的键，values()返回字典中所有的值，而 items()返回字典中所有的（键，值）对。

言归正传，我们把上面的理论落实到代码中：

```
>>> d = dict(zip('hello', range(5)))
>>> d
{'h': 0, 'e': 1, 'l': 3, 'o': 4}
>>> d.keys()
dict_keys(['h', 'e', 'l', 'o'])
>>> d.values()
dict_values([0, 1, 3, 4])
>>> d.items()
dict_items([('h', 0), ('e', 1), ('l', 3), ('o', 4)])
>>> 3 in d.values()
True
>>> ('o', 4) in d.items()
True
```

这里有一些值得注意的地方。首先，注意我们是如何以拉链的方式根据字符串'hello'和列表[0, 1, 2, 3, 4]创建字典的。字符串'hello'的内部有两个'l'字符，它们分别由 zip()函数与 2 和 3 这两个值配对。注意在这个字典中，第二个'l'键（与 3 配对的那个）覆盖了第一个'l'键（与 2 配对的那个）。另外值得注意的是，不管我们查看字典的哪个视图，它的原先元素顺序都会得到保留。但是在 Python 3.6 版本之前，还没有办法保证这一点。

在 Python 3.6 中，dict 类型重新进行了实现，使用了一种更为紧凑的表示形式。这就导致字典所使用的内存数量较之 Python 3.5 下降了 20%～25%。而且，在 Python 3.6 中，作为一种副作用，字典保留了键的插入顺序。这个特性受到了 Python 社区的欢迎，因此在 Python 3.7 中，它成为语言的一个正式特性，而不再被认为是副作用。从 Python 3.8 开始，字典还可以取它的逆序。

当我们讨论如何对集合进行迭代时，将会发现这些视图都是非常基本的工具。现在，让我们观察 Python 的字典所提供的一些其他方法。字典所提供的方法非常多，它们都非常实用：

```
>>> d
{'h': 0, 'e': 1, 'l': 3, 'o': 4}
>>> d.popitem() # 删除一个随机的元素（在算法中很实用）
('o', 4)
>>> d
{'h': 0, 'e': 1, 'l': 3}
>>> d.pop('l') # 删除键为'l'的那个元素
3
>>> d.pop('not-a-key') # 删除一个字典中并不存在的键：KeyError
Traceback (most recent call last):
  File "<stdin>", line 1, in <module>
KeyError: 'not-a-key'
>>> d.pop('not-a-key', 'default-value') # 具有默认值？
'default-value' # 获取默认值
>>> d.update({'another': 'value'}) # 可以按照这种方式更新 dict
>>> d.update(a=13) # 或者按照这种方式（就像函数调用）
>>> d
{'h': 0, 'e': 1, 'another': 'value', 'a': 13}
>>> d.get('a') # 与 d['a']相同，但如果不存在这个键，不会出现 KeyError
13
>>> d.get('a', 177) # 如果不存在该键时所使用的默认值
13
>>> d.get('b', 177) # 就像这种情况一样
177
>>> d.get('b') # 键不存在，因此返回 None
```

这些方法都很简单，很容易理解，但是值得说明一下其中出现的 None。Python 中的每个函数都默认返回 None，除非明确使用 return 语句返回其他对象。我们将在介绍函数时解释这种做法。None 常用于表示不存在值，常常作为函数声明中参数的默认值。经验不足的程序员有时候会编写返回 False 或 None 的代码。False 和 None 在布尔值语境中的结果都是 False，因此它们之间看上去似乎没有太大的区别。但实际上，我们认为两者之间存在一个重要的区别：False 表示存在信息，该信息的内容是 False；None 表示没有信息。没有信息与信息内容为 False 存在巨大的差别。用外行的话说，如果问修理师“我的车修好了吗？”，在“不，还没有（False）”和“不清楚（None）”之间是存在巨大差别的。

我们所介绍的最后一个关于字典的方法是 setdefault()。它的行为与 get()相似，但是如果不存在这个键，它就为这个键设置一个特定的默认值。下面我们观察一个例子：

```
>>> d = {}
>>> d.setdefault('a', 1) # 'a'不存在，得到默认值
```

```
1
>>> d
{'a': 1} # 另外，现在键值对 ('a', 1)已经被添加到字典中
>>> d.setdefault('a', 5) # 让我们试图覆盖这个值
1
>>> d
{'a': 1} # 没有被覆盖，如预期的一样
```

现在，我们对字典的探索之旅已经接近终点。读者可以预测在下面的代码执行之后 d 是什么值，从而测试自己对字典的理解：

```
>>> d = {}
>>> d.setdefault('a', {}).setdefault('b', []).append(1)
```

如果无法立即给出答案，也不必担心。我们只是想鼓励读者对字典进行试验。

Python 3.9 推出了一个全新的可用于 dict 对象的并集操作符，它是由 PEP 584 所引入的。把并集操作符应用于 dict 对象时，我们需要记住用于字典的并集操作符并不满足交换律。当我们所合并的两个 dict 对象具有一个或多个共同的键时，就可以清晰地看到这一点。我们可以通过下面这个例子进行验证：

```
>>> d = {'a': 'A', 'b': 'B'}
>>> e = {'b': 8, 'c': 'C'}
>>> d | e
{'a': 'A', 'b': 8, 'c': 'C'}
>>> e | d
{'b': 'B', 'c': 'C', 'a': 'A'}
>>> {**d, **e}
{'a': 'A', 'b': 8, 'c': 'C'}
>>> {**e, **d}
{'b': 'B', 'c': 'C', 'a': 'A'}
>>> d |= e
>>> d
{'a': 'A', 'b': 8, 'c': 'C'}
```

这里，dict 对象 d 和 e 有一个共同的键'b'。对于 dict 对象 d，与'b'相关联的值是'B'。对于 dict 对象 e，相关联的值是数字 8。这意味着当我们将它们合并时（e 出现在并集操作符|的右边），e 中的值会覆盖 d 中的值。当然，如果我们交换并集操作符两边对象的位置，就会出现相反的情况。

在这个例子中，我们还可以看到使用**操作符通过**字典拆包**（dictionary unpacking）来执行并集操作的方法。值得注意的是，并集操作也可以采用复合赋值操作（d |= e）的形式执行，它是在原地进行操作的。关于这个特性的详细信息，可以参阅 PEP 584。

现在，我们已经完成了内置数据类型的讨论。对本章所讨论的内容进行总结之前，我们想简单地讨论一下数据类型。

2.8 数据类型

Python 提供了各种不同的专门数据类型，例如日期和时间、容器类型、枚举。Python 标准

库提供了一整节称为“数据类型”的内容可供我们探索。它提供了大量有趣和实用的工具，可以满足每个程序员的需要。

在本节中，我们简单地讨论日期和时间、集合、枚举。

2.8.1 日期和时间

Python 标准库提供了一些可用于处理日期和时间的数据类型。这些类型看上去简单明了，实际上却相当复杂：时区、夏令时等因素，对日期和时间信息进行格式化的大量方式，诡异的日历，日期时间的解析和本地化等，都是我们在处理日期和时间时所面临的许多困难的其中一部分。这也是在这个特定的语境中，专业的 Python 程序员经常依赖各种第三方程序库来提供他们所需要的额外功能的原因。

1. 标准库

我们首先介绍标准库，并在简单地介绍了可以使用的第三方程序库之后结束这个话题。

在标准库中，用于处理日期和时间的主要模块是 datetime、calender、zoneinfo、time。我们首先引入这节内容所需要的功能：

```
>>> from datetime import date, datetime, timedelta, timezone
>>> import time
>>> import calendar as cal
>>> from zoneinfo import ZoneInfo
```

第 1 个例子处理日期。我们观察它的工作方式：

```
>>> today = date.today()
>>> today
datetime.date(2021, 3, 28)
>>> today.ctime()
'Sun Mar 28 00:00:00 2021'
>>> today.isoformat()
'2021-03-28'
>>> today.weekday()
6
>>> cal.day_name[today.weekday()]
'Sunday'
>>> today.day, today.month, today.year
(28, 3, 2021)
>>> today.timetuple()
time.struct_time(
    tm_year=2021, tm_mon=3, tm_mday=28,
    tm_hour=0, tm_min=0, tm_sec=0,
    tm_wday=6, tm_yday=87, tm_isdst=-1
)
```

我们首先提取今天的日期。可以看到它是 datetime.date 类的一个实例。然后，我们获取它的两种不同的表示形式，分别采用 C 和 ISO 8601 格式标准。在询问了今天是星期几之后，我们得到的结果是数字 6。星期几是由数值 0～6（依次表示星期一到星期天）表示的，因此我们提取了 calendar.day_name 中第六个元素的值（注意，为简洁起见，我们用"cal"代替了 calendar）。

最后两条指令说明了如何获取一个 date 对象的详细信息。我们可以检查它的 day、month、year 属性，或者调用 timetuple()方法获取整块信息。由于我们处理的是 date 对象，因此可以注意到与时间有关的所有信息都被设置为 0。

现在，我们讨论时间：

```
>>> time.ctime()
'Sun Mar 28 15:23:17 2021'
>>> time.daylight
1
>>> time.gmtime()
time.struct_time(
    tm_year=2021, tm_mon=3, tm_mday=28,
    tm_hour=14, tm_min=23, tm_sec=34,
    tm_wday=6, tm_yday=87, tm_isdst=0
)
>>> time.gmtime(0)
time.struct_time(
    tm_year=1970, tm_mon=1, tm_mday=1,
    tm_hour=0, tm_min=0, tm_sec=0,
    tm_wday=3, tm_yday=1, tm_isdst=0
)
>>> time.localtime()
time.struct_time(
    tm_year=2021, tm_mon=3, tm_mday=28,
    tm_hour=15, tm_min=23, tm_sec=50,
    tm_wday=6, tm_yday=87, tm_isdst=1
)
>>> time.time()
1616941458.149149
```

这个例子与前面那个例子非常相似，只不过现在处理的是时间。我们可以看到如何获取符合 C 格式标准的时间输出形式，然后检查夏令时是否生效。gmtime 函数把 epoch 中特定的时间（单位：秒）转换为 UTC 的 struct_time 对象。如果不向它输入任何数值，它将使用当前时间。

epoch 是计算机系统在测量系统时间时所使用的起始日期和时间。我们可以看到在运行这段代码的计算机上，epoch 是 1970 年 1 月 1 日。UNIX 和 POSIX 都使用这个时间点。

协调世界时间或 **UTC** 是全世界调整时钟和时间的主要标准。

在结束这个例子时，我们根据本地当前时间获取 struct_time 对象，并以浮点数的形式（time.time()）获取自 epoch 以来所经过的秒数。

下面我们观察一个使用 datetime 对象的例子，它同时使用了日期和时间。

```
>>> now = datetime.now()
>>> utcnow = datetime.utcnow()
```

```
>>> now
datetime.datetime(2021, 3, 28, 15, 25, 16, 258274)
>>> utcnow
datetime.datetime(2021, 3, 28, 14, 25, 22, 918195)
>>> now.date()
datetime.date(2021, 3, 28)
>>> now.day, now.month, now.year
(28, 3, 2021)
>>> now.date() == date.today()
True
>>> now.time()
datetime.time(15, 25, 16, 258274)
>>> now.hour, now.minute, now.second, now.microsecond
(15, 25, 16, 258274)
>>> now.ctime()
'Sun Mar 28 15:25:16 2021'
>>> now.isoformat()
'2021-03-28T15:25:16.258274'
>>> now.timetuple()
time.struct_time(
    tm_year=2021, tm_mon=3, tm_mday=28,
    tm_hour=15, tm_min=25, tm_sec=16,
    tm_wday=6, tm_yday=87, tm_isdst=-1
)
>>> now.tzinfo
>>> utcnow.tzinfo
>>> now.weekday()
6
```

上面这个例子简单易懂。我们首先设置两个表示当前时间的实例。一个与 UTC 相关（utcnow），另一个是本地表示形式（now）。当我们运行这段代码时恰好是 2021 年英国实行夏令时的第一天，因此 now 表示 BST 的当前时间。当夏令时生效时，BST 比 UTC 早一小时，我们从代码中可以看到这一点。

我们可以采用类似的方式从一个 datetime 对象获取日期、时间和特定属性。值得注意的是，now 和 utcnow 的 tzinfo 属性都是 None。这是因为这两个对象都是 **naive** 对象。

日期和时间对象如果包含了时区信息，就可以归类为 aware 对象。如果不包含，则归类为 naive 对象。

下面我们观察在这种语境下如何表示一段时间：

```
>>> f_bday = datetime(
    1975, 12, 29, 12, 50, tzinfo=ZoneInfo('Europe/Rome')
    )
>>> h_bday = datetime(
    1981, 10, 7, 15, 30, 50, tzinfo=timezone(timedelta(hours=2))
    )
>>> diff = h_bday - f_bday
```

```
>>> type(diff)
<class 'datetime.timedelta'>
>>> diff.days
2109
>>> diff.total_seconds()
182223650.0
>>> today + timedelta(days=49)
datetime.date(2021, 5, 16)
>>> now + timedelta(weeks=7)
datetime.datetime(2021, 5, 16, 15, 25, 16, 258274)
```

我们创建了两个对象，分别表示两位作者的生日。为了让读者体验另一种对象，这次我们创建了 **aware** 对象。

在创建 datetime 对象时，可以使用几种方式包含时区信息。在这个例子中，我们显示了其中两种方式。一种使用了来自 zoneinfo 模块的全新 ZoneInfo 对象，它是 Python 3.9 中新增的。另一种使用了简单的 timedelta，这个对象表示一段时间。

接着，我们创建了 diff 对象，它被设置为两个对象之差。这个操作的结果是 timedelta 对象的一个实例。读者可以看到我们通过查询 diff 对象来确定两位作者的生日相隔多少天，甚至可以得知这段时间间隔多少秒。注意，我们需要使用 total_seconds，它表示以秒为单位的整个持续时间。seconds 属性表示这段时间的秒数。因此，timedelta(days=1)的秒数等于 0，total_seconds 等于 86 400（一天的秒数）。

把一个 datetime 对象与一段时间进行组合相当于在原先的日期和时间信息上加上或减去一段时间。在这个例子的最后几行中，我们可以看到在一个 date 对象上添加一段时间产生了一个新的 date 对象，而把它加到一个 datetime 对象上产生了一个新的 datetime 对象，这也符合我们的预期。

在使用日期和时间时，较困难的任务之一是解析。下面我们观察一个简短的例子：

```
>>> datetime.fromisoformat('1977-11-24T19:30:13+01:00')
datetime.datetime(
    1977, 11, 24, 19, 30, 13,
    tzinfo=datetime.timezone(datetime.timedelta(seconds=3600))
)
>>> datetime.fromtimestamp(time.time())
datetime.datetime(2021, 3, 28, 15, 42, 2, 142696)
```

我们可以轻松地根据 ISO 格式的字符串创建 datetime 对象，也可以根据 timestamps 对象创建。但是，一般而言，从未知的格式解析日期是一项艰巨的任务。

2. 第三方程序库

结束本节的内容时，我们还需要提及一些在代码中处理日期和时间时很有可能需要用到的第三方程序库。

- dateutil：datetime 的一个功能强大的扩展。
- Arrow：适用于 Python 的更好的日期和时间。

◆ pytz：为 Python 提供的世界时区定义。

这 3 个是最为常用的，值得对它们进行探索。

下面我们观察最后一个例子，这次使用第三方程序库 Arrow：

```
>>> import arrow
>>> arrow.utcnow()
<Arrow [2021-03-28T14:43:20.017213+00:00]>
>>> arrow.now()
<Arrow [2021-03-28T15:43:39.370099+01:00]>

>>> local = arrow.now('Europe/Rome')
>>> local
<Arrow [2021-03-28T16:59:14.093960+02:00]>
>>> local.to('utc')
<Arrow [2021-03-28T14:59:14.093960+00:00]>
>>> local.to('Europe/Moscow')
<Arrow [2021-03-28T17:59:14.093960+03:00]>
>>> local.to('Asia/Tokyo')
<Arrow [2021-03-28T23:59:14.093960+09:00]>
>>> local.datetime
datetime.datetime(
    2021, 3, 28, 16, 59, 14, 93960,
    tzinfo=tzfile('/usr/share/zoneinfo/Europe/Rome')
)
>>> local.isoformat()
'2021-03-28T16:59:14.093960+02:00'
```

Arrow 为标准库的数据结构提供了一个包装器，另外还提供了一整套的方法和帮助函数，简化了处理日期和时间的任务。我们可以从这个例子中看到它可以很方便地获取意大利时区的本地日期和时间（Europe/Rome），把它转换为世界协调时或俄罗斯、日本的时区也非常简单。最后两条指令说明了如何从 Arrow 对象获取底层的 datetime 对象，并获取非常实用的日期和时间的 ISO 格式表示形式。

2.8.2 collections 模块

如果觉得 Python 的基本内置容器（元组、列表、集合和字典）还不够充分，可以在 collections 模块中找到专业的容器数据类型。表 2-1 描述了这些容器。

表 2-1 collections 模块中的数据类型

数据类型	描述
namedtuple()	工厂函数，用命名字段创建元组子类
deque	类似列表的容器，可以在任一端快速添加和弹出
ChainMap	类似字典的类，用于创建多重映射的一个简单视图
Counter	字典的一个子类，用于对可散列对象进行计数

续表

数据类型	描述
OrderedDict	字典的一个子类，其方法允许对元素进行重新排序
defaultdict	字典的一个子类，调用一个工厂函数以支持缺失的值
UserDict	字典对象的包装器，用于方便地创建字典子类
UserList	列表对象的包装器，用于方便地创建列表子类
UserString	字符串对象的包装器，用于方便地创建字符串子类

我们没有太多的篇幅讨论所有这些专业容器，但读者可以在官方文档中找到大量相关的示例。因此，我们在这里只提供一个简单的例子，对 namedtuple、defaultdict、ChainMap 略做介绍。

1. namedtuple

namedtuple 是一种类似元组的对象，除了可以通过索引和迭代访问之外，还可以通过属性查找的方式访问它的字段（它实际上是 tuple 的一个子类）。这是功能完整的对象和元组之间的某种类型的妥协。我们有时候并不需要一个自定义对象的完整功能，只是希望自己的代码可以避免奇怪的索引访问，从而实现更佳的可读性。此时，像 namedtuple 这样的对象就非常实用。这种对象的另一个适用场合是元组中的元素可能会在重构之后改变它们的位置，从而迫使程序员对相关的逻辑进行重构，而这是相当麻烦的。

例如，我们正在处理与一位病人的左眼视力和右眼视力有关的数据。我们在一个常规的元组中为左眼视力保存一个值（位置 0），并为右眼视力保存一个值（位置 1）。下面显示了一种可行的做法：

```
>>> vision = (9.5, 8.8)
>>> vision
(9.5, 8.8)
>>> vision[0] # 左眼视力（隐式的位置引用）
9.5
>>> vision[1] # 右眼视力（隐式的位置引用）
8.8
```

现在，假设我们一直在处理 vision（视力）对象。但在某个时刻，设计人员决定强化这个对象，增加组合视力的信息。现在，vision 对象按照下面的格式存储数据（左眼视力，组合视力，右眼视力）。

能明白我们所面临的麻烦吗？我们可能有大量的代码依赖于 vision[0]是左眼视力的信息（现在仍然如此）并且 vision[1]是右眼视力的信息（现在不再如此）。当我们处理这些对象时，必须对代码进行重构，把 vision[1]改为 vision[2]，这个过程会很痛苦。如果使用本节之初所提到的 namedtuple，可以很好地解决问题。下面我们观察具体的做法：

```
>>> from collections import namedtuple
>>> Vision = namedtuple('Vision', ['left', 'right'])
>>> vision = Vision(9.5, 8.8)
>>> vision[0]
9.5
>>> vision.left # 与vision[0]相同，但明确指定
9.5
>>> vision.right # 与vision[1]相同，但明确指定
8.8
```

如果在代码中，我们使用 vision.left 和 vision.right 表示左眼视力和右眼视力，现在为了修正设计问题，我们只需要修改对象工厂和创建实例的方式，剩余的代码不需要修改：

```
>>> Vision = namedtuple('Vision', ['left', 'combined', 'right'])
>>> vision = Vision(9.5, 9.2, 8.8)
>>> vision.left # 仍然正确
9.5
>>> vision.right # 仍然正确（尽管现在是 vision[2]）
8.8
>>> vision.combined # 新的 vision[1]
9.2
```

可以看到，通过名称来引用值要比通过位置引用方便得多。不管怎样，一位智者曾经写道："明确指定胜过隐含表示（还记得'Python 之禅'吗？）"。当然，这个例子可能有点极端，代码设计者不太可能有机会做这样的事情，但是在专业的环境中，我们常常可以看到与此类似的问题，对这样的代码进行重构是一件痛苦的事情。

2. defaultdict

defaultdict 是我们最爱的数据类型之一。它允许我们在首次访问字典的一个键时简单地将它插入字典中，从而避免检查这个键是否存在于字典中的麻烦。与键相关联的值是以默认值的形式创建的。在有些情况下，这个工具极为实用，可以有效地缩短代码。下面我们观察一个简单的例子。假设我们正在更新 age 的值，将它加上 1 年。如果不存在 age，我们就假设它原先是 0，并把它更新为 1：

```
>>> d = {}
>>> d['age'] = d.get('age', 0) + 1 # age 不存在，结果是 0 + 1
>>> d
{'age': 1}
>>> d = {'age': 39}
>>> d['age'] = d.get('age', 0) + 1 # age 存在，结果是 40
>>> d
{'age': 40}
```

现在，我们观察如何用 defaultdict 数据类型完成上面的操作。第二行实际上是 4 行长度的 if 子句的精简版本，如果字典不存在 get()方法就必须编写这几行代码（我们将在第 3 章中详细讲解 if 子句）：

```
>>> from collections import defaultdict
>>> dd = defaultdict(int) # int 是默认类型（值为 0）
```

```
>>> dd['age'] += 1 # dd['age'] = dd['age'] + 1的精简形式
>>> dd
defaultdict(<class 'int'>, {'age': 1}) # 1，和预期的一样
```

注意，我们只需要指示 defaultdict 工厂，如果不存在这个键就使用一个 int 值（结果为 0，这是 int 类型的默认值）。另外，注意尽管在这个例子中，代码中的行数并没有变化，但代码显然更容易理解，这是非常重要的。我们还可以使用一种不同的技巧实例化一个 defaultdict 数据类型，它涉及创建工厂对象。读者如果想更深入地探索这种类型，可以参阅官方文档。

3. ChainMap

ChainMap 是 Python 3.3 中引入的一种极为有用的数据类型。它的行为与常规的字典相似。但是，根据 Python 文档的说明："它用于快速链接许多映射成员，使它们可以按照一个独立的单元进行处理。"这种方法比创建一个字典并在它上面运行多个更新调用要快速得多。ChainMap 可用于模拟嵌套的作用域，在模板方面非常实用。底层的映射存储在一个列表中。这个列表是公共的，可以使用 maps 属性访问或更新。它的查找操作是对底层的映射进行连续的搜索，直到找到一个键。反之，它的写入、更新、删除操作只对第一个映射起作用。

它的一种极为常见的用法是提供默认值，下面我们观察一个例子：

```
>>> from collections import ChainMap
>>> default_connection = {'host': 'localhost', 'port': 4567}
>>> connection = {'port': 5678}
>>> conn = ChainMap(connection, default_connection) # 映射的创建
>>> conn['port'] # port在第一个字典中找到
5678
>>> conn['host'] # host是从第二个字典中提取的
'localhost'
>>> conn.maps # 可以看到映射对象
[{'port': 5678}, {'host': 'localhost', 'port': 4567}]
>>> conn['host'] = 'packtpub.com' # 添加host
>>> conn.maps
[{'port': 5678, 'host': 'packtpub.com'},
 {'host': 'localhost', 'port': 4567}]
>>> del conn['port'] # 删除port信息
>>> conn.maps
[{'host': 'packtpub.com'}, {'host': 'localhost', 'port': 4567}]
>>> conn['port'] # 现在port是从第二个字典提取的
4567
>>> dict(conn) # 很容易归并和转换为常规的字典
{'host': 'packtpub.com', 'port': 4567}
```

Python 的这种简化工作的方式是不是非常讨人喜欢？读者可以操作一个 ChainMap 对象，根据自己的需要配置第一个映射。当需要一个具有所有的默认值以及自定义条目的完整字典时，只需要把 ChainMap 对象输入 dict 的构造函数。如果读者曾经使用 Java 或 C++这样的语言进行过编程，那么很可能会体会到这种方法的珍贵所在，以及 Python 是如何让我们的生活变得更轻松的。

2.8.3 枚举

从技术上说，枚举并不是内置数据类型，因为我们必须从 enum 模块中导入它们。但它还是非常值得一提。它们是 Python 3.4 新增的，虽然在专业代码中并不太容易见到它们（目前如此），但为了完整起见，我们还是觉得很有必要提供一个例子。

枚举的官方定义是，它是一组绑定到不同常量值的符号名称（成员）。在枚举内部，各个成员可以根据标识进行比较，枚举本身也可以进行迭代。

假设我们需要表示红绿灯信号。在代码中，我们可以采取下面的方法：

```
>>> GREEN = 1
>>> YELLOW = 2
>>> RED = 4
>>> TRAFFIC_LIGHTS = (GREEN, YELLOW, RED)
>>> # 或使用一个 dict
>>> traffic_lights = {'GREEN': 1, 'YELLOW': 2, 'RED': 4}
```

上面的代码没有任何特殊之处。事实上，这是一种极为常见的做法。但是，考虑下面的替代方法：

```
>>> from enum import Enum
>>> class TrafficLight(Enum):
...     GREEN = 1
...     YELLOW = 2
...     RED = 4
...
>>> TrafficLight.GREEN
<TrafficLight.GREEN: 1>
>>> TrafficLight.GREEN.name
'GREEN'
>>> TrafficLight.GREEN.value
1
>>> TrafficLight(1)
<TrafficLight.GREEN: 1>
>>> TrafficLight(4)
<TrafficLight.RED: 4>
```

暂时忽略类定义的（相对）复杂性，我们可以欣赏这种方法的优点。数据结构更为清晰，它所提供的 API 功能更为强大。我们鼓励读者阅读官方文档，探索 enum 模块所提供的所有优秀特性。我们觉得这个模块值得我们探索，至少应该阅读一次。

2.9 最后的考虑

就是这些了。现在读者已经看到了在 Python 中可以使用的大部分数据结构。我们鼓励读者认真研读 Python 文档，对本章所看到的每一种数据类型进行试验。相信我们，这种做法是非常值得的。我们将要编写的所有代码都是和处理数据有关的，因此要确保自己对数据结构的理解犹如岩石般坚固。

在学习第 3 章之前，我们想和读者分享一些不同方面的最后考虑。我们觉得它们是非常重要的，不应该被忽略。

2.9.1 小值缓存

在本章之初讨论对象时，我们看到，当我们把一个名称分配给一个对象时，Python 会创建这个对象，设置它的值，然后将这个名称指向它。我们可以为不同的名称赋相同的值，并期望 Python 会创建不同的对象，就像下面这样：

```
>>> a = 1000000
>>> b = 1000000
>>> id(a) == id(b)
False
```

在上面这个例子中，a 和 b 被分配给两个 int 对象，它们具有相同的值但并不是同一个对象。可以看到，它们的 id 并不相同。接着，我们再次进行下面的操作：

```
>>> a = 5
>>> b = 5
>>> id(a) == id(b)
True
```

哦！是 Python 出了问题吗？为什么现在两个对象是一样的？我们并没有进行 a = b = 5 的操作，而是单独对它们进行设置的。

出现这个现象的原因是性能。Python 对短字符串和小数值进行缓存，避免它们的多个副本聚集在系统内存中。如果是字符串，那么对它们进行缓存（更适当的说法是留存）在比较操作中能够显著地提高性能。Python 会在幕后适当地处理所有相关事宜，因此我们不必为此担心。但是，如果我们的代码需要对 id 进行操作，就要记住这个行为。

2.9.2 如何选择数据结构

正如我们所看到的那样，Python 向我们提供了一些内置的数据类型。有时候，如果我们的经验不够丰富，可能并不容易选择最适合的数据类型，尤其是在涉及集合的时候。例如，假设我们有许多字典用于存储数据，每个字典表示一位顾客。在每个顾客的字典中，存在一个'id': 'code'，表示独一无二的标识码。我们应该在什么类型的集合中放置它们呢？说实话，如果对这些顾客的信息不够了解，很难给出正确的答案。我们需要进行哪些类型的访问？我们必须对每位顾客进行哪些类型的操作？操作的次数是否频繁？这个集合是否会随着时间的变化而发生变化？我们是否可以按照某种方法修改顾客字典？我们对这个集合所执行的最频繁的操作是什么？

如果可以回答上述这些问题，就会知道如何进行选择。如果集合不会收缩或增长（换而言之，它在创建之后不需要添加或删除任何顾客对象），也不会打乱顺序，那么元组就是一个很好的选择。否则，选择列表可能更为合适。每个顾客字典具有一个独一无二的标识符，因此即使选择一个字典作为它们的容器也是可行的。下面我们把这些选择放在一起：

```
# 示例顾客对象
customer1 = {'id': 'abc123', 'full_name': 'Master Yoda'}
customer2 = {'id': 'def456', 'full_name': 'Obi-Wan Kenobi'}
customer3 = {'id': 'ghi789', 'full_name': 'Anakin Skywalker'}
# 在一个元组中收集它们
customers = (customer1, customer2, customer3)
# 或者在一个列表中收集它们
customers = [customer1, customer2, customer3]
# 或者可以在一个字典中。不管怎么说，它们具有唯一标识符
customers = {
    'abc123': customer1,
    'def456': customer2,
    'ghi789': customer3,
}
```

已经有一些顾客在里面了，是不是？我们很可能不会选择元组，除非特别强调这个集合不会被修改。我们认为列表通常是更好的选择，因为它允许更大的灵活性。

另一个需要注意的因素是，元组和列表都是有序集合。如果我们使用字典（在 Python 3.6 之前）或集合，就会失去这种有序性，因此我们需要知道在自己的应用程序中这种顺序是否重要。

那么性能呢？例如，在列表中，像插入和成员测试这样的操作所需要的时间复杂度是 $O(n)$，而字典则是 $O(1)$。但字典并不总是能够适用的。如果无法保证集合中的每个元素都能用其中一个属性唯一地进行标识，并且这个属性是可散列的（可以作为 dict 中的键），那么就不适合使用字典。

如果读者不明白 $O(n)$和 $O(1)$的含义，可以搜索**大 *O* 表示法**。在当前的语境中，我们简单地对它描述如下：如果在一个数据结构上执行一个操作 Op 的时间复杂度是 $O(f(n))$，它的意思是 Op 需要的时间上限 $t \leqslant cf(n)$，其中 c 是某个正数常量，n 表示输入规模，f 是某个函数。因此，我们可以把 $O(\cdots)$看成一个操作的运行时间的上界（当然，它也可用于对其他可测量的数据进行量化）。

理解数据结构的选择是否正确的另一种方法是，观察我们为了操作这种数据结构所编写的代码。如果所有的代码都很容易并且非常自然，就很可能做出了正确的选择。如果觉得代码变得不必要的复杂，就很有必要重新思考自己的选择。但是，如果没有实际的例子，很难提出实用的建议。因此，当在为数据选择数据结构时，要尽量牢记易用性和性能，并优先考虑在当前语境中最重要的内容。

2.9.3 关于索引和截取

在本章之初，我们看到了如何对字符串进行截取。一般而言，截取作用于序列：元组、列表、字符串等。对于列表，截取还可以用于赋值。我们几乎没有在专业的代码中看到过这种做法，但这种做法至少在理论上是成立的。能不能对字典或集合进行截取？读者应该毫不犹豫地

给出否定的答案。当然不行！看来我们的步调一致。下面让我们介绍索引。

Python 有一个与索引有关的特征是我们之前没有提到的。我们将通过一个例子进行说明。我们应该如何处理集合的最后一个元素？观察下面的代码：

```
>>> a = list(range(10)) # 列表 a 有 10 个元素，最后一个是 9
>>> a
[0, 1, 2, 3, 4, 5, 6, 7, 8, 9]
>>> len(a) # 它的长度是 10 个元素
10
>>> a[len(a) - 1] # 最后一个元素的位置是 len(a) - 1
9
>>> a[-1] # 但我们并不需要 len(a)! Python 会报错!
9
>>> a[-2] # 相当于 len(a) - 2
8
>>> a[-3] # 相当于 len(a) - 3
7
```

如果列表 a 有 10 个元素，由于 Python 的索引是从 0 开始的，因此第一个元素的位置是 0，最后一个元素的位置是 9。在上面这个例子中，a 的元素被方便地放在与它们的值相等的位置上：0 位于位置 0，1 位于位置 1，接下来以此类推。

因此，为了提取最后一个元素，我们需要知道整个列表（或元组、字符串等）的长度，然后把它减去 1。因此，最后一个元素的位置是 len(a) – 1。这是一种相当常见的操作，因此 Python 向我们提供了一种使用负索引提取元素的方法。当我们对数据进行操作时，这被证明是一种行之有效的方法。图 2-2 清晰地描述了如何在字符串"HelloThere"（这句话是《星球大战前传Ⅲ：西斯的复仇》中欧比旺・克诺比用讽刺的口吻迎接格里弗斯将军时所说的）上进行索引操作：

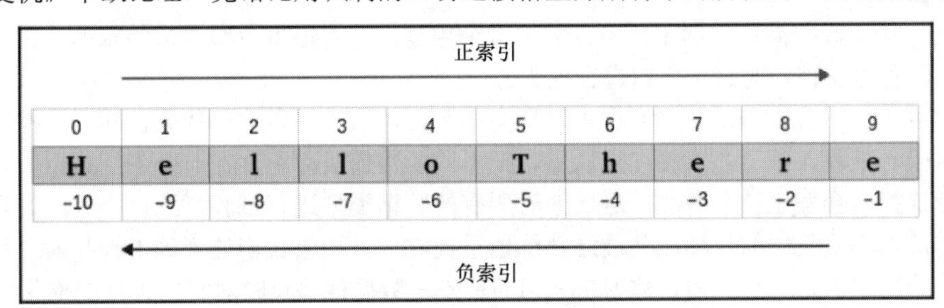

图 2-2 Python 的索引

我们可以尝试使用大于 9 和小于–10 的索引值，它将如预期的那样产生一个 IndexError 错误。

2.9.4 关于名称

读者可能已经注意到，为了使示例尽可能地保持简单，我们使用简单字母（例如 a、b、c、d 等）作为许多对象的名称。当我们在控制台中进行调试或者进行 $a + b == 7$ 这样的操作时，这种做法是非常合适的。但是，它并不适用于专业的代码（因此也不适合任何类型的编码）。我们希望读者不介意我们有时采用的这种做法，因为我们的目的是用一种更紧凑的方式展示代码。

但是，在现实的环境中，当我们为自己的数据选择名称时，应该进行精心的选择，使它们能够反映它们所表示的数据。因此，如果有一个包含顾客对象的集合，customers 就是一个完美的名称。customers_list、customers_tuple 或 customers_collection 是不是适合使用呢？这个问题值得三思。将集合的名称与数据类型进行绑定，是否合适？我们不觉得，至少在大多数情况下并非如此。如果读者觉得自己有非常充分的理由采用这类名称，当然也可以这样做。否则，我们不推荐这种方法。我们的理由是，一旦在代码中的不同地方使用 customers_tuple，后来又意识到自己实际想使用的是列表而不是元组，就得对代码进行一些有趣的重构（也是浪费时间的）。数据的名称应该是名词，函数的名称应该是动词。名称应该尽可能地具有表述性。Python 在名称方面实际上是一个很好的例子。大多数时候，我们只要知道一个函数执行什么操作，就可以猜出它的名称是什么。是不是很酷？

Robert C. Martin 所著的 *Clean Code* 一书的第 2 章就专门讲述名称。这是一本非常出色的书，在许多不同的方面帮助我们改进了自己的编程风格。如果读者想把自己的编码水平向上提升一级，本书可以说是必读的。

2.10 总结

在本章中，我们探索了 Python 的内置数据类型。我们看到了大量的内置数据类型，并看到了只是通过不同的组合用法，就可以实现非常广泛的用途。

我们看到了数值类型、序列、集合、映射日期、时间和集合（以及枚举这位特殊的嘉宾）。我们看到了在 Python 中一切都是对象。我们明白了可变对象和不可变对象之间的区别，还学习了截取和索引。

我们讨论了一些简单的例子。但是关于这个主题，还有很多值得学习的东西，因此读者应该认真阅读官方文档，对这个主题进行探索。

最重要的是，我们鼓励读者自己尝试所有的练习，亲手输入这些代码，建立一些肌肉记忆并不断试验、试验、试验。了解在除以零、把不同的数值类型组合在一个表达式中，以及对字符串进行操控时会发生什么情况。尽情地对所有的数据类型进行试验、练习、分解，发现它们的所有方法，享受其中的乐趣，并最终熟练地掌握它们。如果我们的基础不够扎实，我们所编写的代码的质量也就可想而知。数据是一切的基础。数据能够反映对它所进行的操作。

当读者不断深入本书的时候，很可能会发现我们（或读者）的代码中的一些差异或者微小的输入错误。我们会得到错误信息，有时候代码就会无法工作。这是非常好的！当我们编写代码时，总是在不断地出错，我们总是在不断地调试和纠错。因此，我们可以把错误看成一个非常实用的练习，能够让我们更深地理解自己所使用的语言，而不是把它们看成失败或问题。当我们编写代码时，会不断地出现错误，这是必然的。因此，我们必须要跟上它们的脚步。

第 3 章是关于条件和迭代的。我们将看到如何实际使用集合，并根据我们所表示的数据做出决策。既然我们已经开始建立自己的知识体系，我们的节奏也会加快一些，因此在学习第 3 章之前要确保已经理解了本章的内容。再次强调，要学会寻找乐趣、勇于探索并分解事物。这是非常好的学习方式。

第3章 条件和迭代

"请告诉我，我该走哪条路？"

"那要看你想去哪里。"

——《爱丽丝漫游奇境》

在第2章中，我们观察了 Python 的内置数据类型。既然我们已经熟悉了许多不同格式和形态的数据，现在是时候观察程序是如何使用数据的。

根据维基百科的定义：

> 在计算机科学中，**控制流**表示一个正在执行的程序中的独立语句、指令、函数调用的执行顺序（或求值顺序）。

为了控制程序流，我们拥有两种主要的武器：**条件编程**（又称**分支**）和**循环**。我们可以按照许多不同的组合和变型使用它们。但是，在本章中，我们并不会以文档的风格介绍这两种结构的所有形式，而是介绍它们的基础知识，并提供一些简短的脚本。在第一个脚本中，我们将看到如何创建一个简单的质数生成器。在第二个脚本中，我们将看到如何根据优惠券为顾客打折。按照这种方式，读者可以更好地理解条件编程和循环的用法。

在本章中，我们将讨论下面这些内容。

- 条件编程。
- Python 中的循环。
- 赋值表达式。
- itertools 模块速览。

3.1 条件编程

条件编程（或分支）是我们在每一天的每时每刻都会经历的事情。它涉及对条件进行评估：如果是绿灯，就可以过去；如果下雨了，就带上雨伞；如果上班迟到了，就打电话给经理。

条件编程的主要工具是 if 语句，它具有不同的形式，但在本质上都是对一个表达式进行求值，并根据求值结果选择执行哪一部分的代码。和往常一样，我们观察一个例子：

```
# conditional.1.py
late = True
if late:
    print('I need to call my manager!')
```

这可能是最简单的例子：当我们进入 if 语句时，late 作为条件表达式，对其求值的结果是个布尔值（就像我们调用 bool(late)一样）。如果求值结果为 True，就进入紧随 if 语句之后的那个代码块。注意 print 指令向右缩进，意味着它属于 if 子句所定义的作用域。执行这段代码所产生的结果是：

```
$ python conditional.1.py
I need to call my manager!
```

由于 late 的值是 True，因此 print()语句总是会被执行。下面我们对这个例子进行扩展：

```
# conditional.2.py
late = False
if late:
    print('I need to call my manager!') #1
else:
    print('no need to call my manager...') #2
```

这一次，我们把 late 设置为 False，因此执行这段代码时，结果就会不同：

```
$ python conditional.2.py
no need to call my manager...
```

根据 late 表达式的求值结果，我们进入代码块#1 或代码块#2，但不会同时进入两者。当 late 的求值结果为 True 时，代码块#1 会被执行。当 late 的求值结果为 False 时，代码块#2 会被执行。读者可以试着向 late 这个名称赋 False 和 True 值，观察这段代码的输出所发生的相应变化。

上面这个例子还引入了 else 子句，当我们想要提供一组备选指令在 if 子句的表达式的求值结果为 False 时执行时，它能提供极大的便利。else 子句是可选的，通过比较上面这两个例子就能清晰地得出这个结论。

3.1.1 一种特殊的 else：elif

有时候，我们需要在满足条件时执行某些操作（简单的 if 子句）。还有一些时候，我们需要提供一个替代操作，在条件为 False 时执行（if / else 子句）。但是，还有一些情况可能有超过两条的路径可供选择。打电话给经理（或者不打给他们）是一种二选一的例子（打电话或不打电话）。我们可以更改例子的类型，继续进行扩展。这次，我们决定以税率为例。如果收入小于 10 000 美元就不需要缴税。如果收入在 10 000 和 30 000 美元之间，需要上缴 20%的税。如果收入在 30 000 和 100 000 美元之间，需要上缴 35%的税。如果收入超过 100 000 美元，就需要上缴 45%的税。我们把这个逻辑写进优美的 Python 代码中：

```
# taxes.py
income = 15000
```

```
if income < 10000:
    tax_coefficient = 0.0 #1
elif income < 30000:
    tax_coefficient = 0.2 #2
elif income < 100000:
    tax_coefficient = 0.35 #3
else:
    tax_coefficient = 0.45 #4

print(f'You will pay:$ {income * tax_coefficient} in taxes')
```

执行上面的代码产生了下面的结果：

```
$ python taxes.py
You will pay: $3000.0 in taxes
```

让我们逐行分析这个例子。我们首先设置收入值。在这个例子中，收入是 15 000 美元。我们进入 if 子句。注意这次我们还使用了 elif 子句，它是 else-if 的缩写形式，它与单纯的 else 子句的不同之处在于它具有自己的条件。由于 income < 10000 这个 if 表达式的结果为 False，因此代码块#1 不会被执行。

控制转移到下一个条件评估表达式：elif income < 30000。这个表达式的结果为 True，因此代码块#2 会被执行。然后，Python 在整条 if/elif/elif/else 子句（从现在开始，我们简单地称之为 if 子句）之后恢复执行。在 if 子句之后只有一条指令，即 print()调用，它表示本年需要支付 3000.0 美元的税款（15 000×20%）。注意，这个执行顺序是强制的：if 首先出现，然后是根据需要出现的多个可选的 elif 子句，然后是一个可选的 else 子句。

是不是觉得很有趣？不管每个代码块中有多少行代码，当其中一个条件的结果为 True 时，与之相关联的代码块就会被执行，然后控制转移到整条 if 语句之后恢复执行。如果没有任何一个条件的结果为 True（例如，income = 200000），那么 else 子句的代码块会被执行（代码块#4）。这个例子扩展了我们对 else 子句的行为的理解。它的代码块是在前面的 if/elif/.../elif 表达式都不为 True 时才执行的。

尝试修改 income 的值，直到能够熟练地执行所有的代码块（当然，一次只能执行一个代码块）。然后，尝试使用**边界值**。这是至关重要的，当我们用相等或不相等（==、!=、<、>、<=、>=）表示条件时，这些数字就表示边界。对边界值进行完全的测试是极为重要的。考驾照的年龄是 18 还是 17 岁？应该用 age < 18 还是 age <= 18 来检查年龄？读者可能想象不到由于使用了不正确的操作符而导致的微小缺陷的数量有多么惊人，因此我们要预先做好准备，对上面的代码进行试验。把一些<修改为<=，并把 income 设置为其中一个边界值（10 000、30 000、100 000）以及它们之间的任何值。观察结果的变化，在进一步处理之前对它有着深刻的理解。

现在我们观察另一个例子，它说明了如何对 if 子句进行嵌套。假设我们的程序遇到了一个错误。如果警报系统是控制台，我们就输出这个错误。如果警报系统是一封电子邮件，我们就根据错误的严重程度向不同的人发送邮件。如果警报系统是控制台或电子邮件之外的其他机制，我们就不知道做什么，因此干脆什么也不做。我们把上面这段逻辑反映到代码中：

```
# errorsalert.py
alert_system = 'console' # 可能的其他值'email'
```

```
error_severity = 'critical' # 其他值: 'medium'或'low'
error_message = 'OMG! Something terrible happened!'

if alert_system == 'console':
    print(error_message) #1
elif alert_system == 'email':
    if error_severity == 'critical':
        send_email('admin@example.com', error_message) #2
    elif error_severity == 'medium':
        send_email('support.1@example.com', error_message) #3
    else:
        send_email('support.2@example.com', error_message) #4
```

上面这个例子相当有趣，有趣之处就来自它的愚蠢。它向我们显示了两条嵌套的 if 子句（外层和内层）。它还向我们显示了外层的 if 子句没有任何 else 子句，而内层的 if 子句则有 else 子句。注意，我们可以使用缩进把一条子句嵌套于另一条子句的内部。

如果 alert_system == 'console'，则代码块#1 会被执行，其他代码块都不会执行。反之，如果 alert_system == 'email'，就进入另一条 if 子句，我们称之为内层子句。在这条内层 if 子句中，根据 error_severity 的值，我们向管理员、第一层的技术支持或第二层的技术支持（分别是代码块#2、#3 和#4）发送一封电子邮件。在这个例子中并没有定义 send_email()函数，因此运行这段代码会产生错误。在本书的源代码中，我们采用了一个技巧，把这个调用重定向到一个常规的 print()函数，这样我们就可以在控制台上进行试验，而不需要实际发送电子邮件。读者可以尝试修改相关的值，看看这段代码的运行结果。

3.1.2 三元操作符

在讨论下一个话题之前，我们最后讨论一下**三元操作符**（或者用外行的话来说，是 if / else 子句的精简版本）。当一个名称的值需要根据某个条件进行赋值时，有时候用三元操作符代替对应的 if 子句更为方便，也更容易理解。例如，对于下面的代码：

```
# ternary.py
order_total = 247 # GBP

# 经典的 if/else 形式
if order_total > 100:
    discount = 25 # GBP
else:
    discount = 0 # GBP
print(order_total, discount)
```

我们可以改写成：

```
# ternary.py
# 三元操作符
discount = 25 if order_total > 100 else 0
print(order_total, discount)
```

对于这样的简单例子，我们觉得用 1 行代码而不是 4 行代码表示这个逻辑是非常出色的做法。记住，作为程序员，我们在阅读代码时所花费的时间要远远多于编写代码的时间，因此 Python 的简洁性具有不可估量的价值。

在有些语言（如 C 或 JavaScript）中，三元操作符甚至更为简洁。例如，上面的代码可以写成：

```
discount = order_total > 100 ? 25 : 0;
```

尽管 Python 的版本稍稍复杂一点，但我们觉得它的语法更容易阅读和理解。

能够理解三元操作符的工作方式吗？它的基本逻辑是 name = something if 条件 else something else。如果条件的值为 True，name 就被赋值为 something。如果条件的值为 False，name 就被赋值为 something else。

既然我们已经了解了与控制代码的路径有关的知识，现在可以讨论下一个主题：循环。

3.2　循环

如果读者曾经体验过其他编程语言中的循环，将会发现 Python 的循环方式有所不同。首先，什么是循环呢？**循环**的意思就是根据给定的循环参数，重复多次执行一个代码块。循环的结构有几种不同的形式，它们分别具有不同的用途。Python 对这些形式进行了提炼，只保留了两种形式，它们可以实现我们需要的所有循环功能。这两种循环结构就是 for 语句和 while 语句。

尽管只使用其中一种结构也可以实现我们需要的所有循环功能，但它们具有不同的用途，因此通常分别用于不同的语境。我们将在本章中详细讨论它们的区别所在。

3.2.1　for 循环

for 循环适用于对一个序列（例如列表、元组或对象集合）进行循环。我们首先观察一个简单的例子，并对它的概念进行扩展，看看 Python 的语法允许我们做些什么？

```
# simple.for.py
for number in [0, 1, 2, 3, 4]:
    print(number)
```

这段简单的代码在执行之后会输出从 0 到 4 的所有整数。我们向这个 for 循环输入了列表 [0, 1, 2, 3, 4]。在这个 for 循环的每次迭代中，number 依次从这个序列中取一个值（按给定的顺序进行线性迭代），然后执行这个循环的循环体（print()那一行）。在每次迭代时，number 的值都会发生变化，它的具体值取决于序列中的下一个值。当这个序列用完时，for 循环就结束，正常情况下代码会在这个循环之后恢复执行。

1．对区间进行迭代

有时候，我们需要对一个区间内的数进行迭代。以手工方式编写列表中的数字是件令人极不愉快的事情。在这种情况下，range()函数可以为我们排忧解难。我们观察一段与前面的代码片断等效的代码：

```
# simple.for.py
for number in range(5):
    print(number)
```

Python 程序在创建序列时常常会用到 range()函数。我们可以调用它并向它传递一个值，这个值就作为终止值（从 0 开始计数）。或者我们可以向它传递两个值（分别表示起始值和终止值），甚至传递 3 个值（分别表示起始值、终止值、步长）。观察下面这个例子：

```
>>> list(range(10)) # 1个值：从0到这个值（不包括此值）
[0, 1, 2, 3, 4, 5, 6, 7, 8, 9]
>>> list(range(3, 8)) # 从起始值到终止值（不包括此终止值）
[3, 4, 5, 6, 7]
>>> list(range(-10, 10, 4)) # 3个值：增加了步长
[-10, -6, -2, 2, 6]
```

现在，我们暂且忽略需要在列表中包装 range(...)这个事实。range()函数有点特殊，但在此例中，我们只对它返回的值感兴趣。读者可以看到它的处理方式与字符串的截取（参见第 2 章）是相同的：start 是被包括在内的，stop 是被排除在外的。另外，我们可以选择增加一个 step 参数，它的默认值为 1。

我们可以在 simple.for.py 的代码中修改 range()调用的参数，观察它的输出结果。读者应该熟练掌握它的用法。

2. 对序列进行迭代

现在，我们已经具备了对序列进行迭代的工具，因此我们创建了一个例子：

```
# simple.for.2.py
surnames = ['Rivest', 'Shamir', 'Adleman']
for position in range(len(surnames)):
    print(position, surnames[position])
```

上面这段代码为编程游戏增加了一点复杂性。执行这段代码显示了下面的结果：

```
$ python simple.for.2.py
0 Rivest
1 Shamir
2 Adleman
```

下面我们**从内到外**分解它的结构。我们首先从最内层开始，看看能否理解，然后再向外层扩展。len(surnames)表示 surnames 列表的长度：3。因此，range(len(surnames))实际上可以转换为 range(3)，它表示的区间是[0, 3]，相当于序列（0, 1, 2）。这意味着 for 循环将运行 3 次迭代。在第一次迭代时，position 所取的值是 0。在第二次迭代时，它所取的值是 1。最后一次，即第三次迭代时所取的值是 2。（0, 1, 2）是什么？不就是 surnames 列表可能的索引位置吗？在位置 0，我们找到了'Rivest'；在位置 1 是'Shamir'；在位置 2 是'Adleman'。如果读者对一起创建这 3 个名字的效果感到好奇，可以把 print(position, surnames[position])修改为 print(surnames[position] [0], end='')，并在循环的外面添加一条最终的 print()语句，然后再次运行这段代码。

现在，这种循环风格实际上与 Java 或 C 语言极为接近了。但是，在 Python 中，很少看到

这种风格的代码。我们可以对任何序列或集合进行迭代，因此不需要获取位置列表并在每次迭代时提取序列中的元素。下面我们把这个例子修改为更具 Python 风格的形式：

```
# simple.for.3.py
surnames = ['Rivest', 'Shamir', 'Adleman']
for surname in surnames:
    print(surname)
```

这就是我们想要的！它实际上就是英语的表述形式。for 循环可以对 surnames 列表进行迭代，并依次在每次迭代时返回一个元素。运行这段代码将打印 3 个名字，一次打印一个。这段代码明显更容易理解，是不是？

如果我们还想打印出位置值该怎么办呢？或者如果我们确实需要位置值该怎么办呢？是不是应该回到 range(len(...))形式？不，我们可以使用内置函数 enumerate()，就像下面这样：

```
# simple.for.4.py
surnames = ['Rivest', 'Shamir', 'Adleman']
for position, surname in enumerate(surnames):
    print(position, surname)
```

这段代码也非常有趣。注意 enumerate()在每次迭代时返回一个二元组（position，surname），但它仍然比 range(len(...))这种写法更容易理解（并且更高效）。我们可以用一个 start 参数调用 enumerate()，如 enumerate(iterable, start)，它将从 start 而不是从 0 开始迭代。这也是 Python 在设计时殚精竭虑做出的一个小小改变让我们的生活变得更轻松的另一个例子。

我们可以使用 for 循环对列表、元组进行迭代。或者按照通常的说法，对 Python 中的任何可迭代对象进行迭代。这是一个非常重要的概念，因此下面我们对它进行更深入的讲解。

3.2.2　迭代器和可迭代对象

根据 Python 官方文档的说明，**可迭代对象**（iterable）是指：

> 能够一次返回一个成员的对象。可迭代对象的例子包括所有的序列类型（如列表、字符串、元组）和一些非序列类型（如字典、文件对象，以及通过定义__iter__()或__getitem__()方法实现了序列语义的所有类对象）。可迭代对象可用于 for 循环以及许多其他需要使用序列的场合（例如 zip()、map()等）。当一个可迭代对象作为参数传递给内置函数 iter()时，它返回该对象的一个迭代器。这种迭代器适用于对值集进行一次遍历。使用可迭代对象时，一般并不需要调用 iter()或自己处理迭代器对象。for 语句会自动完成这个任务，它会创建一个临时的未命名变量，用于在循环期间保存迭代器。

简言之，当我们采用 for k in sequence: ...body...这样的形式时，实际所发生的事情是 for 循环向 sequence 请求下一个元素，获取某个称为 k 的对象，并执行它的代码体。然后，for 循环再次向 sequence 请求下一个元素，仍然称之为 k，并再次执行循环体，以此类推，直到整个序列的值都被用完。如果序列为空，循环体就被执行 0 次。

有些数据结构在迭代时会按照顺序产生它们的元素，例如列表、元组、字典、字符串。但有些数据结构（例如集合）并不会这样。Python 通过一种称为**迭代器**的对象类型，提供了对可迭代对象进行迭代的功能。

根据官方文档的说法，迭代器是指：

> 一种表示数据流的对象。反复调用迭代器的__next__()方法（或把它传递给内置函数 next()）返回数据流中的后续元素。如果不存在后续的数据，就会触发一个 StopIteration 异常。此时，迭代器对象就被耗尽，对它的__next__()方法的任何后续调用会再次触发 StopIteration 异常。迭代器需要提供一个__iter__()方法返回迭代器对象本身，因此每个迭代器本身也是可迭代对象，可用于接受其他可迭代对象的大多数场合。一个显著的例外是尝试进行多遍迭代的代码。容器对象（例如列表）每次传递给 iter()函数或者在 for 循环中使用时，都会生成一个全新的迭代器。如果对迭代器对象采用这种做法，就会返回在前一次迭代时已经耗尽的同一个迭代器，其效果就是一个空的容器。

如果无法完全理解上面的描述，也不必心怀焦虑，在适当的时候总会理解的。我们在这里放上这块内容是想为未来提供方便的参考。

在实际使用中，完整的可迭代对象和迭代器机制多少是隐藏在代码背后的。除非我们出于某种原因需要自己编写可迭代对象或迭代器，否则不需要过于关心它们。但是，理解 Python 处理控制流的一些关键内容是至关重要的，因为它会影响我们编写代码的方式。

3.2.3 对多个序列进行迭代

我们接下来观察的这个例子对两个相同长度的序列进行迭代，把这两个序列的元素进行配对。假设有一个列表包含了人名，另一个列表所包含的数字表示第一个列表中每个人的年龄。我们需要输出每一对的人名和年龄，每行显示一对。我们以这个例子为起点，对它进行逐步的优化：

```
# multiple.sequences.py
people = ['Nick', 'Rick', 'Roger', 'Syd']
ages = [23, 24, 23, 21]
for position in range(len(people)):
    person = people[position]
    age = ages[position]
    print(person, age)
```

现在，这段代码看上去应该比较容易理解了。我们需要对列表位置（0，1，2，3）进行迭代，因为我们想要从两个不同的列表提取元素。执行这段代码产生下面的结果：

```
$ python multiple.sequences.py
Nick 23
Rick 24
Roger 23
Syd 21
```

这段代码是可行的，但不符合 Python 风格。获取 people 的长度、构建一个区间并对它进行迭代显得较为笨拙。对于有些数据结构，按照位置提取元素可能成本较高。如果我们能够使用与迭代单个序列相同的方法就好了。我们尝试使用 enumerate()进行优化：

```
# multiple.sequences.enumerate.py
people = ['Nick', 'Rick', 'Roger', 'Syd']
ages = [23, 24, 23, 21]
for position, person in enumerate(people):
    age = ages[position]
    print(person, age)
```

这个方法要好一些，但仍然不够完美。它看上去仍然不够优雅。我们对 people 进行了合理的迭代，但仍然需要使用位置索引提取年龄信息，这是我们想要竭力避免的。

不用担心，还记得 Python 为我们提供了 zip()函数吗？我们可以使用这个函数：

```
# multiple.sequences.zip.py
people = ['Nick', 'Rick', 'Roger', 'Syd']
ages = [23, 24, 23, 21]
for person, age in zip(people, ages):
    print(person, age)
```

这样就好很多了！读者可以把上面这段代码与第一个例子进行比较，体会 Python 的优雅所在。我们提供这个例子出于两个原因。一方面，我们想展示 Python 代码的简洁性，尤其当它与那些无法方便地对序列或集合进行迭代的语言进行比较时。另一方面，也是更为重要的一个方面是，注意当 for 循环使用 zip(sequenceA, sequenceB)请求下一个元素时，后者返回一个元组而不是单个对象。它所返回的元组中的元素数量与我们输入 zip()函数的序列数量相同。下面，我们使用两种方式对前面这个例子进行一些扩展，分别使用显式和隐式的赋值：

```
# multiple.sequences.explicit.py
people = ['Nick', 'Rick', 'Roger', 'Syd']
ages = [23, 24, 23, 21]
instruments = ['Drums', 'Keyboards', 'Bass', 'Guitar']
for person, age, instrument in zip(people, ages, instruments):
    print(person, age, instrument)
```

在上面这个例子中，我们增加了 instruments 列表。现在我们向 zip()函数输入了 3 个序列，for 循环在每次迭代时获取一个三元组对象。注意，这个元组中的元素位置与 zip()调用中的序列位置保持一致。执行这段代码将产生下面的结果：

```
$ python multiple.sequences.explicit.py
Nick 23 Drums
Rick 24 Keyboards
Roger 23 Bass
Syd 21 Guitar
```

有时候，出于前面这样的简单例子无法展示的原因，我们可能想要在 for 循环体内对元组进行分解。如果确实需要这样做，也是完全可行的：

```
# multiple.sequences.implicit.py
people = ['Nick', 'Rick', 'Roger', 'Syd']
ages = [23, 24, 23, 21]
instruments = ['Drums', 'Keyboards', 'Bass', 'Guitar']
```

```
for data in zip(people, ages, instruments):
    person, age, instrument = data
    print(person, age, instrument)
```

一般情况下，for 循环会自动为我们完成这个任务，但在有些情况下，我们可以想要自己动手。在这个例子中，来自 zip(...)的三元组 date 在 for 循环体内被分解为 3 个变量：person、age、instrument。

3.2.4 while 循环

在前面几页中，我们看到了 for 循环的用法。当需要对一个序列或集合进行循环时，for 循环是极为实用的。我们需要记住的关键要点是：当我们需要决定使用哪种循环结构时，要明白 for 循环总是适用于对某个容器或其他可迭代对象的元素进行迭代。

但是，还有一种情况是需要一直进行循环，直到某个条件得到满足，甚至可以进行无限循环，直到应用程序终止。在这些情况下，事实上我们并不需要对什么东西进行迭代，此时 for 循环就不是一个很好的选择。但是不要担心，对于这样的循环场景，Python 为我们提供了 while 循环。

while 循环与 for 循环的相似之处在于，它们都会进行循环，并且在每次迭代时都会执行由指令组成的循环体。区别在于 while 循环并不是对一个序列进行循环（它可以对序列进行循环，但必须手动编写循环逻辑，这是非常不合理的，远不如使用 for 循环更为方便），而是在满足某个条件时一直进行循环。当这个条件不再被满足时，循环就会停止。

和往常一样，我们观察一个能够阐明细节的例子。我们想要打印一个正数的二进制表示形式。为此，我们可以使用一种简单的算法，将这个数反复被 2 整除直到它变成 0，并收集过程中所得到的余数。当我们把收集到的余数反序排列时，其结果就是这个数的二进制表示形式：

```
6 / 2 = 3 (remainder: 0)
3 / 2 = 1 (remainder: 1)
1 / 2 = 0 (remainder: 1)
List of remainders: 0, 1, 1.
Reversed is 1, 1, 0, which is also the binary representation of 6: 110
```

让我们编写一些代码，计算 39 的二进制表示形式——100111_2：

```
# binary.py
n = 39
remainders = []
while n > 0:
    remainder = n % 2 # 除 2 的余数
    remainders.append(remainder) # 记录余数
    n //= 2 # 把 n 除以 2

remainders.reverse()
print(remainders)
```

在上面的代码中，我们要特别关注 n > 0，它是循环继续执行的条件。注意这段代码与我们所描述的算法的匹配方式：只要 n 大于 0，我们就把它除以 2 并把余数添加到一个列表中。最后（当 n 变成 0 时），我们反转这个余数列表，获得 n 的原始值的二进制表示形式。

我们可以使用 divmod()函数使代码变得更短（也更 Python 化）。调用这个函数时向它提供被除数和除数，它会返回一个元组，包含了整除的商和余数。例如，divmod(13, 5)返回(2, 3)，确实 $5 \times 2 + 3 = 13$：

```
# binary.2.py
n = 39
remainders = []
while n > 0:
    n, remainder = divmod(n, 2)
    remainders.append(remainder)

remainders.reverse()
print(remainders)
```

在上面的代码中，我们只用了 1 行代码就把 n 和 remainder 重新赋值为 n 除以 2 的结果。

注意，while 循环中的条件是使循环保持继续的条件。如果它的结果为 True，循环体就会执行，然后进行下一次求值，接下来继续如此，直到这个条件的结果为 False。出现这种情况时，循环就会立即退出，不再执行循环体。

如果循环条件永远不会变成 False，循环就成了所谓的**无限循环**。我们有时也会使用无限循环，例如对网络设备进行轮询的时候：我们询问套接字（socket）是否存在数据，如果有就对它执行一些操作，然后休眠一小段时间，再次询问套接字。这个过程不断重复，永远不会停止。

具有根据条件进行循环或者进行无限循环的能力，这就是为什么只有 for 循环是不够的。因此，Python 提供了 while 循环。

顺便说一下，如果我们需要一个数的二进制表示形式，可以直接使用 bin()函数。

纯粹出于娱乐，我们用 while 逻辑重新改写了前面的一个例子（multiple.sequences.py）：

```
# multiple.sequences.while.py
people = ['Nick', 'Rick', 'Roger', 'Syd']
ages = [23, 24, 23, 21]
position = 0
while position < len(people):
    person = people[position]
    age = ages[position]
    print(person, age)
    position += 1
```

在上面的代码中，我们加粗显示了初始化、条件和 position 变量的更新，通过手动处理迭代变量模拟对应的 for 循环代码。for 循环可以完成的所有任务都可以改用 while 循环来完成，尽管为了实现相同的效果会让代码看上去有点刻板。反过来也是如此，但除非有充分的理由这样做，否则还是应该使用正确的循环结构来完成任务，在 99.9%的情况下都不会有问题。

简要地回顾一下，当我们需要对一个可迭代对象进行迭代时应该使用 for 循环，当我们需要根据条件是否满足决定是否进行循环时应该使用 while 循环。如果牢记这两种循环在用途上的区别，就不会错误地选择循环结构。

现在让我们观察如何更改循环的正常执行流。

3.2.5 break 和 continue 语句

根据手头上的任务，我们有时候需要更改循环的正常执行流。我们可以跳过一次迭代（可能需要跳过多次）或者彻底跳出整个循环。例如，跳出迭代的一个常见例子是我们对一个数据项列表进行迭代，并且只有在满足某个条件时才对当前的数据项进行处理。另一种情况是我们对一个数据项集合进行迭代，找到了其中一个数据项满足了我们的某个需要之后就决定不再继续这个循环，因此需要退出循环。有无数的场景可能会出现这种情况，因此我们最好通过一些例子予以说明。

假设我们希望对购物车中今天过期的所有产品实施 20%的折扣。我们可以用 continue 语句完成这个任务，它告诉循环结构（for 或 while）立即结束当前循环体的执行，并进入下一次迭代（如果还有）。这个例子指引我们在兔子窝中更深入一步，因此要做好跃进的准备：

```
# discount.py
from datetime import date, timedelta

today = date.today()
tomorrow = today + timedelta(days=1)  # today + 1 表示 day 是明天
products = [
    {'sku': '1', 'expiration_date': today, 'price': 100.0},
    {'sku': '2', 'expiration_date': tomorrow, 'price': 50},
    {'sku': '3', 'expiration_date': today, 'price': 20},
]

for product in products:
    if product['expiration_date'] != today:
        continue
    product['price'] *= 0.8  # 相当于应用 20%的折扣
    print(
        'Price for sku', product['sku'],
        'is now', product['price'])
```

我们首先导入 date 和 timedelta 对象，然后设置产品。那些 sku 为 1 或 3 的产品的过期日期是今天，我们将对它们应用 20%的折扣。我们对每个产品进行循环，并检查它的过期日期。如果它的过期日期不是今天（不相等操作符!=），我们就不想执行循环体的剩余部分，因此使用 continue 语句直接跳转到下一个迭代。

注意，在循环体中把 continue 语句放在什么地方并不重要（甚至可以多次使用）。执行到 continue 语句时，执行就会停止并跳转到下一次迭代。如果我们运行 discount.py 模块，会产生下面的输出：

```
$ python discount.py
Price for sku 1 is now 80.0
Price for sku 3 is now 16.0
```

它显示了对于 sku 编号为 2 的产品，循环体的最后两行并没有执行。

现在我们观察一个跳出整个循环的例子。假设我们想要知道输入 bool()函数的列表中是否至少有一个元素的值为 True。假设我们需要知道列表中是否至少有一个这样的元素，当我们找到一个这样的元素时，就不需要继续扫描这个列表。在 Python 代码中，这个功能是由 break 语句实现的。下面我们把这个逻辑反映到代码中：

```
# any.py
items = [0, None, 0.0, True, 0, 7] # True 和 7 的求值结果为 True

found = False  # 这称为“标志”
for item in items:
    print('scanning item', item)
    if item:
        found = True  # 更新标志
        break

if found:  # 检查标志
    print('At least one item evaluates to True')
else:
    print('All items evaluate to False')
```

上面的代码是一种相当常见的编程模式。我们在检查数据项之前设置一个**标志**变量。如果找到了一个元素符合我们的标准（在这个例子中，其值为 True），就更新这个标志并停止迭代。在迭代之后，我们检查这个标志并采取相应的行动。执行上面的代码产生下面的结果：

```
$ python any.py
scanning item 0
scanning item None
scanning item 0.0
scanning item True
At least one item evaluates to True
```

理解在找到 True 之后执行是如何停止的吗？break 语句的效果与 continue 相似，它立即停止循环体的执行，而且还阻止了未来所有迭代的运行，从而有效地退出了整个循环。continue 和 break 语句可以联合使用，其数量没有限制，它们在 for 和 while 循环结构中都适用。

我们并不需要编写代码检测序列中是否至少有一个元素的值为 True，而是可以直接使用内置函数 any()。

3.2.6　一种特殊的 else 子句

我们在 Python 中才能看到的一种特性是 else 子句可以出现在 while 和 for 循环之后。这是一种罕见的用法，但这个功能绝对是值得拥有的。简言之，我们可以在 for 或 while 循环之后出现一条 else 子句。如果循环正常结束（由于 for 循环的迭代器耗尽或者 while 循环的条件最终不满足），则 else 子句（如果存在）就会被执行。如果循环的执行是被 break 语句所中断的，那么 else 子句就不会被执行。

下面我们观察一个例子，这个 for 循环对一组数据项进行迭代，寻找满足某个条件的数据项。如果没有找到任何一个数据项满足这个条件，就触发一个**异常**。这意味着我们需要停止程序的正常执行，并发出信号表示遇到了无法处理的错误或异常。异常是第 7 章的主题，因此不必担心现在无法完全理解这个概念。读者只需要记住，它们会更改代码的正常执行流。

下面我们观察两个完成同一个任务的例子，但是其中一个例子使用了特殊的 for...else 语法。假设我们想在一群人中找到一个会开车的人：

```
# for.no.else.py
class DriverException(Exception):
    pass

people = [('James', 17), ('Kirk', 9), ('Lars', 13), ('Robert', 8)]
driver = None
for person, age in people:
    if age >= 18:
        driver = (person, age)
        break

if driver is None:
    raise DriverException('Driver not found.')
```

再次注意标志模式。我们把 driver 设置为 None，如果找到一个会开车的人，就更新 driver 标志，并在循环结束时对这个标志进行检查，判断是否找到了会开车的人。我们有种感觉那些小孩其实也是会开金属玩具汽车的，但不管怎么说，注意如果没有找到会开车的人，就会触发 DriverException，向程序发出信号，表示无法继续执行（因为没有司机）。

我们也可以使用下面的代码以更优雅的方式实现相同的功能：

```
# for.else.py
class DriverException(Exception):
    pass

people = [('James', 17), ('Kirk', 9), ('Lars', 13), ('Robert', 8)]
for person, age in people:
    if age >= 18:
        driver = (person, age)
        break
else:
    raise DriverException('Driver not found.')
```

注意，我们不再需要使用标志模式。现在，异常的触发是 for 循环逻辑的一部分。这是非常合理的，因为对条件进行检查正是 for 循环的任务。我们需要做的就是在找到一个会开车的人时设置一个 driver 对象，这样剩余的代码可以在某个地方使用这个信息。注意现在代码更短、更优雅，因为程序的逻辑现在正确地聚焦在它应该在的地方。

在“Transforming Code into Beautiful, Idiomatic Python”视频中，Raymond Hettinger 建议为与 for 循环相关联的 else 语句提供一个更好的名称：nobreak。如果我们无法透彻地理解 else 是如何与 for 循环相关联的，这个名称可以很好地帮助我们理解这一点。

3.3　赋值表达式

在观察更复杂的例子之前，我们简单地介绍 Python 3.8 通过 PEP 572 所新增的一个相对较新的特性。赋值表达式允许我们在不允许常规赋值语句的地方把一个值绑定到一个名称。与常规的赋值操作符=不同，赋值表达式使用:=操作符（称为**海象操作符**，因为它看上去就像是海象的眼睛和象牙）。

3.3.1　语句和表达式

为了理解常规赋值和赋值表达式的区别，我们需要理解语句和表达式的区别。根据 Python 官方文档的说明，**语句**是指：

> ……代码块的一部分。一条语句可以是一个表达式，也可以是由 if、while、for 等关键字所构建的几种结构之一。

表达式则是指：

> 一段可以求值的语法。换而言之，表达式是诸如字面值、名称、属性访问、操作符、函数调用等能够返回一个值的表达式元素的堆积。

表达式的关键区别特性是它具有返回值。注意，表达式可以是语句，但并不是所有的语句都是表达式。具体地说，像 name = "heinrich"这样的赋值并不是表达式，因此它并没有返回值。这意味着我们无法在 while 循环或 if 语句的条件表达式（或其他任何需要值的地方）中使用赋值语句。

读者是否曾经疑惑，为什么把值赋给名称时，Python 控制台并没有输出值？例如：

```
>>> name = "heinrich"
>>>
```

现在就可以理解了！这是因为我们输入了一条语句，它并没有可以输出的返回值。

3.3.2 使用海象操作符

如果没有赋值表达式，当我们想在表达式中把值绑定到名称并使用这个值时，必须使用两条不同的语句。例如，类似下面这样的代码是相当常见的：

```
# walrus.if.py
remainder = value % modulus
if remainder:
    print(f"Not divisible! The remainder is {remainder}.")
```

有了赋值表达式之后，我们可以把它改写为：

```
# walrus.if.py
if remainder := value % modulus:
    print(f"Not divisible! The remainder is {remainder}.")
```

赋值表达式允许我们编写更少的代码行。如果精心使用，它们还可以生成更清晰、更容易理解的代码。下面我们观察一个稍微复杂的例子，理解赋值表达式是如何对 while 循环进行简化的。

在交互式脚本中，我们常常需要让用户在一些选项中做出选择。例如，假设我们编写了一个交互式脚本，允许一家冰淇淋店的顾客选择冰淇淋的风味。为了避免在准备订单的时候产生混淆，我们需要确保用户选择了可选风味之一。如果没有赋值表达式，我们需要编写类似下面这样的代码：

```
# menu.no.walrus.py
flavors = ["pistachio", "malaga", "vanilla", "chocolate", "strawberry"]
prompt = "Choose your flavor: "
print(flavors)
while True:
    choice = input(prompt)
    if choice in flavors:
        break
    print(f"Sorry, '{choice}' is not a valid option.")
print(f"You chose '{choice}'.")
```

花点时间仔细阅读这段代码。注意循环的条件：while True 表示“无限循环”。这肯定不是我们真正需要的。我们需要在用户输入一个有效的风味（flavors 中的选项）时停止循环。为了实现这个目的，我们在循环中使用了一条 if 语句和一条 break 语句。这个循环的控制逻辑并不简单易懂。尽管如此，当控制循环所需要的值只能在循环中获取时，这实际上是一种相当常见的模式。

input()函数在交互式脚本中非常实用。它允许我们提示用户进行输入，并以字符串的形式返回。读者可以通过 Python 官方文档了解它的详细信息。

我们应该如何对此进行改进？我们尝试使用一个赋值表达式：

```
# menu.walrus.py
flavors = ["pistachio", "malaga", "vanilla", "chocolate", "strawberry"]
prompt = "Choose your flavor: "
print(flavors)
while (choice := input(prompt)) not in flavors:
    print(f"Sorry, '{choice}' is not a valid option.")
print(f"You chose '{choice}'.")
```

现在，这个循环的条件表达式所表达的意思正是我们所需要的。它显然更容易理解。代码的长度也缩短了 3 行。

有没有注意到赋值表达式两边的括号？我们需要括号，因为:=操作符的优先级低于 not in 操作符。读者可以尝试去掉括号，看看会发生什么。

我们已经看到了在 if 和 while 语句的条件表达式中使用赋值表达式的例子。除了这些用例之外，赋值表达式在 lambda 表达式（在第 4 章中介绍）以及解析和生成器（在第 5 章中介绍）中也非常实用。

3.3.3　告诫

在 Python 中引入海象操作符是存在争议的。有些人担心它容易导致丑陋、非 Python 风格的代码。我们觉得这些担心并不完全合理。如前所述，海象操作符可以改进代码，使之更容易阅读。和任何功能强大的特性一样，它有可能被滥用而导致含糊的代码。我们建议读者只是偶尔使用它，并认真思考它对代码的可读性所产生的影响。

3.4　综合应用

既然我们已经理解了条件和循环的概念，现在是时候更深入一步，观察我们在本章之初所提到的两个例子。我们将进行混合搭配，综合运用本章所提到的概念。我们首先编写一些代码，生成一个不大于某个上限的质数列表。记住，我们使用了一种非常低效和原始的算法对质数进行检测。重要的是把注意力集中在代码中与本章的主题有关的片段中。

3.4.1　质数生成器

根据维基百科的说明：

> “**质数**是大于 1 的自然数中不能由两个更小的自然数相乘所得的数。大于 1 的非质自然数称为合数。”

根据这个定义，如果我们考虑前 10 个自然数，可以看到 2、3、5、7 是质数，而 1、4、6、8、9、10 不是质数。为了让计算机告诉我们一个数 N 是否为质数，我们可以把这个数除以[2, N)区间的所有自然数。如果任何一个除法产生的余数为 0，这个数就不是质数。我们将编写两个版本，其中第二个版本将会用到 for...else 的语法：

```
# primes.py
primes = [] # 这个列表将包含最终的质数
upto = 100 # 上限，包含此数
for n in range(2, upto + 1):
    is_prime = True # 标志，外层 for 循环每次迭代时都会更新
    for divisor in range(2, n):
        if n % divisor == 0:
            is_prime = False
            break
    if is_prime: # 检查标志
        primes.append(n)
print(primes)
```

在上面的代码中，有许多地方值得注意。首先，我们设置了一个空的 primes 列表，它将包含最终生成的所有质数。上限为 100，我们可以看到在外层循环中调用 range()时是包含此数的。如果我们采用 range(2, upto)的写法，区间就是[2, upto)。因此，range(2, upto + 1)所产生的结果是[2, upto + 1)，即[2, upto]。

因此，这里出现了两个 for 循环。在外层循环中，我们对候选质数（即从 2 到 upto 的所有自然数）进行循环。在这个外层循环的每次迭代中，我们设置一个标志（在每次迭代时设置为 True），并把当前的 n 除以从 2 到 n – 1 的所有自然数。如果找到 n 的一个整除因数，意味着 n 是合数，因此我们把标志设置为 False，并用 break 语句跳出内层循环。注意当我们跳出内层循环时，外层循环仍然会正常运行。我们为什么要在找到 n 的一个整除因数后跳出内层循环呢？因为我们不需要其他信息就可以充分判定 n 不是质数。

当我们检查 is_prime 标志时，如果它仍然是 True，意味着我们无法在[2, n)之间找到 n 的任何整除因数，因此 n 是质数。我们把 n 添加到 primes 列表中并开始下一个迭代，直到 n 等于 100。

运行这段代码产生了下面的结果：

```
$ python primes.py
[2, 3, 5, 7, 11, 13, 17, 19, 23, 29, 31, 37, 41, 43, 47, 53, 59, 61,
67, 71, 73, 79, 83, 89, 97]
```

在观察下一个版本之前，试着回答一个问题：在外层循环的所有迭代中，有一个是与众不同的。能说出是哪一次迭代吗？为什么？可以稍微思考一会，重新回顾代码，看看能不能找到答案，然后继续往下阅读。

能不能找出答案？如果不能，也不必感觉很糟糕，这是非常正常的。这只是一个小小的练习，是程序员们一直在做的事情。简单观察代码就理解它的用途是一种能够随着时间不断积累的技巧。这是非常重要的，因此只要有可能就应该多加练习。现在我们可以揭晓答案：所有迭代中与众不同的就是第一次迭代。原因是在第一次迭代时，n 是 2。因此，最内层的 for 循环甚至不会运行，因为这个 for 循环是对区间(2, 2)进行迭代。为什么不是对[2, 2)进行循环呢？读者可以自己试验一下，为这个区间编写一个简单的 for 循环，并在循环体中编写一条 print 语句，看看是否会发生什么事情。

现在，站在算法的角度，这段代码的效率不高，因此我们设法让它变得更优雅：

```
# primes.else.py
primes = []
upto = 100
for n in range(2, upto + 1):
    for divisor in range(2, n):
        if n % divisor == 0:
            break
    else:
        primes.append(n)
print(primes)
```

是不是优雅多了？is_prime 标志不见了，当我们知道内层 for 循环没有遇到任何 break 语句时就把 n 添加到 primes 列表中。这样的代码是不是看上去更清晰并且更容易理解？

3.4.2 应用折扣

在这个例子中，我们想介绍一种我们非常喜欢的技巧。在许多编程语言中，除了 if/elif/else 结构之外，无论它们以何种语法或形式出现，都可以找到一种通常称为 switch/case 的语句。但是，Python 中并没有这种结构。它等价于瀑布式的 if / elif /.../ elif / else 子句，其语法类似下面这样（警告，这是 JavaScript 代码）：

```
/* switch.js */
switch (day_number) {
    case 1:
    case 2:
    case 3:
    case 4:
    case 5:
        day = "Weekday";
        break;
    case 6:
        day = "Saturday";
        break;
    case 0:
        day = "Sunday";
        break;
    default:
        day = "";
        alert(day_number + ' is not a valid day number.')
}
```

在上面的代码中，我们根据 day_number 变量进行切换。这意味着我们获取它的值并确定它适合哪个 case（如果有）。从 1 到 5 是一种瀑布形式，意味着无论它是[1, 5]之间的哪个数，都会进入把 day 设置为"Weekday"的逻辑。然后 0 和 6 各自有一个单独的 case，另外还有一个防止发生错误的默认的 case（default），它提醒系统 day_number 不是一个有效的天数，即不在[0, 6]的区间之内。Python 可以使用 if / elif / else 语句很完美地实现这样的逻辑：

```
# switch.py
if 1 <= day_number <= 5:
    day = 'Weekday'
elif day_number == 6:
    day = 'Saturday'
elif day_number == 0:
    day = 'Sunday'
else:
    day = ''
    raise ValueError(
        str(day_number) + ' is not a valid day number.')
```

在上面的代码中，我们在 Python 中使用 if / elif / else 语句复制了与 JavaScript 代码相同的逻辑。我们在最后触发 ValueError 异常表示 day_number 并不在[0, 6]的区间之内只是作为一个例子。这是转换 switch / case 逻辑的一种可行方法，但是另外还有一种称为分派（dispatch）的方法，将在下一个例子的最后一个版本中介绍。

顺便说一句，有没有注意到前面这个片段的第一行代码？有没有注意到 Python 可以进行双重（实际上甚至允许多重）比较？这是个非常优秀的特性！

在下面这个新的例子中，我们简单地编写了一些代码，根据优惠值对顾客实施折扣。我们尽量使这个逻辑保持简单，记住我们真正需要关注的是理解条件和循环：

```
# coupons.py
customers = [
    dict(id=1, total=200, coupon_code='F20'),  # F20: 固定, £20
    dict(id=2, total=150, coupon_code='P30'),  # P30: 百分比, 30%
    dict(id=3, total=100, coupon_code='P50'),  # P50: 百分比, 50%
    dict(id=4, total=110, coupon_code='F15'),  # F15: 固定, £15
]
for customer in customers:
    code = customer['coupon_code']
    if code == 'F20':
        customer['discount'] = 20.0
    elif code == 'F15':
        customer['discount'] = 15.0
    elif code == 'P30':
        customer['discount'] = customer['total'] * 0.3
    elif code == 'P50':
        customer['discount'] = customer['total'] * 0.5
    else:
        customer['discount'] = 0.0

for customer in customers:
    print(customer['id'], customer['total'], customer['discount'])
```

我们首先设置一些顾客。顾客具有订单总金额、优惠码、ID。我们设置了 4 种不同类型的优惠，其中两种是固定的，另外两种是根据百分比确定的。读者可以在 if / elif / else 瀑布结构中看到我们根据情况应用具体的折扣，并在 customer 字典中把它设置为'discount'键。

最后，我们只输出部分数据，可以看到代码是否正确地发挥了作用：

```
$ python coupons.py
1 200 20.0
2 150 45.0
3 100 50.0
4 110 15.0
```

这段代码非常简单，很容易理解，但所有这些条件子句都是对逻辑的聚集。一眼看去并不容易理解它们的用途，这是我们所不喜欢的。遇到这样的场合，我们可以利用字典，像下面这样：

```
# coupons.dict.py
customers = [
    dict(id=1, total=200, coupon_code='F20'),  # F20: 固定，£20
    dict(id=2, total=150, coupon_code='P30'),  # P30: 百分比，30%
    dict(id=3, total=100, coupon_code='P50'),  # P50: 百分比，50%
    dict(id=4, total=110, coupon_code='F15'),  # F15: 固定，£15
]
discounts = {
    'F20': (0.0, 20.0),  # 每个值是(percent, fixed)
    'P30': (0.3, 0.0),
    'P50': (0.5, 0.0),
    'F15': (0.0, 15.0),
}
for customer in customers:
    code = customer['coupon_code']
    percent, fixed = discounts.get(code, (0.0, 0.0))
    customer['discount'] = percent * customer['total'] + fixed

for customer in customers:
    print(customer['id'], customer['total'], customer['discount'])
```

运行这段代码所产生的结果与之前的代码完全相同。我们节省了 2 行代码，但更重要的是，这段代码的可读性更佳，因为 for 循环体现在的长度只有 3 行，非常容易理解。这个例子所用到的概念就是使用字典作为**分派器**。换句话说，我们尝试根据代码从字典中提取某个值（coupon_code），并使用 dict.get(key, default)确保能够处理字典中不存在这个优惠码时需要默认值的情况。

注意，为了正确地计算折扣，我们不得不应用一些非常简单的线性代数。每种折扣在字典中都有一个百分比和一个固定金额，用一个二元组表示。通过应用 percent * total + fixed，我们就能得到正确的折扣。当 percent 是 0 时，这个公式就给出固定折扣金额。当固定金额为 0 时，这个公式的结果就是 percent * total。

这个技巧非常重要，因为它还用于与函数有关的其他语境中，此时它的功能要比我们在上面这段代码中所看到的更为强大。使用这种技巧的另一个优点是我们在编写代码时可以动态提取 discounts 字典中的键和值（例如，从数据库中提取）。这将允许代码适应任何折扣和条件，而不需要修改任何东西。

如果读者还不完全清楚它的工作方式，我们建议读者花点时间对它进行试验。修改相关的值并添加 print()语句，观察当程序运行时会发生什么。

3.5 itertools 模块速览

如果丝毫不讨论 itertools 模块，那么本章对可迭代对象、迭代器、条件逻辑和循环的介绍就是不完整的。如果我们深入使用迭代，会发现它是一个非常得心应手的工具。

根据 Python 官方文档的说明，itertools 模块是：

> ……实现了一些迭代器基本构件，它是受 APL、Haskell 和 SML 这样的结构所启发的。每个结构都根据适合 Python 的形式进行了重构。
>
> 这个模块对一组快速、内存高效的核心工具进行了标准化，不论是本身单独使用还是组合使用都具有很强的实用性。它们合在一起形成了“迭代器代数”，能够在纯 Python 中构建非常简洁高效的专业化工具。

我们无法提供太多的篇幅介绍这个模块提供的所有工具，因此我们鼓励读者自己对它进行探索，我们相信读者会乐在其中的。概括地说，它提供了三类范围极广的迭代器，我们将为每种类型提供一个非常简单的例子，目的就是让读者感到眼热。

3.5.1 无限迭代器

无限迭代器允许我们用一种不同的风格使用 for 循环，就像它是 while 循环一样：

```
# infinite.py
from itertools import count

for n in count(5,3):
    if n > 20:
        break
    print(n, end=', ')  # 代替换行符、逗号和空格
```

运行这段代码产生下面的结果：

```
$ python infinite.py
5, 8, 11, 14, 17, 20,
```

count 工厂类使迭代器简单地进行持续计数。它从 5 开始，不断加上 3。如果我们不想陷入无限循环，可以手动跳出循环。

3.5.2 终止于最短输入序列的迭代器

这种类型的迭代器非常有趣。它允许我们根据多个迭代器创建一个迭代器，根据某种逻辑组合它们的值。关键之处是，在这些迭代器中，如果任何一个迭代器短于其他的迭代器，组合后的迭代器并不会出问题，而是在最短的迭代器被耗尽时简单地停止。我们知道，这段话听上去十分抽象，因此我们观察一个使用 compress()的例子。这个迭代器根据一个选择器中的对应

数据项为 True 或 False 返回数据：compress('ABC', (1, 0, 1))将返回'A'和'C'，因为它们对应于 1。下面我们观察一个简单的例子：

```
# compress.py
from itertools import compress
data = range(10)
even_selector = [1, 0] * 10
odd_selector = [0, 1] * 10

even_numbers = list(compress(data, even_selector))
odd_numbers = list(compress(data, odd_selector))

print(odd_selector)
print(list(data))
print(even_numbers)
print(odd_numbers)
```

注意，odd_selector 和 even_selector 的长度都是 20 个元素，但 data 的长度只有 10 个元素。compress()会在 data 产生它的最后一个元素后停止。运行这段代码产生下面的结果：

```
$ python compress.py
[0, 1, 0, 1, 0, 1, 0, 1, 0, 1, 0, 1, 0, 1, 0, 1, 0, 1, 0, 1]
[0, 1, 2, 3, 4, 5, 6, 7, 8, 9]
[0, 2, 4, 6, 8]
[1, 3, 5, 7, 9]
```

这是对可迭代对象的元素进行选择的一种快速而方便的方法。这段代码非常简单，但是注意我们并没有使用 for 循环对 compress()调用所返回的每个值进行迭代，而是使用了 list()，它完成相同的功能，但并不是执行循环体，而是把所有的值放在一个列表中并返回它。

3.5.3　组合迭代器

我们介绍的最后一种重要的迭代器是组合迭代器。如果读者深入其中，就会觉得它们非常有趣。鉴于篇幅，我们只是观察一个用于排列的简单例子。根据 Wolfram Mathworld 的说法：

> “排列是对一个有序列表 *S* 中的元素进行重新安排，使之与 *S* 本身具有一对一的对应关系。”

例如，ABC 共有 6 种排列：ABC、ACB、BAC、BCA、CAB、CBA。

如果一个集合具有 N 个元素，则它的排列数量是 $N!$（N 的阶乘）个。对于 ABC 这个字符串，排列数量是 $3! = 3 \times 2 \times 1 = 6$。下面我们在 Python 中实现它：

```
# permutations.py
from itertools import permutations
print(list(permutations('ABC')))
```

这段非常短的代码产生下面的结果：

```
$ python permutations.py
[('A', 'B', 'C'), ('A', 'C', 'B'), ('B', 'A', 'C'), ('B', 'C', 'A'),
('C', 'A', 'B'), ('C', 'B', 'A')]
```

我们在处理排列时应该非常小心。它的数量增长级与我们所排列的元素数量的阶乘成正比，它很快就会变得巨大。

3.6 总结

在本章中，我们又在扩展自己的 Python 编码词汇上迈出了一步。我们看到了如何对条件进行评估以驱动代码的执行，并看到了如何对序列和对象集合进行循环和迭代。它们为我们提供了对代码的执行流进行控制的强大功能，使我们可以根据需要对代码进行塑形，使其能够对动态变化的数据做出反应。

我们还看到了如何把所有的东西组合在几个简单的例子中。最后，我们简单观察了 itertools 模块，它提供了很多有趣的迭代器，极大地丰富了 Python 的功能。

现在，我们是时候切换挡位进行提速，再次迈出重要的一步，对函数展开讨论。第 4 章就是关于函数的，它们是十分重要的。读者应该熟练掌握到目前为止所学习的内容。我们想为大家提供一些有趣的例子，因此步子需要迈得大一点。准备好了吗？让我们翻开新的一页。

第 4 章
函数，代码的基本构件

“创建建筑结构是为了摆放有序。把什么摆放有序？功能和物体。”

——勒·柯布西耶

在前几章中，我们看到了 Python 中的所有东西都是对象，函数也不例外。但是，函数的确切含义是什么？函数是执行一项任务的指令序列，并组合为一个单元的形式。这个单元可以在任何需要它的地方导入并使用。在代码中使用函数有许多优点，稍后我们就会看到。

在本章中，我们将讨论下面这些内容。

- 函数——什么是函数以及为什么要使用函数。
- 作用域和名称解析。
- 函数的签名——输入参数和返回值。
- 递归和匿名函数。
- 导入对象实现代码复用。

我们相信“一图胜过千言万语”的说法，尤其是在向刚刚接触函数概念的读者解释什么是函数的时候。因此，我们首先观察图 4-1。

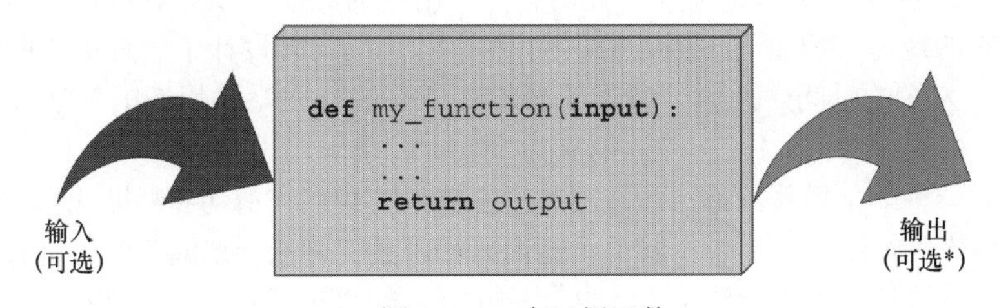

图 4-1　一个示例函数

可以看到，函数是包装为一个整体的指令集合，就像一个盒子。函数可以接受输入参数并产生输出值。它们都是可选的，我们将在本章的例子中看到这些细节。

Python 中的函数是用关键字 def 定义的，其后是函数的名称，以一对括号（括号内可以包含也可以不包含输入参数）和一个冒号（:）结束，后者表示函数定义行的结束。紧随函数定义行之后的代码行向右缩进 4 个空格，它们是函数体，也就是当函数被调用时将会执行的指令集合。

注意，4 个空格的缩进并不是强制的，但它是 PEP 8 所建议的缩进数量。在实践中，这也是使用得最为广泛的缩进约定。

函数可以返回一个输出，也可以不返回。如果函数想要返回一个输出，可以通过关键字 return 实现这个功能，return 的后面是需要的输出。如果读者的观察力非常敏锐，可能注意到图 4-1 的输出部分的“可选”之后有个小小的星号。这是因为在 Python 中函数总是会返回一些东西，即使我们并没有明确地使用 return 语句。如果函数体内没有 return 语句，或 return 语句没有指定返回值，函数就返回 None。这个设计选择的幕后原因超出了入门章节的范围。读者只需要知道这个行为可以使我们的工作变得更加轻松。我们一如既往地需要感谢 Python。

4.1 为什么要使用函数

函数对于任何语言而言都是最重要的概念和结构，下面给出了需要使用函数的一些理由。

- 函数减少了程序中代码的重复。由一个精心包装的代码块负责一个特定的任务，并在需要的地方导入并调用它，就不需要在程序中重复它的实现。
- 我们可以把复杂的任务或过程分割为更小的片断，每个片断都成为一个函数。
- 函数在用户面前隐藏了实现细节。
- 函数提高了可追踪性。
- 函数提高了可读性。

下面我们观察一些例子，更好地理解上面所说的每一点。

4.1.1 减少代码的重复

想象一下，我们正在编写一个科学软件中的某个片段，需要计算不大于某个上限的所有质数，就像我们在第 3 章所做的那样。我们有一个出色的算法可以计算质数，因此把它复制并粘贴到需要它的地方。但是有一天，我们的朋友 B. Riemann 设计了一种更好的计算质数的算法，可以节省大量的时间。此时，我们需要检查所有的代码，并用新的算法代码替换旧的代码。

这实际上是一种非常糟糕的方法。它容易产生错误，我们在剪切和粘贴代码时，无法知道是否误删了哪些代码行或者不小心遗漏了一些代码行。我们可能会遗漏某一处进行了质数计算的地方，从而导致软件处于不一致状态，也就是同一个行为在不同的地方以不同的方式执行。如果我们不是用更好的代码版本替换原代码，而是需要修正一些缺陷，此时如果遗漏了一个地方会怎么样呢？这无疑是一种更加糟糕的情况。如果旧算法所使用的变量名与新算法不同，又会出现什么情况呢？这些都会使情况变得复杂。

因此，我们应该怎么做呢？很简单，我们编写一个函数 get_prime_numbers(upto)，并在任何需要质数列表的地方使用它。当 B. Riemann 向我们提供他的新代码时，我们需要做的就是把这个函数的函数体用他的新实现代替，然后就万事无忧了！软件的其余部分会自动适应这种情况，因为它们只是调用这个函数。

我们的代码会变得更短，不会在执行一项任务的旧方法和新方法之间出现不一致状态，也不会因为复制和粘贴的错误或遗漏而导致未检测到的缺陷。使用函数，有百利而无一害。

4.1.2　分割复杂任务

函数非常适用于把漫长或复杂的任务分割为几个更小的任务。这种做法可以使代码具有多个方面的优点，例如可读性、可测试性、可复用性。

举个简单的例子，假设我们正在准备一个报告。我们的代码需要从数据源提取数据，对它进行解析和过滤，并对它进行润色，然后对它应用一整套的算法，使结果可以作为 Report 类的输入。把整个这样的过程放在一个巨大的 do_report(data_source)函数中并不是罕见的做法。为了返回报告，这个函数可能包含几十行甚至几百行代码。

这种情况在科学代码中较为常见，它从算法的角度来看是极为出色的。但是，有时候从编码风格而言，它们不像是经验丰富的程序员所为。现在，我们可以想象一下几百行的代码。我们很难仔细地将它从头看到尾，从中找到场景的变化（例如完成了一项任务或开始下一个任务）。我们的大脑里是不是有这样一幅图画？很好，但不要这样做！反之，让我们观察下面的代码：

```
# data.science.example.py
def do_report(data_source):
    # 提取和准备数据
    data = fetch_data(data_source)
    parsed_data = parse_data(data)
    filtered_data = filter_data(parsed_data)
    polished_data = polish_data(filtered_data)

    # 在数据上运行算法
    final_data = analyse(polished_data)

    # 创建和返回报告
    report = Report(final_data)
    return report
```

当然，上面这个例子是虚构的。但是，我们可以看到阅读这样的代码是多么简单。如果最终结果看上去是错误的，也非常容易对 do_report()函数中的单独数据输出进行调试。而且，把整个过程的某个部分临时排除在整个过程之外也是极为简单的（我们只需要注释掉需要暂时排除的代码）。类似这样的代码更容易处理。

4.1.3　隐藏实现细节

我们仍然沿用上面这个例子来讨论这一点。阅读 do_report()函数的代码后能够发现，我们不需要阅读每一行的实现代码就可以对这个函数的功能有一个很好的理解。这是因为函数隐藏了实现细节。

这个特性意味着，如果我们不需要深入细节，就没有必要这样做，只要把 do_report()看成是一个巨大的完整函数就可以了。为了理解详细的过程，我们必须阅读每一行代码。使用函数，我们就不需要这样做。这可以减少代码的阅读时间。在专业的环境中，阅读代码所花的时间要远多于编写代码的时间，因此尽可能地减少代码的阅读量是极为重要的。

4.1.4 提高可读性

对于只有一行或两行代码的函数体，程序员有时候并不能理解函数的这个优点。因此，我们讨论一个例子，看看为什么应该这样做。

假设我们需要把两个矩阵相乘，如下面的例子所示：

$$\begin{pmatrix} 1 & 2 \\ 3 & 4 \end{pmatrix}\begin{pmatrix} 5 & 1 \\ 2 & 1 \end{pmatrix} = \begin{pmatrix} 9 & 3 \\ 23 & 7 \end{pmatrix}$$

我们是喜欢看到这样的代码：

```
# matrix.multiplication.nofunc.py
a = [[1, 2], [3, 4]]
b = [[5, 1], [2, 1]]

c = [[sum(i * j for i, j in zip(r, c)) for c in zip(*b)]
     for r in a]
```

还是愿意看到这样的代码：

```
# matrix.multiplication.func.py
# 这个函数也可以在另一个模块中定义
def matrix_mul(a, b):
    return [[sum(i * j for i, j in zip(r, c)) for c in zip(*b)]
            for r in a]

a = [[1, 2], [3, 4]]
b = [[5, 1], [2, 1]]
c = matrix_mul(a, b)
```

在第二个例子中，我们更容易理解 c 是 a 和 b 的乘积，它显然更容易看懂。如果不需要修改矩阵乘法的逻辑，我们甚至并不需要了解实现细节。因此，第二段代码提高了代码的可读性。在第一段代码中，我们可能要花一些时间才能理解它所进行的复杂的列表解析操作。

如果不理解列表解析这个概念，不需要担心。我们将在第 5 章中学习它们。

4.1.5 提高可追踪性

假设我们编写了一个电子商务网站，在网页上显示产品的价格。假设在数据库中存储的价格是不含增值税（VAT，或营业税）的，但我们希望页面上所显示的价格包含了 20%的增值税。下面是根据不含税价格计算含税价格的几种方法：

```
# vat.py
price = 100  # GBP，无 VAT
final_price1 = price * 1.2
final_price2 = price + price / 5.0
final_price3 = price * (100 + 20) / 100.0
final_price4 = price + price * 0.2
```

这 4 种计算含税价格的方法都是完全可接受的。多年以来，我们在专业代码中都找到过它们的身影。现在，假设我们开始在不同的国家销售产品，并且有些国家具有不同的增值税率，因此我们需要对代码进行重构（通过网站），使 VAT 的计算动态化。

当我们执行 VAT 计算时，怎样才能对执行计算的所有地方进行追踪呢？如今的编程是一项协作性的工作，我们无法保证 VAT 的计算只使用了其中一种方法。这是非常困难的。

因此，我们编写一个函数，它所接受的输入值是增值税率和不含税价格，并返回一个包含 VAT 的价格：

```
# vat.function.py
def calculate_price_with_vat(price, vat):
    return price * (100 + vat) / 100
```

现在，我们可以导入这个函数，并在网页中需要计算含税价格的任何地方使用它。当我们需要追踪所有的调用时，可以搜索 calculate_price_with_vat。

注意，在上面这个例子中，假定 price 是不含 VAT 的，vat 是一个百分比值（例如，19、20 或 23）。

4.2　作用域和名称解析

读者是否还记得我们在第 1 章中提到过作用域和名字空间的概念？现在，我们打算对这个概念进行扩展。最后，我们可以围绕函数来讨论这两个概念，使一切变得更容易理解。下面，我们从一个非常简单的例子开始：

```
# scoping.level.1.py
def my_function():
    test = 1  # 这个 test 是在这个函数的局部作用域中定义的
    print('my_function:', test)

test = 0  # 这个 test 是在全局作用域中定义的
my_function()
print('global:', test)
```

在上面这个例子中，我们在两个不同的地方定义了 test 这个名称。它们实际上位于两个不同的作用域。其中一个是全局作用域（test = 0），另一个是 my_function()函数的局部作用域

（test = 1）。如果执行这段代码，将会看到下面的结果：

```
$ python scoping.level.1.py
my_function: 1
global: 0
```

很显然，在 my_function()中，test = 1 屏蔽了 test = 0 的赋值。在全局作用域中，test 仍然是 0，这点可以从程序的输出中看到。但是，我们在函数体内再次定义了 test 这个名称，并把它设置为指向整数值 1。因此，这两个 test 名称都存在：一个在全局作用域中，指向一个值为 0 的 int 对象。另一个在 my_function()作用域中，指向一个值为 1 的 int 对象。我们注释掉那行 test = 1 的代码。Python 会在下一个外层作用域中搜索 test 这个名称（记住第 1 章所描述的 **LEGB** 规则：**局部**、**外层**、**全局**、**内置**）。在这种情况下，我们看到 0 这个值被输出了 2 次。读者可以在自己的代码中进行尝试。

现在，我们进一步提高门槛：

```
# scoping.level.2.py
def outer():
    test = 1  # outer 作用域

    def inner():
        test = 2  # inner 作用域
        print('inner:', test)

    inner()
    print('outer:', test)


test = 0  # 全局作用域
outer()
print('global:', test)
```

在上面的代码中，我们实现了两个层次的屏蔽。一个层次是在函数 outer()中，另一个是在函数 inner()中。这种情况远远谈不上高级，但还是有点复杂。如果我们运行这段代码，会得到下面的结果：

```
$ python scoping.level.2.py
inner: 2
outer: 1
global: 0
```

注释掉 test = 1 这行代码。可以预测结果会是怎么样的吗？在执行到 print('outer:', test)这一行时，Python 将会在下一个外层作用域中查找 test，因此它找到并输出 0 而不是 1。在学习下面的内容之前，确保把 test = 2 这一行也注释掉，看看是否理解其结果，是否已经弄清了 LEGB 规则。

另一件值得注意的事情是，Python 允许我们在一个函数的内部定义另一个函数。inner() 函数的名称是在 outer()函数的名字空间中定义的，就像在这个名字空间中定义其他任何名称一样。

global 和 nonlocal 语句

在前面那个例子中，我们可以使用两种特殊的语句 global 和 nonlocal 更改对 test 名称的屏蔽行为。从前面那个例子中可以看到，当我们在 inner()函数中定义 test = 2 时，我们既没有在 outer()函数中也没有在全局作用域中重写 test。

如果我们在一个并没有定义这两个名称的嵌套作用域中使用它们，则可以读取它们的值，但不能修改它们，因为当我们编写一条赋值指令时，实际上是在当前作用域中定义了一个新的名称。

我们怎么才能改变这个行为？不错，我们可以使用 nonlocal 语句。根据官方文档的说明：

> "nonlocal 语句导致它之后的标识符所引用的名称是最近一个外层作用域（不包括全局作用域的）中以前所绑定的变量。"

下面我们在 inner()函数中引入 nolocal 语句，看看会发生什么？

```
# scoping.level.2.nonlocal.py
def outer():
    test = 1  # outer 作用域

    def inner():
        nonlocal test
        test = 2  #最近的外层作用域（'outer'）
        print('inner:', test)

    inner()
    print('outer:', test)


test = 0  # 全局作用域
outer()
print('global:', test)
```

注意，在 inner()函数体中，我们是如何把 test 这个名称声明为 nonlocal 的。运行这段代码产生下面的结果：

```
$ python scoping.level.2.nonlocal.py
inner: 2
outer: 2
global: 0
```

哇！看这结果！它意味着在 inner()函数中把 test 声明为 nonlocal 之后，我们实际上就把 test 这个名称绑定到 outer()函数所声明的 test。如果我们从 inner()函数中删除 nonlocal test 这一行，并在 outer()函数中尝试同一个技巧，就会得到一个 SyntaxError，因为 nonlocal 语句所适用的外层作用域不包括全局作用域。

那么，有没有办法在全局名字空间中让 test = 0？当然可以，我们只需要使用 global 语句：

```
# scoping.level.2.global.py
def outer():
    test = 1  # outer 作用域

    def inner():
        global test
        test = 2  # 全局作用域
        print('inner:', test)

    inner()
    print('outer:', test)

test = 0  # 全局作用域
outer()
print('global:', test)
```

注意，现在我们把 test 这个名称声明为 global，其作用基本上就相当于把它绑定到全局作用域所定义的 test（test = 0）。运行这段代码应该得到下面的结果：

```
$ python scoping.level.2.global.py
inner: 2
outer: 1
global: 2
```

这个结果显示了现在 test = 2 这个赋值所影响的名称是全局作用域中的 test。这个方法在 outer()函数中也适用，因为在这种情况下，我们所表示的是全局作用域。读者可以自己尝试一下，观察什么地方发生了变化。读者需要熟练掌握作用域和名称解析，这是非常重要的。另外，如果在上面的例子中，我们在 outer()之外定义了 inner()，会发生什么情况呢？

4.3 输入参数

在本章之初，我们看到了函数可以接受输入参数。在深入探究所有可能的参数类型之前，我们首先要确保对“把参数传递给函数”的含义有一个清晰的理解。我们需要记住 3 个关键的要点：

- ◆ 参数传递只不过就是把一个对象赋值给一个局部变量名称；
- ◆ 在函数内把一个对象赋值给一个参数名称并不会影响调用者；
- ◆ 在函数中修改一个可变对象参数会影响调用者。

在深入探索参数这个主题之前，请允许我们对这个术语稍加澄清。根据 Python 官方文档的说明：

> “形式参数（形参）是由出现在函数定义中的名称所定义的，而实际参数（实参）是在调用函数时实际所传递的值。形式参数定义了函数可以接受的实际参数的类型。”

在表示形式参数和实际参数时，我们尽量保持精确。但值得说明的是，在不至于产生混淆的前提下，它们常常用参数这个词简单地表示。下面我们观察一些例子。

4.3.1　实际参数的传递

观察下面的代码。我们在全局作用域中声明了一个名称 x，然后声明了一个函数 func(y)，并最终调用这个函数，向它传递 x：

```
# key.points.argument.passing.py
x = 3
def func(y):
    print(y)

func(x)   # 输出: 3
```

以 x 为参数调用 func()时，在这个函数的局部作用域中会创建一个名称 y，它指向的对象与 x 相同。图 4-2 更加清楚地说明了这一点（这个例子是用 Python 3.6 运行的，但不要担心，这个特性并没有发生变化）。

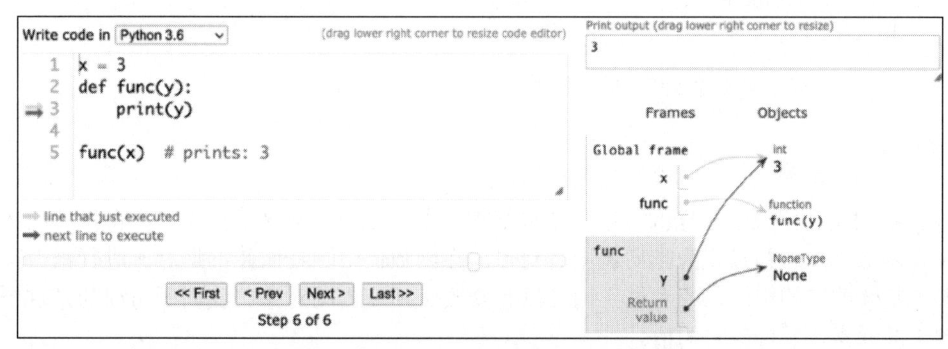

图 4-2　用 Python Tutor 理解参数传递

图 4-2 的右边描绘了当程序执行完成时（当 func()返回了 None 之后）的状态。观察 **Frames** 这一列，注意在全局名字空间（**全局框架**）中有两个名称 x 和 func，分别指向一个 **int** 对象（值为 3）和一个函数对象。在正下方是一个标题为 **func** 的矩形，我们可以看到这个函数的局部名字空间，它只定义了一个名称：y。由于我们用 x 调用 func()（这张图左边的第 5 行），因此 y 指向的对象与 x 相同。这是把实际参数传递给函数时在幕后所发生的事情。如果我们在函数定义中使用 x 这个名称而不是 y，情况仍然是一样的（只不过看上去容易混淆），在函数中有一个局部的 x，在外面又有一个全局的 x，这与我们在 4.2 节所看到的一样。

因此，概括地说，实际上所发生的事情是这个函数在它的局部作用域中创建了形式参数所定义的名称。当我们调用这个函数时，相当于告诉 Python 这些名称必须指向哪些对象。

4.3.2　形式参数名称的赋值

对形式参数的赋值并不会影响调用者。这个概念乍看上去有点难以理解，因此我们首先观察一个例子：

```
# key.points.assignment.py
x = 3
def func(x):
    x = 7  # 定义一个局部的 x，并不改变全局的 x

func(x)
print(x)  # 输出: 3
```

在上面的代码中，当我们以 func(x)的形式调用这个函数时，x = 7 这条指令是在 func()函数的局部作用域中执行的， x 这个名称指向值为 7 的那个整数，但全局名称 x 并不会被修改。

4.3.3 修改可变对象

修改可变对象会影响调用者。这是极为重要的终极概念，因为 Python 很显然在可变对象上具有不同的行为（不过很显而易见）。下面我们观察一个例子：

```
# key.points.mutable.py
x = [1, 2, 3]
def func(x):
    x[1] = 42  # 这会影响实际参数 x

func(x)
print(x)  # 输出: [1, 42, 3]
```

哇！我们实际修改了原先的对象。如果细加思量，就会发现这个行为并不奇怪。函数中的名称 x 在函数调用中被设置为指向调用者对象。在函数体中，我们并不是对 x 进行修改，因为我们并不是修改它的引用，或者说我们并没有修改 x 所指向的对象。我们所访问的是这个对象中位置 1 的元素，并修改它的值。

记住 4.3 节开始处的第二个要点：在函数内把一个对象赋值给一个参数名称并不会影响调用者。如果已经理解了这个概念，就不会对下面的代码感到吃惊：

```
# key.points.mutable.assignment.py
x = [1, 2, 3]
def func(x):
    x[1] = 42  # 对原来的实际参数 x 进行了修改
    x = 'something else'  # 使 x 指向新的字符串对象

func(x)
print(x)  # 仍然输出: [1, 42, 3]
```

注意加粗显示的两行代码。首先，和前一个例子一样，我们再次访问了调用者对象，把位置 1 的值修改为 42。接着，我们把 x 重新赋值为指向'something else'字符串。这个操作并不会改变调用者。事实上，它的输出与前面的代码段相同。

花点时间思考这个概念，并通过输出语句和调用 id 函数进行试验，直到完全弄明白这个概念。这是 Python 的关键概念之一，必须熟练掌握，否则就容易在代码中引入微妙的缺陷。另外，Python 辅导者网站通过可视化形式帮助我们加深对这些概念的理解。

现在，我们对输入参数以及它们的行为已经有了深刻的理解，让我们观察向函数传递实际参数的不同方式。

4.3.4 传递实际参数

我们可以使用 4 种不同的方法把实际参数传递给函数：

- 位置参数；
- 关键字参数；
- 可迭代对象拆包；
- 字典拆包。

下面我们逐个对它们进行观察。

1. 位置参数

当我们调用一个函数时，每个位置参数按照函数定义中的对应位置赋值给形式参数：

```
# arguments.positional.py
def func(a, b, c):
    print(a, b, c)

func(1, 2, 3)  # 输出: 1 2 3
```

这是把实际参数传递给函数最常见的方式（在有些语言中，这也是传递实际参数的唯一方式）。

2. 关键字参数

在函数调用中，关键字参数是使用 name=value 这样的语法赋值给形式参数的：

```
# arguments.keyword.py
def func(a, b, c):
    print(a, b, c)

func(a=1, c=2, b=3)  # 输出: 1 3 2
```

当我们使用关键字参数时，实际参数的顺序并不需要与函数定义中形式参数的顺序匹配。这可以使代码更容易阅读和调试。我们并不需要记住（或查找）函数定义中形式参数的顺序。我们可以观察一个函数调用并立即知道哪个实际参数对应于哪个形式参数。

我们还可以同时使用位置参数和关键字参数：

```
# arguments.positional.keyword.py
def func(a, b, c):
    print(a, b, c)

func(42, b=1, c=2)
```

但是，位置参数必须出现在所有关键字参数的前面。例如，如果尝试像下面这样的代码：

```
# arguments.positional.keyword.py
func(b=1, c=2, 42)  # 位置参数出现在关键字参数的后面
```

我们将会得到一个错误：

```
$ python arguments.positional.keyword.py
  File "arguments.positional.keyword.py", line 7
    func(b=1, c=2, 42) # 位置参数出现在关键字参数的后面
                    ^
SyntaxError: positional argument follows keyword argument
```

3. 可迭代对象拆包

可迭代对象拆包使用*iterable_name 这种语法把一个可迭代对象的元素作为位置参数传递给一个函数：

```
# arguments.unpack.iterable.py
def func(a, b, c):
    print(a, b, c)

values = (1, 3, -7)
func(*values)  # 与 func(1, 3, -7)等效
```

这是一个非常实用的特性，尤其是当我们需要以编程的方式生成传递给函数的实际参数时。

4. 字典拆包

字典拆包与关键字参数的关系相当于可迭代对象拆包与位置参数的关系。我们使用**dictionary_name 的语法把由一个字典的键和值所构建的关键字参数传递给函数：

```
# arguments.unpack.dict.py
def func(a, b, c):
    print(a, b, c)

values = {'b': 1, 'c': 2, 'a': 42}
func(**values)  # 与(b=1, c=2, a=42)等效
```

5. 实际参数类型的组合

我们已经看到了位置参数和关键字参数可以联合使用，只要它们以正确的顺序出现。结果显示，我们还可以把拆包参数（包括两种类型）与常规的位置参数和关键字参数进行组合。我们甚至可以拆包多个可迭代对象和多个字典！

实际参数必须按照下面的顺序传递。

- 首先是位置参数：包括普通的位置参数（name）和可迭代对象拆包（*name）。
- 接着是关键字参数（name=value），它可以与可迭代对象拆包（*name）混合。
- 最后是字典拆包（**name），它可以与关键字参数（name=value）混合。

通过一个例子来理解这些规则更为简单：

```
# arguments.combined.py
def func(a, b, c, d, e, f):
    print(a, b, c, d, e, f)

func(1, *(2, 3), f=6, *(4, 5))
```

```
func(*(1, 2), e=5, *(3, 4), f=6)
func(1, **{'b': 2, 'c': 3}, d=4, **{'e': 5, 'f': 6})
func(c=3, *(1, 2), **{'d': 4}, e=5, **{'f': 6})
```

上面这些对 func()函数的调用都是等效的。读者应该反复对这个例子进行实践，直到完全理解了它。密切关注在提供了错误的顺序时所看到的错误。

可迭代对象和字典的拆包功能是由 PEP 448 新增到 Python 中的。这个 PEP 还新增了在函数调用之外的语境中使用拆包的功能。读者可以通过 Python 官网了解这个 PEP。

组合位置参数和关键字参数时，重要的是记住每个形式参数在实际参数列表中只能出现一次：

```
# arguments.multiple.value.py
def func(a, b, c):
    print(a, b, c)

func(2, 3, a=1)
```

我们把两个值传递给形式参数 a：位置参数 2 和关键字参数 a=1。这是非法的，因此我们在运行这段代码时会看到下面的错误：

```
$ python arguments.multiple.value.py
Traceback (most recent call last):
  File "arguments.multiple.value.py", line 5, in <module>
    func(2, 3, a=1)
TypeError: func() got multiple values for argument 'a'
```

4.3.5　定义形式参数

函数的形式参数可以分为 5 种类型。

- 位置或关键字形参：同时允许位置实参和关键字实参。
- 可变数量的位置形参：在一个元组中收集任意数量的位置实参。
- 可变数量的关键字形参：在一个字典中收集任意数量的关键字实参。
- 仅位置形参：只能以位置实参的形式传递。
- 仅关键字形参：只能以关键字实参的形式传递。

到目前为止本章所有的例子中，所有形式参数都是常规的位置形参或关键字形参。我们看到了它们可以以位置实参和关键字实参的形式传递。对它们没有太多需要解释的，因此我们观察另外几种类型。但在此之前，我们先简单地介绍一下可选形参的概念。

1. 可选形参

除了这里所看到的类型之外，形式参数还可以分类为必需形参和可选形参。**可选形参**在函数定义中指定了默认值。它的语法是 name=value：

```
# parameters.default.py
def func(a, b=4, c=88):
    print(a, b, c)

func(1)              # 输出: 1 4 88
func(b=5, a=7, c=9)  # 输出: 7 5 9
func(42, c=9)        # 输出: 42 4 9
func(42, 43, 44)     # 输出: 42 43 44
```

在这个例子中，a 是必需的，b 具有默认值 4，c 具有默认值 88。值得注意的是，除了仅关键字形参之外，在函数定义中必需形参必须出现在所有可选形参的左边。读者可以在上面这个例子中删除 c 的默认值，看看会发生什么情况。

2. 可变数量的位置形参

有时候，我们可能不想指定传递给一个函数的位置形参的准确数量。Python 通过**可变数量的位置形参**为我们提供了这个功能。下面我们观察一个极为常见的用例，即 minimum()函数。这个函数计算它的输入值的最小值：

```
# parameters.variable.positional.py
def minimum(*n):
    # print(type(n))  # n是一个元组
    if n:  # 在代码之后解释
        mn = n[0]
        for value in n[1:]:
            if value < mn:
                mn = value
        print(mn)

minimum(1, 3, -7, 9)  # n为(1, 3, -7, 9)，输出: -7
minimum()             # n为()，不输出任何内容
```

可以看到，当我们定义了一个形式参数并在前面添加一个*时，就告诉 Python 这个形式参数在调用函数时收集可变数量的位置实参。在这个函数中，n 是一个元组。读者可以取消 print(type(n))这一行的注释并运行代码，观察运行结果。

注意一个函数最多只能有一个可变数量的位置形参，出现多个这样的形参是没有意义的。Python 没有办法决定如何对实参进行划分。我们也没有办法为可变数量的位置形参指定默认值。默认值总是一个空元组。

有没有注意到我们是如何用一个简单的“if n:”表达式检查 n 是否为空的？这是因为在 Python 中，集合对象在非空时的求值结果为 True，否则为 False。这种方式对于元组、集合、列表、字典等对象都是适用的。

另一件值得注意的事情是，当我们调用这个函数时如果未传递参数，我们希望函数在此时抛出一个错误，而不是悄无声息地什么也不做。不过对于现在而言，我们的注意力并不是让函数更为健壮，而是着重于理解可变数量的位置形参。

读者有没有注意到，定义可变数量的位置形参的语法看上去与可迭代对象拆包的语法非常相似？这并不是巧合。不管怎么说，这两个特性是非常相似的。它们也常常一起使用，因为可变数量的位置形参使我们不需关心我们所拆包的可迭代对象的长度是否与函数定义中形式参数的数量匹配。

3. 可变数量的关键字形参

可变数量的关键字形参与可变数量的位置形参非常相似。它们之间的唯一区别是语法（**代替了*），并且这些参数被收集在一个字典中：

```
# parameters.variable.keyword.py
def func(**kwargs):
    print(kwargs)

func(a=1, b=42) # prints {'a': 1, 'b': 42}
func() # prints {}
func(a=1, b=46, c=99) # prints {'a': 1, 'b': 46, 'c': 99}
```

可以看到，在函数定义中的形参名称前面加上**告诉 Python 使用这个名称收集可变数量的关键字形参。和可变数量的位置形参一样，每个函数最多只能有一个可变数量的关键字形参，并且无法为它指定默认值。

就像可变数量的位置形参与可迭代对象拆包非常相似一样，可变数量的关键字形参与字典拆包也非常相似。字典拆包也常用于在函数中把实际参数传递给可变数量的关键字形参。

传递可变数量的关键字实参这个功能为什么非常重要目前还不是特别明显，因此我们用一个更现实的例子来说明这一点。我们定义一个连接到数据库的函数：如果简单地调用这个函数，未向它传递任何形参，它就连接到一个默认的数据库。我们可以向这个函数传递适当的形参，连接到其他任何数据库。在阅读代码之前，读者可以花几分钟时间看看自己能不能想出一种解决方案：

```
# parameters.variable.db.py
def connect(**options):
    conn_params = {
        'host': options.get('host', '127.0.0.1'),
        'port': options.get('port', 5432),
        'user': options.get('user', ''),
        'pwd': options.get('pwd', ''),
    }
    print(conn_params)
    # 接着我们连接到 db（该行被注释掉）
    # db.connect(**conn_params)

connect()
connect(host='127.0.0.42', port=5433)
connect(port=5431, user='fab', pwd='gandalf')
```

注意在这个函数中，我们可以准备一个表示连接形参的字典（conn_params），并使用默认值作为后备值，如果在函数调用中提供了形参，就覆盖这个后备值。我们可以采取更好的方法用更少的代码行完成这个任务，但现在我们并不关注这个。运行上面这个例子产生下面的结果：

```
$ python parameters.variable.db.py
{'host': '127.0.0.1', 'port': 5432, 'user': '', 'pwd': ''}
{'host': '127.0.0.42', 'port': 5433, 'user': '', 'pwd': ''}
{'host': '127.0.0.1', 'port': 5431, 'user': 'fab', 'pwd': 'gandalf'}
```

注意函数调用和输出之间的对应关系。注意默认值是如何被传递给函数的实际参数所覆盖的。

4. 仅位置形参

从 Python 3.8 开始，PEP 570 引入了**仅位置形参**。它使用了一种新的函数形参语法/，表示必须按照位置指定一组函数形参，并且它们不能作为关键字实参传递。下面我们观察一个简单的例子：

```
# parameters.positional.only.py
def func(a, b, /, c):
    print(a, b, c)

func(1, 2, 3)  # 输出: 1 2 3
func(1, 2, c=3)  # 输出: 1 2 3
```

在上面这个例子中，我们定义了一个函数 func()，它指定了 3 个形式参数（a、b、c）。函数签名中的/表示 a 和 b 必须按照位置传递，即不能按照关键字传递。

这个例子的最后两行说明了在调用这个函数时可以按位置传递全部 3 个实际参数，也可以按照关键字传递 c。这两种方式都是适用的，因为 c 在函数签名中是在/之后定义的。如果试图通过关键字传递 a 或 b，像下面这样：

```
func(1, b=2, c=3)
```

就会得到下面的结果：

```
Traceback (most recent call last):
  File "arguments.positional.only.py", line 7, in <module>
    func(1, b=2, c=3)
TypeError: func() got some positional-only arguments
passed as keyword arguments: 'b'
```

上面这个例子说明了 Python 在我们调用 func()时报告了错误。我们按照关键字传递了 b，但这是不允许的。

仅位置形参也可以是可选的：

```
# parameters.positional.only.optional.py
def func(a, b=2, /):
    print(a, b)

func(4, 5) # 输出 4 5
func(3) # 输出 3 2
```

我们借用 Python 官方文档的说法，通过一些例子来说明这个特性给 Python 带来了什么优点。它的一个优点是能够完全模仿现有的 C 语言函数的行为：

```
def divmod(a, b, /):
    "Emulate the built in divmod() function"
    return (a // b, a % b)
```

它的另一个重要用例是，当形参名没有很强的提示性时，防止使用关键字实参：

```
len(obj='hello')
```

在上面这个例子中，关键字实参 obj 影响了代码的可读性。而且，如果我们希望对 len()函数的内部细节进行重构，并把 obj 重命名为 the_object（或任何其他名称），这种修改保证不会导致任何客户代码崩溃，因为不存在任何涉及现在已经过时的使用 obj 形参名的 len()函数调用。

最后，使用仅位置形参意味着/左边的参数可以由可变数量的关键字实参所使用，如下面这个例子所示：

```
def func_name(name, /, **kwargs):
    print(name)
    print(kwargs)

func_name('Positional-only name', name='Name in **kwargs')

# 输出:
# 仅位置的名称
# {'name': 'Name in **kwargs'}
```

在函数签名中保留形参名供**kwargs 使用能够产生更简单、更清晰的代码。

下面我们探索仅位置形参的镜像版本：仅关键字形参。

5. 仅关键字形参

Python 3 新增了**仅关键字形参**。我们只打算对它稍做讨论，因为它并不常用。我们可以采用两种方法指定这种类型的参数，要么是在可变数量的位置形参的后面，要么是在一个单独的*后面。下面我们观察这两种方法的具体例子：

```
# parameters.keyword.only.py
def kwo(*a, c):
    print(a, c)

kwo(1, 2, 3, c=7) # 输出: (1, 2, 3) 7
kwo(c=4)          # 输出: () 4
# kwo(1, 2) # 出错，非法的语法，存在下面这个错误
# TypeError: kwo()缺少 1 个必需的仅关键字实参:'c'

def kwo2(a, b=42, *, c):
    print(a, b, c)

kwo2(3, b=7, c=99) # 输出: 3 7 99
kwo2(3, c=13)      # 输出: 3 42 13
# kwo2(3, 23) # 出错，非法的语法，存在下面这个错误
# TypeError: kwo2()缺少 1 个必需的仅关键字实参:'c'
```

和预期的一样，函数 kwo()接受一个可变数量的位置形参（a）和一个仅关键字形参（c）。

这些调用的结果非常简单，我们可以取消第三个调用的注释，观察 Python 所返回的错误。

函数 kwo2()的参数也是如此，它与 kwo 的区别在于它接受一个位置实参（a）、一个关键字实参（b），然后是一个仅关键字实参（c）。我们可以取消第三个调用的注释，观察它所产生的错误。

既然读者已经理解了如何指定不同类型的输入形参，现在让我们观察如何在函数定义中对它们进行组合。

6. 组合输入形参

我们可以在同一个函数中组合不同的形参类型（事实上这种做法是非常实用的）。与在同一个函数调用中组合不同类型的实参一样，形参的顺序也存在一些限制。

- 仅位置形参首先出现，然后是一个/。
- 常规的位置形参出现在任何仅位置形参的后面。
- 可变数量的位置形参出现在常规形参的后面。
- 仅关键字形参出现在可变数量的位置形参的后面。
- 可变数量的关键字形参总是出现在最后。
- 对于仅位置形参和常规形参，所有必需的形参都是在所有可选形参之前定义的。这意味着如果我们有一个可选的仅位置形参，所有的常规形参也必须是可选的。这个规则并不会影响仅关键字形参。

如果没有具体的例子，很难理解这些规则，因此我们观察一些示例：

```
# parameters.all.py
def func(a, b, c=7, *args, **kwargs):
    print('a, b, c:', a, b, c)
    print('args:', args)
    print('kwargs:', kwargs)

func(1, 2, 3, 5, 7, 9, A='a', B='b')
```

注意这个函数定义中形式参数的顺序。执行这段代码产生下面的结果：

```
$ python parameters.all.py
a, b, c: 1 2 3
args: (5, 7, 9)
kwargs: {'A': 'a', 'B': 'b'}
```

下面我们观察一个仅关键字形参的例子：

```
# parameters.all.pkwonly.py
def allparams(a, /, b, c=42, *args, d=256, e, **kwargs):
    print('a, b, c:', a, b, c)
    print('d, e:', d, e)
    print('args:', args)
    print('kwargs:', kwargs)

allparams(1, 2, 3, 4, 5, 6, e=7, f=9, g=10)
```

注意，这个函数定义中既有仅位置形参又有仅关键字形参：a 是仅位置形参，d 和 e 是仅关键字形参。它们出现在*args 可变数量位置实参的后面，这和它们直接出现在一个*后面（此时就不会有任何可变数量的位置形参）是一样的。执行这段代码产生下面的结果：

```
$ python parameters.all.pkwonly.py
a, b, c: 1 2 3
d, e: 256 7
args: (4, 5, 6)
kwargs: {'f': 9, 'g': 10}
```

另一件值得注意的事情是，我们向可变数量的位置形参和关键字形参所提供的名称。读者可以自由地选择自己所喜欢的名称，但注意 args 和 kwargs 是为这些形参所提供的约定名称，是被广泛使用的。

7. 更多的函数签名示例

为了简单地回顾使用仅位置和仅关键字指示符的函数签名，下面提供了更多的示例。为了简单起见，我们省略了可变数量的位置形参和关键字形参，因此读者看到的是下面这些语法：

```
def func_name(positional_only_parameters, /,
    positional_or_keyword_parameters, *,
    keyword_only_parameters):
```

首先是仅位置形参，然后是位置形参或关键字形参，最后是仅关键字形参。

下面是一些合法的函数签名：

```
def func_name(p1, p2, /, p_or_kw, *, kw):
def func_name(p1, p2=None, /, p_or_kw=None, *, kw):
def func_name(p1, p2=None, /, *, kw):
def func_name(p1, p2=None, /):
def func_name(p1, p2, /, p_or_kw):
def func_name(p1, p2, /):
```

上面这些都是合法的函数签名，而下面这些函数签名是不合法的：

```
def func_name(p1, p2=None, /, p_or_kw, *, kw):
def func_name(p1=None, p2, /, p_or_kw=None, *, kw):
def func_name(p1=None, p2, /):
```

读者可以通过 Python 官方文档了解它的语法规范。

现在，读者可以进行的一个非常实用的练习就是实现上述这些示例的函数签名，输出这些形参的值，就像我们在前面的练习中所做的那样，并试验通过不同的方式传递实参。

8. 避免陷阱！可变的默认值

在 Python 中，值得注意的一点就是默认值是在定义时创建的。因此，同一个函数的后续调用很可能因为默认值的可变性而具有不同的行为。下面我们观察一个例子：

```
# parameters.defaults.mutable.py
def func(a=[], b={}):
    print(a)
    print(b)
    print('#' * 12)
```

```
    a.append(len(a))  # 这将影响 a 的默认值
    b[len(a)] = len(a)  # 这将影响 b 的默认值

func()
func()
func()
```

这两个形参都具有可变的默认值。这意味着，如果我们影响了这些对象，所有的修改都会延续到后面的函数调用中。读者可以观察是否能够理解这些调用的输出：

```
$ python parameters.defaults.mutable.py
[]
{}
############
[0]
{1: 1}
############
[0, 1]
{1: 1, 2: 2}
############
```

很有趣，是不是？虽然这个行为初看上去似乎非常奇怪，但它实际上是合理的，并且非常方便，例如当我们使用**记忆**技巧时。更为有趣的是在两次调用之间，我们引入了一个不使用默认值的函数调用，就像下面这样：

```
# parameters.defaults.mutable.intermediate.call.py
func()
func(a=[1, 2, 3], b={'B': 1})
func()
```

当我们运行这段代码时，将会得到下面的输出：

```
$ python parameters.defaults.mutable.intermediate.call.py
[]
{}
############
[1, 2, 3]
{'B': 1}
############
[0]
{1: 1}
############
```

这段输出显示了即使我们用其他值调用了函数，默认值仍然会被保留。我们需要记住的一个问题是，我们如何在每次得到一个新鲜的空值呢？约定的做法如下：

```
# parameters.defaults.mutable.no.trap.py
def func(a=None):
    if a is None:
        a = []
    # 对'a'执行自己想要的操作 ……
```

注意，使用上面这个技巧，如果在调用函数时并未传递 a，我们总是可以得到一个全新的空列表。

好了，对输入参数已经讨论得太多了，下面让我们观察函数的另一方面，也就是它的输出参数。

4.4 返回值

函数的返回值是 Python 领先于其他大多数语言的特性之一。在大多数其他语言中，函数通常只允许返回一个对象，但是在 Python 中，函数可以返回一个元组，意味着它可以返回我们需要的任何东西。这个特性允许程序员更方便地编写代码，其他语言的程序员要想实现相同的功能需要花费更多的精力，或者其过程更加无趣。我们曾经提到过，为了从函数返回一些东西，需要使用 return 语句，然后是想要返回的东西。在函数体中，可以根据需要出现多条 return 语句。

如果我们在函数体中并没有返回任何东西，或者调用了一条光秃秃的 return 语句，函数将会返回 None。如果不需要返回值，这个行为是无害的，但它允许一些有趣的模式，并且证明了 Python 是一种一致性非常强的语言。

说它无害是因为我们从不需要强制收集函数调用的结果。我们将通过一个示例来说明这个概念：

```
# return.none.py
def func():
    pass

func() # 这个调用的返回结果不会被收集，它将会丢失
a = func() # 这个调用的返回值被收集到 a 中
print(a) # 输出: None
```

注意，整个函数体只是由一条 pass 语句所组成。按照官方文档的说法，pass 是一个空操作。当它被执行时，不会发生任何事情。它适合作为占位符使用，适用于在语法上必须出现一条语句但又不需要执行任何操作的地方。在其他语言中，我们可能会用一对花括号（{}）表示这个意思，它定义了一个空的作用域。但是在 Python 中，作用域是通过缩进代码定义的，因此引进一种像 pass 这样的语句是很有必要的。

另外，注意 func()函数的第一个调用返回一个并不收集的值（None）。如前所述，收集函数调用的返回值并不是强制的。

这个函数并没有问题，但缺少趣味。因此，我们怎样才能编写一个有趣的函数呢？记得在第 1 章中，我们讨论过阶乘函数。现在，让我们自己编写一个这样的函数（为了简单起见，这个函数被调用时总是会向它传递正确的参数，因此这里就省略了对输入参数进行安全性检查的机制）：

```
# return.single.value.py
def factorial(n):
    if n in (0, 1):
```

```
        return 1
    result = n
    for k in range(2, n):
        result *= k
    return result

f5 = factorial(5) # f5 = 120
```

注意，我们具有两个返回点。如果 n 是 0 或 1，就返回 1。否则，我们执行必要的计算并返回 result。

在 Python 中，使用 in 操作符进行成员检测是常见的做法，就像前面那个例子一样，它代替了下面这种更啰唆的方式：

```
if n == 0 or n == 1:
    ...
```

下面我们尝试采用更简洁的方式编写这个函数：

```
# return.single.value.2.py
from functools import reduce
from operator import mul

def factorial(n):
    return reduce(mul, range(1, n + 1), 1)

f5 = factorial(5)    # f5 = 120
```

这个简单的例子证明了 Python 的优雅性和简洁性。即使读者之前并没有看到过 reduce()或 mul()，仍然很容易看懂这个实现。但是，如果读者无法看懂它，可以停顿几分钟，查阅一会 Python 文档，直到弄明白这个行为。在文档中查阅函数并理解其他人所编写的代码是每个开发人员都需要完成的一个任务，因此可以把它作为一种挑战。

最后，读者应该查阅 help()函数，它在探索控制台方面被证明是非常实用的工具。

返回多个值

如前所述，和大多数其他语言不同，我们在 Python 中可以很方便地从一个函数返回多个对象。这个特性为我们带来了无限的可能性，并允许我们用一种其他语言难以企及的方式编写代码。我们的思维受到我们所使用的工具的限制，因此当 Python 向我们提供了比其他语言更大的自由度时，它实际上就扩展了我们的创造力。

返回多个值非常简单，只需要使用元组就可以了（不管是显式的还是隐式的）。我们观察一个简单的例子，它模仿了内置函数 divmod()：

```
# return.multiple.py
def moddiv(a, b):
    return a // b, a % b

print(moddiv(20, 7))      # 输出(2, 6)
```

我们可以把上面代码中加粗的部分放在一对括号中，使它成为一个明确的元组，但这种做法并无必要。上面这个函数同时返回除法的商和余数。

在这个例子的源代码中，我们留下了一个简单的测试函数的例子，确保代码执行了正确的计算。

4.5　一些实用的提示

在编写函数的时候，遵循一些指导原则是非常有益的，它们可以帮助我们编写优质的函数。下面将简单地介绍其中的一些原则。

一个函数应该完成一项任务

只完成一项任务的函数很容易用短短的一句话来描述。完成多项任务的函数可以分割为几个只完成一项任务的更小的函数。这些更小的函数通常更容易阅读和理解。

函数应该保持简短

函数越小，就越容易对它进行测试和编写，使它们只完成一项任务。

输入参数越少越好

接受大量参数的函数很快就会变得难以管理（另外还会产生其他问题）。

函数在返回值方面应该保持一致

返回 False 和 None 并不是同一回事，尽管在布尔值语境中它们的求值结果都是 False。False 表示存在信息（即 False 本身），None 表示没有信息。在编写函数时，应该在返回值方面具有一致的行为，不管函数的逻辑是什么。

函数不应该具有副作用

换句话说，函数不应该影响调用它们时所使用的那些值。现在要理解这个概念可能有点困难，因此我们将提供一个使用列表的例子。在下面的代码中，注意 numbers 并没有被 sorted() 函数所排序，后者实际所返回的是 numbers 的一份有序副本。反之，list.sort()方法是对 numbers 对象本身进行操作。这种做法完全没有问题，因为它是一个方法（属于对象的函数，因此有权利修改这个对象）：

```
>>> numbers = [4, 1, 7, 5]
>>> sorted(numbers) # 不会对原始的 numbers 列表进行排序
[1, 4, 5, 7]
>>> numbers # 进行验证
[4, 1, 7, 5] # 很好，没有被修改
>>> numbers.sort() # 这将对该列表产生作用
>>> numbers
[1, 4, 5, 7]
```

遵循这些指导原则可以帮助我们编写更优质的函数，能够更好地为我们服务。

Robert C. Martin 的著作 *Clean Code* 的第 3 章对函数的论述很可能是我们所读过的关于这个主题的最佳指导原则。

4.6 递归函数

当函数调用自身而产生结果时，这个过程称为**递归**。递归函数在有些场合极为实用，它使得代码的编写变得非常容易。有些算法很容易采用递归方法实现，但有些算法则不然。所有的递归函数都可以改写成迭代形式，因此当两种方法都可行时，通常由程序员自己选择最好的方法。

递归函数的函数体通常分为两个部分：一部分是返回值依赖于对自身的一个后续调用，另一部分则非如此（称为**基本条件**）。

例如，我们可以考虑**阶乘函数** $N!$（希望读者现在对此已经非常熟悉了）。基本条件是当 N 为 0 或 1 时，函数不需要进一步的计算就可以返回 1。在递归条件下，$N!$返回下面这个乘积：

```
1 * 2 * ... * (N-1) * N
```

如果仔细观察，可以发现 $N!$可以改写为 $N! = (N-1)! \times N$。作为一个实际的例子，观察：

```
5! = 1 * 2 * 3 * 4 * 5 = (1 * 2 * 3 * 4) * 5 = 4! * 5
```

下面我们在代码中体现这个逻辑：

```
# recursive.factorial.py
def factorial(n):
    if n in (0, 1): # 基本条件
        return 1
    return factorial(n - 1) * n # 递归条件
```

递归函数常用于实现算法，并且它们的编写过程充满乐趣。作为练习，可以同时用递归方法和迭代方法解决一些简单的问题。较为合适的练习包括计算斐波那契数列或字符串的长度等。

在编写递归函数时，总是要考虑进行了多少个嵌套调用，因为这方面存在一个限制。关于这方面的更多信息，可以用 sys.getrecursionlimit()和 sys.setrecursionlimit()进行查阅。

4.7 匿名函数

我们想要介绍的最后一种函数类型是**匿名**函数。这类函数在 Python 中被称为 **lambda** 函数，它所适用的场合通常是具有正式名称的功能完整的函数显得有些大材小用，最好只用一个简单快速的单行函数来完成当前的任务。

例如，我们需要一个列表，其中的数都是 5 的倍数并且最大不超过 *N*。我们可以用 filter()函数完成这个任务，但这种做法需要一个函数，并需要一个可迭代对象作为输入。返回值是一个过滤器对象，当我们对它进行迭代时，生成可迭代输入对象中该函数返回 True 的那些元素。如果不使用匿名函数，我们需要采取下面这样的做法：

```
# filter.regular.py
def is_multiple_of_five(n):
    return not n % 5

def get_multiples_of_five(n):
    return list(filter(is_multiple_of_five, range(n)))
```

注意我们是如何使用 is_multiple_of_five()对前 n 个自然数进行过滤的。这看上去有点多余，因为这个任务非常简单，并且我们不需要在其他地方使用 is_multiple_of_five()函数。因此我们用一个 lambda 函数对它进行改写：

```
# filter.lambda.py
def get_multiples_of_five(n):
    return list(filter(lambda k: not k % 5, range(n)))
```

它们的逻辑是相同的，但过滤器函数现在是 lambda 函数。lambda 函数的定义非常简单，只要采用这种形式：func_name = lambda[参数列表]:表达式。它返回一个函数对象，相当于 def func_name([参数列表]): return 表达式。

注意，可选参数出现在一对方括号中，这是一种常见的语法。

接下来我们观察另一些等效的函数，它们采用了两种不同的定义形式：

```
# lambda.explained.py
# 例子 1: 加法
def adder(a, b):
    return a + b

# 等效于:
adder_lambda = lambda a, b: a + b

# 例子 2: 转换为大写
def to_upper(s):
    return s.upper()
```

```
# 等效于:
to_upper_lambda = lambda s: s.upper()
```

上面这些例子都非常简单。第一个函数把两个数相加，第二个函数生成字符串的大写版本。注意我们把 lambda 表达式的返回结果赋值给一个名称（adder_lambda, to_upper_lambda），但是当我们像过滤器例子一样使用 lambda 函数时，就不需要采用这种做法。

4.8 函数的属性

每个函数都是一个功能完整的对象，因此具有许多属性。有些属性比较特殊，可以按照自省的方式在运行时检查函数对象。下面这个脚本就是一个例子，显示了函数的一些属性，并描述了如何显示一个示例函数的属性值：

```
# func.attributes.py
def multiplication(a, b=1):
    """返回 a 乘以 b 的结果。"""
    return a * b

if __name__ == "__main__":
    special_attributes = [
        "__doc__", "__name__", "__qualname__", "__module__",
        "__defaults__", "__code__", "__globals__", "__dict__",
        "__closure__", "__annotations__", "__kwdefaults__",
    ]
    for attribute in special_attributes:
        print(attribute, '->', getattr(multiplication, attribute))
```

我们使用内置函数 getattr()获取这些属性的值。getattr(obj,attribute)与 obj.attribute 等效，当我们需要在运行时通过一个变量动态地获取它的一个属性时（如此例所示），可以很方便地使用这种方法。运行这个脚本产生下面的结果：

```
$ python func.attributes.py
__doc__ -> Return a multiplied by b.
__name__ -> multiplication
__qualname__ -> multiplication
__module__ -> __main__
__defaults__ -> (1,)
__code__ -> <code object multiplication at 0x10fb599d0,
             file "func.attributes.py", line 2>
__globals__ -> {... omitted ...}
__dict__ -> {}
__closure__ -> None
__annotations__ -> {}
__kwdefaults__ -> None
```

我们省略了__globals__属性的值，因为它实在太大了。关于这个属性的含义，可以参阅 Python 数据模型文档页面的“可调用类型”一节。如果想观察一个对象的所有属性，可以调用 dir(object_name)，它会列出这个对象的所有属性。

4.9　内置函数

Python 提供了大量的内置函数。我们随时可以使用它们，并可以通过 dir(__builtins__)检视 builtins 模块，或者通过访问 Python 的官方文档来获得内置函数的列表。遗憾的是，本书没有太多的篇幅讨论所有的内置函数。我们已经看到了一些内置函数，例如 any、bin、bool、divmod、filter、float、getattri、id、int、len、list、min、print、set、tuple、type、zip 等。但是，内置函数还有很多，我们至少应该知道它们的存在。我们要熟悉它们、对它们进行试验、为每个内置函数编写一小段代码确保熟练掌握，这样就可以在需要时随时使用它们。

读者可以在 Python 的官方文档中找到内置函数的完整列表。

4.10　代码的文档和注释

我们是无文档（包括但不限于注释）代码的狂热支持者。当我们正确地进行编程，选择适当的名称并注意了相关的细节，我们所编写的代码就会具有清晰的含义，几乎不需要什么文档。但是，有时候注释是非常有用的，有些文档也是如此。读者可以在 PEP 257 的 Docstring 约定中找到 Python 文档的指导原则。我们在这里只讨论文档的一些基础知识。

Python 是用字符串进行注释的，有一个很恰当的名称 docstring。任何对象都可以进行注释，我们可以使用单行或多行的 docstring。单行注释非常简单，它们不应该提供函数的其他签名，而是应该清晰地描述它的用途：

```
# docstrings.py
def square(n):
    """返回一个数 n 的平方."""
    return n ** 2

def get_username(userid):
    """根据 id 返回给定用户的用户名."""
    return db.get(user_id=userid).username
```

连续 3 对双引号字符串允许我们在以后方便地对它进行扩展。每句话都以圆点结束，在每行注释的前后都不要留下空白。

多行注释的结构与此相似。先用一行代码对对象进行简要概括，然后是更为详细的描述。例如，我们在下面这个例子中使用 **Sphinx** 记法对一个虚构的 connect()函数进行了注释：

```
def connect(host, port, user, password):
    """连接到一个数据库.

    使用给定的参数直接连接到一个 PostgreSQL 数据库.

    :param host: 主机 IP.
    :param port: 目标端口.
    :param user: 连接的用户名.
    :param password: 连接的密码.
```

```
    :return: 连接对象.
    """
    # 函数体出现在这里...
    return connection
```

Sphinx 是创建 Python 文档时广泛使用的工具。事实上，Python 官方文档也是用它编写的。花点时间弄清它的含义是非常值得的。

内置函数 help()是交互式的帮助函数，可以使用它的 docstring 为对象创建文档页面。

4.11 导入对象

既然我们已经学习了与函数有关的大量知识，现在就可以观察如何使用函数。编写函数的全部意义在于以后能够对它们进行复用。在 Python 中，这相当于把函数导入需要使用它们的名字空间中。我们可以使用许多不同的方法把对象导入某个名字空间中，但最常见的用法是 import module_name 和 from module_name import function_name。当然，它们非常简单，但目前还请耐下性子观察它们的用法。

import module_name 这种形式找到 module_name 模块，并在 import 语句执行时所在的局部名字空间中为它定义一个名称。from module_name import identifier 这种形式稍稍复杂一点，但基本上完成相同的事情。它找到 module_name 并搜索一个属性（或子模块），并在局部名字空间中存储对 identifier 的引用。这两种形式都可以选择使用 as 子句更改导入对象的名称：

```
from mymodule import myfunc as better_named_func
```

为了体验函数导入的使用方式，我们观察一个来自法布里奇奥的项目的测试模块的例子（注意 import 语句之间的空行，它遵循了 PEP 8 的指导原则）：

```
# imports.py
from datetime import datetime, timezone # 同一行的两个 import
from unittest.mock import patch # 单个 import

import pytest # 第三方库

from core.models import ( # 多个 import
    Exam,
    Exercise,
    Solution,
)
```

当我们的文件结构是从项目的根文件夹开始时，可以使用点号记法获取想要导入当前名字空间的对象，不管它是程序包、模块、类、函数还是其他东西。

from module import 语法允许采用一种捕捉全部的子句，即 from module import *，它有时候用于把一个模块中的所有名称一次性地导入当前名字空间中。但出于一些原因，这种做法并不是很合适，例如性能问题以及它可能会悄无声息地屏蔽掉其他名称。我们可以在 Python 官方文档中看到与 import 有关的所有信息。在结束这个话题之前，我们观察一个更好的示例。

假设我们在一个模块 funcdef.py 中定义了两个函数：square(n)和 cube(n)，这个模块位于 lib 文件夹中。我们想在与 lib 文件夹同一级的 func_import.py 和 func_from.py 模块中使用它们。下面是这个项目的树形结构：

```
├── func_from.py
├── func_import.py
├── lib
│   ├── __init__.py
│   └── funcdef.py
```

在显示每个模块的代码之前，记住为了告诉 Python 它实际上是一个程序包，我们需要在其中放置一个__init__.py 模块。

关于__init__.py 文件，有两点值得注意。首先，它是一个功能完整的 Python 模块，因此我们可以像使用任何其他模块一样把代码放在它的内部。其次，在 Python 3.3 之后，为了使一个文件夹被解释为 Python 程序包，不再需要在其中放置这个文件。

它的代码如下：

```
# lib/funcdef.py
def square(n):
    return n ** 2

def cube(n):
    return n ** 3

# func_import.py
import lib.funcdef
print(lib.funcdef.square(10))
print(lib.funcdef.cube(10))

# func_from.py
from lib.funcdef import square, cube
print(square(10))
print(cube(10))
```

这两个文件在执行时都会输出 100 和 1000。根据导入当前作用域的方式和内容，我们可以看到访问 square 和 cube 函数的不同之处。

相对导入

到目前为止，我们所看到的导入称为**绝对导入**，也就是定义了我们想要导入的模块（或想要导入的对象所在的模块）的完整路径。我们可以采用另一种方法把对象导入 Python 中，称为**相对导入**。相对导入是通过在模块前面添加与我们需要回溯的文件夹数量相同的前导圆点来完成的，以便找到我们想要搜索的东西。简言之，它类似下面这样的代码：

```
from .mymodule import myfunc
```

相对导入在重新整理项目结构时非常实用。在导入时不使用完整路径允许开发人员在移动文件夹时不需要对太多的路径进行重命名。关于相对导入的完整解释，可以参阅 PEP 328。

在后面的章节中，我们将使用不同的程序库来创建项目，并使用几种不同类型的导入，包括相对导入。因此，读者可以花点时间在 Python 官方文档中阅读这个主题的内容。

4.12 最后一个例子

在结束本章之前，我们观察最后一个例子。我们可以编写一个函数，生成不超过某个上限值的质数列表。我们已经在第 3 章看到了完成这个任务的代码，现在我们把它写成函数的形式，并且为了增加趣味，对它进行了一些优化。

事实上，我们并不需要把一个数 N 除以从 2 到 $N-1$ 之间的所有整数来确定 N 是否为质数。我们整除到 $\sqrt{N}$（N 的平方根）就可以止步。而且，我们并不需要把 N 除以从 2 到 $\sqrt{N}$ 的所有数，只需要除以这个范围内的质数就可以了。如果读者对数学之美感兴趣，可以思考这种方法为什么是可行的。

下面，我们观察代码所发生的变化：

```
# primes.py
from math import sqrt, ceil

def get_primes(n):
    """计算最大不超过 n（含 n）的质数列表"""
    primelist = []
    for candidate in range(2, n + 1):
        is_prime = True
        root = ceil(sqrt(candidate)) # 除法限制
        for prime in primelist: # 我们只对质数进行尝试
            if prime > root: # 不需要检查其他
                break
            if candidate % prime == 0:
                is_prime = False
                break
        if is_prime:
            primelist.append(candidate)
    return primelist
```

代码与第 3 章相同。我们修改了除法算法，只使用之前计算所得的质数测试是否可以整除，一旦被测试的除数大于候选数的平方根时就停止。我们用 primelist 结果列表容纳执行除法的质数，并使用一个奇妙的公式计算平方根值，也就是候选数的平方根的上限值。虽然简单的 int(k ** 0.5) + 1 也可以达到目的，但我们所选择的这个公式更为清晰，并要求导入两个函数，而这正是我们想展示给读者的技巧。读者可以查阅 math 模块中的函数，它们是非常有趣的！

4.13　总结

在本章中，我们探索了函数的世界，它们是极其重要的。从现在开始，我们将使用函数完成每件事情。我们讲述了使用函数的主要原因，其中最重要的原因是代码的复用和实现细节的隐藏。

我们看到函数对象就像一个箱子，接受可选的输入并可能产生输出。我们可以采用许多不同的方式向函数提供输入参数，可以使用位置参数和关键字参数，并使用这两种类型的可变数量的参数语法。

现在，读者应该掌握了怎样编写函数、怎样编写函数的文档以及怎样把它导入自己的代码中并调用它。

在第 5 章中，我们将进一步加快学习步伐，因此我们建议读者抓紧机会阅读 Python 的官方文档，巩固和丰富到目前为止所学习的知识。

第 5 章 解析和生成器

“不是一天天增加，而是一天天减少。去掉那些不必要的东西。”

——李小龙

我们喜欢李小龙的这句名言。他是个非常聪明的人。尤其是这句话的后半句，“去掉那些不必要的东西”，对我们来说就是让计算机程序变得更优雅。不论如何，如果有更好的方法可以完成任务，不需要浪费时间或内存，为什么不用呢？

有时候，出于一些合理的原因，我们不能把代码压榨到最大限度：例如，为了一个微不足道的改进，并不值得牺牲代码的可读性或可维护性。如果让一个网页的服务时间保持在 1 秒之内，却需要使用难以理解的复杂代码，相比服务时间是 1.05 秒但容易理解的清晰代码，孰优孰劣不言而喻。

有时候，让一个函数节省 1 毫秒也是非常合理的做法，尤其是当这个函数需要被数千次调用的时候。我们所节省的每毫秒在几千次调用之后共节省数秒，这对于应用程序而言是极有意义的。

出于这些考虑，本章并没有把注意力集中在提供工具把代码压榨到绝对的性能极限以及那些“不管怎样都要进行”的优化上，而是致力于编写高效、优雅、容易理解、运行快速的代码，而且不会以明显的方式浪费资源。

在本章中，我们将要讨论下面这些主题。

- map()、zip()、filter()函数。
- 解析。
- 生成器。

我们将会进行一些测量和比较，并谨慎地得出一些结论。记住，在不同设置或不同操作系统的计算机中，结果可能有所区别。观察下面的代码：

```
# squares.py
def square1(n):
    return n ** 2  # 通过乘方操作符返回结果

def square2(n):
    return n * n  # 通过乘法返回结果
```

这两个函数都返回 n 的平方，但哪个函数速度更快呢？从针对它们运行简单的基准测试来看，第二个函数似乎要稍微快一点。仔细想想，这是有道理的：计算一个数的平方涉及乘法，因此不管我们在进行乘方运算时使用了什么算法，其速度不可能比 square2 所使用的简单乘法更快。

我们是否关注这个结果呢？在绝大多数情况下，我们并不关注。如果我们为电子商务网站编写代码，很少有机会需要取一个数的平方。即使需要这样做，也是极为偶尔的操作。我们不需要关注少许几次调用某个函数所节省的零点几微秒的时间。

那么，什么时候这种优化会变得非常重要呢？一种极为常见的情况是，当我们必须处理巨量的数据集合时。如果我们对 100 万个顾客对象应用同一个函数，那么我们就希望这个函数能够实现最快的速度。一次调用如果能够节省 1/10 秒，在 100 万次调用之后就可以节省 10 万秒的时间，相当于 27.7 小时。这就是巨大的差别了！因此，我们将把注意力集中在集合上，并观察 Python 所提供的工具，更高效、更优雅地对它们进行处理。

我们将在本章中看到的许多概念建立在迭代器和可迭代对象的基础之上。简言之，它们能够让一个对象根据需要返回它的下一个元素，如果不存在下一个元素就触发一个 StopIteration 异常。我们将在第 6 章中看到如何编写自定义的迭代器和可迭代对象。

我们在本章中将要探索的一些对象是迭代器，它们一次只对集合中的一个元素进行操作而不是创建整份修改后的副本以节省内存。因此，如果我们需要显示操作的结果，就需要一些额外的工作。我们常常把迭代器包装在一个 list()构造函数中。这是因为向 list(...)传递一个迭代器会把它耗尽，并把所有生成的元素放在一个新创建的列表中，这样就可以很方便地进行输出，显示它们的内容。下面我们观察一个在 range 对象上使用这个技巧的例子：

```
# list.iterable.py
>>> range(7)
range(0, 7)
>>> list(range(7)) # 把所有元素放在一个列表中，以便对它们进行查看
[0, 1, 2, 3, 4, 5, 6]
```

我们突出显示了把 range(7)输入 Python 控制台的结果。注意，它并没有显示 range 的内容，因为 range 实际上并不会把整个数列加载到内存中。第二个突出显示的行显示了把 range 包装在 list()中，允许我们看到它所生成的数值。

5.1　map()、zip()、filter()函数

我们首先介绍 map()、filter()、zip()函数，它们是我们在处理集合时所使用的主要内置函数。接着，我们将学习如何使用两个非常重要的结构（**解析**和**生成器**）实现相同的结果。

5.1.1　map()

根据 Python 官方文档的说明：

“map(函数, 可迭代对象, ...)返回一个迭代器，它把函数应用于可迭代对象中的每个元素并生成结果。如果向它传递了额外的可迭代对象参数，函数必须接受同等数量的参数，并且并行地应用于所有可迭代对象中的元素。如果存在多个可迭代对象，当最短的那个可迭代对象耗尽时，迭代器就停止工作。”

我们将在本章的后面解释“生成结果”这个概念。从现在开始，我们把这些概念转换为代码。我们将使用一个 lambda 函数，它接受可变数量的位置参数，并将它们作为元组返回：

```
# map.example.py
>>> map(lambda *a: a, range(3)) # 1个可迭代对象
<map object at 0x10acf8f98> # 不实用！我们使用列表
>>> list(map(lambda *a: a, range(3))) # 1个可迭代对象
[(0,), (1,), (2,)]
>>> list(map(lambda *a: a, range(3), 'abc')) # 2个可迭代对象
[(0, 'a'), (1, 'b'), (2, 'c')]
>>> list(map(lambda *a: a, range(3), 'abc', range(4, 7))) # 3
[(0, 'a', 4), (1, 'b', 5), (2, 'c', 6)]
>>> # map在最短的迭代器处终止
>>> list(map(lambda *a: a, (), 'abc')) # 空元组最短的
[]
>>> list(map(lambda *a: a, (1, 2), 'abc')) # (1, 2) 最短
[(1, 'a'), (2, 'b')]
>>> list(map(lambda *a: a, (1, 2, 3, 4), 'abc')) # 'abc' 最短
[(1, 'a'), (2, 'b'), (3, 'c')]
```

在上面的代码中，我们可以看到为什么必须把调用包装在 list(...)中。如果不采用这种形式，我们所得到的是一个 map 对象的字符串表现形式，这在当前的语境中并没有实际用途。

读者还可以注意到每个可迭代对象中的元素是如何应用于这个函数的：首先是每个可迭代对象的第一个元素，接着是每个可迭代对象的第二个元素，以此类推。另外，注意当我们调用的那个最短的可迭代对象耗尽时，map()函数就停止工作。这实际上是一个非常优秀的行为。它并不会强迫我们把所有的可迭代对象调整为相同的长度，这些对象的长度不同并不会导致代码失败。

当我们必须把同一个函数应用于一个或多个对象集合时，map()是非常实用的。作为一个更有趣的例子，我们观察一种“**装饰—排序—去装饰**”的用法（又称 **Schwartzian 变换**）。在排序不支持使用键功能的较早的 Python 版本中，这是一个极为流行的技巧。时至今日，它已经不太常用，但它依旧是一个非常精妙的技巧，偶尔会在代码中出现。

我们在下面这个例子中观察它的一种变型：我们想要按照学生的累计学分之和的降序进行排序，成绩最好的学生排在位置 0。我们编写一个函数，生成一个经过装饰的对象，然后进行排序，最后再执行去装饰。每个学生在 3 个（可能不同的）科目上有学分。在这个语境中，装饰一个对象相当于对它进行转换，要么向它添加额外的数据，要么把它放在另一个对象中，使我们可以按照需要的方式对原先的对象进行排序。这个技巧与 Python 的装饰器无关，我们将在本书的后面讨论。

在排序之后，我们恢复装饰后的对象，根据它们获取原先的对象。这个过程称为**去装饰**。

```
# decorate.sort.undecorate.py
students = [
    dict(id=0, credits=dict(math=9, physics=6, history=7)),
    dict(id=1, credits=dict(math=6, physics=7, latin=10)),
    dict(id=2, credits=dict(history=8, physics=9, chemistry=10)),
    dict(id=3, credits=dict(math=5, physics=5, geography=7)),
]

def decorate(student):
    # 根据 student 字典创建一个二元组(学分之和, student)
    return (sum(student['credits'].values()), student)

def undecorate(decorated_student):
    # 丢弃学分之和，返回原先的 student 字典
    return decorated_student[1]

students = sorted(map(decorate, students), reverse=True)
students = list(map(undecorate, students))
```

我们首先要理解每个 student 对象是什么。事实上，我们先输出第一个对象：

```
{'credits': {'history': 7, 'math': 9, 'physics': 6}, 'id': 0}
```

可以看到，它是一个具有两个键（id 和 credits）的字典。credits 的值也是字典，包含了 3 个 subject/grade 键值对。只要对数据结构稍有了解，就可以明白 dict.values()返回一个可迭代对象，其中只包含了字典中的值。因此，对第一个学生调用 sum(student['credits']. values())相当于 sum((9, 6, 7))。

下面是对第一个学生调用 decorate 的输出结果：

```
>>> decorate(students[0])
(22, {'credits': {'history': 7, 'math': 9, 'physics': 6}, 'id': 0})
```

如果我们按照这种方式对所有的学生进行装饰，只要对元组列表进行排序就可以实现按照学分之和对学生进行排序。为了对 students 集合中的每个元素进行装饰，可以调用 map(decorate, students)。然后，我们对结果进行排序，并按照类似的方式执行去装饰。如果读者认真学习了前面的章节，理解这段代码应该不会太困难。

运行整段代码之后，输出学生的学分产生下面的结果：

```
$ python decorate.sort.undecorate.py
[{'credits': {'chemistry': 10, 'history': 8, 'physics': 9}, 'id': 2},
 {'credits': {'latin': 10, 'math': 6, 'physics': 7}, 'id': 1},
 {'credits': {'history': 7, 'math': 9, 'physics': 6}, 'id': 0},
 {'credits': {'geography': 7, 'math': 5, 'physics': 5}, 'id': 3}]
```

观察学生对象的顺序，可以发现它们确实已经按照学分之和进行了排序。

关于“装饰—排序—去装饰”用法的详细信息，Python 官方文档中关于如何排序的章节对它进行了非常精彩的介绍。

关于排序部分，有一点值得注意：如果两个（或更多个）学生的学分之和相同该怎么处理呢？排序算法会对 student 对象进行比较以便继续进行排序，但这种做法没有意义。在更复杂的情况下，这种做法可能会导致不可预料的结果，甚至产生错误。如果想要确保避免这种问题，可以采用一种简单的解决方案，创建一个三元组而不是二元组，其中第一个位置就是学分之和，第二个位置表示 student 对象在学生列表中的位置，第三个位置是 student 对象本身。按照这种方式，如果几个元组的学分之和相同，它们就按照位置进行排序，而位置总是不同的。因此，这种方法足以解决任意对元组之间的排序问题。

5.1.2 zip()

我们已经在前面的章节中讨论过 zip()函数，现在我们描述它的确切定义，并讲解如何将它与 map()函数进行结合。

根据 Python 官方文档的说明：

> “zip(*可迭代对象)返回一个元组迭代器，其中第 *i* 个元组包含了每个参数序列或每个可迭代对象的第 *i* 个元素。当最短的那个可迭代输入对象被耗尽时，这个迭代器便结束工作。如果参数中只有 1 个可迭代对象，则返回一个单元组迭代器。如果没有提供参数，则返回一个空迭代器。”

下面我们观察一个例子：

```
# zip.grades.py
>>> grades = [18, 23, 30, 27]
>>> avgs = [22, 21, 29, 24]
>>> list(zip(avgs, grades))
[(22, 18), (21, 23), (29, 30), (24, 27)]
>>> list(map(lambda *a: a, avgs, grades)) # 相当于 zip
[(22, 18), (21, 23), (29, 30), (24, 27)]
```

我们把平均分与每位学生的最后一次考试成绩以拉链的方式结合在一起。注意，我们可以很方便地使用 map()复刻 zip()的功能（此例的最后两条指令）。同样，为了显示结果，我们必须使用 list()。

组合使用 map()和 zip()的一个简单例子是计算几个序列中逐元素的最大值，也就是每个序列的第一个元素的最大值，然后是第二个元素的最大值，以此类推：

```
# maxims.py
>>> a = [5, 9, 2, 4, 7]
>>> b = [3, 7, 1, 9, 2]
>>> c = [6, 8, 0, 5, 3]
>>> maxs = map(lambda n: max(*n), zip(a, b, c))
>>> list(maxs)
[6, 9, 2, 9, 7]
```

注意，现在计算这 3 个序列的最大值变得更加方便。当然，这个例子并不是严格需要 zip()，我们也可以只使用 map()。有时候，我们很难通过一个简单的例子来领悟某种技巧是优是劣。

不要忘了，我们并不总是能够控制源代码，因为我们可能使用第三方的程序库，无法按照自己的意愿对它进行修改。因此，能够使用不同的方式对数据进行操作是很有帮助的。

5.1.3　filter()

根据 Python 官方文档的说明：

> "filter(函数, 可迭代对象)根据可迭代对象中应用了函数之后结果为 True 的那些元素构建一个迭代器。可迭代对象可以是序列、支持迭代的容器或迭代器。如果函数为 None，就使用 identity 函数，即可迭代对象中所有值为 False 的元素都被移除。"

下面我们观察一个非常简单的例子：

```
# filter.py
>>> test = [2, 5, 8, 0, 0, 1, 0]
>>> list(filter(None, test))
[2, 5, 8, 1]
>>> list(filter(lambda x: x, test)) # 与前一个相同
[2, 5, 8, 1]
>>> list(filter(lambda x: x > 4, test)) # 只保留大于 4 的元素
[5, 8]
```

在上面这段代码中，注意 filter()的第二个调用与第一个调用是等效的。如果我们向它传递一个接受一个参数并返回这个参数本身的函数，只有那些值为 True 的参数会使函数返回 True，因此这个行为与传递 None 是完全相同的。模仿 Python 的一些内置函数的行为常常是个很好的练习。当我们成功完成这个任务时，就可以认为自己完全理解了 Python 在某个特定场景的行为。

理解了 map()、zip()、filter()（以及 Python 标准库中的其他一些函数）之后，我们就可以非常高效地对序列进行操控了。但这些函数并不是对序列进行操控的唯一方式。下面，我们观察 Python 最优雅的特性之一：解析。

5.2　解析

解析是一种简洁的记法，用于在对象集合的每个元素上执行一些操作，并（或）从中选择满足某些条件的元素子集。这个概念是从函数式编程语言 Haskell 引入的，它与迭代器、生成器一起为 Python 提供了一种函数性的风格。

Python 提供了不同类型的解析——列表解析、字典解析、集合解析。我们主要讨论列表解析。理解了这种类型的解析之后，其他类型的解析也就非常容易理解了。

我们首先讨论一个非常简单的例子。我们想要计算一个列表，其中包含了前 10 个自然数的平方。怎么完成这个任务呢？我们可以采用如下等效的方法。

```
# squares.map.py
# 如果采用这种编程方式，就不是合格的 Python 程序员！
>>> squares = []
>>> for n in range(10):
```

```
...     squares.append(n ** 2)
...
>>> squares
[0, 1, 4, 9, 16, 25, 36, 49, 64, 81]

# 这种方法更好一些，只需要 1 行代码，更优雅并且更容易理解
>>> squares = map(lambda n: n**2, range(10))
>>> list(squares)
[0, 1, 4, 9, 16, 25, 36, 49, 64, 81]
```

上面这个例子对我们来说并不陌生。下面我们观察如何使用列表解析来实现相同的结果：

```
# squares.comprehension.py
>>> [n ** 2 for n in range(10)]
[0, 1, 4, 9, 16, 25, 36, 49, 64, 81]
```

就是这么简单。它是不是非常优雅？简单地说，我们就是把一个 for 循环放在一对方括号内。现在，我们过滤掉那些奇数的平方。我们首先观察如何用 map()和 filter()完成这个任务，然后观察如何用列表解析来完成同一个任务：

```
# even.squares.py
# 使用 map 和 filter
sq1 = list(
    map(lambda n: n ** 2, filter(lambda n: not n % 2, range(10)))
)
# 等效，但是使用了列表解析
sq2 = [n ** 2 for n in range(10) if not n % 2]

print(sq1, sq1 == sq2)  # 输出: [0, 4, 16, 36, 64] True
```

我们认为两者在可读性上的差别是非常明显的。列表解析方法的可读性显然要优秀得多。它几乎与日常的语言描述相同：对于 0～9 范围内的 n，如果 n 是偶数，就输出它的平方（n**2）。

根据 Python 官方文档的说明：

“列表解析由一对方括号组成，其中包含了一个表达式，然后是一个 for 子句，接着是 0 个或多个 for 或 if 子句。其结果是在表达式后的 for 和 if 子句的语境中对表达式进行求值所产生的一个新列表。”

5.2.1 嵌套的解析

下面我们观察一个嵌套循环的例子。在使用两个占位符对一个序列进行迭代的算法中，嵌套循环是极为常见的。第一个循环对整个序列进行迭代，方向是从左到右。第二个循环也是从左到右进行迭代，但它是从第一个循环的当前位置而不是从位置 0 开始迭代的。它的要旨就是测试所有不重复的元素对。下面我们观察实现这个功能的经典 for 循环：

```
# pairs.for.loop.py
items = 'ABCD'
pairs = []

for a in range(len(items)):
    for b in range(a, len(items)):
```

```
        pairs.append((items[a], items[b]))
```

如果在最后输出 pairs，会得到下面的结果：

```
$ python pairs.for.loop.py
[('A', 'A'), ('A', 'B'), ('A', 'C'), ('A', 'D'), ('B', 'B'), ('B',
'C'), ('B', 'D'), ('C', 'C'), ('C', 'D'), ('D', 'D')]
```

所有具有相同字母的元组就是 b 与 a 的位置相同的元组。现在，我们观察如何使用列表解析完成同一个任务：

```
# pairs.list.comprehension.py
items = 'ABCD'
pairs = [(items[a], items[b])
    for a in range(len(items)) for b in range(a, len(items))]
```

这个版本只需要两行代码，却实现了相同的结果。注意在这个特定的例子中，由于对 b 进行迭代的 for 循环对 a 存在依赖性，因此它在解析中必须出现在对 a 进行迭代的 for 循环的后面。如果交换了顺序，就会出现名称错误。

实现相同结果的另一种方式是使用 itertools 模块（在第 3 章简单介绍过）的 combinations_with_replacement()函数。读者可以通过 Python 官方文档阅读它的详细信息。

5.2.2　对解析进行过滤

我们可以在解析中应用过滤。我们首先调用 filter()，寻找直角边均小于 10 的所有直角三角形。显然，我们不想两次测试同一个组合，因此使用了与前一个示例相似的技巧：

```
# pythagorean.triple.py
from math import sqrt
# 生成所有可能的配对
mx = 10
triples = [(a, b, sqrt(a**2 + b**2))
    for a in range(1, mx) for b in range(a, mx)]
# 过滤掉所有非勾股数
triples = list(
    filter(lambda triple: triple[2].is_integer(), triples))

print(triples) # prints: [(3, 4, 5.0), (6, 8, 10.0)]
```

勾股数是一个整数三元组（a, b, c），满足 $a^2 + b^2 = c^2$。

在上面的代码中，我们生成一个三元组列表 triples。每个元组包含了两个整数（两条直角边）和对应的勾股数的斜边。例如，当 a 为 3 且 b 为 4 时，这个元组就是(3, 4, 5.0)。当 a 为 5 且 b 为 7 时，这个元组大约等于(5, 7, 8.602 325 267 042 627)。

生成了所有的三元组之后，我们需要过滤掉斜边不是整数的所有三元组。为此，我们根据 float_number.is_integer()为 True 这个条件进行过滤。这意味着在上面所显示的两个示例元组中，斜边为 5.0 的三元组将被保留，而斜边为 8.602 325 267 042 627 的三元组将被丢弃。

这种方法是可行的，但我们不喜欢让元组包含两个整数和一个浮点数。它们都应该是整数，因此我们用 map()来修正这个问题：

```
# pythagorean.triple.int.py
from math import sqrt
mx = 10
triples = [(a, b, sqrt(a**2 + b**2))
    for a in range(1, mx) for b in range(a, mx)]
triples = filter(lambda triple: triple[2].is_integer(), triples)
# 使元组的第 3 个数也是整数
triples = list(
    map(lambda triple: triple[:2] + (int(triple[2]), ), triples))

print(triples)   # 输出: [(3, 4, 5), (6, 8, 10)]
```

注意我们所增加的这个步骤。我们取元组的每个元素并对它进行分割，只取它的前两个元素。接着，把这个片段与一个一元组进行连接，后者包含了浮点数的整数部分。看上去工作量似乎不少，真是这样吗？事实上确实如此。下面我们观察如何用一个列表解析来完成所有这些操作：

```
# pythagorean.triple.comprehension.py
from math import sqrt
# 这个步骤与前面相同
mx = 10
triples = [(a, b, sqrt(a**2 + b**2))
    for a in range(1, mx) for b in range(a, mx)]
# 这里，我们在一个清晰的列表解析中组合了 filter 和 map 操作
triples = [(a, b, int(c)) for a, b, c in triples if c.is_integer()]
print(triples)   # 输出: [(3, 4, 5), (6, 8, 10)]
```

这个方法要好得多！它更加清晰，更容易理解并且更为简洁。但是，它还没有最大限度地发挥它的优雅性。我们仍然需要浪费内存构建一个包含了大量最终将被丢弃的三元组的列表。我们可以通过把两个解析合而为一来修正这个问题：

```
# pythagorean.triple.walrus.py
from math import sqrt
# 这个步骤与此前相同
mx = 10
# 我们可以在一个解析中组合生成和过滤
triples = [(a, b, int(c))
    for a in range(1, mx) for b in range(a, mx)
    if (c := sqrt(a**2 + b**2)).is_integer()]
print(triples) # 输出: [(3, 4, 5), (6, 8, 10)]
```

现在它确实非常优雅。在同一个列表解析中生成元组并对它们进行过滤之后，我们避免了在内存中保存所有无法通过测试的元组。注意，我们使用了一个**赋值表达式**避免两次计算

sqrt(a**2 + b**2)的值。

正如 4.13 节所述，本章的进度相当快。要不要好好体验一下这段代码？我们建议读者这样做。对代码进行体验，破坏一些代码、修改一些代码并观察会发生什么情况是非常重要的。要确保对将要发生的事情有一个清晰的了解。

5.2.3 字典解析

字典解析的工作方式与列表解析相似，仅有的区别在于语法。下面这个示例足以解释读者需要了解的所有东西：

```
# dictionary.comprehensions.py
from string import ascii_lowercase
lettermap = {c:k for k, c in enumerate(ascii_lowercase, 1)}
```

如果输出 lettermap，可以看到下面的结果（省略了中间结果，但足以让读者领略要旨）：

```
$ python dictionary.comprehensions.py
{'a': 1,
 'b': 2,
 ...
 'y': 25,
 'z': 26}
```

在上面这段代码中，我们对所有小写的 ASCII 字母序列进行了枚举（使用 enumerate 函数）。然后我们用这个操作所产生的字母/数值对作为键和值构建了一个字典。注意，这种语法与熟悉的字典语法很相似。

下面是完成同一个任务的另一种方法：

```
lettermap = dict((c, k) for k, c in enumerate(ascii_lowercase, 1))
```

在这个例子中，我们向 dict 构造函数输入一个生成器表达式（这个概念将在本章的后面讨论）。

字典中不允许出现重复的键，如下面这个例子所示：

```
# dictionary.comprehensions.duplicates.py
word = 'Hello'
swaps = {c: c.swapcase() for c in word}
print(swaps) # 输出: {'H': 'h', 'e': 'E', 'l': 'L', 'o': 'O'}
```

我们创建了一个字典，它的键来自'Hello'字符串中的字母，它的值来自同一些字母，但切换了大小写形式。注意它只包含了 1 对'l': 'L'。构造函数并不会报错，它只是简单地把重复的键重新赋值给最后的那个值。我们可以通过另一个例子更清晰地说明这一点，把字符串中的每个位置赋值给每个键：

```
# dictionary.comprehensions.positions.py
word = 'Hello'
positions = {c: k for k, c in enumerate(word)}
print(positions) # 输出: {'H': 0, 'e': 1, 'l': 3, 'o': 4}
```

注意与字母'l': 3 相关联的值。'l': 2 这一对不再存在，它被'l': 3 所覆盖。

5.2.4 集合解析

集合解析与列表解析和字典解析非常相似。下面我们观察一个简单的例子：

```
# set.comprehensions.py
word = 'Hello'
letters1 = {c for c in word}
letters2 = set(c for c in word)
print(letters1)  # 输出: {'H', 'o', 'e', 'l'}
print(letters1 == letters2)  # 输出: True
```

注意，和字典解析一样，集合解析也不允许重复元素，因此最终的集合中只有 4 个字母。另外，注意赋值给 letters1 和 letters2 的两个表达式生成了相同的集合。

创建 letters1 的语法与创建字典解析的语法非常相似。我们可以发现唯一的区别是字典解析需要以冒号分隔键和值，而集合解析无须如此。对于 letters2，我们向 set()构造函数输入一个生成器表达式。

5.3 生成器

生成器是功能非常强大的工具。它建立在迭代这个概念的基础之上。如前所述，它允许我们使用一种把优雅和高效结合在一起的编程模式。

生成器具有两种类型。

- **生成器函数**：它与常规的函数非常相似，但它并不是通过 return 语句返回结果，而是使用了 yield，允许在每个调用之间暂停和恢复它们的状态。
- **生成器表达式**：它与我们在本章所看到的列表解析非常相似，但它并不是返回一个列表，而是返回一个能够逐个生成结果的对象。

5.3.1 生成器函数

生成器函数的行为在各个方面都与常规函数相似，只存在一个区别：它并不是收集结果并立即返回它们，而是把它们自动转入迭代器中。每次在它所返回的迭代器上调用 next 会生成一个结果。Python 会自动把生成器函数转入它们各自的迭代器。

上面的描述非常抽象，因此我们必须理解这种机制为什么具有强大的功能，然后再观察一个例子。

假设我们需要大声从 1 到 1 000 000 进行报数。我们开始报数，并在某个时刻被要求暂停。过了一会，我们又需要恢复报数。此时，为了正确地恢复报数，我们至少需要知道什么信息？很显然，我们需要记住最近一次的报数。假设我们是在报数到 31 415 时暂停的，接下来只要从 31 416 恢复报数就可以了，以此类推。

关键在于，我们并不需要记住 31 415 以前的所有数字，也不需要把它们写入什么地方。现在，虽然我们还不理解生成器的概念，但是对它的行为已经有了一个初步的了解。

仔细观察下面的代码：

```
# first.n.squares.py
def get_squares(n): # 传统的函数方法
    return [x ** 2 for x in range(n)]
print(get_squares(10))

def get_squares_gen(n): # 生成器方法
    for x in range(n):
        yield x ** 2 # 我们生成结果，但并不返回
print(list(get_squares_gen(10)))
```

两条 print 语句的结果是相同的：[0, 1, 4, 9, 16, 25, 36, 49, 64, 81]。但是，这两个函数之间存在一个巨大的区别。get_squares()是传统函数，它在一个列表中收集[0, n)范围的所有整数的平方数并返回这个列表。get_squares_gen()是生成器函数，它的行为截然不同。每次当 Python 解释器执行到 yield 这行代码时，它就会暂停执行。这两条 print 语句返回相同结果的唯一原因是我们把 get_squares_gen()作为 list()构造函数的参数，后者不断请求下一个元素直到触发一个 StopIteration 异常，从而完全耗尽了这个生成器。下面我们对它进行详细的观察：

```
# first.n.squares.manual.py
def get_squares_gen(n):
    for x in range(n):
        yield x ** 2

squares = get_squares_gen(4) # 创建了一个生成器对象
print(squares) # <generator object get_squares_gen at 0x10dd...>
print(next(squares)) # 输出: 0
print(next(squares)) # 输出: 1
print(next(squares)) # 输出: 4
print(next(squares)) # 输出: 9
# 下面的调用触发 StopIteration，生成器被耗尽
# 对 next 的所有未来调用都会触发 StopIteration
print(next(squares))
```

每次在生成器对象上调用 next 时，要么启动它（第一个 next），要么让它从上一次暂停状态恢复运行（其他所有的 next）。当我们第一次在生成器对象上调用 next 时，得到的结果是 0，它是 0 的平方，然后得到 1，然后是 4，然后是 9。由于 for 循环在 n 为 4 时停止，因此生成器很自然地结束。传统函数在这个时候会返回 None，但为了遵循迭代协议，生成器在这种情况下将触发一个 StopIteration 异常。

这就解释了 for 循环的工作方式。当我们调用 for k in range(n)时，幕后所发生的事情是 for 循环获得了超出 range(n)的一个迭代器，并开始在它上面调用 next，直到触发 StopIteration，后者告诉 for 循环迭代已经完成。

把这个行为全方位地融入 Python 的每次迭代中会使生成器的功能更为强大，因为一旦编写了生成器之后，就可以把它们插入任何需要迭代机制的地方。

现在这个时候，读者可能会疑惑为什么要使用生成器来代替常规函数。答案是为了节省时

间和（尤其是）内存。

以后我们再深入讨论性能问题，现在我们把注意力集中在一个地方：有时候生成器允许我们完成简单列表无法完成的任务。例如，假设我们想对一个序列的所有排列进行分析。如果这个序列的长度是 *N*，那么它的排列数量是 *N*!。意味着如果这个序列包含 10 个元素，它的排列数量为 3 628 800。如果一个序列包含了 20 个元素，则它的排列总数高达 2 432 902 008 176 640 000。排列的数量是呈阶乘级增长的。

现在，假设有一个传统函数试图计算所有的排列，把它们放在一个列表中并返回这个列表。如果序列包含 10 个元素，它可能需要几秒的时间完成这个任务。但是，如果序列包含 20 个元素，它可能根本就无法完成这个任务（需要几千年的时间和数十亿 GB 的内存）。

另一方面，生成器函数能够启动计算，返回第一个排列，然后返回第二个排列，以此类推。当然，我们没有时间对它们进行全部解析，因为数量实在太多。但是，至少我们能够对其中的一些排列进行处理。有时候我们必须迭代的数据过于庞大，无法把它们全部放在内存中的一个列表里。在这种情况下，生成器就具有无可估量的价值：它们化不可能为可能。

因此，为了节省内存（和时间），只要有可能就应该使用生成器函数。

另外值得注意的是，我们可以在生成器函数中使用 return 语句。它将触发一个 StopIteration 异常，从而有效地结束迭代。这是极为重要的。如果 return 语句使生成器函数实际返回了某个对象，就破坏了迭代协议。Python 的一致性不允许出现这种情况，从而给代码的编写带来了极大的便利。下面我们观察一个简单的例子：

```
# gen.yield.return.py
def geometric_progression(a, q):
    k = 0
    while True:
        result = a * q**k
        if result <= 100000:
            yield result
        else:
            return
        k += 1

for n in geometric_progression(2, 5):
    print(n)
```

上面的代码生成几何级数的所有项：a、a×q、$a\times q^2$、$a\times q^3$、…，当这个几何级数生成了一个大于 100 000 的项时，生成器就停止（通过一条 return 语句）。运行这段代码产生下面的结果：

```
$ python gen.yield.return.py
2
10
50
250
1250
6250
31250
```

下一个项将是 156 250，它过于庞大了。

5.3.2　next 的幕后

在本章之初，我们曾说过生成器对象是基于迭代协议的。我们将在第 6 章中看到一个编写自定义的迭代器/可迭代对象的完整例子。现在，我们只需要理解 next()的工作方式就可以了。

当我们调用 next(generator)时，实际上调用的是 generator.__next__()方法。记住，**方法**就是属于某个对象的函数，而 Python 中的对象具有一些特殊的方法。__next__()就是这些特殊方法之一，它的作用是返回迭代的下一个元素，或者当迭代结束无法返回元素时触发一个 StopIteration 异常。

读者可能还记得，在 Python 中，对象的特殊方法又称**魔术方法**，或称 **dunder** [取自“双下线”(double underscore)] **方法**。

当我们编写一个生成器函数时，Python 会自动把它转换为一个与迭代器非常相似的对象。当我们调用 next(generator)时，这个调用被转换为 generator.__next__()。现在，我们回到前面那个生成平方数的例子：

```
# first.n.squares.manual.method.py
def get_squares_gen(n):
    for x in range(n):
        yield x ** 2

squares = get_squares_gen(3)
print(squares.__next__()) # 输出: 0
print(squares.__next__()) # 输出: 1
print(squares.__next__()) # 输出: 4
# 接下来的调用触发 StopIteration，生成器被耗尽
# 对 next 所有未来调用都会触发 StopIteration
print(squares.__next__())
```

其结果与前面那个例子完全相同，只不过这次并没有使用 next(squares)这样的代理调用，而是直接调用了 squares.__next__()。

生成器对象还提供了 3 个其他方法——send()、throw()、close()，允许我们对它的行为进行控制。send()允许我们把一个值返回给生成器对象，实现与它的通信。throw()和 close()方法分别允许我们在生成器内部触发一个异常以及将它关闭。它们的用法相当高级，我们不会在这里展开详细的讨论，只是通过一个简单的例子对 send()稍做介绍：

```
# gen.send.preparation.py
def counter(start=0):
    n = start
    while True:
        yield n
        n += 1
```

```
c = counter()
print(next(c)) # 输出: 0
print(next(c)) # 输出: 1
print(next(c)) # 输出: 2
```

上面这个迭代器创建了一个将一直运行的生成器对象。我们可以一直调用它，它永远不会停止。另外，我们可以把它放在一个 for 循环中，例如 for n in counter(): ...，它也会一直运行。但是，如果我们想在某个时刻让它停止该怎么办呢？一种解决方案是使用一个变量来控制 while 循环，就像下面这样：

```
# gen.send.preparation.stop.py
stop = False
def counter(start=0):
    n = start
    while not stop:
        yield n
        n += 1

c = counter()
print(next(c)) # 输出: 0
print(next(c)) # 输出: 1
stop = True
print(next(c)) # 触发 StopIteration
```

这样就可以了。刚开始执行时，stop = False。在它变成 True 之前，生成器会像前面一样一直运行。但是，当我们把 stop 修改为 True 时，while 循环就会退出，对 next 的下一个调用会触发 StopIteration 异常。这个技巧是可行的，但我们不怎么喜欢。这个函数依赖一个外部变量，这可能会导致一些问题：如果另一个函数修改了 stop 会出现什么情况呢？而且，代码显得有点杂乱。简言之，这个方法不够好。

我们可以使用 generator.send()更好地完成这个任务。当我们调用 generator.send()时，提供给 send()的值被传递给生成器，接着恢复执行。我们可以使用 yield 表达式提取它的值。这个过程用语言来解释非常复杂，因此让我们观察一个例子：

```
# gen.send.py
def counter(start=0):
    n = start
    while True:
        result = yield n             # A
        print(type(result), result)  # B
        if result == 'Q':
            break
        n += 1

c = counter()
print(next(c))         # C
print(c.send('Wow!'))  # D
print(next(c))         # E
print(c.send('Q'))     # F
```

执行上面的代码产生下面的结果：

```
$ python gen.send.py
0
<class 'str'> Wow!
1
<class 'NoneType'> None
2
<class 'str'> Q
Traceback (most recent call last):
  File "gen.send.py", line 15, in <module>

    print(c.send('Q')) # F
StopIteration
```

我们觉得有必要逐行解释这段代码，就像一步步执行它一样，看看能否理解整个过程。

我们首先调用 next()开始生成器的执行（#C）。在这个生成器中，n 被设置为与 start 相同的值，随后进入 while 循环，此时执行停止（#A），n（即 0）被生成并返回给调用者。此时，控制台输出 0。

接着我们调用 send()恢复执行（#D），result 被设置为'Wow!'（仍然是#A），然后在控制台输出它的类型和值（#B）。result 不等于'Q'，因此 n 的值增加 1，执行回到 while 的条件，该条件为 True，这个条件的结果自然也是 True（这个不难猜）。这样就启动了另一个循环周期，执行再次停止（#A），n（1）被生成并返回给调用者，控制台输出 1。

此时，我们调用 next()（#E），执行再次恢复（#A），由于我们并没有显式地向生成器发送任何内容，因此 yield n 这个表达式（#A）返回 None（其行为与调用不返回任何东西的函数完全相同）。因此，result 被设置为 None，它的类型和值再次被输出到控制台（#B）。代码继续执行，由于 result 并不是'Q'，因此 n 的值增加 1，并开始另一次循环。执行再度暂停（#A），n（即 2）被生成并返回给调用者，控制台输出 2。

现在到了最后的高潮：我们再次调用 send()（#F），但这次我们向它传递了'Q'，因此当执行恢复时，result 被设置为'Q'（#A）。它的类型和值被输出到控制台（#B），最后 if 子句的结果为 True，于是通过 break 语句结束了 while 循环。生成器很自然地终止，意味着它触发了一个 StopIteration 异常。我们可以在控制台所输出的最后几行信息中看到它的轨迹。

这段代码并不简单，很难在第一遍就完全理解。因此，如果读者觉得理解困难，也不要气馁。读者可以继续往下阅读，并在适当的时候重温这个例子。

send()的用法可以实现一些有趣的模式。值得注意的是，send()也可以用于启动生成器的执行（只要用 None 调用它）。

5.3.3　yield from 表达式

另一个有趣的结构是 yield from 表达式。这个表达式允许我们从一个子迭代器生成一些值。它的用法可以实现一些相当高级的模式，因此我们只是观察一个非常简单的例子：

```
# gen.yield.for.py
def print_squares(start, end):
    for n in range(start, end):
        yield n ** 2

for n in print_squares(2, 5):
    print(n)
```

上面这段代码在控制台上输出数字 4、9、16（分别位于单独的一行）。现在，读者应该能够理解这段代码，但这里还是稍做解释。函数外部的 for 循环从 print_squares(2, 5)获取一个迭代器，并在它的上面调用 next()直到迭代结束。每次调用这个生成器时，执行就会在 yield n ** 2 之后暂停（以后再恢复），这条语句返回当前 n 的平方。下面我们观察如何转换这段代码，利用 yield from 表达式的优点：

```
# gen.yield.from.py
def print_squares(start, end):
    yield from (n ** 2 for n in range(start, end))

for n in print_squares(2, 5):
    print(n)
```

这段代码产生相同的结果。但是，我们可以看到，yield from 实际上运行了一个子迭代器(n ** 2 ...)。yield from 表达式向调用者返回子迭代器所生成的每个值。这段代码更短并且更容易理解。

5.3.4 生成器表达式

现在我们讨论一次生成一个值的另一种技巧。它的语法与列表解析极为相似，唯一的区别是它在解析的两边并不使用方括号，而是使用圆括号。这种结构称为**生成器表达式**。

一般而言，生成器表达式的行为与等效的列表解析相同，但我们要记住非常重要的一点：生成器只能迭代一遍，然后就会被耗尽。

下面我们观察一个例子：

```
# generator.expressions.py
>>> cubes = [k**3 for k in range(10)] # 常规的列表
>>> cubes
[0, 1, 8, 27, 64, 125, 216, 343, 512, 729]
>>> type(cubes)
<class 'list'>
>>> cubes_gen = (k**3 for k in range(10)) # 创建生成器
>>> cubes_gen
<generator object <genexpr> at 0x103fb5a98>
>>> type(cubes_gen)
<class 'generator'>
>>> list(cubes_gen) # 耗尽生成器
[0, 1, 8, 27, 64, 125, 216, 343, 512, 729]
>>> list(cubes_gen) # 无法再返回任何对象
[]
```

观察创建了生成器表达式并把它赋值给 cubes_gen 的那行代码。可以看到，它是一个生成器对象。为了查看它的元素，我们可以使用 for 循环，以手动形式调用一组 next，或简单地把它输入 list()构造函数，后者也是我们所采用的做法。

注意，当生成器被耗尽时，就没有办法再通过它恢复同样的元素。如果我们需要从头再使用它，就需要重新创建它。

在接下来的几个例子中，我们观察如何使用生成器表达式复刻 map()和 filter()的行为。首先是 map()：

```
# gen.map.py
def adder(*n):
    return sum(n)
s1 = sum(map(adder, range(100), range(1, 101)))
s2 = sum(adder(*n) for n in zip(range(100), range(1, 101)))
```

在上面这个例子中，s1 和 s2 完全相同：它们是 adder(0, 1)、adder(1, 2)、adder(2, 3)等之和，可以转换为 sum(1, 3, 5, ...)。两者的语法不同，但我们觉得生成器表达式的可读性更强。下面讨论 filter()：

```
# gen.filter.py
cubes = [x**3 for x in range(10)]
odd_cubes1 = filter(lambda cube: cube % 2, cubes)
odd_cubes2 = (cube for cube in cubes if cube % 2)
```

在这个例子中，odd_cubes1 和 odd_cubes2 是相同的：它们生成一个奇立方数的序列。出自同样的原因，我们更倾向于生成器语法。如果情况变得更为复杂，两者之间的区别就显而易见：

```
# gen.map.filter.py
N = 20
cubes1 = map(
    lambda n: (n, n**3),
    filter(lambda n: n % 3 == 0 or n % 5 == 0, range(N))
)
cubes2 = (
    (n, n**3) for n in range(N) if n % 3 == 0 or n % 5 == 0)
```

上面这段代码创建了两个生成器 cubes1 和 cubes2。它们是完全相同的，当 n 是 3 或 5 的倍数时返回一个二元组(n, n^3)。

如果输出 list (cubes1)，可以得到[(0, 0), (3, 27), (5, 125), (6, 216), (9, 729), (10, 1000), (12, 1728), (15, 3375), (18, 5832)]。

现在可以明白为什么生成器表达式更容易理解了吧？当情况非常简单时，两者孰优孰劣尚有争议，但是一旦像这个例子一样涉及嵌套函数，生成器语法的优越性就显而易见了。它的代码更短、更简单，并且更加优雅。

现在，读者需要回答一个问题：下面这几行代码有什么区别？

```
# sum.example.py
s1 = sum([n**2 for n in range(10**6)])
s2 = sum((n**2 for n in range(10**6)))
s3 = sum(n**2 for n in range(10**6))
```

严格地说，它们都产生相同的和。计算 s2 和 s3 的表达式是完全相同的，因为 s2 中有一对括号是冗余的。它们都是 sum()函数内部的生成器表达式。但是，计算 s1 的表达式是不同的。在 sum()内部，我们找到了一个列表解析。这意味着为了计算 s1，sum()函数必须在一个列表上调用 next()共 100 万次。

能够明白为什么我们会浪费时间和内存了吗？在 sum()能够在这个列表上调用 next()之前，这个列表必须已经被创建完成，这是完全浪费时间和空间的。让 sum()在一个简单的生成器表达式上调用 next()是好得多的方法，这样就不需要把 range(10**6)中的所有数字都存储在一个列表中。

因此，**在编写表达式的时候，要警惕额外的括号**。有时候很容易忽略这些细节，导致代码产生很大的区别。如果不相信，可以观察下面的代码：

```
# sum.example.2.py
s = sum([n**2 for n in range(10**9)]) # 进程会被停止
# s = sum(n**2 for n in range(10**9)) # 可以成功
print(s) # 输出: 333333332833333333500000000
```

尝试运行这个例子。如果在一台 6 GB 内存的旧式 Linux 计算机上运行第一行代码，会出现下面的结果：

```
$ python sum.example.2.py
Killed
```

反之，如果注释掉第一行代码，并取消第二行代码的注释，将会出现下面的结果：

```
$ python sum.example.2.py
333333332833333333500000000
```

生成器表达式实在太贴心了。这两行代码之间的区别在于：在第一行代码中，对前 10 亿个数字的平方求和之前，必须把这些数字放在一个列表中。这个列表巨大，无法存储在内存中（至少在海因里希的计算机上是如此，如果读者的计算机上不会出现这个结果，可以试试更大的数），因此 Python 会为我们停止这个进程。

但是，当我们去掉方括号时，就不再需要列表。sum()函数依次接受 0、1、4、9 等数，直到最后一个，然后对它们求和。这样就没有问题。

5.4 性能上的考虑

因此，我们已经看到了可以采用很多不同的方法实现相同的结果。我们可以使用 map()、zip()、filter()的任意组合，或者选择使用解析或生成器。我们甚至可以决定使用 for 循环，当每个参数所涉及的逻辑并不简单时，这种方法也许是最好的选择。

但是，除了可读性问题之外，我们还需要考虑性能。在涉及性能时，通常有两个因素扮演了主要的角色：**空间**和**时间**。

空间表示数据结构需要占据的内存的大小。在面临选择时，最好能够明白是不是确实需要使用列表（或元组），还是简单的生成器函数就足够解决问题。

如果答案是后者，就可以使用生成器，它可以节省大量的空间。函数也是如此，如果实际上并不需要它们返回列表或元组，就可以把它们转换为生成器函数。

有时候，我们必须使用列表（或元组）。例如，有些算法需要使用多个指针对数据序列进行扫描，或者需要多次访问整个序列。生成器函数（或表达式）只能被迭代 1 次然后便被耗尽。因此，在这样的场合，它就不是正确的选择。

时间比空间更难衡量，因为它取决于更多的变量，因此无法确定无疑地表示 *X* 在任何情况下都比 *Y* 更快。但是，根据当前在 Python 上所运行的测试，我们可以认为在一般情况下，map()的性能与列表解析和生成器表达式相似，而 for 循环总是要慢一些。

为了完全理解这些结论背后的原因，我们需要理解 Python 的工作方式，这有点超出了本书的范畴，因为它涉及太多的技术细节。简单地说，map()和列表解析在解释器中可以实现 C 语言的运行速度，而 Python 的 for 循环在 Python 虚拟机中以 Python 字节码的形式运行，它通常要慢得多。

Python 具有几种不同的实现。它的最初实现（仍然是最常见的实现）是 CPython，它是用 C 语言编写的。C 语言仍然是当今功能强大和流行的编程语言之一。

能不能通过一个简单的练习来验证我们所陈述的这些结论都是正确的？我们将编写一小段代码，收集几个整数对输入 divmod()后的结果。我将使用 time 模块的 time()函数计算我们将执行的操作所消耗的时间：

```
# performances.py
from time import time
mx = 5000

t = time()  # for 循环的起始时间
floop = []
for a in range(1, mx):
    for b in range(a, mx):
        floop.append(divmod(a, b))
print('for loop: {:.4f} s'.format(time() - t))    # 流逝时间

t = time()  # 列表解析的起始时间
compr = [
    divmod(a, b) for a in range(1, mx) for b in range(a, mx)]
print('list comprehension: {:.4f} s'.format(time() - t))

t = time()  # 生成器表达式的起始时间
gener = list(
    divmod(a, b) for a in range(1, mx) for b in range(a, mx))
print('generator expression: {:.4f} s'.format(time() - t))
```

可以看到，我们创建了 3 个列表——floop、compr、gener。运行这段代码产生下面的结果：

```
$ python performance.py
for loop: 2.3652 s
list comprehension: 1.5173 s
generator expression: 1.5289 s
```

列表解析的运行时间大约只有 for 循环的 64%，这是非常明显的差别。生成器表达式的结果比较接近，运行时间大约是 for 循环的 65%。列表解析和生成器表达式的时间差别微乎其微，如果多次运行这个例子，很可能会看到生成器表达式所花的时间要少于列表解析的情况。

一个值得注意的有趣结果是：在 for 循环体中，我们把数据添加到一个列表的尾部。这意味着 Python 会不时在幕后完成一些操作，随时改变列表的长度，为需要添加的数据项分配空间。我们猜测创建一个包含 0 值的列表并简单地用结果进行填充可能会提高 for 循环的运行速度，但这种想法是错误的。读者可以自行验证，读者只需要预先分配 mx * (mx − 1) // 2 个元素。

我们在这里所使用的计时方式相当粗糙。在第 11 章中，我们将会寻找对代码进行性能分析以及对代码的执行进行计时的更好方法。

下面我们观察一个对 for 循环和 map()调用进行比较的类似例子：

```
# performances.map.py
from time import time
mx = 2 * 10 ** 7

t = time()
absloop = []
for n in range(mx):
    absloop.append(abs(n))
print('for loop: {:.4f} s'.format(time() - t))

t = time()
abslist = [abs(n) for n in range(mx)]
print('list comprehension: {:.4f} s'.format(time() - t))

t = time()
absmap = list(map(abs, range(mx)))
print('map: {:.4f} s'.format(time() - t))
```

从概念上说，这段代码与前面那个例子非常相似。唯一有所变化的地方是我们使用了 abs()函数而不是 divmod()函数，并且只使用了一个循环而不是两个嵌套的循环。执行这段代码产生下面的结果：

```
$ python performance.map.py
for loop: 2.3240 s
list comprehension: 1.0891 s
map: 0.5070 s
```

map 赢得了比赛胜利，它的运行时间大约是列表解析的 47%和 for 循环的 21%。但是，这个结果还需要斟酌，因为根据不同的因素，例如操作系统和 Python 的版本等，结果可能会有所不同。但是，一般而言，我们认为这些结果还是比较客观地反映了这些编码方案的性能。

但是，除了不同场合所存在的微小区别之外，很显然 for 循环是最慢的方案，因此我们需要明白为什么仍然需要使用它。

5.5 不要过度使用解析和生成器

我们已经看到了解析和生成器表达式的强大功能。不要误解我们的意思，但我们的感觉就是它们的复杂性是呈指数级增长的。我们在一个单独的解析或生成器表达式中所做的事情越多，代码就越难以阅读和理解，因此维护和修改的难度也就变得越大。

如果再次重温 Python 之禅，我们觉得有几句话值得我们在处理优化代码时常记在心：

```
>>> import this
...
要直截了当地表达，不要含蓄。
简单比复杂更好。
...
要注意代码的可读性。
...
如果一个方法很难解释清楚，那么它就不是一个好方法。
...
```

解析和生成器表达式在形式上更为隐晦，常常难以阅读和理解，并且难以解释。有时候我们必须采用由内到外的技巧对它们进行分析，才能理解它的工作方式。

关于这方面的例子，我们可以对勾股数展开一些延伸讨论。所谓勾股数，就是一个正整数三元组(a, b, c)，满足 $a^2 + b^2 = c^2$。我们在 5.2.2 节看到了如何计算勾股数，但是当时采用了一种非常低效的方式。我们对某个阈值之下的所有整数对进行扫描，计算它们的斜边，并过滤掉那些无法构成勾股数的整数对。

获取勾股数列表的一种更好方法是直接生成它们。我们可以使用许多公式来完成这个任务。在这里，我们使用**欧几里得公式**。这个公式表示，任何三元组(a, b, c)，如果满足 $a = m^2 - n^2$，$b = 2mn$，$c = m^2 + n^2$，m 和 n 都是正整数且 $m > n$，则它就是勾股数。例如，当 $m = 2$ 且 $n = 1$ 时，我们就可以找到最小的三角形(3, 4, 5)。

但是有一点值得注意：考虑三元组(6, 8, 10)，它与(3, 4, 5)相似，只不过每个数都乘以 2。这个三元组当然也是勾股数，因为 $6^2 + 8^2 = 10^2$。但是，我们可以通过把(3, 4, 5)的每个元素都乘以 2，从而引申出这个三元组。对于(9, 12, 15)、(12, 16, 20)以及可以写成$(3k, 4k, 5k)$形式的所有三元组（其中 k 是大于 1 的正整数），情况也是如此。

无法在一个勾股数的基础上通过把各个元素乘以某个因数 k 而获得的三元组称为**原始组合**。原始组合的另一种表述形式是：如果一个三元组的 3 个元素是**互质**的，则这个三元组是原始组合。两数互质的意思是它们的因数中没有任何共同的质因数，即它们的**最大公约数**（GCD）是 1。例如，3 和 5 是互质的，而 3 和 6 不是互质的，因为它们都可以被 3 整除。

因此，欧几里得公式告诉我们，如果 m 和 n 是互质的，$m - n$ 是奇数，则它们所产生的三元组是原始组合。在下面这个例子中，我们将编写一个生成器表达式计算斜边（c）小于或等于某个整数 N 的所有勾股数原始组合。这意味着我们需要计算满足 $m^2 + n^2 \leqslant N$ 的所有三元组。当 n 等于 1 时，这个公式就是 $m^2 \leqslant N - 1$，意味着我们可以近似地把上界看成是 $m \leqslant N^{1/2}$。

概括地说：m 必须大于 n，它们必须是互质的，并且它们的差 $m - n$ 必须是奇数。而且，为了避免无用的计算，我们将把 *m* 的上界设置为 $\left\lfloor \sqrt{N} \right\rfloor + 1$，或者用代码表示为 floor(sqrt(N))+1。

floor 函数接受一个实数 x，并返回一个最大整数 n，满足 n < x。例如，floor (3.8) = 3，floor(13.1) = 13。取 floor(sqrt(N)) + 1 意味着取 N 的平方根的整数部分并加 1 以确保不会错过任何满足条件的数。

下面我们把上面这些概念逐步集成到代码中。首先，我们编写一个简单的 gcd()函数，供**欧几里得算法**所使用：

```
# functions.py
def gcd(a, b):
    """计算(a, b)的最大公约数。"""
    while b != 0:
        a, b = b, a % b
    return a
```

欧几里得算法的说明可以在网上找到，因此我们在这里不再赘述。我们把注意力集中在生成器表达式上。下一个步骤是使用我们在前面所收集的知识生成勾股数的列表：

```
# pythagorean.triple.generation.py
from functions import gcd
N = 50

triples = sorted(                                          # 1
    ((a, b, c) for a, b, c in (                            # 2
        ((m**2 - n**2), (2 * m * n), (m**2 + n**2))        # 3
        for m in range(1, int(N**.5) + 1)                  # 4
        for n in range(1, m)                               # 5
        if (m - n) % 2 and gcd(m, n) == 1                  # 6
    ) if c <= N), key = sum                                # 7
)
```

这样就可以了。这段代码并不容易理解，因此我们逐行对它进行分析。在#3，我们启动了一个用于创建三元组的生成器表达式。在#4 和#5 可以看到，我们在[1, *M*]范围内对 m 进行循环，其中 *M* 是 sqrt(N)的整数部分加上 1。另一方面，我们在[1, m)的范围内对 n 进行循环，以遵循 m > n 的规则。注意计算 sqrt(N)的方式，也就是 *N***.5，这也是我们想要展示的完成这个任务的另一种方式。

在#6，我们可以看到用于筛选原始组合的过滤条件：当(m − n)为奇数时，(m − n) % 2 的结果为 True，且 gcd(m, n) == 1，这意味着 m 和 n 是互质的。满足这些条件之后，我们就知道这些三元组是原始组合。这是由最内层的生成器表达式所负责的。最外层的生成器表达式是在#2 启动的，并在#7 结束。我们在（…最内层生成器…）中取满足 c <= N 的三元组(a, b , c)。

最后，在#1，我们进行了排序，使列表按顺序显示。在#7，当外层生成器表达式结束时，可以看到用于指定排序的键是 a + b + c 之和。这只是我们的个人喜好，并没有数学方面的原因。

因此，读者觉得怎么样？现在是不是能够看懂了？我们不这么认为。相信我们，这还算是简单的例子。在我们的经历中，还看到过糟糕得多的例子。这种类型的代码很难理解、调试和修改。在专业级的环境中，不应该有它的容身之地。

因此，我们看看能不能把这段代码改写成更容易阅读的形式：

```
# pythagorean.triple.generation.for.py
from functions import gcd

def gen_triples(N):
    for m in range(1, int(N**.5) + 1):              # 1
        for n in range(1, m):                       # 2
            if (m - n) % 2 and gcd(m, n) == 1:      # 3
                c = m**2 + n**2                     # 4
                if c <= N:                          # 5
                    a = m**2 - n**2                 # 6
                    b = 2 * m * n                   # 7
                    yield (a, b, c)                 # 8

sorted(gen_triples(50), key=sum)                    # 9
```

这样就好多了。我们逐行对它进行分析。读者将会发现它现在容易理解得多了。

和前面那个例子一样，我们在#1 和#2 启动循环。在#3，我们过滤出原始组合。在#4，我们在此前工作的基础上进行一些延伸：在#5 行计算 c，根据 c 小于或等于 *N* 进行过滤。只有当 c 满足这个条件时，我们才计算 a 和 b，并生成最终的元组。我们可以更早地计算 a 和 b 的值，但是把计算推迟到一个合法三元组的所有条件都已满足时可以避免浪费时间和 CPU。在最后一行，我们根据前面的生成器表达式例子所使用的键进行排序。

我们希望读者能够认同这个例子更容易理解。如果我们有一天需要修改代码，会发现修改这样的代码比修改前面生成器表达式版本的代码要容易得多，并且更不容易出错。

如果输出这两个例子的结果（它们是相同的），可以看到下面的输出：

```
[(3, 4, 5), (5, 12, 13), (15, 8, 17), (7, 24, 25), (21, 20, 29),
(35, 12, 37), (9, 40, 41)]
```

这一节的核心思想是：尽可能地尝试使用解析和生成器表达式。但是，如果代码开始变得复杂，难以修改或阅读，就应该对它进行重构，转换为更容易阅读的形式。读者的同事肯定会赞赏这种做法的。

5.6　名称局部化

既然我们已经熟悉了所有类型的解析和生成器表达式，现在可以介绍在它们中实现名称局部化。Python 3 对所有 4 种形式的解析（列表解析、字典解析、集合解析、生成器表达式）实现了循环变量的局部化。因此，这个行为与 for 循环不同。下面我们观察一些简单的例子来展示所有的情况：

```
# scopes.py
A = 100
ex1 = [A for A in range(5)]
print(A) # 输出: 100
```

```
ex2 = list(A for A in range(5))
print(A) # 输出:  100

ex3 = {A:2 * A for A in range(5)}
print(A) # 输出: 100

ex4 = {A for A in range(5)}
print(A) # 输出: 100

s = 0
for A in range(5):
    s += A
print(A) # 输出: 4
```

在上面这段代码中，我们声明了一个全局变量 A = 100，然后试验了列表解析、字典解析、集合解析和生成器表达式。它们都没有更改全局名称 A。反之，我们可以看到 for 循环在最后对它进行了修改。最后的 print 语句输出 4。

我们可以观察一下如果 A 不存在会发生什么：

```
# scopes.noglobal.py
ex1 = [A for A in range(5)]
print(A) # 出错: NameError: 名称'A'未定义
```

上面这段代码的工作方式与所有类型的解析和生成器表达式都相同。在运行了第一行之后，A 在全局名字空间中并未定义。同样，for 循环的表现也不同：

```
# scopes.for.py
s = 0
for A in range(5):
    s += A
print(A) # 输出: 4
print(globals())
```

上面这段代码表明，在 for 循环之后，如果在它之前并没有定义循环变量，可以在全局框架中找到它。为了确保这一点，我们调用内置函数 globals()进行观察：

```
$ python scopes.for.py
4
{'__name__': '__main__', '__doc__': None, ..., 's': 10, 'A': 4}
```

忽略其他一大段内容之后，我们可以在最后看到'A': 4。

5.7 内置的生成行为

内置类型和内置函数中的生成行为是相当常见的。这是 Python 2 和 Python 3 的一个主要区别。在 Python 2 中，如 map()、zip()、filter()这样的函数返回的是列表而不是可迭代对象。这个变化背后的思路是，如果我们需要创建这些结果的一个列表，只要把调用包装在一个 list()类中就可以了。如果我们只需要进行迭代，并且希望尽可能减少对内存的影响，那么可以安全地使用这些函数。另一个值得注意的例子是 range()函数。在 Python 2 中，它返回一个列表。另外还有一个 xrange()函数，其行为与 Python 3 中的 range()函数类似。

让函数和方法返回可迭代对象的思路已经相当普及。读者可以在 open()函数中找到这种行为，这个函数用于对文件对象进行操作（将在第 8 章中介绍）。除此之外，我们还可以在 enumerate()函数，在字典的 keys()、values()、items()方法和其他一些地方找到这种行为。

这其实是相当合理的：Python 的目标是尽可能地避免浪费空间，从而减少内存占用，尤其是在函数和方法被密集使用的大多数场合。在本章之初，我们曾经说过，我们应该对必须处理大量对象的代码进行优化，而不是花很大的力气优化那些几天才会被调用一次的函数以节省几毫秒的时间。这正是 Python 本身的一贯思路。

5.8　最后一个例子

在结束本章之前，我们讨论一个简单的问题。这个问题是法布里奇奥在一家曾经工作过的公司用来测试 Python 开发人员角色应聘者的。

问题如下：根据一个数列 0 1 1 2 3 5 8 13 21 …，编写一个函数，返回这个数列小于某上限 N 的所有项。

这个数列称为斐波那契数列，它被定义为 $F(0) = 0$，$F(1) = 1$。对于所有的 $n > 1$，$F(n) = F(n - 1) + F(n - 2)$。这个数列是用于测试递归、记忆化技巧和其他技术细节的优秀例子。但是在当前情况下，它很适合测试应聘者对生成器是否熟悉。

我们从一个初步版本开始，然后对它进行改进：

```
# fibonacci.first.py
def fibonacci(N):
    """返回到 N 为止所有斐波那契数。"""
    result = [0]
    next_n = 1
    while next_n <= N:
        result.append(next_n)
        next_n = sum(result[-2:])
    return result

print(fibonacci(0))  # [0]
print(fibonacci(1))  # [0, 1, 1]
print(fibonacci(50)) # [0, 1, 1, 2, 3, 5, 8, 13, 21, 34]
```

从最上面开始：我们把 result 列表设置为起始值[0]。然后，从下一个元素（next_n），也就是 1 开始迭代。当下一个元素不大于 N 时，就把它添加到列表中并计算数列的下一个值。计算下一个元素的方式是在 result 列表中取最后两个元素并把它们传递给 sum()函数。为了清晰起见，我们还添加了几条 print 语句。不过，到了现在，这段代码的逻辑应该不会对读者造成困扰。

当 while 循环的条件的结果为 False 时，就退出循环并返回 result。读者可以在每条 print 语句右边的注释中看到它们的结果。

此时，法布里奇奥向应聘者提出下面这个问题：如果只想对这些数进行迭代应该怎么办？合格的应聘者会把代码修改成下面这个样子（优秀的应聘者一开始就会写出这样的代码!）：

```
# fibonacci.second.py
def fibonacci(N):
    """返回到 N 为止所有的斐波那契数。"""
    yield 0
    if N == 0:
        return
    a = 0
    b = 1
    while b <= N:
        yield b
        a, b = b, a + b

print(list(fibonacci(0)))  # [0]
print(list(fibonacci(1)))  # [0, 1, 1]
print(list(fibonacci(50))) # [0, 1, 1, 2, 3, 5, 8, 13, 21, 34]
```

这实际上就是他当时所提供的解决方案之一。我们不知道他为什么现在还保留着它，不过我们很高兴现在可以把它展示给读者。现在，fibonacci()函数是生成器函数。我们首先生成 0，然后，如果 *N* 为 0，我们就返回（这将触发一个 StopIteration 异常）。如果 *N* 不为 0，我们就开始迭代，在每个循环周期产生 b 并更新 a 和 b。为了生成数列的下一个元素，我们需要做的就是传递最近的两个元素，分别是 a 和 b 。

这段代码要好得多，它的内存占用率也更低。和往常一样，我们需要做的就是用 list()包装这个调用来获取一个斐波那契数列。但是，如果考虑代码的优雅性呢？我们不想看到这种样子的代码，能不能做到？尝试下面的做法：

```
# fibonacci.elegant.py
def fibonacci(N):
    """返回到 N 为止所有的斐波那契数。"""
    a, b = 0, 1
    while a <= N:
        yield a
        a, b = b, a + b
```

这样就更加出色了。整个函数体由 4 行代码组成（如果把 docstring 也算上就是 5 行）。注意，在这个例子中，它是如何使用元组赋值（a, b = 0, 1 和 a, b = b, a + b）使代码变得更短并且更容易阅读的。

5.9 总结

在本章中，我们更深入地探索了迭代和生成的概念。我们详细观察了 map()、zip()、filter()函数，并学习了如何使用它们代替常规的 for 循环。

接着，我们学习了解析的概念，包括列表解析、字典解析、集合解析。我们讲述了它们的语法，并讲述了如何用它们代替传统的 for 循环以及 map()、zip()、filter()函数。

最后，我们讲述了生成的概念，它有两种形式：生成器函数和生成器表达式。我们学习了如何使用生成技巧节省时间和空间，并学习了如何用它完成常规的基于列表的方式无法完成的任务。

我们讨论了性能问题，并注意到 for 循环的速度是最慢的，但它的可读性最好，并且非常灵活，容易修改。另外，像 map()和 filter()这样的函数以及解析的速度要快得多。

使用这些技巧所编写的代码的复杂性随着问题本身的复杂度增加而呈指数级增加。为了保持代码的可读性和易维护性，有时候我们仍然会使用传统的 for 循环方法。另一个区别是名称的局部化，for 循环的行为与其他所有类型的解析都不相同。

第 6 章将讨论对象和类。它的结构与本章相似，我们不会探讨太多的主题，只是选取其中的一部分，但是我们会适当深入地对它们进行探索。

在学习第 6 章之前，要确保已经理解了本章所讨论的概念。我们用砖砌墙，如果根基不牢靠，就无法走得更远。

第 6 章 面向对象编程、装饰器和迭代器

"阶层不是水[①]。"

——意大利俗语

关于**面向对象编程**（OOP）和类，足足可以写上一整本书。在本章中，我们面临一个艰巨的挑战，那就是要在广度和深度之间找到平衡。有太多的东西需要讲述，很多主题如果想要进行深入的描述，本身就需要超过一章的篇幅。因此，我们试图展示基础知识的一个良好全景视图，再加上接下来几章中将会用到的一些内容。读者可以在 Python 的官方文档中找到本章未能涵盖的内容。

在本章中，我们将介绍下面这些主题。

- 装饰器。
- Python 中的 OOP。
- 迭代器。

6.1 装饰器

在第 5 章中，我们对各种表达式的执行时间进行了测量。

读者可能还记得，我们必须初始化一个变量表示开始时间，并在执行之后从当前时间减去这个变量的值以计算期间所流逝的时间。在每次测量之后，我们还在控制台上输出结果。这个过程非常乏味。

每当我们发现自己正在重复执行某项操作时，就应该敲响警钟。我们能不能把这段代码放在一个函数中以避免重复呢？大多数情况下答案是肯定的，因此我们观察一个例子：

```
# decorators/time.measure.start.py
from time import sleep, time

def f():
    sleep(.3)
```

① 原文为"la classe non è acqua"，意大利文中的 class 与英文中的 class 都同时有"阶层"和"类"的含义。——编者注

```
def g():
    sleep(.5)

t = time()
f()
print('f took:', time() - t) # f took: 0.3001396656036377

t = time()
g()
print('g took:', time() - t) # g took: 0.5039339065551758
```

在上面这段代码中，我们定义了两个函数 f()和 g()，它们不执行任何操作，只是休眠一段时间（分别是 0.3 秒和 0.5 秒）。我们使用 sleep()函数把代码的执行暂停一段时间。注意时间的测量是相当精确的。现在，我们如何才能避免重复这些代码和计算呢？第一种潜在的方法可能像下面这样：

```
# decorators/time.measure.dry.py
from time import sleep, time

def f():
    sleep(.3)

def g():
    sleep(.5)

def measure(func):
    t = time()
    func()
    print(func.__name__, 'took:', time() - t)

measure(f)  # f took: 0.30434322357177734
measure(g)  # g took: 0.5048270225524902
```

现在确实好多了。整个计时机制被封装到一个函数中，这样就无须重复代码。我们动态地输出函数的名称，因此代码的编写也非常容易。如果我们需要向被测量时间的函数传递参数该怎么办呢？这个时候代码就变得有些复杂了，下面我们观察一个例子：

```
# decorators/time.measure.arguments.py
from time import sleep, time

def f(sleep_time=0.1):
    sleep(sleep_time)

def measure(func, *args, **kwargs):
    t = time()
    func(*args, **kwargs)
    print(func.__name__, 'took:', time() - t)

measure(f, sleep_time=0.3) # f took:0.30056095123291016
measure(f, 0.2) # f took:0.2033553123474121
```

现在，f()预期接受的参数是 sleep_time（默认值是 0.1），因此我们不再需要 g()。我们还必须修改 measure()函数，使它现在可以接受 1 个函数、任何可变数量的位置参数、任何可变数量的关键字参数。按照这种方式，当我们调用 measure()时，就把这些参数重新定位到它内部的 func()调用中。

这个方法非常好，但我们还可以更进一步。假设我们想把计时功能内置到 f()函数中，这样只要简单地调用这个函数就可以完成时间的测量。下面是我们可以采取的做法：

```
# decorators/time.measure.deco1.py
from time import sleep, time

def f(sleep_time=0.1):
    sleep(sleep_time)

def measure(func):
    def wrapper(*args, **kwargs):
        t = time()
        func(*args, **kwargs)
        print(func.__name__, 'took:', time() - t)
    return wrapper

f = measure(f) # 装饰点
f(0.2) # f took: 0.20372915267944336
f(sleep_time=0.3) # f took:0.30455899238586426
print(f.__name__) #wrapper <-注意这个结果!
```

上面这段代码并不是那么简洁明了，因此我们观察到底发生了什么。神奇之处在于装饰点。它基本上相当于把以 f 为参数调用 measure()所返回的东西重新赋值给 f()。在 measure()内部，我们定义了另一个函数 wrapper()，然后返回它。因此，它的纯效果就是当我们在装饰点之后调用 f()时，实际上所调用的是 wrapper()（可以在最后一行代码中看到这一点）。由于这个内部的 wrapper()调用了 func()，而后者就是 f()，因此我们实际上是闭合了一个循环。

毫不奇怪，wrapper()函数就是一个包装器。它接受可变数量的位置参数和关键字参数，并用它们调用 f()。它还围绕这个调用进行时间测量的计算。

这个技巧称为**装饰**，而 measure()就是一个**装饰器**。这个模式变得非常流行并得到了广泛的应用，因此 Python 2.4 增加了一种特殊的语法。读者可以在 PEP 318 中阅读相关的细节。在 Python 3.9 中，装饰器的语法稍稍发生了变化，消除了一些语法上的限制。这个变化是由 PEP 614 引入的。

我们将探讨 3 种情况，分别是一个装饰器、两个装饰器、一个接受参数的装饰器。首先是一个装饰器的情况：

```
# decorators/syntax.py
def func(arg1, arg2, ...):
    pass
func = decorator(func)

# 相当于下面这样:

@decorator
def func(arg1, arg2, ...):
    pass
```

基本上，我们不是对装饰器所返回的函数进行手动重新赋值，而是在函数的定义之前添加一种特殊的语法：@decorator_name。

我们可以按照下面的方法为同一个函数应用多个装饰器：

```
# decorators/syntax.py
def func(arg1, arg2, ...):
    pass
func = deco1(deco2(func))

# 相当于下面这样:

@deco1
@deco2
def func(arg1, arg2, ...):
    pass
```

应用多个装饰器时，要注意它们的顺序。在上面这个例子中，func()首先用 deco2()进行装饰，其结果再用 deco1()进行装饰。一个良好的经验准则是：装饰器越靠近函数，它就越早被应用。

有些装饰器可以接受参数。这个技巧一般用于生成其他装饰器（在这种情况下，这种对象称为**装饰器工厂**）。我们首先观察它的语法，然后观察它的一个例子：

```
# decorators/syntax.py
def func(arg1, arg2, ...):
    pass
func = decoarg(arg_a, arg_b)(func)

# 相当于下面这样:

@decoarg(arg_a, arg_b)
def func(arg1, arg2, ...):
    pass
```

可以看到，这次情况有所不同。首先，我们用给定的参数调用 decoarg()，然后再以 func()为参数调用它的返回值（实际的装饰器）。在观察另一个例子之前，我们需要校正一个小小的麻烦。观察前面一个例子中的下面这段代码：

```
# decorators/time.measure.deco1.py

def measure(func):
    def wrapper(*args, **kwargs):
        ...
    return wrapper

f = measure(f) # 装饰点
print(f.__name__) # wrapper <- 注意这个结果!
```

当我们对一个函数进行装饰时，我们不想丢失原来的函数名和它的 docstring。但是，由于我们在自己的装饰器中返回了 wrapper，装饰后的函数 f()被重新赋值给它，因此它的原始属性就丢失了，而是被 wrapper 的属性所代替。这个问题可以通过优美的 functools 模块很轻松地解决。我们将修正上一个例子，使用@操作符改写它的语法：

```
# decorators/time.measure.deco2.py
from time import sleep, time
from functools import wraps

def measure(func):
    @wraps(func)
    def wrapper(*args, **kwargs):
        t = time()
        func(*args, **kwargs)
        print(func.__name__, 'took:', time() - t)
    return wrapper

@measure
def f(sleep_time=0.1):
    """I'm a cat. I love to sleep! """
    sleep(sleep_time)

f(sleep_time=0.3) # f took: 0.3010902404785156
print(f.__name__, ':', f.__doc__) # f : I'm a cat. I love to sleep!
```

这就是我们想要的！可以看到，我们只需要告诉 Python，wrapper 实际上是对 func()进行包装（通过 wraps()函数），就可以看到原来的名称和 docstring 都得到了保留。

由 func()重新赋值的函数属性的完整列表，可以参阅 functools.update_wrapper()函数的官方文档。

下面我们观察另外一个例子。我们希望当一个函数的结果大于特定的阈值时，装饰器会输出一条错误信息。我们还想借这个机会展示如何同时应用两个装饰器：

```
# decorators/two.decorators.py
from time import time
from functools import wraps

def measure(func):
    @wraps(func)
    def wrapper(*args, **kwargs):
        t = time()
        result = func(*args, **kwargs)
        print(func.__name__, 'took:', time() - t)
        return result
    return wrapper

def max_result(func):
    @wraps(func)
    def wrapper(*args, **kwargs):
        result = func(*args, **kwargs)
        if result > 100:
```

```
            print(
                f'Result is too big ({result}). '
                'Max allowed is 100.'
            )
        return result
    return wrapper

@measure
@max_result
def cube(n):
    return n ** 3

print(cube(2))
print(cube(5))
```

我们必须对 measure()装饰器进行改进，使它的 wrapper 现在返回 func()的调用结果。max_result 装饰器也需要如此，但在返回之前，它检查 result 不大于 100，即它所允许的最大值。

我们同时用它们对 cube()进行了装饰。首先应用的是 max_result()，然后是 measure()。运行这段代码产生下面的结果：

```
$ python two.decorators.py
cube took: 3.0994415283203125e-06
8

Result is too big (125). Max allowed is 100.
cube took: 1.0013580322265625e-05
125
```

为了便于观察，我们在两个调用的结果之间用空行进行了分隔。在第一个调用中，结果是 8，能够通过阈值检查。它测量并输出运行时间。最后，我们输出结果（8）。

在第二个调用中，结果是 125，因此会输出一条错误信息并返回结果，然后由 measure()接手，后者再次输出运行时间。最后，我们输出结果（125）。

如果我们采用不同的顺序用这两个装饰器装饰 cube()函数，输出信息的顺序将会不同。

装饰器工厂

现在我们简化这个例子，只使用 1 个装饰器：max_result()。我们希望这个装饰器能够用不同的阈值对不同的函数进行装饰，这样就不需要为每个阈值编写一个单独的装饰器。因此，我们对 max_result()进行修改，允许我们对函数进行装饰时动态地指定阈值：

```
# decorators/decorators.factory.py
from functools import wraps

def max_result(threshold):
    def decorator(func):
        @wraps(func)
        def wrapper(*args, **kwargs):
            result = func(*args, **kwargs)
```

```
                if result > threshold:
                    print(
                        f'Result is too big ({result}). '
                        f'Max allowed is {threshold}.'
                    )
                return result
            return wrapper
        return decorator

    @max_result(75)
    def cube(n):
        return n ** 3

    print(cube(5))
```

上面这段代码说明了如何编写**装饰器工厂**（decorator factory）。读者可能还记得，用一个接受参数的装饰器装饰一个函数相当于 func = decorator(argA, argB)(func)这样的写法。因此，当我们用 max_result(75)对 cube 进行装饰时，实际所执行的是 cube = max_result(75)(cube)。

我们逐步解释实际所发生的事情。当我们调用 max_result(75)时，就进入了它的函数体。这个函数体中定义了一个 decorator()函数，后者接受一个函数作为它的唯一参数。这个函数在它的内部执行了常规的装饰器技巧。我们定义了 wrapper()，在它的内部检查原始函数调用的结果。这种方法的优美之处在于，我们在最内层仍然可以同时引用 func 和 threshold，这就允许我们动态地设置阈值。

wrapper()函数返回 result，decorator()返回 wrapper()，max_result()返回 decorator()。这意味着我们的 cube = max_result(75)(cube)调用实际上变成了 cube = decorator(cube)。它不单单是个 decorator()，而且具有 75 这个阈值。这是通过一种称为**闭合**（closure）的机制所实现的。

由其他函数所返回的动态创建的函数称为闭合。它们的主要特性是能够完整地访问在创建它们的局部名字空间中所定义的变量和名称，即使外层函数已经返回并结束了执行。

运行最后这个例子产生下面的结果：

```
$ python decorators.factory.py
Result is too big (125). Max allowed is 75.
125
```

上面的代码允许我们根据自己的意愿在 max_result()装饰器中使用不同的阈值，类似下面这样：

```
# decorators/decorators.factory.py
@max_result(75)
def cube(n):
    return n ** 3

@max_result(100)
def square(n):
    return n ** 2
```

```
@max_result(1000)
def multiply(a, b):
    return a * b
```

注意，每次装饰使用了一个不同的阈值。

在 Python 中，装饰器是非常流行的。它们经常被使用，可以简化代码，并且使代码更为优雅。

6.2　面向对象编程（OOP）

在学习 Python 的过程中，我们已经走过了一段相当漫长的旅程，过程非常美妙。现在，我们准备探索面向对象编程。我们将采用 E. Kindler 和 I. Krivy 于 2011 年发表的论文“Object-Oriented Simulation of Systems with Sophisticated Control”（《国际通用系统杂志》）中的定义，并将其采纳到 Python 中：

> **面向对象编程**（OOP）是一种基于“对象”概念的编程模式。对象是一种数据结构，包含了一些属性形式的数据，并包含了一些函数形式的代码，称为方法。对象的一个突出特点是，对象的方法可以访问并经常修改与它们相关联的对象（用“self”记法表示的对象）的数据属性。在面向对象编程中，计算机程序被设计为由对象所组成，并且对象之间彼此交互。

Python 对这种编程模式提供了完全的支持。实际上，如前所述，Python 中的所有东西都是对象，因此 Python 不仅仅是支持 OOP，后者实际上已经是它的核心特性。

OOP 中的两个主要角色是**对象和类**。类用于创建对象（对象是类的实例，是以类为模板而创建的），因此我们可以把类看成“**实例工厂**”。

当对象是由一个类所创建时，它们就继承了这个类的属性和方法。在程序的领域中，它们表示具体的东西。

6.2.1　最简单的 Python 类

首先，我们观察在 Python 中可以编写的最简单的类：

```
# oop/simplest.class.py
class Simplest():  # 当括号内为空时，它是可选的
    pass

print(type(Simplest))  #这个对象的类型是什么？
simp = Simplest()  #我们创建了 Simplest 的一个实例：simp
print(type(simp))  # simp 的类型是什么？
# simp 是 Simplest 的实例吗？
print(type(simp) is Simplest) # 存在一种更好的方法
```

我们运行上面这段代码，并逐行进行解释：

```
$ python simplest.class.py
<class 'type'>
<class '__main__.Simplest'>
True
```

我们所定义的 Simplest 类的类体中只有一条 pass 指令，意味着它不存在任何自定义的属性或方法。类名后面的括号如果为空是可以省略的。我们将输出它的类型（__main__是顶层代码执行时所在的作用域的名称）。注意，注释中加粗显示的文字是“对象”而不是“类”。从这条 print 语句的结果中可以看到，类实际上就是对象。准确地说，它们是 type 的实例。如果要解释这个概念，就会涉及**元类**（metaclass）和**元编程**（metaprogramming），它们是非常高级的概念，需要我们对基础知识有非常扎实的掌握才能理解，这超出了本章的范围。和往常一样，我们只是简单地提及这个概念，如果读者感兴趣，可以自行深入探索。

我们回到这个例子：我们创建了 Simplest 类的一个实例 simp。可以看到，创建实例的语法与调用函数的语法是相同的。然后，我们输出 simp 的类型，以验证 simp 是 Simplest 的一个实例。在本章的后面，我们将展示一种更好的方法来完成这个任务。

到目前为止，一切都非常简单。但是，当我们编写了 class ClassName():pass 时发生了什么呢？Python 所做的就是创建一个类对象，并为它分配一个名称，非常类似于使用 def 声明一个函数时所发生的事情。

6.2.2 类和对象的名字空间

创建了类对象之后（通常是在导入了模块之后），它基本上表示了一个名字空间。我们可以调用这个类创建它的实例。每个实例继承了类的属性和方法，并具有自己的名字空间。我们已经知道，为了访问一个名字空间，只需要使用点号（.）操作符。

下面我们观察另一个例子：

```
# oop/class.namespaces.py
class Person:
    species = 'Human'

print(Person.species) # Human
Person.alive = True # 动态添加!
print(Person.alive) # True

man = Person()
print(man.species) # Human（继承而来）
print(man.alive) # True（继承而来）

Person.alive = False
print(man.alive) # False（继承而来）

man.name = 'Darth'
man.surname = 'Vader'
print(man.name, man.surname) # Darth Vader
```

在上面这个例子中，我们定义了一个称为 species 的**类属性**（class attribute）。在类体中定义的所有变量都是它的类属性。在代码中，我们还定义了 Person.alive，这是另一个类属性。可以看到，访问类的属性并没有任何限制。man 作为 Person 类的一个实例，继承了这两个属性，并在它们发生变化时立刻得到反映。

man 还具有两个专属于它自己的名字空间的属性，因此称为**实例属性**（instance attribute）：name 和 surname。

类属性由它的所有实例所共享，而**实例属性**却非如此。因此，我们应该使用类属性提供所有实例所共享的状态和行为，并使用实例属性表示属于某个特定对象的数据。

6.2.3　属性屏蔽

当我们搜索一个对象的某个属性时，如果没有找到，Python 就会继续在这个对象所属的类中寻找（并且会继续寻找，直到找到或者到达了继承链的顶端）。这会导致一种称为屏蔽（shadowing）的有趣行为。下面我们观察一个例子：

```
# oop/class.attribute.shadowing.py
class Point:
    x = 10
    y = 7

p = Point()
print(p.x) # 10（来自类属性）
print(p.y) # 7（来自类属性）

p.x = 12 # p 得到它自己的'x'属性
print(p.x) # 12（现在找到的是实例属性）
print(Point.x) # 10（类属性仍然相同）

del p.x # 删除实例属性
print(p.x) # 10（现在需要在类属性中搜索）

p.z = 3 # 使它成为一个 3D 的点
print(p.z) # 3

print(Point.z)
# AttributeError: type object 'Point' has no attribute 'z'
```

上面这段代码非常有趣。我们定义了一个称为 Point 的类，它有两个类属性：x 和 y。当我们创建 Point 的一个实例 p 时，可以看到我们可以从 p 的名字空间中输出 x 和 y（p.x 和 p.y）。此时会发生什么呢？Python 在实例中没有找到 x 或 y 属性，因此它就在类中进行搜索，并找到了它们。

接着，我们通过 p.x = 12 这个赋值，为 p 提供了它自己的属性 x。这个行为初看上去有点奇怪，但是如果细加思量，就会发现它的情况与一个函数声明了 x = 12 并在外部存在一个全局的 x = 10 是完全一样的（可以回顾第 4 章的相关内容）。我们知道 x = 12 不会影响同名的全局变量。对于类属性和实例属性而言，情况也是如此。

进行了 p.x = 12 的赋值之后，当我们输出它时，并不需要对类属性进行搜索，因为 x 已经在实例中找到，因此实际输出的是 12。我们还输出了 Point.x，此时输出的是类名字空间中的 x，它仍然是 10。

然后，我们在 p 的名字空间中删除了 x，这意味着，在下一行中当我们再次输出它时，Python 将再次在类中搜索它，因为现在已经无法在实例中找到它了。

最后 3 行代码显示了对一个实例进行属性赋值之后并不意味着这些属性在类中也可以找到。实例中找不到的属性可以在类中继续寻找，但反过来并非如此。

你觉得把 x 和 y 坐标作为类属性怎么样？它是不是个好主意？如果我们创建另一个 Point 类的实例会怎么样呢？这是不是可以说明实例属性是非常实用的？

6.2.4 使用 self 变量

在一个类方法的内部，我们可以通过一个特殊的参数（按照约定是 **self**）引用一个实例。self 总是实例方法的第一个属性。下面我们讨论这个行为，观察如何实现所有实例的共享，不仅仅是共享属性，还包括共享方法：

```
# oop/class.self.py
class Square:
    side = 8
    def area(self):  # self是一个实例的一个引用
        return self.side ** 2

sq = Square()
print(sq.area())  # 64 (side是在类中找到的)
print(Square.area(sq))  # 64 (与 sq.area()等效)

sq.side = 10
print(sq.area())  # 100 (side是在实例中找到的)
```

注意 sq 是如何使用 area()方法的。Square.area(sq)和 sq.area()这两个调用是等效的，说明了这种机制是如何发挥作用的。我们可以把实例传递给方法调用（Square.area(sq)），这个方法在内部将接受 self 这个名称。或者，我们也可以使用一种更舒适的语法 sq.area()，Python 会在幕后为我们完成转换。

下面我们观察一个更好的例子：

```
# oop/class.price.py
class Price:
    def final_price(self, vat, discount=0):
        """应用了增值税和固定折扣之后返回价格"""
        return (self.net_price * (100 + vat) / 100) - discount

p1 = Price()
p1.net_price = 100
print(Price.final_price(p1, 20, 10))  # 110 (100 * 1.2 - 10)
print(p1.final_price(20, 10))  # 等效
```

上面这段代码说明了我们在声明方法的时候总是可以使用参数。我们可以使用与函数相同的语法，但是要记得第一个参数总是该方法所绑定的实例本身。我们并不一定要把它称为 self，但这是一种约定，也是遵循这种约定非常重要的少数场合之一。

6.2.5　实例的初始化

不知读者有没有注意到，在调用 p1.final_price(...)之前，我们必须把 net_price 赋值给 p1？我们可以采用一种更好的做法。在其他语言中，这种方法称为**构造函数**。但是在 Python 中并不是这样。它实际上是一个初始化方法，因为它是在一个已经创建的实例上进行操作的，所以称为__init__。这是一个**魔术方法**，它是在对象刚被创建时立即运行的。Python 对象还具有一个__new__方法，它才是实际的构造函数。在实际使用中，对它进行重写并不是很常见，它更多地用于元类（metaclass）的编写。如前所述，元类是一个相当高级的话题，并不会在本书中详细讨论。下面我们观察一个在 Python 中初始化对象的例子：

```
# oop/class.init.py
class Rectangle:
    def __init__(self, side_a, side_b):
        self.side_a = side_a
        self.side_b = side_b

    def area(self):
        return self.side_a * self.side_b

r1 = Rectangle(10, 4)
print(r1.side_a, r1.side_b) # 10 4
print(r1.area()) # 40

r2 = Rectangle(7, 3)
print(r2.area()) # 21
```

事情在最后开始成形。当一个对象被创建时，__init__方法会立即自动运行。在这个例子中，我们采用的方法是在创建一个对象时（像调用函数一样调用类名），把参数传递给这个创建调用，就像任何常规的函数调用一样。我们传递参数的方式与__init__方法的签名保持一致，因此在两条创建语句中，10 和 7 分别是 r1 和 r2 的 side_a，而 4 和 3 分别是 r1 和 r2 的 side_b。读者可以从 r1 和 r2 的 area()调用中看到，它们具有不同的实例参数。按照这种方式设置对象无疑更为优雅，也更为方便。

在这个例子中，我们还在实例层次声明了属性，而不是在类层次，因为这是合理的做法。

6.2.6　OOP 与代码复用有关

现在情况已经相当清晰了：OOP 是与代码复用有关的。我们定义了一个类、创建了一些实例，并且这些实例调用仅在这个类中所定义的方法。根据初始化方法对实例所进行的不同设置，这些实例具有不同的行为。

继承和合成

这只是故事的一部分，OOP 的功能远不止于此。我们可以使用两种主要的设计结构：继承和合成。

继承意味着两个对象通过一种“**Is-A**”（是）类型的关系进行关联。另一方面，**合成**意味着两个对象通过“**Has-A**”（具有）类型的关系进行关联。我们可以通过一个例子非常清楚地说明两者的区别。下面我们声明了一些引擎类型：

```
# oop/class_inheritance.py
class Engine:
    def start(self):
        pass

    def stop(self):
        pass

class ElectricEngine(Engine): # Is-A Engine
    pass

class V8Engine(Engine): # Is-A Engine
    pass
```

然后我们声明一些使用这些引擎的汽车类型：

```
class Car:
    engine_cls = Engine

    def __init__(self):
        self.engine = self.engine_cls()   # Has-A Engine

    def start(self):
        print(
            'Starting engine {0} for car {1}... Wroom, wroom!'
            .format(
                self.engine.__class__.__name__,
                self.__class__.__name__)
        )
        self.engine.start()

    def stop(self):
        self.engine.stop()

class RaceCar(Car): # Is-A Car
    engine_cls = V8Engine

class CityCar(Car): # Is-A Car
    engine_cls = ElectricEngine

class F1Car(RaceCar): # Is-A RaceCar 并且 Is-A Car
    pass # engine_cls 与父类相同
```

```
car = Car()
racecar = RaceCar()
citycar = CityCar()
f1car = F1Car()
cars = [car, racecar, citycar, f1car]
for car in cars:
    car.start()
```

运行上面的代码将会输出下面的内容：

```
Starting engine Engine for car Car... Wroom, wroom!
Starting engine V8Engine for car RaceCar... Wroom, wroom!
Starting engine ElectricEngine for car CityCar... Wroom, wroom!
Starting engine V8Engine for car F1Car... Wroom, wroom!
```

上面这个例子显示了对象之间 Is-A 和 Has-A 的关系类型。首先，我们考虑 Engine。这是一个简单的类，具有两个方法 start 和 stop。接着，我们定义了 ElectricEngine 和 V8Engine 类，它们都是从 Engine 类继承的。可以看到，当我们定义这两个类时，事实上是把 Engine 放在类名后面的括号中。

这意味着 ElectricEngine 和 V8Engine 都继承了 Engine 类的属性和方法，后者被认为是它们的**基类**（base class）。

对于各种汽车类，情况也是如此。Car 是 RaceCar 和 CityCar 的基类。RaceCar 又是 F1Car 的基类。换句话说，F1Car 是从 RaceCar 继承的，而后者又是从 Car 继承的。因此，F1Car Is-A RaceCar 并且 RaceCar Is-A Car。由于继承的传递性，我们可以认为 F1Car Is-A Car。同样，CityCar Is-A Car。

当我们定义 class A(B): pass 时，我们表示 A 是 B 的子类，B 是 A 的父类。父类和基类是同义词，子类和派生类也是同义词。另外，我们可以说一个类继承了另一个类，或者说前者扩展了后者。

这就是继承机制。

现在我们回到代码中。每个类具有一个类属性 engine_cls，它是我们为每种类型的汽车所指定的一个引擎类的引用。Car 类具有一个通用的 Engine，而两种赛车具有动力澎湃的 V8 引擎，城市汽车则具有电动引擎。

当我们在初始化方法__init__中创建汽车对象时，就创建了具有引擎类型的汽车类实例，而引擎类型是在它的 engine 实例属性中设置的。

让汽车类的所有实例共享 engine_cls 属性是合理的，因为同一个 Car 类的所有实例很可能具有相同类型的引擎。相反，把一台具体的引擎（任何 Engine 类的实例）作为类属性是不合理的，因为这会让所有的实例共享同一台引擎，这是不正确的。

汽车和引擎之间的关系属于 Has-A 类型：我们可以说“汽车‘具有’引擎”（a car “Has-A” engine）。这种结构称为合成，它反映了一个对象可以由多个其他对象所组成。汽车具有引擎、变速箱、轮胎、车架、门、座位等。

当我们设计 OOP 代码时，按照这种方式描述对象是极其重要的。这样，我们就可以使用继承和合成，按照最好的方式正确地构造我们的代码。

注意，我们在 class_inheritance.py 脚本名称中必须要避免点号，因为模块名称中如果出现点号会使导入变得困难。本书源代码中的大多数模块是以独立脚本的形式运行的，因此我们有可能会选择添加点号提高可读性。但一般而言，我们需要避免在模块名称中使用点号。

在结束本段内容之前，我们通过另一个例子来验证我们所说的是否正确：

```
# oop/class.issubclass.isinstance.py
from class_inheritance import Car, RaceCar, F1Car

car = Car()
racecar = RaceCar()
f1car = F1Car()
cars = [(car, 'car'), (racecar, 'racecar'), (f1car, 'f1car')]
car_classes = [Car, RaceCar, F1Car]

for car, car_name in cars:
    for class_ in car_classes:
        belongs = isinstance(car, class_)
        msg = 'is a' if belongs else 'is not a'
        print(car_name, msg, class_.__name__)

""" 输出:
car is a Car
car is not a RaceCar
car is not a F1Car
racecar is a Car
racecar is a RaceCar
racecar is not a F1Car
f1car is a Car
f1car is a RaceCar
f1car is a F1Car
"""
```

可以看到，car 只是 Car 的实例，而 racecar 则是 RaceCar 的实例（通过扩展，它也是 Car 的实例），f1car 是 F1Car 的实例（通过扩展，它也是 RaceCar 和 Car 的实例）。香蕉是香蕉类的实例，同时也是水果类的实例，并且进一步可以认为是食物类的实例，明白吗？其中蕴含的概念是相同的。为了检查一个对象是否为一个类的实例，可以使用 isinstance 函数。不过我们推荐使用纯粹的类型比较：(type(object) is Class)。

注意，我们省略了对汽车进行实例化时所输出的内容。我们在前面那个例子中已经看到过这些内容。

下面我们检查继承。我们在 for 循环中采用了相同的设置，但采用了不同的逻辑：

```
# oop/class.issubclass.isinstance.py
for class1 in car_classes:
```

```
    for class2 in car_classes:
        is_subclass = issubclass(class1, class2)
        msg = '{0} a subclass of'.format(
            'is' if is_subclass else 'is not')
        print(class1.__name__, msg, class2.__name__)

""" 输出:
Car is a subclass of Car
Car is not a subclass of RaceCar
Car is not a subclass of F1Car
RaceCar is a subclass of Car
RaceCar is a subclass of RaceCar
RaceCar is not a subclass of F1Car
F1Car is a subclass of Car
F1Car is a subclass of RaceCar
F1Car is a subclass of F1Car
"""
```

有趣的是，我们知道一个类是它本身的一个子类。读者可以检视上面这个例子的输出，观察它是否与我们的解释相符。

一个需要注意的约定是，类名总是以大写字母开头的，像 ThisWayIsCorrect 这样的类名是正确的，这点与函数和方法不同，后者采用小写形式，例如 this_way_is_correct。另外，当我们在代码中想要使用的名称与 Python 所保留的关键字或内置的函数名和类名冲突时，采用的约定是在这个名称的后面添加一个下线后缀。在第 1 个 for 循环例子中，我们使用 for class_ in ...对类名进行循环，因为 class 是被保留的关键字。不过读者对此应该已经了如指掌了吧，毕竟读者应该深入学习过 PEP 8，对不对？

为了帮助理解 Is-A 和 Has-A 之间的区别，可以观察图 6-1。

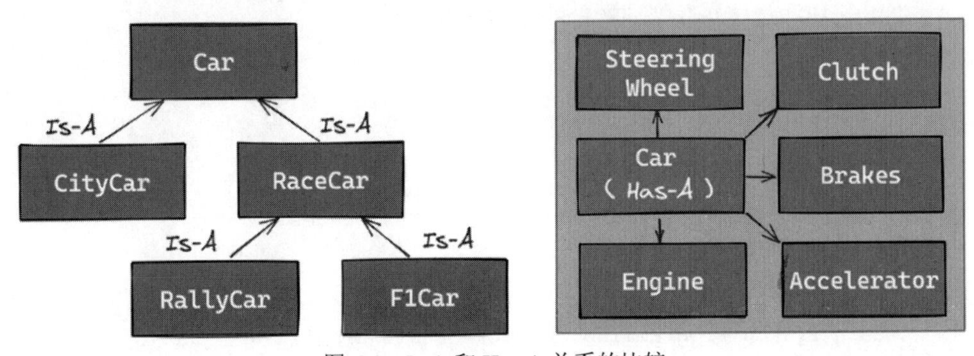

图 6-1　Is-A 和 Has-A 关系的比较

6.2.7 访问基类

我们已经看到了类的声明，例如 class ClassA: pass 和 class ClassB(BaseClassName): pass。如果没有明确地指定基类，Python 会把特殊的 object 类作为我们所定义的类的基类。所有的类最终都是从 object 类继承的。注意，如果我们没有指定基类，后面的括号就是可选的，事实上也绝不会被用到。

因此，class A: pass 或 class A(): pass 或 class A(object): pass 这几种写法是完全相同的。object 类是一种特殊的类，因为它的方法是由所有 Python 类所共享的，并且不允许我们在它的内部设置任何属性。

下面我们观察如何在一个类中访问它的基类：

```
# oop/super.duplication.py
class Book:
    def __init__(self, title, publisher, pages):
        self.title = title
        self.publisher = publisher
        self.pages = pages

class Ebook(Book):
    def __init__(self, title, publisher, pages, format_):
        self.title = title
        self.publisher = publisher
        self.pages = pages
        self.format_ = format_
```

观察上面这段代码。Book 的输入参数中有 3 个是与 Ebook 重复的。这是一种相当糟糕的做法，因为我们现在有两组指令完成相同的事情。而且，对 Book.__init__的签名所进行的任何修改都不会反映到 Ebook 中。我们知道，Ebook Is-A Book，因此我们很可能需要把这些修改反映到子类中。

下面我们观察一种修正这个问题的方法：

```
# oop/super.explicit.py
class Book:
    def __init__(self, title, publisher, pages):
        self.title = title
        self.publisher = publisher
        self.pages = pages

class Ebook(Book):
    def __init__(self, title, publisher, pages, format_):
        Book.__init__(self, title, publisher, pages)
        self.format_ = format_

ebook = Ebook(
    'Learn Python Programming', 'Packt Publishing', 500, 'PDF')
```

```
print(ebook.title)  # Learn Python Programming
print(ebook.publisher)  # Packt Publishing
print(ebook.pages)  # 500
print(ebook.format_)  # PDF
```

现在，情况就好一些了。我们消除了恼人的重复代码。上面的代码基本上相当于指示 Python 调用 Book 类的__init__方法，并把 self 传递给这个调用，以确保这个调用绑定到当前的实例。

如果我们在 Book 的__init__方法的内部修改了它的逻辑，并不需对 Ebook 进行操作，后者会自动适应这些修改。

这个方法很不错，但我们可以做得更好一些。假设我们把 Book 这个名称修改为 Liber（可能是因为我们爱上了拉丁文）。此时，我们就必须修改 Ebook 的__init__方法以反映这个修改。我们可以使用 super 避免这个麻烦：

```
# oop/super.implicit.py
class Book:
    def __init__(self, title, publisher, pages):
        self.title = title
        self.publisher = publisher
        self.pages = pages

class Ebook(Book):
    def __init__(self, title, publisher, pages, format_):
        super().__init__(title, publisher, pages)
        #完成同一个任务的另一种方法:
        # super(Ebook, self).__init__(title, publisher, pages)
        self.format_ = format_

ebook = Ebook(
    'Learn Python Programming', 'Packt Publishing', 500, 'PDF')
print(ebook.title) # Learn Python Programming
print(ebook.publisher) # Packt Publishing
print(ebook.pages) # 500
print(ebook.format_) # PDF
```

super()是个函数，它返回一个代理对象，把方法调用委托给一个父类或兄弟类。

如果两个类共享同一个父类，它们就是兄弟类。

在这个例子中，super()将把__init__()调用委托给 Book 类。这种方法的优美之处在于，我们现在可以自由地把 Book 修改为 Liber，而不需要修改 Ebook 的__init__()方法的逻辑。

既然我们已经知道了如何在子类中访问基类，现在让我们探索 Python 的多重继承。

6.2.8　多重继承

除了使用多个基类合成一个类之外，我们感兴趣的问题还包括属性搜索在这种情况下是如何进行的。观察图 6-2。

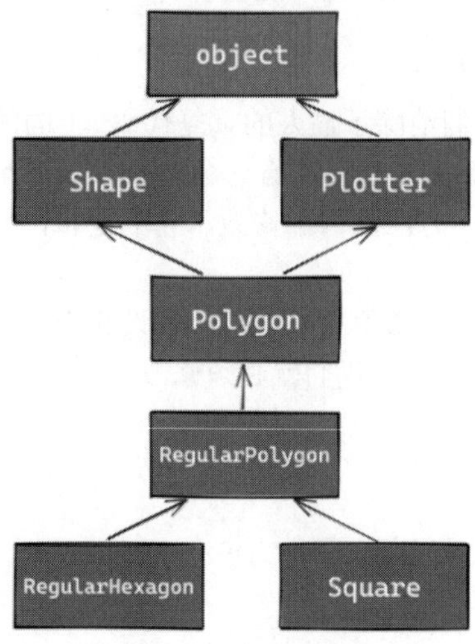

图 6-2　一个类继承图

可以看到，Shape 和 Plotter 是其他所有类的基类。Polygon 是直接从这两个类继承的，RegularPolygon 是从 Polygon 继承的，RegularHexagon 和 Square 都是从 RegularPolygon 继承的。另外，注意 Shape 和 Plotter 隐式地从 object 继承，因此我们称之为**菱形**继承，或者按照更简单的说法，到达基类的路径不止一条。稍后我们将会看到这一点为什么非常重要。我们先把图 6-2 转换为代码：

```
# oop/multiple.inheritance.py
class Shape:
    geometric_type = 'Generic Shape'
    def area(self): # 作为接口的占位符
        raise NotImplementedError
    def get_geometric_type(self):
        return self.geometric_type

class Plotter:
    def plot(self, ratio, topleft):
        # 设想这里有一些出色的绘图逻辑...
        print('Plotting at {}, ratio {}.'.format(
            topleft, ratio))

class Polygon(Shape, Plotter): # 多边形的基类
    geometric_type = 'Polygon'

class RegularPolygon(Polygon):  # Is-A Polygon
    geometric_type = 'Regular Polygon'
    def __init__(self, side):
        self.side = side
```

```
class RegularHexagon(RegularPolygon): # Is-A RegularPolygon
    geometric_type = 'RegularHexagon'
    def area(self):
        return 1.5 * (3 ** .5 * self.side ** 2)

class Square(RegularPolygon): # Is-A RegularPolygon
    geometric_type = 'Square'
    def area(self):
        return self.side * self.side

hexagon = RegularHexagon(10)
print(hexagon.area()) # 259.8076211353316
print(hexagon.get_geometric_type()) # RegularHexagon
hexagon.plot(0.8, (75, 77)) # 位于 (75, 77)，缩放比例为 0.8.

square = Square(12)
print(square.area()) # 144
print(square.get_geometric_type()) # Square
square.plot(0.93, (74, 75)) # 位于 (74, 75)，缩放比例为 0.93.
```

观察上面这段代码：Shape 类具有一个属性（geometric_type）和两个方法（area()和 get_geometric_type()）。使用基类（如此例中的 Shape）定义接口（即一组方法，子类必须为这组方法提供实现）是相当常见的做法。我们还可以使用其他更好的方法来完成这个任务，但我们尽量让这个例子保持简单。

我们还定义了 Plotter 类，它增加了 plot()方法，因此为继承它的所有类提供了绘图功能。当然，这个例子的 plot()方法的实现就是简单的输出指令。第一个有趣的类是 Polygon，它同时继承了 Shape 和 Plotter。

多边形具有很多类型，其中之一是正多边形，满足等角（所有的角都相等）和等边（所有边的长度相等），因此我们创建了从 Polygon 继承的 RegularPolygon 类。对于所有的边都等长的正多边形，我们可以实现一个简单的__init__()方法，它接受边的长度为参数。最后，我们创建了 RegularHexagon 和 Square 类，它们都是从 RegularPolygon 继承的。

这个结构相当长，我们希望它能够给读者带来启示，理解在设计代码时如何明确对象的分类。

现在请观察最后 8 行代码。注意当我们在 hexagon 和 square 上调用 area()方法时，能够得到两者的正确面积。这是因为它们都提供了这个方法的正确实现逻辑。另外，我们可以在它们上面调用 get_geometric_type()方法，尽管这两个类都没有定义这个方法，但 Python 会向上进行搜索并在 Shape 类中找到它的实现。注意，尽管它的实现是由 Shape 类提供的，作为返回值的 self.geometric_type 仍然能够正确地从调用者实例中获取。

plot()方法调用也非常有趣，它显示了我们可以用一种其他方法无法实现的功能来丰富自己的对象。这个技巧在诸如 Django（在第 14 章中简单地进行了介绍）这样的 Web 框架中非常流行，它提供了称为 mixin 的特定类，我们可以直接使用它们的功能。我们只要把所需的 mixin 类作为自己的基类之一，就是这么简单。

多重继承的功能非常强大，但也可能造成很大的混乱，因此当我们使用它的时候，需要确保理解具体发生了什么。

方法的解析顺序

现在，我们知道当我们请求 someobject.attribute 并且在这个对象中并未找到 attribute 时，Python 会在 someobject 的父类中进行搜索。如果在这个类中也没有找到，Python 会沿着继承链继续向上搜索，直到找到 attribute 或者到达 object 类。如果继承链采用的是单继承模式，这个过程非常容易理解，因为每个类只有一个父类。但是，如果牵涉到多重继承，在未找到 attribute 时要想预测应该往哪个类进行搜索就不是那么简单了。

Python 提供了一种方法，总是能够确定属性查找过程中类的搜索顺序。这个方法就是**方法解析顺序**（Method Resolution Order，MRO）。

MRO 表示在查找过程中搜索一个成员时基类的搜索顺序。从 2.3 版本开始，Python 使用了一种称为 **C3** 的算法，它能保证单调性。

Python 2.2 新增了**新风格类**。在 Python 2.*中编写新风格类的方法就是在定义它的时候明确指定 object 作为它的基类。传统的类并不是明确地从 object 类继承的，它们在 Python 3 中已经被移除。在 Python 2.*中，传统类和新风格类的其中一个区别是，新风格类是用新的 MRO 方法进行搜索的。

对于前面那个例子，我们可以观察 Square 类的 MRO：

```
# oop/multiple.inheritance.py
print(square.__class__.__mro__)
# 输出：
# (<class '__main__.Square'>, <class '__main__.RegularPolygon'>,
# <class '__main__.Polygon'>, <class '__main__.Shape'>,
# <class '__main__.Plotter'>, <class 'object'>)
```

为了获取一个类的 MRO，我们可以通过一个实例访问它的__class__属性，并根据这个属性访问它的__mro__属性。另外，我们也可以直接调用 Square.__mro__或 Square.mro()，但是如果我们必须对实例进行操作，就必须动态地对它的类进行派生。

注意，唯一可能产生分歧的地方是 Polygon 后面的三岔口，继承链在这里分成了两条：一条指向 Shape，另一条指向 Plotter。通过扫描 Square 类的 MRO，我们知道 Shape 在搜索时优先于 Plotter。

这为什么非常重要呢？观察下面的代码：

```
# oop/mro.simple.py
class A:
    label = 'a'

class B(A):
    label = 'b'

class C(A):
    label = 'c'
```

```
class D(B, C):
    pass

d = D()
print(d.label) # 假设它是'b'或'c'
```

B 和 C 都是从 A 继承的，D 同时继承了 B 和 C。这意味着对 label 属性的查找通过 B 或 C 都可以到达顶部（A）。根据首先搜索的是哪个类，我们得到的结果并不相同。

因此，在上面这个例子中，我们得到了'b'，这正是我们所期望的，因为 B 是 D 的基类中位于最左边的。但是，如果我们从 B 中删除了 label 属性会发生什么呢？此时就会产生混淆：算法是直接向上到达 A 呢还是先迂回到 C？让我们进行探究：

```
# oop/mro.py
class A:
    label = 'a'

class B(A):
    pass # was: label = 'b'

class C(A):
    label = 'c'

class D(B, C):
    pass

d = D()
print(d.label) # 'c'
print(d.__class__.mro()) # 注意获取 MRO 的另一种方法
# 输出:
# [<class '__main__.D'>, <class '__main__.B'>,
# <class '__main__.C'>, <class '__main__.A'>, <class 'object'>]
```

因此，我们知道了 MRO 是 D - B - C - A - object，意味着当我们请求 d.label 时，得到的结果是'c'，这是正确的。

在日常编程中，很少遇到需要处理 MRO 的情况，但是我们觉得至少要在这段提到这个概念，这样当读者首次遇到一个复杂的 mixin 结构时，能够找到正确的处理方式。

6.2.9　静态方法和类方法

到目前为止，在我们所编写的类中，属性的形式包括数据和实例方法，但类中还可能出现另外两种类型的方法：**静态方法**（static method）和**类方法**（class method）。

1. 静态方法

读者可能还记得，在创建类对象时，Python 会为它分配一个名称。这个名称可以作为名字空间使用，有时候在这个名字空间中组合一些功能是合理的做法。静态方法非常适合这种用途。

与实例方法不同的是，调用静态方法时不需要向它传递任何特殊的参数，因此我们不需要创建类的实例来调用它们。下面我们观察一个虚构的 StringUtil 类的例子：

```
# oop/static.methods.py
class StringUtil:

    @staticmethod
    def is_palindrome(s, case_insensitive=True):
        # 只允许字母和数字
        s = ''.join(c for c in s if c.isalnum()) # 研究这个!
        # 由于是大小写敏感的比较，所以把 s 转换为小写形式
        if case_insensitive:
            s = s.lower()
        for c in range(len(s) // 2):
            if s[c] != s[-c -1]:
                return False
        return True

    @staticmethod
    def get_unique_words(sentence):
        return set(sentence.split())

print(StringUtil.is_palindrome(
    'Radar', case_insensitive=False)) # False: 大小写敏感
print(StringUtil.is_palindrome('A nut for a jar of tuna')) # True
print(StringUtil.is_palindrome('Never Odd, Or Even!'))  # True
print(StringUtil.is_palindrome(
    'In Girum Imus Nocte Et Consumimur Igni') # 炫耀一下我的拉丁文!
) # True
print(StringUtil.get_unique_words(
    'I love palindromes. I really really love them!'))
# {'them!', 'palindromes.', 'I', 'really', 'love'}
```

上面这段代码相当有趣。首先，我们知道简单地在方法上应用 staticmethod 装饰器就可以创建静态方法。可以看到，它们并不接受任何特殊的参数，因此除了装饰之外，它们看上去就像函数一样。

我们定义了一个 StringUtil 类作为函数的容器。另一种方法是创建一个独立的模块，并在其中定义函数。在大多数情况下，它们只是个人偏好的不同。

is_palindrome()函数的内部逻辑非常简单，不过这里还是稍做解释。首先，我们从 s 中删除所有并非字母或数字的字符。为此，我们使用这个字符串对象（在此例中为空字符串对象）的 join()方法。在一个空字符串上调用 join()方法的结果是，我们传递给 join()的可迭代对象中的所有元素将连接在一起。我们向 join()传递了一个生成器表达式，获取 s 中所有属于字母或数字的字符。这是因为在回文句子中，我们需要丢弃所有并非字母或数字的字符。

接着，如果 case_insensitive 为 True，我们就把 s 转换为小写形式，然后继续检查 s 是否为回文。为此，我们比较第一个字符和最后一个字符，然后比较第二个字符和倒数第二个字符，以此类推。如果找到任何一处不同，意味着这个字符串不是回文，因此返回 False。如果我们正常

退出 for 循环，就意味着没有发现不同之处，因此可以认为这个字符串是回文。

注意，不管字符串的长度如何，这段代码都能正常工作。也就是说，不管字符串的长度是奇数还是偶数都没有问题。len(s) // 2 取 s 的一半，如果 s 的长度为奇数，就不会对正中间那个字符进行检查（例如在 RaDaR 中，D 不会被检查）。但我们对此并不关心，因为它是与自身进行比较，其结果总是能够通过检查。

get_unique_words()方法更加简单：它简单地返回一个集合。这个方法接受一个列表，后者包含了一个句子的所有单词。set 类会为我们删除所有的重复元素，因此我们不需要再执行任何操作。

StringUtil 类为我们提供了一个出色的容器名字空间，可以包含对字符串进行操作的方法。我们也可以用类似的方法定义一个 MathUtil 类，提供一些静态方法对数值进行操作，不过我们接下来想向读者展示一些不同的东西。

2．类方法

类方法与静态方法略有不同，它和实例方法一样接受一个特殊的第一参数。但在类方法中，它所接受的第一参数是类对象本身而不是实例。类方法的一个非常常见的用途是为类提供工厂功能，这意味着以另外的方式创建这个类的实例。下面我们观察一个例子：

```
# oop/class.methods.factory.py
class Point:
    def __init__(self, x, y):
        self.x = x
        self.y = y

    @classmethod
    def from_tuple(cls, coords): # cls是 Point
        return cls(*coords)

    @classmethod
    def from_point(cls, point): # cls是 Point
        return cls(point.x, point.y)

p = Point.from_tuple((3, 7))
print(p.x, p.y)  # 3 7
q = Point.from_point(p)
print(q.x, q.y)  # 3 7
```

在上面这段代码中，我们讲述了如何使用类方法为这个类创建工厂。在这个例子中，我们希望可以通过传递两个坐标创建一个 Point 实例（常规的创建方法 p = Point(3, 7)），但我们还希望能够通过传递一个元组（Point.from_tuple）或另一个实例（Point.from_point）来创建 Point 实例。

在每个类方法中，cls 参数表示 Point 类。与接受 self 为第一个参数的实例方法一样，类方法接受一个 cls 参数。self 和 cls 都是根据约定而命名的，这种约定并非强制，但强烈建议遵循这种约定。专业的 Python 程序员基本不会违反这个约定。这个约定具有非常强的效力，大量的工具（如解析器、linter 等）都依赖于它。

类方法和静态方法能够很好地协作。静态方法实际上非常有助于分解类方法的逻辑以完善它的格局。

下面我们观察一个对 StringUtil 类进行重构的例子：

```
# oop/class.methods.split.py
class StringUtil:

    @classmethod
    def is_palindrome(cls, s, case_insensitive=True):
        s = cls._strip_string(s)
        #对于大小写敏感的比较，将 s 转换为小写形式
        if case_insensitive:
            s = s.lower()
        return cls._is_palindrome(s)

    @staticmethod
    def _strip_string(s):
        return ''.join(c for c in s if c.isalnum())

    @staticmethod
    def _is_palindrome(s):
        for c in range(len(s) // 2):
            if s[c] != s[-c -1]:
                return False
        return True

    @staticmethod
    def get_unique_words(sentence):
        return set(sentence.split())

print(StringUtil.is_palindrome('A nut for a jar of tuna')) # True
print(StringUtil.is_palindrome('A nut for a jar of beans')) # False
```

将这段代码与先前那个版本进行比较。首先，注意尽管 is_palindrome()现在是一个类方法，但我们仍然可以像调用静态方法一样调用它。我们把它修改为类方法的原因是，我们在提炼出它的几段逻辑（_strip_string 和_is_palindrome）之后，需要获取它们的一个引用，如果无法在方法中使用 cls，唯一的方法就是使用类名来调用它们，例如 StringUtil._strip_string(...)和 StringUtil._is_palindrome(...)。这种方法显然不是很好，因为在 is_palindrome 方法中使用了硬编码形式的类名之后，以后万一需要修改类名就会比较麻烦。使用 cls 作为类名，意味着即使将来修改了类名，我们的代码也无须修改。

注意，新的逻辑明显比以前的版本容易理解得多。而且，注意把提炼出的方法用下线前缀进行命名，提示了这些方法不支持在类的外部被调用，不过这将是 6.2.10 节的主题。

6.2.10　私有方法和名称改写

如果读者拥有像 Java、C#或 C++语言的编程背景，就应该明白它们允许程序员为属性（包括数据和方法）设定私有状态。在这方面，每种语言的风格稍有不同，但要点在于公共属性可以在代码的任何地方被访问，而私有属性只能在定义它们的作用域中被访问。

在 Python 中，不存在这样的概念。所有的属性都是公共的，因此为了保护隐私，我们依靠约定和一种称为**名称改写**（name mangling）的机制。

Python 所采用的约定如下：如果一个属性的名称没有下线前缀，它就被认为是公共的。这意味着我们可以自由地访问和修改它。当名称具有下线前缀时，这个属性就被认为是私有的，意味着它很可能是被内部使用的，不应该在外部修改或调用它。私有属性的一个极为常见的用例是公共方法所使用的帮助方法（很可能出现在与其他方法一起形成的调用链中），或者作为内部数据（例如缩放因子），或者在理想状态下应该作为常数（不能修改的变量，但令人吃惊的是，Python 竟然不支持常量）使用的任何其他数据。

这个特性通常会使拥有其他语言背景的人望而却步，因为他们感觉受到了缺乏隐私和约束的威胁。坦率地说，在我们使用 Python 的整个编程生涯中，我们从来没有听到过有人抱怨“天啊！我发现了一个可怕的 bug，Python 竟然没有私有属性！”我们发誓，哪怕一次也没有听到过。

即便如此，对私密性的诉求实际上是合理的，因为没有了私密性，我们确实面临在代码中引入缺陷的风险。下面我们通过代码来说明这个意思：

```
# oop/private.attrs.py
class A:
    def __init__(self, factor):
        self._factor = factor

    def op1(self):
        print('Op1 with factor {}...'.format(self._factor))

class B(A):
    def op2(self, factor):
        self._factor = factor
        print('Op2 with factor {}...'.format(self._factor))

obj = B(100)
obj.op1()    # Op1 with factor 100...
obj.op2(42)  # Op2 with factor 42...
obj.op1()    # Op1 with factor 42... <- 这个很糟糕
```

在上面这段代码中有一个称为_factor 的属性，假设这个属性非常重要，在创建了实例之后它就不应该在运行时被修改，因为 op1()要想正常发挥作用必须依赖于它。我们对它命名时使用了一个下线前缀，但是问题在于当我们调用 obj.op2(42)时修改了它，这会反映在 op1()的后续调用中。

我们通过添加另一个下线前缀来修正这个不希望出现的行为：

```
# oop/private.attrs.fixed.py
class A:
    def __init__(self, factor):
        self.__factor = factor

    def op1(self):
        print('Op1 with factor {}...'.format(self.__factor))

class B(A):
    def op2(self, factor):
        self.__factor = factor
        print('Op2 with factor {}...'.format(self.__factor))

obj = B(100)
obj.op1()   # Op1 with factor 100...
obj.op2(42) # Op2 with factor 42...
obj.op1()   # Op1 with factor 100... <- 哇!现在很好了!
```

看到了吗？现在它的行为就是我们所需要的。Python 非常神奇，在这种情况下名称改写机制就会介入。

名称改写意味着至少有两个下线前缀和最多有一个下线后缀的任何属性名（例如__my_attr）都会被一个新的名称所代替，新名称是在原来的实际名称前面加上一个下线前缀和类名，例如_ClassName__my_attr。

这意味着当我们从一个类继承时，名称改写机制会为基类和子类中的私有属性提供两个不同的名称以避免名称冲突。每个类和实例对象在一个称为__dict__的特殊属性中存储它们的属性引用，因此我们可以检查 obj.__dict__，观察名称改写是如何实际发生的：

```
# oop/private.attrs.py
print(obj.__dict__.keys())
# dict_keys(['_factor'])
```

这是我们在这个例子的问题版本中找到的_factor 属性。但是，我们可以观察使用__factor 的那个版本：

```
# oop/private.attrs.fixed.py
print(obj.__dict__.keys())
# dict_keys(['_A__factor', '_B__factor'])
```

明白了吗？obj 现在具有两个属性，_A__factor（在 A 类中进行了改写）和_B__factor（在 B 类中进行了改写）。这个机制保证了当我们执行 obj.__factor = 42 时，A 中的__factor 并不会改变，因为我们所接触的是_B__factor。这样，_A__factor 既健康又安全。

假设我们正在设计一个程序库，其中的类可以由其他开发人员使用和扩展，我们就需要记住这个机制，以避免出现不符合我们意图的属性重写。类似这样的缺陷是相当微妙的，很难被发现。

6.2.11　property 装饰器

另一个必须介绍的概念是 **property** 装饰器。假设 Person 类有一个 age 属性，在某个时刻我们想要确保在修改它的值时，能够保证 age 位于适当的范围之内，例如[18, 99]。我们可以编写访问器方法，例如 get_age()和 set_age(...)（又称 **getter** 和 **setter**），并把具体的逻辑放在那里。get_age()很可能只是简单地返回 age，而 set_age(...)会在检查有效性后再设置值。问题在于，很可能已经有很多代码是直接访问 age 属性的，这意味着我们面临一些乏味的重构。类似 Jave 这样的语言默认使用访问器模式来克服这个问题。许多 Java **集成开发环境**（IDE）通过动态地为我们编写 getter 和 setter 访问器方法来自动完成属性的声明。

Python 更加智能，通过 property 装饰器来完成这个任务。当我们用 property 对一个方法进行装饰时，可以像使用数据属性一样使用方法的名称。由于这个原因，我们最好克制住将需要一段时间才能完成的逻辑放入此类方法中。因为当我们以属性的形式访问它们时，一般并不希望进行等待。

下面我们观察一个例子：

```
# oop/property.py
class Person:
    def __init__(self, age):
        self.age = age   # 任何人可以自由地对它进行修改

class PersonWithAccessors:
    def __init__(self, age):
        self._age = age

    def get_age(self):
        return self._age

    def set_age(self, age):
        if 18 <= age <= 99:
            self._age = age
        else:
            raise ValueError('Age must be within [18, 99]')

class PersonPythonic:
    def __init__(self, age):
        self._age = age

    @property
    def age(self):
        return self._age

    @age.setter
    def age(self, age):
        if 18 <= age <= 99:
            self._age = age
```

```
        else:
            raise ValueError('Age must be within [18, 99]')

person = PersonPythonic(39)
print(person.age) # 39 -注意我们以数据属性的形式进行访问
person.age = 42   # 注意我们以数据属性的形式进行访问
print(person.age) # 42
person.age = 100  # ValueError: Age must be within [18, 99]
```

Person 类可能是我们所编写的第一个版本。接着，我们意识到需要在里面添加一些范围检查逻辑。如果是其他语言，我们可能需要把 Person 类改写为 PersonWithAccessors 类，并对所有使用 Person.age 的代码进行重构。在 Python 中，我们把 Person 改写为 PersonPythonic（当然，一般情况下我们并不会修改类名），把年龄存储在一个私有的_age 变量中，并使用代码所示的装饰定义属性的 getter 和 setter，这就允许我们像原先一样使用 person 实例。getter 是访问属性用于读取时所调用的方法，而 setter 是访问属性写入它时所调用的方法。在诸如 Java 这样的其他语言中，常见的做法是把它们定义为 get_age()和 set_age(int value)，但我们觉得 Python 的语法更加清晰。它允许我们一开始编写简单的代码，以后有需要时可以对它们进行重构。我们不想因为以后可能会被用到的原因而在一开始就用访问器污染自己的代码。

property 装饰器还允许设置只读数据（没有 setter 的属性），并在属性被删除时执行一些特殊的操作。为了深入挖掘这方面的细节，可以阅读官方文档。

6.2.12 cached_property 装饰器

当我们需要运行一些代码对我们想要使用的对象进行设置时，属性可以提供很大的便利。例如，假设我们需要连接到一个数据库（或连接到一个 API）。

不管是连接到数据库还是 API，我们都需要设置一个客户对象，后者知道如何与数据库（或 API）进行通信。在这样的情况下，使用属性是相当常见的，这样可以隐藏与设置客户有关的复杂细节，只要简单地使用它就可以了。下面我们讨论一个简化的例子：

```
class Client:
    def __init__(self):
        print("Setting up the client...")

    def query(self, **kwargs):
        print(f"Performing a query: {kwargs}")

class Manager:
    @property
    def client(self):
        return Client()

    def perform_query(self, **kwargs):
        return self.client.query(**kwargs)
```

在上面这个例子中，我们有一个哑的 Client 类，每次当我们创建它的一个新实例时，它会输出字符串"Setting up the client..."。它还有一个占位的 query 方法，也是简单地输出一个字符串。后面的 Manager 类具有一个 client 属性，它在每次被调用时（例如，通过调用 perform_query）创建一个新的 Client 实例。

如果我们运行这段代码，将会注意到每次在管理器上调用 perform_query 时，都可以看到字符串"Setting up the client..."。由于创建客户是昂贵的操作，这样的代码是非常浪费资源的，因此像下面这样对客户进行缓存是更好的做法：

```
class ManualCacheManager:
    @property
    def client(self):
        if not hasattr(self, '_client'):
            self._client = Client()
        return self._client
```

ManualCacheManager 类更加智能：client 属性首先调用内置函数 hasattr 检查类中是否存在_client 属性。如果不存在，就把_client 赋值给一个新的 Client 实例。最后，它简单地返回这个实例。重复访问这个类的 client 属性只会创建一个 Client 实例，也就是在第一次的时候。从第二次调用开始返回_client，而不需要创建一个新实例。

这是一个常见的需求，因此在 Python 3.8 中，functools 模块增加了 cached_property 装饰器。这种装饰器的优美之处在于，它不像我们的手动解决方案那样需要刷新客户，而是可以简单地删除 client 属性，当我们在下一次调用它时，它将会为我们创建一个全新的 Client 实例。下面我们观察一个例子：

```
from functools import cached_property

class CachedPropertyManager:
    @cached_property
    def client(self):
        return Client()

    def perform_query(self, **kwargs):
        return self.client.query(**kwargs)

manager = CachedPropertyManager()
manager.perform_query(object_id=42)
manager.perform_query(name_ilike='%Python%')
del manager.client # 这将导致下一次调用时创建一个新的 Client 对象
manager.perform_query(age_gte=18)
```

运行这段代码产生下面的结果：

```
$ python cached.property.py
Setting up the client...                         # 新的 Client
Performing a query: {'object_id': 42}            # 第一次查询
Performing a query: {'name_ilike': '%Python%'}   # 第二次查询
Setting up the client...                         # 另一个 Client
Performing a query: {'age_gte': 18}              # 第三次查询
```

可以看到，当我们再次调用 manager.perform_query 时，只有当我们手动删除了 manager.client

之后，才会得到一个新的实例。

Python 3.9 还新增了 cache 装饰器，它可以与 property 装饰器协同使用，覆盖 cached_property 不适用的场合。和往常一样，我们鼓励读者在官方文档中阅读这个话题的所有细节并进行实验。

6.2.13 操作符重载

我们觉得 Python 所采用的**操作符重载**方法极为光彩夺目。所谓操作符重载，就是根据操作符使用时所处的语境向它提供特定的含义。例如，+操作符在处理数值时表示加法，但在处理序列时表示连接。

在 Python 中，当我们使用操作符时，很可能会在幕后调用某些对象的特殊方法。例如，a[k]这个调用大致可以转换为 type(a).__getitem__(a, k)。我们可以重载这些特殊的方法以满足自己的需要。

作为一个例子，让我们创建一个类，它存储了一个字符串，当这个字符串包含了'42'时结果为 True，否则为 False。另外，我们为这个类定义一个 length 属性，对应于它所存储的字符串的长度：

```
# oop/operator.overloading.py
class Weird:
    def __init__(self, s):
        self._s = s

    def __len__(self):
        return len(self._s)

    def __bool__(self):
        return '42' in self._s

weird = Weird('Hello! I am 9 years old!')
print(len(weird)) # 24
print(bool(weird)) # False

weird2 = Weird('Hello! I am 42 years old!')
print(len(weird2)) # 25
print(bool(weird2)) # True
```

是不是很有趣？对于类中可以进行重载提供自定义操作符实现的魔术方法的完整列表，可以在官方文档中查阅 Python 的数据模型。

6.2.14 多态——简单说明

多态这个词源自希腊语，表示许多的形态，它的意思是一个单独的接口表示不同类型的实体。

在我们的汽车例子中，我们可以直接调用 engine.start()，而不用管具体的引擎类型是什么。

只要它提供了 start 方法，我们就可以调用它。这就是多态的一个例子。

在其他语言中，例如 Java，为了让一个函数能够接受不同类型的对象并在它们上面调用一个方法，这些类型在编写时就需要共享一个接口。按照这种方式，不管传递给这个函数的对象是什么类型（当然，前提是这种类型对特定的接口进行了扩展），编译器都知道这个方法是可以被调用的。

在 Python 中，情况大不相同。多态是隐式的，没有什么规则可以防止我们在对象上调用方法。因此，从技术上说，我们并不需要实现接口或其他模式。

有一种特殊类型的多态称为**临时多态**，也是我们在 6.2.13 节所看到的：操作符重载。这个功能允许操作符根据输入的数据类型改变自己的形态。

多态还允许 Python 程序员简单地使用一个对象所提供的接口（方法和属性），而不需要检查是从哪个类实例化了这个对象。这就使代码变得更加紧凑，看上去更加自然。

我们没有太多的时间讨论多态，但读者可以自行探索这个主题，它可以扩展读者对 OOP 的理解。

6.2.15　数据类

在离开 OOP 的王国之前，还有最后一样东西值得一提：数据类。它是由 PEP 557 在 Python 3.7 中新增的，可以被描述为具有默认值的可变命名元组。读者可以复习第 2 章来复习命名元组的概念。下面我们通过一个例子来了解这个概念。

```
# oop/dataclass.py
from dataclasses import dataclass

@dataclass
class Body:
    '''表示物体的类。'''
    name: str
    mass: float = 0. # Kg
    speed: float = 1. # m/s

    def kinetic_energy(self) -> float:
        return (self.mass * self.speed ** 2) / 2


body = Body('Ball', 19, 3.1415)
print(body.kinetic_energy()) # 93.755711375 Joule
print(body) # Body(name='Ball', mass=19, speed=3.1415)
```

在上面这段代码中，我们创建了一个表示物体的类，它提供了一个方法允许我们计算它的动能（使用著名公式 $E_k = \frac{1}{2}mv^2$）。注意，name 应该是字符串，而 mass 和 speed 都是浮点数，它们都有一个默认值。另外，比较有趣的是我们并不需要编写任何__init__()方法，这个任务由 dataclass 装饰器为我们完成，另外还包括用于比较的方法和生成该对象的字符串表示形式的方法（在最后一行由 print 隐式地调用）。

如果读者对这个话题感兴趣，可以阅读 PEP 557 的所有规范，但现在只需要记住数据类可以作为命名元组的更出色、功能也更强的替代品，可以在有需要的时候使用。

6.3 编写自定义的迭代器

现在，我们已经拥有了编写自定义的迭代器所需要的所有工具。我们首先定义一个可迭代对象和一个迭代器。

- **可迭代对象**：如果一个对象能够一次返回它的一个成员，它就是可迭代对象。列表、元组、字符串、字典都是可迭代对象。定义了__iter__()或__getitem__()方法的自定义对象也是可迭代对象。
- **迭代器**：如果一个对象表示一个数据流，它就是一个迭代器。自定义的迭代器需要提供返回对象本身的__iter__()方法的实现，并提供返回数据流中下一个元素（直到数据流被耗尽，此时对__next__()的所有后续调用简单地触发一个 StopIteration 异常）的__next__()方法的实现。内置函数（如 iter()和 next()）在幕后被映射为在一个对象上调用__iter__()和__next__()方法。

下面我们编写一个迭代器，首先返回一个字符串中所有奇数位置的字符，然后返回偶数位置的字符：

```
# iterators/iterator.py
class OddEven:

    def __init__(self, data):
        self._data = data
        self.indexes = (list(range(0, len(data), 2)) +
            list(range(1, len(data), 2)))

    def __iter__(self):
        return self

    def __next__(self):
        if self.indexes:
            return self._data[self.indexes.pop(0)]
        raise StopIteration

oddeven = OddEven('ThIsIsCoOl!')
print(''.join(c for c in oddeven)) # TIICO!hssol

oddeven = OddEven('CiAo') # 或手动进行...
it = iter(oddeven) # 内部调用了 oddeven.__iter__
print(next(it)) # C
print(next(it)) # A
print(next(it)) # i
print(next(it)) # o
```

因此，我们需要为返回对象本身的__iter__()提供一个实现，并为__next__()也提供一个实现。

下面我们详细讨论具体的方法。它需要执行的操作是返回_data[0]、_data[2]、_data[4]、…、_data[1]、_data[3]、_data[5]、…，直到返回了 data 中的所有元素。为此，我们准备了一个 indexes 列表，例如[0 , 2 , 4 , 6 , …, 1 , 3 , 5 , …]，当这个列表中至少还有 1 个元素时，就从中弹出第一个元素并从 data 中返回这个位置的元素，从而实现了我们的目标。当 indexes 列表为空时，我们就触发 StopIteration 异常，这也是迭代器协议所要求的。

我们还可以使用其他方法实现同样的结果，因此读者可以尝试编写不同的代码进行试验。要确保最终结果对于所有的边缘情况、空序列和长度分别为 1 与 2 的序列等都适用。

6.4　总结

在本章中，我们介绍了装饰器，探索了使用它们的原因，并观察了同时使用一个或多个装饰器的例子。我们还介绍了接受参数的装饰器，它们通常作为装饰器工厂使用。

我们揭开了用 Python 进行面向对象编程的面纱。我们学习了所有的基础知识，因此能够理解后续章节中将要出现的代码。我们介绍了在类中可以编写的所有类型的方法和属性，并讲述了继承和合成、方法重载、属性、操作符重载、多态。

最后，我们非常简单地探索了迭代器的基础知识，使读者对生成器有了更深刻的理解。

在第 7 章中，我们将学习异常和上下文管理器。

第 7 章 异常和上下文管理器

"不管是人是鼠，即使最如意的安排设计，结局也往往会出其不意。"

——罗伯特·彭斯

罗伯特·彭斯的这句名言应当铭刻在每位程序员的心中。即使代码是正常的，仍然有可能出现错误。如果不对这些错误进行正确的处理，它们会导致最周密的安排走向歧途。

未处理的错误会导致软件崩溃或出现不正确的行为。如果运气好，它可能只是让用户感到烦躁。如果运气不佳，就有可能损失金钱（经常崩溃的电子商务网站不太可能取得成功）。因此，学习如何检测和处理错误是非常重要的。另外，要培养好的习惯，坚持思考代码中可能发生的错误以及当错误发生时应该做出什么响应。

本章讨论错误，并对意料之外的情况进行处理。我们将学习**异常**，它是 Python 表示出现错误或其他异常事件的方式。我们还将学习**上下文管理器**，它提供了一种机制封装和复用错误处理代码。

7.1 异常

虽然到目前为止我们还没有正式介绍异常，但读者对于异常应该已经有了一个模糊的概念。在前面的章节中，我们看到了当迭代器被耗尽时，调用 next 会触发 StopIteration 异常。当我们试图访问合法范围之外的一个列表位置时，会遇到 IndexError 异常。当我们试图访问一个对象并不具有的属性时，会遇到 AttributeError 异常。当我们在一个字典中访问一个并不存在的键时，会遇到 KeyError 异常。

现在，是时候对异常进行正式讨论了。

有时候，即使一个操作或者一段代码是正确的，仍然有可能出错。例如，当我们把用户的输入从 string 转换为 int 时，用户可能不小心把某个数字误输入为字母，这样我们就无法把它转换为数值。在执行除法时，我们无法预先知道是否会进行除零运算。当我们打开一个文件时，它可能不存在或者被破坏。

当一个错误是在执行期间被检测到时，它就称为**异常**。异常并不一定致命，事实上我们已经看到 StopIteration 已经深入集成到 Python 的生成器和迭代器机制中。但是，在正常情况下，如果不采取必要的预防措施，异常会导致应用程序失败。有时候，这是我们期望的行为。但在其他情况下，我们希望防止并控制这样的问题。例如，我们可能想警告用户，他们试图打开的文件已经被破坏或者不存在，这就要求他们修正这个问题或者提供另一个文件，而不是让应用程序因为这个缘故而终止。下面，我们观察一个包含了几个异常的例子：

```
# exceptions/first.example.py
>>> gen = (n for n in range(2))
>>> next(gen)
0
>>> next(gen)
1
>>> next(gen)
Traceback (most recent call last):
  File "<stdin>", line 1, in <module>
StopIteration

>>> print(undefined_name)
Traceback (most recent call last):
  File "<stdin>", line 1, in <module>
NameError: name 'undefined_name' is not defined

>>> mylist = [1, 2, 3]
>>> mylist[5]
Traceback (most recent call last):
  File "<stdin>", line 1, in <module>
IndexError: list index out of range

>>> mydict = {'a': 'A', 'b': 'B'}
>>> mydict['c']
Traceback (most recent call last):
  File "<stdin>", line 1, in <module>
KeyError: 'c'

>>> 1 / 0
Traceback (most recent call last):
  File "<stdin>", line 1, in <module>
ZeroDivisionError: division by zero
```

可以看到，Python 的 shell 具有相当的容忍度。我们可以看到 Traceback（回溯），能够了解与错误有关的信息，但 shell 本身仍然会正常运行。这是一种特殊的行为，如果不对异常进行处理，常规的程序或脚本通常会立即退出。下面我们观察一个简单的例子：

```
# exceptions/unhandled.py
1 + "one"
print("This line will never be reached")
```

如果运行这段代码，将会得到下面的输出：

```
$ python exceptions/unhandled.py
```

```
Traceback (most recent call last):
  File "exceptions/unhandled.py", line 2, in <module>
    1 + "one"
TypeError: unsupported operand type(s) for +: 'int' and 'str'
```

由于我们并没有处理这个异常，因此一旦发生异常（在输出与错误有关的信息之后），Python 立即退出。

7.1.1 触发异常

到目前为止，我们所看到的异常是由 Python 解释器在检测到错误时所触发的。但是，当我们认为代码中遇到的某种情况属于错误时，也可以自己触发异常。为了触发异常，可以使用 raise 语句。例如：

```
# exceptions/raising.py
>>> raise NotImplementedError("I'm afraid I can't do that")
Traceback (most recent call last):
  File "<stdin>", line 1, in <module>
NotImplementedError: I'm afraid I can't do that
```

我们可以使用自己想要的任何异常类型，但最好能够选择精确描述了在代码中所遇到的特定错误条件的异常类型。我们甚至可以自行定义异常类型（稍后将看到如何实现这一点）。注意我们传递给 Exception 类的参数将作为错误信息的一部分被输出。

Python 具有太多的内置异常类型，无法在这里完整地列出，但它们都记录在 Python 官方文档中。

7.1.2 自定义异常类

如前所述，我们可以定义自己的异常类型。为此，我们只需要定义一个从任何其他异常类继承的类。最终，所有的异常类都是从 BaseException 类继承的。但是，这个类不应该直接子类化，我们的自定义异常类应该从 Exception 类继承。事实上，几乎所有的内置异常类都是从 Exception 类继承的。不从 Exception 类继承的异常是由 Python 解释器内部使用的。

7.1.3 回溯

Python 输出的**回溯**信息初看上去有点吓人，但它对于理解异常的发生是极为实用的。下面我们观察一段回溯信息，看看它可以向我们提供什么信息：

```
# exceptions/trace.back.py
def squareroot(number):
    if number < 0:
        raise ValueError("No negative numbers please")
    return number ** .5
```

```
def quadratic(a, b, c):
    d = b ** 2 - 4 * a * c
    return ((-b - squareroot(d)) / (2 * a),
            (-b + squareroot(d)) / (2 * a))

quadratic(1, 0, 1) # x**2 + 1 == 0
```

我们定义了一个 quadratic()函数，它使用著名的平方根公式计算一元二次方程的根。我们并没有使用 math 模块的 sqrt()函数，而是编写了自己的版本（squareroot()），如果参数为负它就会触发一个异常。当我们调用 quadratic(1, 0, 1)解方程 $x^2 + 1 = 0$ 时，就会得到一个 ValueError 异常，因为 d 的值为负。当我们运行这段代码时，会得到下面的结果：

```
$ python exceptions/trace.back.py
Traceback (most recent call last):
  File "exceptions/trace.back.py", line 12, in <module>
    quadratic(1, 0, 1) # x**2 + 1 == 0
  File "exceptions/trace.back.py", line 9, in quadratic
    return ((-b - squareroot(d)) / (2 * a),
  File "exceptions/trace.back.py", line 4, in squareroot
    raise ValueError("No negative numbers please")
ValueError: No negative numbers please
```

从下往上阅读回溯信息更具实效。在最后一行，我们可以看到错误信息，表示遇到了什么错误：ValueError: No negative numbers please（值错误：不能为负数）。上面一行表示这个异常的触发位置（exceptions/trace.back.py 的第 4 行，在 squareroot()函数中）。我们还可以看到导致这个异常被触发的函数调用序列：squareroot()是在第 9 行 quadratic()函数内部被调用的，后者是在第 12 行模块顶层被调用的。可以看到，回溯信息就像一张地图，告诉我们通向异常发生地点的代码路径。沿着这条路径并检视其中每个函数的代码是非常有意义的，可以帮助我们理解异常的发生原因。

7.1.4　处理异常

为了在 Python 中处理异常，可以使用 try 语句。当我们进入 try 子句时，Python 就会监测一个或多个不同类型的异常（根据我们的指示）。如果触发了这些异常，就允许我们做出针对性的响应。

try 语句由启动该语句的 try 子句和一条或多条定义了在捕捉到某个异常时应该执行什么操作的 except 子句组成。except 子句后面可以出现一条 else 子句，它会在 try 子句没有触发任何异常而退出时执行。在 except 和 else 子句的后面可以有一条 finally 子句（也是可选的），不管其他子句情况如何，它都会被执行。finally 子句一般用于清理资源。我们也可以省略 except 和 else 子句，在 try 子句后面只跟随一条 finally 子句。如果我们想传播这个异常，让它们在其他地方被处理，但是不管是否触发异常都需要执行一些清理代码，就可以采用这种做法。

子句的顺序是非常重要的。它依次必须是 try、except、else、finally。另外，记住 try 的后面至少必须有一条 except 子句或 finally 子句。下面我们观察一个例子：

```
# exceptions/try.syntax.py
def try_syntax(numerator, denominator):
    try:
        print(f'In the try block: {numerator}/{denominator}')
        result = numerator / denominator
    except ZeroDivisionError as zde:
        print(zde)
    else:
        print('The result is:', result)
        return result
    finally:
        print('Exiting')

print(try_syntax(12, 4))
print(try_syntax(11, 0))
```

这个例子定义了一个简单的 try_syntax()函数。我们执行两个数的除法。如果调用这个函数时 denominator = 0，我们就准备捕捉一个 ZeroDivisionError 异常。一开始，代码进入 try 代码块。如果 denominator 不为 0 就计算 result。在离开 try 代码块后，执行流在 else 代码块中恢复。我们输出 result 并返回它。观察输出，可以发现在返回 result（即到达程序的终点）之前，Python 执行了 finally 子句。

当 denominator 等于 0 时，情况就发生了变化。试图计算 numerator / denominator 就触发一个 ZeroDivisionError 异常。因此，我们进入了 except 代码块并输出 zde。

else 代码块不会被执行，因为在 try 代码块中触发了一个异常。在（隐式地）返回 None 之前，我们仍然会执行 finally 代码块。观察输出，看看能不能理解这个结果：

```
$ python try.syntax.py
In the try block: 12/4  # try
The result is: 3.0      # else
Exiting                 # finally
3.0                     # 在 else 中返回

In the try block: 11/0  # try
division by zero        # except
Exiting                 # finally
None                    # 函数结束时隐式地返回
```

当我们执行一个 try 代码块时，可能需要捕捉多个异常。例如，调用 divmod()函数时，如果第二个参数为 0，就会触发 ZeroDivisionError 异常。如果任一参数都不是数值，就会触发 TypeError 异常。如果我们想按照相同的方式处理这两个异常，可以使用类似下面的代码结构：

```
# exceptions/multiple.py
values = (1, 2)

try:
    q, r = divmod(*values)
except (ZeroDivisionError, TypeError) as e:
    print(type(e), e)
```

这段代码会同时捕捉 ZeroDivisionError 和 TypeError 异常。尝试把 values = (1, 2)修改为 values = (1, 0)或 values = ('one', 2)，可以看到输出发生了变化。

如果我们想按照不同的方式处理不同的异常，可以添加更多的 except 子句，如下所示：

```
# exceptions/multiple.py
try:
    q, r = divmod(*values)
except ZeroDivisionError:
    print("You tried to divide by zero!")
except TypeError as e:
    print(e)
```

记住，异常是在与该异常类（或它的任何基类）匹配的第一个代码块中处理的。因此，当我们像刚才那样列出多个 except 子句时，要把特定的异常放在前面，把通用的异常放在后面。按照 OOP 的术语，子类放在顶部，基类放在底部。记住，当一个异常被触发时，只有一个 except 代码块会被执行。

Python 还允许我们使用不指定任何异常类型的 except 子句（相当于写成 except BaseException 的形式）。这种做法一般来说并不合适，因为它意味着我们还会捕捉应该由解释器内部使用的异常，其中包括所谓的系统退出异常。这类异常包括解释器调用 exit()函数时触发的 SystemExit 异常、用户按下 Ctrl + C（或有些系统的 Delete）键终止应用程序时触发的 KeyboardInterrupt 异常。

我们还可以在 except 子句中触发异常。例如，我们可能想用一个自定义异常替换一个内置的异常（或第三方程序库的某个异常）。在编写程序库时，这是一个相当常见的技巧，因为它可以向用户隐藏程序库的实现细节。下面我们观察一个例子：

```
# exceptions/replace.py
>>> class NotFoundError(Exception):
...     pass
...
>>> vowels = {'a': 1, 'e': 5, 'i': 9, 'o': 15, 'u': 21}
>>> try:
...     pos = vowels['y']
... except KeyError as e:
...     raise NotFoundError(*e.args)
...
Traceback (most recent call last):
  File "<stdin>", line 2, in <module>
KeyError: 'y'

During handling of the above exception, another exception occurred:
Traceback (most recent call last):
  File "<stdin>", line 4, in <module>
__main__.NotFoundError: y
```

默认情况下，Python 会认为 except 子句中的异常是意外触发的，并打印出两段异常的回溯信息。我们可以使用 raise 搭配 from 来告知解释器我们正在故意引发新的异常：

```
# exceptions/replace.py
>>> try:
...     pos = vowels['y']
... except KeyError as e:
...     raise NotFoundError(*e.args) from e
...
Traceback (most recent call last):
  File "<stdin>", line 2, in <module>
KeyError: 'y'

The above exception was the direct cause of the following exception:

Traceback (most recent call last):
  File "<stdin>", line 4, in <module>
__main__.NotFoundError: y
```

错误信息发生了变化，但我们仍然能够获取两段回溯信息，它们对于调试是极有帮助的。如果确实想要完全屏蔽原先的异常，可以使用 from None 代替 from e（读者可以自行尝试）。

我们也可以自行使用 raise 来重新触发原先的异常，而不是指定一个新的异常。如果我们想记录一个异常被触发这个事实，但并不实际屏蔽或替换该异常，就可以采用这种做法。

在编程中使用异常可能会相当复杂。我们可能会因为捕捉了已经提醒它们存在的异常而无意地隐藏了一些缺陷。读者应该谨记下面这些指导原则，安全地处理异常。

- try 子句应该尽量简短。它应该只包含可能会触发我们想要处理的异常的代码。
- 尽可能使 except 子句保持特定。except Exception 这样的代码虽然简单，但它几乎肯定会捕捉到我们不想捕捉的异常。
- 使用测试确保自己的代码能够正确处理意料之中和意料之外的错误。我们将在第 10 章中更详细地讨论测试。

如果读者能够遵循这些建议，就可以把出错的机会降到最低。

7.1.5 不仅仅用于错误

在讨论上下文管理器之前，我们观察一种非常规的异常用法，以开阔自己的视野。异常不仅仅用于表示错误：

```
# exceptions/for.loop.py
n = 100
found = False
for a in range(n):
    if found: break
    for b in range(n):
```

```
        if found: break
        for c in range(n):
            if 42 * a + 17 * b + c == 5096:
                found = True
                print(a, b, c) # 79 99 95
```

上面这段代码是一种极为常见的数字处理方法。我们对几个嵌套的范围进行迭代，寻找满足某个条件的特定 a、b、c 组合。在这个例子中，这个条件是一个简单的线性方程，但我们也可以设想一些比它有趣得多的情况。令我们不快的是，我们必须在每个循环开始时检查是否找到了答案，以便尽可能快速地退出循环。退出逻辑会影响剩余的代码，这不是我们希望看到的。因此，我们采用了一种不同的解决方案。读者可以观察下面的代码，思考是否可以把这种方法应用于其他情况：

```
# exceptions/for.loop.py
class ExitLoopException(Exception):
    pass

try:
    n = 100
    for a in range(n):
        for b in range(n):
            for c in range(n):
                if 42 * a + 17 * b + c == 5096:
                    raise ExitLoopException(a, b, c)
except ExitLoopException as ele:
    print(ele.args)  # (79, 99, 95)
```

能够明白它的优雅所在吗？现在，循环的退出逻辑完全由一个简单的异常进行处理，而这个异常的名称也暗示了它的用途。一旦找到了结果，我们就用满足条件的值触发 ExitLoopException 异常，并把控制立即移交给处理这个异常的 except 子句。注意我们可以使用异常的 args 属性获取传递给构造函数的值。

7.2　上下文管理器

当我们处理外部资源或全局状态时，常常需要执行一些清理步骤，例如在结束时释放资源或恢复到最初的状态。未进行适当的清理可能会导致各种各样的缺陷。因此，我们需要保证自己的清理代码即使在发生异常的情况下仍然会被执行。我们可以使用 try/finally 语句，但这种做法并非始终合适，而且可能会导致大量的重复代码，因为我们在处理一种特定类型的资源时常常需要执行相似的清理步骤。**上下文管理器**（context manager）可以解决这个问题，它创建一个运行时上下文环境，我们在这个环境中对资源进行操作或者修改它的状态。当我们离开这个环境时，它会自动执行所有必要的清理工作，即使是在发生了异常的情况下。

修改全局状态的一个例子是，我们可能需要临时修改小数计算的精度。例如，假设我们在执行一项特定的计算时希望结果具有某个特定的精度，但在其他计算中则保留默认的精度。我们可以采用类似下面的做法：

```
# context/decimal.prec.py
from decimal import Context, Decimal, getcontext, setcontext

one = Decimal("1")
three = Decimal("3")

orig_ctx = getcontext()
ctx = Context(prec=5)
setcontext(ctx)
print(ctx)
print(one / three)
setcontext(orig_ctx)
print(one / three)
```

读者可能还记得 Decimal 类允许我们对小数执行任意的精度计算。如果对此印象不深，可能需要回顾第 2 章。

注意，我们存储了当前的上下文环境，设置了一个新的上下文环境（具有修改后的精度），执行一些计算并最终恢复原先的上下文环境。运行这段代码产生下面的输出：

```
$ python decimal.prec.py
Context(prec=5, rounding=ROUND_HALF_EVEN, Emin=-999999,
Emax=999999, capitals=1, clamp=0, flags=[],
traps=[InvalidOperation, DivisionByZero, Overflow])
0.33333
0.3333333333333333333333333333
```

看上去挺不错，但是如果在恢复原先的上下文环境之前发生了一个异常会怎么样呢？我们将会一直采用错误的精度，所有后续的计算都将是不正确的！我们可以使用一条 try / finally 语句来修正这个问题：

```
# context/decimal.prec.py
orig_ctx = getcontext()
ctx = Context(prec=5)
setcontext(ctx)
try:
    print(ctx)
    print(one / three)
finally:
    setcontext(orig_ctx)
print(one / three)
```

这就安全多了。现在我们可以保证不管 try 代码块发生了什么，总是可以恢复最初的上下文环境。但是，一直像这样使用 try / finally 并不是很方便。这种场合上下文管理器就可以大显身手了。decimal 模块提供了上下文管理器 localcontext，它可以处理相关的设置，并为我们完成恢复上下文环境的任务：

```python
# context/decimal.prec.py
from decimal import localcontext

with localcontext(Context(prec=5)) as ctx:
    print(ctx)
    print(one / three)
print(one / three)
```

这样的代码更容易阅读（和录入）！with 语句用于进入由一个上下文管理器所定义的运行时上下文环境。当退出由 with 语句所定义的代码块时，上下文管理器（在此例中就是恢复小数精度上下文环境）定义的所有清理操作都会自动执行。

在一条 with 语句中组合多个上下文管理器也是可行的。当我们需要同时操作多个资源时，这种方法就相当实用：

```python
# context/decimal.prec.py
with localcontext(Context(prec=5)), open("out.txt", "w") as out_f:
    out_f.write(f"{one} / {three} = {one / three}\n")
```

我们通过一条 with 语句进入一个局部上下文环境并打开一个文件（作为上下文管理器使用）。我们执行计算并把结果写入这个文件中。当我们完成时，这个文件就会自动关闭，默认的小数上下文就会被恢复。不要过于关心文件操作的细节，我们将在第 8 章中学习这方面的知识。

除了小数上下文和文件之外，Python 标准库中的许多其他对象也可以作为上下文管理器使用，举例如下。

- 实现了低层网络接口的 Socket 对象，可以作为上下文管理器使用，自动关闭网络连接。
- 在并发编程中用于同步的 lock 类，可以使用上下文管理器协议自动释放锁。

在本章的剩余部分，我们将介绍如何实现自己的上下文管理器。

7.2.1　基于类的上下文管理器

上下文管理器通过两个魔术方法完成自己的任务：在进入 with 语句体中立即被调用的__enter__()以及在退出 with 语句体时被调用的__exit__()。这意味着我们可以简单地编写一个类，实现这两个方法，然后就很轻松地实现了自己的上下文管理器：

```python
# context/manager.class.py
class MyContextManager:
    def __init__(self):
        print("MyContextManager init", id(self))
    def __enter__(self):
        print("Entering 'with' context")
        return self
    def __exit__(self, exc_type, exc_val, exc_tb):
        print(f"{exc_type=} {exc_val=} {exc_tb=}")
        print("Exiting 'with' context")
        return True
```

我们定义了一个非常简单的上下文管理器类，称为 MyContextManager。关于这个类，有一些有趣的地方需要注意。注意，我们的__enter__()方法返回 self。这是相当常见的，但并非必须的：我们可以从__enter__()返回任何东西，甚至是 None。__enter__()方法的返回值将被赋值给 with 语句的 as 子句中的变量名。另外，注意__exit__()函数的 exc_type、exc_val、exc_tb 参数。如果在 with 语句体中发生了一个异常，解释器就会把这个异常的类型、值、回溯信息通过这些参数传递给__exit__()函数。如果没有发生异常，这几个参数都将是 None。

另外，注意我们的__exit__()方法返回 True。这将导致 with 语句体中发生的所有异常都被屏蔽（就像我们已经在一条 try / except 语句中处理了它们一样）。如果我们返回 False，异常就会继续传播到__exit__()方法执行之后。能够屏蔽异常意味着上下文管理器可以作为异常处理代码使用。这种方法的优点是我们可以只编写一次异常处理逻辑，并在任何需要的地方使用它。这是 Python 帮助我们在代码中实现 **DRY** 原则的另一种方式。

下面我们观察这个上下文管理器是如何实际使用的：

```
# context/manager.class.py
ctx_mgr = MyContextManager()
print("About to enter 'with' context")
with ctx_mgr as mgr:
    print("Inside 'with' context")
    print(id(mgr))
    raise Exception("Exception inside 'with' context")
    print("This line will never be reached")
print("After 'with' context")
```

在 with 语句之前，我们在一条独立的语句中实例化了上下文管理器。这种做法使我们更容易看清期间的过程。但是，把这些步骤组合为如 with MyContextManager() as mgr 这样的形式是更为常见的做法。运行这段代码产生下面的输出：

```
$ python context/manager.class.py
MyContextManager init 140340228792272
About to enter 'with' context
Entering 'with' context
Inside 'with' context
140340228792272
exc_type=<class 'Exception'> exc_val=Exception("Exception inside
'with' context") exc_tb=<traceback object at 0x7fa3817c5340>
Exiting 'with' context
After 'with' context
```

仔细研究上面的输出，确保理解发生了什么事情。我们输出了一些 ID，验证赋值给 mgr 的对象确实是我们从__enter__()返回的对象。读者可以尝试修改__enter__()和__exit__()方法的返回值，看看会产生什么效果。

7.2.2 基于生成器的上下文管理器

如果我们实现了一个类，表示一些需要获取和释放的资源，把这个类实现为上下文管理器是合理的。然而，有时候我们想要实现上下文管理器的行为，但是无法把这些行为绑定到一个合适的类。例如，我们可能只想使用一个上下文管理器复用一些错误处理逻辑。在这种情况下，纯粹为了实现需要的上下文管理器行为而编写一个额外的类是非常多余的。幸运的是，Python 为此准备了一个解决方案。

标准库的 contextlib 模块提供了一个实用的 contextmanager 装饰器，它接受一个生成器函数并把它转换为上下文管理器（如果忘了生成器函数的工作方式，可以回顾第 5 章）。这个装饰器在幕后把生成器包装在一个上下文管理器对象中。这个对象的__enter__()方法启动这个生成器并返回生成器产生的所有对象。如果在 with 语句体中发生了一个异常，__exit__()方法就把这个异常传递给这个生成器（使用生成器的 throw 方法）。否则，__exit__()就简单地在生成器上调用 next。注意，这个生成器必须只能生成 1 次。如果这个生成器生成了第二次，就会触发一个 RuntimeError 异常。我们把上面这个例子转换为一个基于生成器的上下文管理器：

```
# context/generator.py
from contextlib import contextmanager

@contextmanager
def my_context_manager():
    print("Entering 'with' context")
    val = object()
    print(id(val))
    try:
        yield val
    except Exception as e:
        print(f"{type(e)=} {e=} {e.__traceback__=}")
    finally:
        print("Exiting 'with' context")

print("About to enter 'with' context")
with my_context_manager() as val:
    print("Inside 'with' context")
    print(id(val))
    raise Exception("Exception inside 'with' context")
    print("This line will never be reached")
print("After 'with' context")
```

运行这段代码产生的输出与前面的例子非常相似：

```
$ python context/generator.py
About to enter 'with' context
Entering 'with' context
139768531985040
Inside 'with' context
139768531985040
type(e)=<class 'Exception'> e=Exception("Exception inside 'with'
context") e.__traceback__=<traceback object at 0x7f1e65a42800>
Exiting 'with' context
After 'with' context
```

大多数上下文管理器生成器具有与此例中的 my_context_manager()相似的结构。它们具有一些设置代码，然后是 try 语句内部的 yield 语句。我们在这里生成了一个任意的对象，因此读者可以看到，同一个对象也可以通过 with 语句的 as 子句进行访问。使用不包含值的简单 yield 也是相当常见的（在这种情况下生成的是 None）。在这种情况下，with 语句的 as 子句一般会被省略。

基于生成器的上下文管理器的一种非常实用的特性是，它们可以作为函数装饰器使用。这意味着，如果一个函数的完整函数体需要位于一个 with 语句上下文环境中，就可以节省一个层次的缩进，只需要对函数进行装饰。

除了 contextmanager 装饰器之外，contextlib 模块还包含了许多非常实用的上下文管理器。Python 官方文档也提供了一些使用和实现上下文管理器的非常有帮助的示例。读者可以在 Python 官方文档有关 contextlib 的页面阅读相关的内容。

我们在本节所提供的例子特意设计得非常简单。之所以把它们设计得简单，是为了更容易理解上下文管理器的工作方式。读者可以仔细研究这些例子，直到完全理解了它们。然后，就可以开始编写自己的上下文管理器（包括基于类的和基于生成器的），并且可以尝试把用于跳出嵌套循环的 try/except 语句转换为上下文管理器。我们在第 6 章编写的 measure 装饰器也是转换为上下文管理器的一个很好的候选。

7.3 总结

在本章中，我们讨论了异常和上下文管理器。

我们看到了异常就是 Python 表示出现了错误的一种方式。我们介绍了如何捕捉异常，使程序不至于因为意外发生的错误而失败。我们还介绍了在代码中检测到错误时如何自行触发异常，甚至可以定义自己的异常类型。在结束对异常的讨论时，我们理解了异常不仅可以用于表示发生了错误，而且可以用于实现执行流的控制机制。

在简单地介绍了上下文管理器之后，我们就结束了本章的学习。我们看到了如何使用 with 语句进入由上下文管理器所定义的上下文环境，当我们退出上下文环境时，上下文管理器会自动执行清理操作。我们还介绍了如何创建自己的上下文管理器，不管是作为类的组成部分还是作为生成器函数使用。

我们将在第 8 章讨论文件和数据持久化时看到更多的上下文管理器的实际使用。

第 8 章 文件和数据持久化

“并不是我有多聪明，而是因为我面对问题的时间更长。”

——阿尔伯特·爱因斯坦

在前几章中，我们探索了 Python 的几个不同的主题。因为这些章节的例子主要用于教学展示，所以我们是在一个简单的 Python shell 中或者以 Python 模块的形式运行它们的。它们在运行时可能会在控制台输出一些东西，然后就结束，不再留下其他痕迹。

但是，现实世界的应用程序一般都不是这样。当然，它们仍然是在内存中运行的，但它们会与网络、磁盘、数据库等进行交互。它们还会通过适当的格式与其他应用程序和设备交换信息。

在本章中，我们将进一步靠近现实世界，探索下面这些主题。

- 文件和目录。
- 压缩。
- 网络和流。
- JSON 数据交换格式。
- 使用标准库的 pickle 和 shelve 实现数据持久化。
- 使用 SQLAlchemy 实现数据持久化。

和往常一样，我们尽量实现广度和深度之间的平衡。因此在本章结束时，读者能够比较熟练地掌握相关的基础知识，并知道如何在网络上寻找更深入的信息。

8.1 操作文件和目录

关于文件和目录，Python 提供了丰富的实用工具。具体地说，在接下来的例子中，我们将使用 os、pathlib、shutil 模块。因为我们需要读取并写入磁盘中，所以我们将使用一个文件 fear.txt，它包含了 Thich Nhat Hanh 的著作 *Fear* 的一段摘录，作为本章的一些例子的试验田。

8.1.1 打开文件

在 Python 中，打开一个文件是非常简单和直观的。事实上，我们只需要使用 open()函数。下面我们观察一个简单的例子：

```
# files/open_try.py
fh = open('fear.txt', 'rt') # r: read, t: text

for line in fh.readlines():
    print(line.strip()) # 删除空白字符并输出

fh.close()
```

上面的代码非常简单。我们调用了 open()，把文件名传递给它，并指示 open()我们想要以文本模式读取这个文件。在文件名之前并没有路径信息，因此 open()将认为这个文件所在的文件夹与脚本运行时所在的文件夹相同。这意味着如果我们在 files 文件夹之外运行这段脚本，就无法找到 fear.txt 文件。

当文件被打开之后，我们就获取了一个文件对象 fh，我们可以用它对文件的内容进行操作。在这个例子中，我们使用 readlines()方法对这个文件的所有文本行进行迭代并输出它们。我们对每行文本调用 strip()去除内容两边多余的空白字符，包括最后的行终止字符，因为 print 已经为我们添加了这个字符。这是一个简单粗糙的解决方案，对于这个例子是适用的。但是，如果文件的内容包含了需要保留的有意义的空白字符，我们在净化数据时就应该小心谨慎。在这段脚本的最后，我们关闭了这个文件流。

关闭文件是非常重要的，因为我们不想承担无法释放文件句柄的风险。如果发生了这种情况，就会遇到诸如内存泄漏的问题，或者遇到烦人的“您无法删除这个文件”的弹出对话框，表示某个软件仍然在使用它。因此，我们需要采取一些预防措施，把前面的逻辑包装在一个 try/finally 代码块中。这意味着，无论在试图打开和读取文件时发生了什么错误，我们都可以保证 close()会被调用。

```
# files/open_try.py

fh = open('fear.txt', 'rt')

try:
    for line in fh.readlines():
        print(line.strip())
finally:
    fh.close()
```

代码的逻辑是相同的，但现在它更加安全。

如果读者尚不熟悉 try/finally 代码块，可以复习第 7 章。

我们可以像下面这样进一步简化上面这个例子：

```
# files/open_try.py

fh = open('fear.txt') # rt 是默认的

try:
    for line in fh: # 可以直接对 fh 进行迭代
        print(line.strip())
finally:
    fh.close()
```

可以看到，rt 是默认的文件打开模式，因此我们并不需要指定这个模式。而且，我们可以简单地对 fh 进行迭代，不需要显式地在它上面调用 readlines()。Python 非常聪明，为我们提供了便捷记法，使代码更简洁、更容易读懂。

上面的例子都在控制台上输出这个文件的内容（查看源代码，阅读完整的内容）：

```
An excerpt from Fear - By Thich Nhat Hanh

The Present Is Free from Fear

When we are not fully present, we are not really living. We're not
really there, either for our loved ones or for ourselves. If we're not
there, then where are we? We are running, running, running, even during
our sleep. We run because we're trying to escape from our fear.
...
```

使用上下文管理器打开文件

必须承认，不得不把代码嵌入 try/finally 代码块中并不是一件愉快的事情。和往常一样，Python 提供了一种更为优雅的风格以安全的方式打开文件，也就是使用上下文管理器。我们首先观察一段代码：

```
# files/open_with.py
with open('fear.txt') as fh:
    for line in fh:
        print(line.strip())
```

这个例子与前面的例子效果相同，但可读性更佳。当 open()函数是由上下文管理器所调用的时候，它能够产生一个文件对象。但是，这个机制真正的优美之处在于 fh.close()会被自动调用，即使是在遇到错误的情况下。

8.1.2　读取和写入文件

既然我们掌握了如何打开文件，现在就可以观察读取和写入文件的几种不同方式：

```
# files/print_file.py
with open('print_example.txt', 'w') as fw:
    print('Hey I am printing into a file!!!', file=fw)
```

第一种方法使用了 print()函数，我们已经在前面几章中多次看到这个函数了。获取一个文件对象之后，我们这次指定了目标操作是写入（"w"），并指示 print()调用把它的输出定向到这个文件中，而不是正常情况下的**标准输出**流。

在 Python 中，标准输入流、标准输出流、标准错误流分别由文件对象 sys.stdin、sys.stdout 和 sys.stderr 表示。除非对输入或输出进行了重定向，从 sys.stdin 的读取通常对应于从键盘读取，写入 sys.stdout 或 sys.stderr 通常输出到控制台屏幕上。

上面这段代码的效果是，在 print_example.txt 文件不存在时创建它，或者当它已经存在时清除它的内容，然后在它里面写入“Hey I am printing into a file!!!”这行文本。

清除一个文件表示删除它的内容但并不删除文件本身。在清除之后，文件仍然存在于文件系统中，但它变成了空文件。

这种方法既简洁又方便，但并不是我们写入文件时所采用的常规方法。下面我们观察一种更常见的方法：

```
# files/read_write.py
with open('fear.txt') as f:
    lines = [line.rstrip() for line in f]

with open('fear_copy.txt', 'w') as fw:
    fw.write('\n'.join(lines))
```

在这个例子中，我们首先打开 fear.txt，并把它的内容逐行收集到一个列表中。注意，这次我们调用了一个不同的方法 rstrip()，确保只删除每行文本最右边的空白字符。

在这段代码的后半部分，我们创建了一个新文件 fear_copy.txt，并把原始文件的所有文本行都写入这个文件，每行文本用换行符\n 分隔。Python 是非常友好的，它在默认情况下使用**统一换行符**，意味着即使原始文件采用的可能是与\n 不同的换行符，它在返回文本行之前也会自动执行转换。当然，这个行为是可以自定义的，不过正常情况下这正是我们需要的。说到换行符，有没有想到其中一个换行符会在这份文件副本中丢失呢？

1. 用二进制模式读取和写入

注意，打开一个文件时在选项中传递 t（或者将它省略，因为它是默认的），就以文本模式打开这个文件。这意味着这个文件的内容被当作文本处理和解释。

如果我们想把字节写入一个文件，可以使用二进制模式打开这个文件。当我们处理内容不仅仅是原始文本的文件（例如图像、音频/视频和其他任何专用格式）时，这是一种常见的需求。

为了处理二进制模式的文件，在打开文件时可以简单地指定 b 标志，如下面这个例子所示：

```
# files/read_write_bin.py
with open('example.bin', 'wb') as fw:
    fw.write(b'This is binary data...')
```

```
with open('example.bin', 'rb') as f:
    print(f.read()) # 输出: b'This is binary data...'
```

在这个例子中，我们仍然使用文本作为二进制数据，但它也可以是其他任何内容。我们可以看到它被看成二进制数据，因为输出是以 b'This ...'开头的。

2. 保护现有文件不被覆盖

如前所述，Python 允许我们打开文件用于写入。但是，使用 w 标志之后，我们打开一个文件并清除它的内容。这意味着该文件将被一个空文件所覆盖，原始内容将会丢失。如果我们打开一个文件时只有当它不存在时才写入，可以改用 x 标志，如下面这个例子所示：

```
# files/write_not_exists.py
with open('write_x.txt', 'x') as fw:  # 成功
    fw.write('Writing line 1')

with open('write_x.txt', 'x') as fw:  # 失败
    fw.write('Writing line 2')
```

如果运行上面这段代码，将会发现自己的目录中出现了一个称为 write_x.txt 的文件，它只包含了 1 行文本。这段代码的后半部分执行失败。这段代码在我们的控制台上执行时所产生的输出如下（由于版面原因，文件路径被缩短）：

```
$ python write_not_exists.py
Traceback (most recent call last):
  File "/…/ch08/files/write_not_exists.py", line 6, in <module>
    with open('write_x.txt', 'x') as fw:
FileExistsError: [Errno 17] File exists: 'write_x.txt'
```

8.1.3　检查文件和目录是否存在

如果想要检测一个文件或目录是否存在（或不存在），pathlib 模块就是我们所需要的。下面我们观察一个简单的例子：

```
# files/existence.py
from pathlib import Path

p = Path('fear.txt')
path = p.parent.absolute()

print(p.is_file())     # True
print(path)            # /Users/fab/srv/lpp3e/ch08/files
print(path.is_dir())   # True

q = Path('/Users/fab/srv/lpp3e/ch08/files')
print(q.is_dir())      # True
```

上面这段代码相当有趣。我们创建了一个 Path 对象，设置了想要检查的文本文件的名称。我们使用 parent()方法提取包含这个文件的文件夹，然后在它上面调用 absolute()方法，提取绝

对路径信息。

我们检查'fear.txt'是否为一个文件，包含它的文件夹是否真的是一个文件夹（或称目录）。

执行这些操作的旧方法是使用标准库的 os.path 模块。os.path 是对字符串进行操作，而 pathlib 提供了类表示文件系统，其语义可以适应不同的操作系统。因此，我们建议尽可能地使用 pathlib，如果别无选择才使用旧式的方法。

8.1.4 对文件和目录进行操作

下面我们观察几个对文件和目录进行操作的简单例子。第一个例子是对文件的内容进行操作：

```
# files/manipulation.py
from collections import Counter
from string import ascii_letters

chars = ascii_letters + ' '
def sanitize(s, chars):
    return ''.join(c for c in s if c in chars)

def reverse(s):
    return s[::-1]

with open('fear.txt') as stream:
    lines = [line.rstrip() for line in stream]

# 编写这个文件的镜像版本
with open('raef.txt', 'w') as stream:
    stream.write('\n'.join(reverse(line) for line in lines))

# 现在可以计算一些统计数字
lines = [sanitize(line, chars) for line in lines]
whole = ' '.join(lines)

# 在'whole'的小写版本上执行比较
cnt = Counter(whole.lower().split())

# 可以输出 N 个最常见的单词
print(cnt.most_common(3))
```

这个例子定义了两个函数：sanitize()和 reverse()。它们都是简单的函数，其作用分别是从字符串中删除所有非字母或空格的字符以及生成字符串的一份反向副本。

我们打开 fear.txt 文件并把它的内容读取到一个列表中。然后，我们创建一个新文件 raef.txt，它包含了原文件的水平镜像版本。我们在一个换行符上使用 join，只用了一个操作就写入了 lines 的所有内容。更为有趣的事情出现在最后。首先，我们通过列表解析把 lines 重新赋值给它本身的一个净化版本。然后，我们在 whole 字符串中把它们放在一起，最后把结果传递给一个 Counter 对象。注意，我们把字符串的小写版本分割为一个单词列表。按照这种方式，每个单词都会被正确地计数，不管它的大小写情况如何。感谢 split()函数，我们不再需要担心额外的空白字符。

当我们输出 3 个最常见的单词时，才意识到 Thich Nhat Hanh 真正关注的是其他东西，因为“we”才是这段文本最常见的单词：

```
$ python manipulation.py
[('we', 17), ('the', 13), ('were', 7)]
```

现在，我们观察一个更加面向磁盘操作的例子。在这个例子中，我们使用了 shutil 模块：

```
# files/ops_create.py
import shutil
from pathlib import Path

base_path = Path('ops_example')

# 为防万一，执行一些初始的清理工作
if base_path.exists() and base_path.is_dir():
    shutil.rmtree(base_path)

# 现在创建这个目录
base_path.mkdir()

path_b = base_path / 'A' / 'B'
path_c = base_path / 'A' / 'C'
path_d = base_path / 'A' / 'D'

path_b.mkdir(parents=True)
path_c.mkdir()   # 现在不需要父目录，因为'A'已经被创建

# 在'ops_example/A/B'中添加 3 个文件
for filename in ('ex1.txt', 'ex2.txt', 'ex3.txt'):
    with open(path_b / filename, 'w') as stream:
        stream.write(f'Some content here in {filename}\n')

shutil.move(path_b, path_d)

# 可以对文件进行重命名
ex1 = path_d / 'ex1.txt'
ex1.rename(ex1.parent / 'ex1.renamed.txt')
```

在上面的代码中，我们首先声明了一个基本路径。我们可以安全地把需要创建的文件和文件夹放在这个目录中。然后，我们使用 mkdir()创建了两个目录：ops_example/A/B 和 ops_example/A/C。注意，当我们调用 path_c.mkdir()时，并不需要指定 parents=True，因为所有的父目录都已经由 path_b 上的以前调用所创建。

我们使用/操作符连接目录名。pathlib 会负责在幕后使用正确的路径分隔符。

创建了目录之后，我们使用一个简单的 for 循环在目录 B 中创建了 3 个文件。接着，我们把目录 B 和它的内容移动到另一个不同的名称：D。最后，我们把 ex1.txt 重命名为 ex1.renamed.txt。如果打开这个文件，可以发现它仍然包含了来自 for 循环逻辑的原始文本。在结果上调用 tree 产生下面的输出：

```
$ tree ops_example/
ops_example/
└── A
    ├── C
    └── D
        ├── ex1.renamed.txt
        ├── ex2.txt
        └── ex3.txt
```

对路径名进行操作

我们通过一个简单的例子，对 pathlib 的功能展开进一步的探索：

```
# files/paths.py
from pathlib import Path

p = Path('fear.txt')

print(p.absolute())
print(p.name)
print(p.parent.absolute())
print(p.suffix)

print(p.parts)
print(p.absolute().parts)

readme_path = p.parent / '..' / '..' / 'README.rst'
print(readme_path.absolute())
print(readme_path.resolve())
```

阅读这段代码所产生的结果可以帮助我们理解这个简单的例子：

```
/Users/fab/srv/lpp3e/ch08/files/fear.txt
fear.txt
/Users/fab/srv/lpp3e/ch08/files
.txt
('fear.txt',)
('/', 'Users', 'fab', 'srv', 'lpp3e', 'ch08', 'files', 'fear.txt')
/Users/fab/srv/lpp3e/ch08/files/../../README.rst
/Users/fab/srv/lpp3e/README.rst
```

注意，最后两行显示了同一条路径的两种不同表示形式。第一种（readme_path.absolute()）显示了两个'..'，按照路径的术语，一个点表示回退到父文件夹。因此，在一行中两次回退到父文件夹，就相当于从.../lpp3e/ch08/files/回退到.../lpp3e/。这个例子的最后一行显示了 readme_path.resolve()的输出，证实了这一点。

8.1.5 临时文件和临时目录

有时候，在运行一些代码的时候如果能够创建一个临时目录或临时文件是极为实用的。例如，当我们编写将会影响磁盘的测试时，可以使用临时文件和临时目录运行自己的逻辑，并断言它是正确的，另外还要确保当测试运行结束时，测试文件夹内不会有剩余的内容。我们观察如何用 Python 完成这个任务：

```
# files/tmp.py
from tempfile import NamedTemporaryFile, TemporaryDirectory

with TemporaryDirectory(dir='.') as td:
    print('Temp directory:', td)
    with NamedTemporaryFile(dir=td) as t:
        name = t.name
        print(name)
```

上面这个例子相当简明：我们在当前目录（"."）中创建了一个临时目录，并在其中创建了一个有名称的临时文件。我们输出它的文件名和它的完整路径：

```
$ python tmp.py
Temp directory: ./tmpz5i9ne20
/Users/fab/srv/lpp3e/ch08/files/tmpz5i9ne20/tmp2e3j8p78
```

每次运行这段脚本都会产生不同的结果。不管怎么说，它是我们所创建的临时随机名称。

8.1.6　目录的内容

我们还可以用 Python 检查目录的内容。我们将介绍完成这个任务的两种方法。下面是第一种：

```
# files/listing.py
from pathlib import Path

p = Path('.')
for entry in p.glob('*'):
    print('File:' if entry.is_file() else 'Folder:', entry)
```

这段代码使用了一个 Path 对象的 glob()方法，应用于当前目录。我们对它的结果进行迭代，它们每个都是 Path 的一个子类（根据当时所运行的操作系统，为 PosixPath 或 WindowsPath）的实例。对于每一项，我们检查它是否为目录，并输出相应的信息。运行这段代码产生下面的结果（为了简单起见，我们省略了一些结果）：

```
$ python listing.py
File: existence.py
File: fear.txt
…
Folder: compression
…
File: walking.pathlib.py
…
```

对目录树进行扫描的另一种方法是使用 os.walk。下面我们观察一个例子：

```
# files/walking.py
import os
```

```
for root, dirs, files in os.walk('.'):
    abs_root = os.path.abspath(root)
    print(abs_root)

    if dirs:
        print('Directories:')
        for dir_ in dirs:
            print(dir_)
        print()

    if files:
        print('Files:')
        for filename in files:
            print(filename)
        print()
```

运行这段代码产生当前目录中所有文件和目录的列表，对于每个子目录也是如此。

8.1.7 文件和目录的压缩

在结束本节之前，我们观察一个创建压缩文件的例子。在本书的源代码中，我们提供了两个例子：一个用于创建.zip 文件，另一个用于创建 tar.gz 文件。Python 允许我们用几种不同的方法和格式创建压缩文件。下面，我们观察如何创建最常见的格式之一：**ZIP**。

```
# files/compression/zip.py
from zipfile import ZipFile

with ZipFile('example.zip', 'w') as zp:
    zp.write('content1.txt')
    zp.write('content2.txt')
    zp.write('subfolder/content3.txt')
    zp.write('subfolder/content4.txt')

with ZipFile('example.zip') as zp:
    zp.extract('content1.txt', 'extract_zip')
    zp.extract('subfolder/content3.txt', 'extract_zip')
```

在上面这段代码中，我们导入了 ZipFile，然后在上下文管理器中把 4 个文件写入其中（有两个位于一个子文件夹中，这是为了说明 ZIP 能够保留完整的路径）。此后，我们打开这个压缩文件并从中提取几个文件到 extract_zip 目录。如果读者对数据的压缩感兴趣，可以阅读标准库的“数据压缩和归档”这一节，了解与这个主题有关的更多信息。

8.2 数据交换格式

现代的软件架构倾向于把应用程序分割为几个组件。不管我们是否采纳面向服务的架构，甚至更深入一步跨入微服务架构的王国，这些组件都需要交换数据。但是，即使我们编写的是独立的应用程序，也就是一个项目包含了所有的代码库，它仍然可能需要与 API 或其他程序交换数据，或者需要简单地处理网站前端和后端之间的数据流，因为两者很可能是用不同的语言编写的。

选择正确的信息交换格式是至关重要的。如果选择某种语言特定的格式，该语言可能会很方便地向我们提供数据的**序列化**（serialization）和**反序列化**（deserialization）需要的所有工具。但是，这样我们就无法与使用该语言的不同版本编写的其他组件或者使用其他编程语言编写的组件进行通信。不管未来如何，只有在别无选择的情况下才能采用某种语言特定的格式。

根据维基百科的说明：

> "在计算机领域，序列化是把数据结构或对象状态转换为可以存储（例如，在文件或内存数据缓冲区中）或传输（例如，通过计算机网络）的格式，并可以在以后重建（可能在不同的计算机环境中）。"

选择一种语言无关的格式要合适得多，它可以得到所有（至少是大部分）语言的支持。在法布里奇奥领导的小组中，有来自英国、波兰、南非、西班牙、希腊、印度、意大利等国的伙伴。他们都讲英语，因此不管大家的母语是什么，他们之间都能交互交流（好吧……是大多数）。

在软件世界中，有些流行的格式已经成为了事实上的标准，其中最著名的很可能是 **XML**、**YAML**、**JSON**。Python 标准库提供了 xml 和 json 模块，在 PyPI 中，我们可以找到一些在 YAML 中可以使用的不同程序包。

在 Python 环境中，JSON 可能是最常用的格式。它优于另两种格式的原因是，它是标准库的组成部分，并且非常简洁。读者如果使用过 XML，应该能回想起那种噩梦般的体验。

而且，在使用像 PostgreSQL 这样的数据库时，能够使用本地 JSON 字段这个优点使 JSON 在应用程序中也很有竞争力。

使用 JSON

JSON 是 JavaScript Object Notation（**JavaScript 对象记法**）的缩写，也是 JavaScript 语言的一个子集。它问世距今已有 20 多年，现在已经广为人知，并且被几乎所有的语言所采用，尽管它实际上是与语言无关的。读者可以在它的网站了解与它有关的所有信息，不过我们还是打算在这里对它进行简单的介绍。

JSON 建立在两个结构的基础之上：一个是"名称/值"对的集合，另一个是值的有序列表。我们马上就能意识到这两种对象分别可以映射到 Python 的字典和列表数据类型。作为数据类型，JSON 提供了字符串、数值、对象以及由 true、false、null 等所组成的值。下面我们以一个简单的例子作为起点：

```
# json_examples/json_basic.py
import sys
import json

data = {
```

```
        'big_number': 2 ** 3141,
        'max_float': sys.float_info.max,
        'a_list': [2, 3, 5, 7],
    }

    json_data = json.dumps(data)
    data_out = json.loads(json_data)
    assert data == data_out # 经过 JSON 序列化和反序列化，数据是匹配的
```

我们首先导入 sys 和 json 模块，然后创建了一个包含一些数值的字典和一个列表。我们想用巨大的数值（包括 int 和 float 类型）测试序列化和反序列化。因此，我们在这个字典中放入了 2^{3141} 以及系统能够处理的最大浮点数。

我们用 json.dumps()进行序列化，它接收数据并把它转换为一个 JSON 格式化字符串。然后，把这个数据输入 json.loads()，后者执行相反的操作：它根据一个 JSON 格式化字符串，把数据重新构建到 Python 中。在最后一行，我们确保原始数据与通过 JSON 进行了序列化和反序列化操作之后的结果是相同的。

我们可以观察当我们输出 JSON 数据时，它看上去是什么样的：

```
# json_examples/json_basic.py
import json

info = {
    'full_name': 'Sherlock Holmes',
    'address': {
        'street': '221B Baker St',
        'zip': 'NW1 6XE',
        'city': 'London',
        'country': 'UK',
    }
}

print(json.dumps(info, indent=2, sort_keys=True))
```

在这个例子中，我们使用与福尔摩斯有关的数据创建了一个字典。如果读者也喜欢福尔摩斯，并且正好也在伦敦，可以通过这个地址找到他的博物馆（我们推荐去参观一下，这个地方虽然很小，但很漂亮）。

但是，需要注意我们是如何调用 json.dumps 的。我们指示它缩进两个空格，并按照字母顺序对键进行排序。其结果如下：

```
$ python json_basic.py
{
  "address": {
    "city": "London",
    "country": "UK",
    "street": "221B Baker St",
    "zip": "NW1 6XE"
  },
  "full_name": "Sherlock Holmes"
}
```

它与 Python 极为相似。有一个区别是如果我们在字典的最后一个元素后面添加一个逗号，就像在 Python 中所做的那样（这是习惯的做法），JSON 就会报错。

下面我们观察一些有趣的东西：

```
# json_examples/json_tuple.py
import json

data_in = {
    'a_tuple': (1, 2, 3, 4, 5),
}

json_data = json.dumps(data_in)
print(json_data) # {"a_tuple": [1, 2, 3, 4, 5]}
data_out = json.loads(json_data)
print(data_out) # {'a_tuple': [1, 2, 3, 4, 5]}
```

在这个例子中，我们使用了一个元组而不是列表。有趣之处在于，元组从概念上说也是一种有序的元素列表。它虽然不如列表灵活，但是从 JSON 的角度来看，它仍然被认为是与列表相同的。因此，我们可以从第一个输出结果中看到，JSON 把元组转换为列表。“它曾经是一个元组”这个信息很自然地就丢失了，经过反序列化操作之后，a_tuple 实际上被转换为一个 Python 列表。在处理数据时值得注意的是，当转换过程涉及的格式只是由我们能够使用的数据结构的一个子集所组成时，就有可能导致信息的丢失。在这个例子中，我们丢失了与类型有关的信息（元组与列表）。

这实际上是一个常见的问题。例如，我们不能把所有的 Python 对象序列化为 JSON，因为我们并不总是清楚 JSON 应该把它们转换成什么样子。以 datetime 为例，这个类的实例就是 JSON 无法进行序列化的 Python 对象。如果我们把它转换为一个诸如 2018-03-04T12:00:30Z 这样的字符串（这是包含了时间和时区信息的 ISO 8601 日期表示形式），JSON 应该怎样对它进行反序列化呢？是认为它可以实际反序列化为一个 datetime 对象并采用这样的操作呢？还是简单地把它看成字符串并保留原样呢？对于可以按照不止一种方式解释的数据类型，我们应该怎么办？

答案是：在处理数据交换时，我们常常需要把对象转换为一种更简单的形式，然后再使用 JSON 对它们进行序列化。我们对数据简化得越多，就越容易用 JSON 这样的格式表示数据，因为后者存在限制。

但是，在有些情况下，特别是在内部使用时，如果能够对自定义对象进行序列化是非常实用的。因此，为了寻找一些乐趣，我们打算演示两个如何进行这种操作的例子：复数（因为我们喜欢数学）和 datetime 对象。

使用 JSON 进行自定义的编码/解码

在 JSON 的世界中，我们可以把编码/解码这对术语看成序列化/反序列化的同义词。它们基本上表示转换到 JSON 以及从 JSON 转换回来。在下面这个例子中，我们将学习如何编写一个自定义的编码器对复数进行编码，复数在默认情况下是无法序列化为 JSON 的：

```python
# json_examples/json_cplx.py
import json

class ComplexEncoder(json.JSONEncoder):
    def default(self, obj):

        print(f"ComplexEncoder.default: {obj=}")
        if isinstance(obj, complex):
            return {
                '_meta': '_complex',
                'num': [obj.real, obj.imag],
            }
        return super().default(obj)

data = {
    'an_int': 42,
    'a_float': 3.14159265,
    'a_complex': 3 + 4j,
}

json_data = json.dumps(data, cls=ComplexEncoder)
print(json_data)

def object_hook(obj):
    print(f"object_hook: {obj=}")
    try:
        if obj['_meta'] == '_complex':
            return complex(*obj['num'])
    except KeyError:
        return obj

data_out = json.loads(json_data, object_hook=object_hook)
print(data_out)
```

我们首先定义了 ComplexEncoder 类，它是 JSONEncoder 类的一个子类。这个类重写了 default 方法。当编码器遇到一个它无法进行编码的对象时就调用这个方法，并期望返回这个对象的一种可编码表示形式。

default()方法检查它的参数是否为一个复数对象，如果是，就返回一个包含了一些自定义元信息的字典，并返回一个包含了这个复数的实部和虚部的列表。为了避免丢失复数的信息，这就是我们需要做的。如果我们接收了除复数实例之外的其他对象，就调用父类的 default()方法，后者简单地触发一个 TypeError 异常。然后，我们调用 json.dumps()，但这次我们使用 cls 参数指定自定义的编码器。结果输出如下：

```
$ python json_cplx.py
ComplexEncoder.default: obj=(3+4j)
{"an_int": 42, "a_float": 3.14159265,
 "a_complex": {"_meta": "_complex", "num": [3.0, 4.0]}}
```

现在已经完成了一半的任务。对于反序列化的那部分任务，我们可以编写另一个从

JSONDecoder 继承的类，但是我们选择了使用另一种不同的技巧，它更为简单，使用了一个短小的函数 object_hook。

在 object_hook()的函数体中，可以发现另一个 try 代码块。重要之处在于 try 代码块内部的那两行代码。这个函数接受一个对象（注意，这个函数只有当 obj 是字典时才会被调用），如果元数据与我们的复数约定匹配，我们就把它的实部和虚部传递给 complex()函数。这里出现 try/except 代码块是因为每个被解码的字典都会调用我们的函数，所以需要处理_meta 键不存在的情况。

这个例子的解码部分输出如下：

```
object_hook: obj={'_meta': '_complex', 'num': [3.0, 4.0]}
object_hook: obj={'an_int': 42, 'a_float': 3.14159265, 'a_complex':
(3+4j)}
{'an_int': 42, 'a_float': 3.14159265, 'a_complex': (3+4j)}
```

可以看到，a_complex 已经被正确地反序列化。

现在我们观察一个稍微复杂的例子：处理 datetime 对象。我们打算把代码分为两个部分：首先是序列化部分，然后是反序列化部分：

```
# json_examples/json_datetime.py
import json
from datetime import datetime, timedelta, timezone

now = datetime.now()
now_tz = datetime.now(tz=timezone(timedelta(hours=1)))
class DatetimeEncoder(json.JSONEncoder):
    def default(self, obj):
        if isinstance(obj, datetime):
            try:
                off = obj.utcoffset().seconds
            except AttributeError:
                off = None

            return {
                '_meta': '_datetime',
                'data': obj.timetuple()[:6] + (obj.microsecond, ),
                'utcoffset': off,
            }
        return super().default(obj)

data = {
    'an_int': 42,
    'a_float': 3.14159265,
    'a_datetime': now,
    'a_datetime_tz': now_tz,
}
json_data = json.dumps(data, cls=DatetimeEncoder)
print(json_data)
```

这个例子稍微复杂的原因是，Python 中的 datetime 对象可能要考虑时区问题。因此，我们必须更加小心谨慎。流程与前面基本相同，只不过它现在处理的是一种不同的数据类型。我们首先获取当前的日期和时间信息，并同时处理不考虑时区（now）和考虑时区（now_tz）的情况，以确保脚本能正确地工作。接着，我们和前面一样定义了一个自定义的编码器，并再次重写了 default()方法。重要之处在于这个方法是如何以秒为单位获取时区的偏移信息（off），以及如何对返回数据的字典进行结构化的。这一次，元数据表示它是 datetime 信息。我们把前 6 项（年、月、日、时、分、秒）保存到 time 元组中，再加上 data 键所保存的微秒数以及后面的偏移量。能不能看出 data 的值就是元组中各个元素连接在一起的？如果能就非常优秀！

有了自定义的编码器之后，我们继续创建一些数据并进行序列化。print 语句输出下面的结果（我们对输出进行了重新格式化，使之更容易阅读）：

```
{
    "an_int": 42,
    "a_float": 3.14159265,
    "a_datetime": {
        "_meta": "_datetime",
        "data": [2021, 5, 17, 23, 1, 58, 75097],
        "utcoffset": null
    },
    "a_datetime_tz": {
        "_meta": "_datetime",
        "data": [2021, 5, 17, 23, 1, 58, 75112],
        "utcoffset": 3600
    }
}
```

有趣的是，我们发现 None 被转换为 null，也就是 JavaScript 中与 None 对应的值。而且，我们可以发现自己的数据看上去进行了正确的编码。接下来，我们继续观察脚本的下半部分：

```
# json_examples/json_datetime.py
def object_hook(obj):
    try:
        if obj['_meta'] == '_datetime':
            if obj['utcoffset'] is None:
                tz = None
            else:
                tz = timezone(timedelta(seconds=obj['utcoffset']))
            return datetime(*obj['data'], tzinfo=tz)
    except KeyError:
        return obj

data_out = json.loads(json_data, object_hook=object_hook)
```

同样，我们首先验证元数据表示它是 datetime 对象，接着继续获取时区信息。获取了这些信息之后，我们把这个 7 元组（使用*在调用时对它的值进行拆包）和时区信息传递给 datetime()调用，返回原先的对象。我们通过输出 data_out 对它进行验证：

```
{
    'a_datetime': datetime.datetime(
```

```
        2021, 5, 17, 23, 10, 2, 830913
    ),
    'a_datetime_tz': datetime.datetime(
        2021, 5, 17, 23, 10, 2, 830927,
        tzinfo=datetime.timezone(datetime.timedelta(seconds=3600))
    ),
    'a_float': 3.14159265,
    'an_int': 42
}
```

可以看到，这个操作正确地返回了原先的对象。作为练习，我们希望读者为 date 对象编写同样的逻辑，它应该更加简单一点。

在讨论下一个主题之前，我们还要提出一个警告。虽然不符合直觉，但处理 datetime 对象可能是棘手的事情之一，尽管我们非常确信这段代码能够按照预想的方式工作，但还是必须强调，我们对它进行的测试还是非常少的。因此，如果读者想在实际项目中直接使用这段代码，还是需要对它进行彻底的测试。例如，对不同的时区进行测试，对夏令制和非夏令制进行测试以及对公元前的日期进行测试等。读者可能会发现，本节的代码需要一些修改才能适用于自己的情况。

8.3　I/O、流和请求

I/O 表示**输入/输出**，它泛指计算机和外部世界之间的通信。I/O 有几种不同的类型，对它们进行完整的介绍超出了本书的范围，不过还是值得通过几个例子对它们进行解释。第一个例子介绍了 io.StringIO 类，它是一种用于文本 I/O 的内存中的流。第二个例子将脱离本地计算机的束缚，讲述如何执行 HTTP 请求。

8.3.1　使用内存中的流

内存中的对象具有极其广泛的用途。内存的速度要远快于磁盘，并且总是可用的。对于数量较少的数据，它是完美的选择。

我们首先观察第一个例子：

```
# io_examples/string_io.py
import io

stream = io.StringIO()
stream.write('Learning Python Programming.\n')
print('Become a Python ninja!', file=stream)

contents = stream.getvalue()
print(contents)
stream.close()
```

在上面这段代码中，我们从标准库导入了 io 模块。这是一个非常有趣的模块，提供了许多与流和 I/O 相关的工具。其中一个工具就是 StringIO，它是内存中的一个缓冲区。我们将使用两种不同的方法在其中写入两句话，就像我们在本章的第一个例子中对文件所进行的操作一样。

我们可以调用 StringIO.write()，也可以使用 print，指示它把数据定向到我们的流。

通过调用 getvalue()，我们可以获取流的内容。我们接着输出它的内容并最终关闭这个流。调用 close()导致文本缓冲区立即被丢弃。

我们可以采用一种更优雅的方式编写前面的代码：

```
# io_examples/string_io.py
with io.StringIO() as stream:
    stream.write('Learning Python Programming.\n')
    print('Become a Python ninja!', file=stream)
    contents = stream.getvalue()
    print(contents)
```

是的，我们再次使用了上下文管理器。与内置函数 open()相似，io.StringIO()可以很好地在上下文管理器的代码块中完成自己的任务。注意它与 open 的相似之处：我们在这种情况下也不需要手动关闭这个流。

运行这段脚本时，它的输出是：

```
$ python string_io.py
Learning Python Programming.
Become a Python ninja!
```

下面我们继续讨论第二个例子。

8.3.2 创建 HTTP 请求

在本节中，我们探索两个与 HTTP 请求有关的例子。在这两个例子中，我们将使用 requests 程序库，后者可以用 pip 进行安装。它也包含在本章的需求文件中。

我们打算针对 httpbin.org 这个 API 执行 HTTP 请求。有趣的是，这个 API 就是 requests 库的创建者 Kenneth Reitz 本人所开发的。

这个库是当前使用得最广泛的程序库之一：

```
# io_examples/reqs.py
import requests

urls = {
    "get": "https://httpbin.org/get?t=learn+python+programming",
    "headers": "https://httpbin.org/headers",
    "ip": "https://httpbin.org/ip",
    "user-agent": "https://httpbin.org/user-agent",
    "UUID": "https://httpbin.org/uuid",
    "JSON": "https://httpbin.org/json",
}

def get_content(title, url):
    resp = requests.get(url)
    print(f"Response for {title}")
    print(resp.json())
```

```
    for title, url in urls.items():
        get_content(title, url)
        print("-" * 40)
```

上面这段代码应该很容易理解。我们首先声明了一个包含 URL 的字典，我们将针对这些 URL 执行 HTTP 请求。我们把执行请求的代码封装在一个很小的函数 get_content()中。可以看到，我们执行了一个 GET 请求（使用 requests.get()），并输出标题和响应主体的 JSON 解码版本。关于最后一点，我们稍微花点时间进行解释。

当我们执行针对某个网站或 API 的请求时，我们得到后者所返回的一个响应对象。这个过程非常简单，服务器返回的就是我们请求的东西。来自 httpbin.org 的一些响应主体恰好都是用 JSON 编码的，因此我们并不是按照原样接收响应主体（使用 resp.text）并在它上面调用 json.loads()以手动的方式对它进行解码，而是利用响应对象的 json()方法简单地把两者组合在一起。requests 程序包被广泛采用的原因有很多，其中之一显然就是它的易用性。

现在，当我们在自己的应用程序中执行一个请求时，需要一种更加健壮的方法处理错误等情况，但对于本章而言，一个简单的例子就足够了。不要担心，我们将在第 14 章中看到与请求有关的更多例子。

回到我们的代码，我们在最后运行了一个 for 循环并获取所有的 URL。当我们运行这段代码时，可以在控制台看到每个调用的结果，类似下面这样（为了简单起见，进行了一些美化和裁剪）：

```
$ python reqs.py
Response for get
{
    "args": {"t": "learn python programming"},
    "headers": {
        "Accept": "*/*",
        "Accept-Encoding": "gzip, deflate",
        "Host": "httpbin.org",
        "User-Agent": "python-requests/2.25.1",
        "X-Amzn-Trace-Id": "Root=1-60a42902-3b6093e26ae375244478",
    },
    "origin": "86.8.174.15",
    "url": "https://httpbin.org/get?t=learn+python+programming",
}
... rest of the output omitted ...
```

注意，由于版本号和 IP 的不同，读者的输出可能存在微小的区别，但无伤大雅。现在，GET 只是 HTTP 动词之一，当然是常用的一个。下面我们观察如何使用 POST 动词。这是我们需要向服务器发送数据时创建的请求类型。每次当我们在网络上提交一个表单时，基本上相当于创建了一个 POST 请求。因此，我们用下面的代码创建一个 POST 请求：

```
# io_examples/reqs_post.py
import requests

url = 'https://httpbin.org/post'
data = dict(title='Learn Python Programming')
```

```
resp = requests.post(url, data=data)
print('Response for POST')
print(resp.json())
```

上面这段代码与前面看到的代码非常相似，只不过这次我们没有调用 get()，而是调用了 post()。因为我们想要发送一些数据，所以在调用中指定了这些数据。requests 库所提供的功能远远不止这些。我们觉得对这个库进行检视和探索是一个值得一试的项目，因为读者很可能会在自己的工作中用到这个库。

运行上面的脚本（并对输出进行一些美化）产生下面的结果：

```
$ python reqs_post.py
Response for POST
{
    "args": {},
    "data": "",
    "files": {},
    "form": {"title": "Learn Python Programming"},
    "headers": {
        "Accept": "*/*",
        "Accept-Encoding": "gzip, deflate",
        "Content-Length": "30",
        "Content-Type": "application/x-www-form-urlencoded",
        "Host": "httpbin.org",
        "User-Agent": "python-requests/2.25.1",
        "X-Amzn-Trace-Id": "Root=1-60a43131-5032cdbc14db751fe775",
    },
    "json": None,
    "origin": "86.8.174.15",
    "url": "https://httpbin.org/post",
}
```

注意，现在标题有所不同，并且可以发现我们发送的数据在响应主体内采用了键/值对的形式。

我们希望这些简单的例子可以作为一个良好的学习起点，尤其是对于请求。网络每天都在发生变化，因此值得学习一些基础知识，并不断地刷新知识。

8.4　对磁盘上的数据进行持久化

在本章的最后一节，我们探索如何用 3 种不同的格式对磁盘上的数据进行持久化。对数据进行持久化意味着把数据写入非易失性存储介质，例如磁盘。当写入数据的进程结束时，数据也不会被删除。我们将探索 pickle 和 shelve，并讨论一个简单的使用 **SQLAlchemy** 访问数据库的例子。SQLAlchemy 也许是 Python 生态系统中使用得最广泛的 ORM 库。

8.4.1　使用 pickle 对数据进行序列化

Python 标准库的 pickle 模块提供了一些工具把 Python 对象转换为字节流，或者执行相反的操作。尽管 pickle 和 json 这两个 API 所提供的功能存在一定程度的重叠，但两者还是明显不同的。如前所述，JSON 是一种文本格式，是人眼可阅读的且与语言无关，并且只支持 Python 数据类型的一个受限制的子集。反之，pickle 模块是人眼不可读的，它转换为字节，是 Python 特定的。感谢 Python 优秀的自我完善机制，它支持大量的数据类型。

但是，尽管 pickle 和 json 之间存在这些区别，当我们考虑是否使用 pickle 时需要注意一些重要的安全事项。对来自不受信任来源的充满错误的数据或恶意数据进行逆 pickle 操作可能非常危险。因此，如果我们决定在应用程序中使用 pickle，需要格外小心谨慎。

如果使用 pickle，则应该考虑使用加密签名以保证 pickle 的数据没有被篡改。我们将在第 9 章学习如何生成加密签名。

下面我们通过一个简单的例子来说明它的工作方式：

```
# persistence/pickler.py
import pickle
from dataclasses import dataclass

@dataclass
class Person:
    first_name: str
    last_name: str
    id: int

    def greet(self):
        print(f'Hi, I am {self.first_name} {self.last_name}'
              f' and my ID is {self.id}')

people = [
    Person('Obi-Wan', 'Kenobi', 123),
    Person('Anakin', 'Skywalker', 456),
]

# 以二进制格式把数据保存到一个文件中
with open('data.pickle', 'wb') as stream:
    pickle.dump(people, stream)

# 从一个文件加载数据
with open('data.pickle', 'rb') as stream:
    peeps = pickle.load(stream)

for person in peeps:
    person.greet()
```

在这个例子中，我们使用 dataclass 装饰器创建了一个 Person 类。装饰器是在第 6 章中介绍的。我们用 dataclass 编写这个例子的唯一原因向读者展示 pickle 能够毫不费力地处理这种情况，它的处理方式与更简单的数据类型的处理方式是完全相同的。

这个类具有 3 个属性——first_name、last_name、id。它还提供了一个 greet()方法，简单地输出一条与数据有关的欢迎信息。

我们创建了一个实例列表，然后把它保存到一个文件中。为此，我们使用了 pickle.dump()，向它输入需要进行 pickle 操作的内容以及想要写入的流。随后，我们立即读取同一个文件，使用 pickle.load()把这个流的完整内容转换回 Python 对象。为了确保对象进行了正确的转换，我们在两个对象上同时调用了 greet()方法。代码的运行结果如下：

```
$ python pickler.py
Hi, I am Obi-Wan Kenobi and my ID is 123
Hi, I am Anakin Skywalker and my ID is 456
```

pickle 模块还允许我们使用 dumps()和 loads()函数（注意这两个函数名后面的 s），转换到字节对象或者从字节对象转换回来。在日常应用程序中，当我们对不需要与其他应用程序进行信息交换的 Python 数据进行持久化时，通常会使用 pickle。几年前，我们偶然发现它的一个应用例子是一个 flask 插件的会话管理，它在把会话对象存储到 Redis 数据库之前对它进行 pickle 处理。但是，在实际应用中，我们可能不会很频繁地使用这个库。

另一个工具 shelve 用得更少，但是它在资源不足的情况下非常实用。

8.4.2 使用 shelve 保存数据

shelve 是一种与字典相似的持久化对象。它的优美之处在于，我们保存到一个 shelve[①]的值是能够进行 pickle 处理的任何对象，因此我们不像使用数据库一样受到限制。尽管 shelve 模块非常有趣并且很实用，但它在实际应用中却罕见。为了完整起见，我们观察一个简单的例子，了解它的工作方式：

```
# persistence/shelf.py
import shelve

class Person:
    def __init__(self, name, id):
        self.name = name
        self.id = id

with shelve.open('shelf1.shelve') as db:
    db['obi1'] = Person('Obi-Wan', 123)
    db['ani'] = Person('Anakin', 456)
    db['a_list'] = [2, 3, 5]
    db['delete_me'] = 'we will have to delete this one...'
    print(list(db.keys())) # ['ani', 'a_list', 'delete_me', 'obi1']

    del db['delete_me']# 消失了！
    print(list(db.keys())) # ['ani', 'a_list', 'obi1']
    print('delete_me' in db) # False
    print('ani' in db) # True
```

① 本节混用了 shelf 和 shelve 这两个词，在中译本中只会产生混淆，因此统一为 shelve。——译者注

```
    a_list = db['a_list']
    a_list.append(7)
    db['a_list'] = a_list
    print(db['a_list']) # [2, 3, 5, 7]
```

除了一些花哨的东西之外，上面这个例子看上去就像对字典进行操作一样。我们创建了一个简单的 Person 类，然后在一个上下文管理器中打开了一个 shelve 文件。可以看到，我们使用字典形式的语法存储了 4 个对象——2 个 Person 实例、1 个列表、1 个字符串。如果我们输出 keys，可以看到一个包含了我们使用的 4 个键的列表。随后，我们从 shelve 中删除了（精心命名的）delete_me 键/值对。再次输出 keys 显示了删除操作是成功的。然后我们测试几个键是否为它的成员，最后把数字 7 添加到 a_list。注意我们是如何从 shelve 中提取这个列表并对它进行修改然后再保存它的。

如果这个行为并不是我们所需要的，可以采用下面的做法：

```
# persistence/shelf.py
with shelve.open('shelf2.shelve', writeback=True) as db:
    db['a_list'] = [11, 13, 17]
    db['a_list'].append(19) # 原地添加!
    print(db['a_list']) # [11, 13, 17, 19]
```

用 writeback=True 打开 shelve 之后，我们就启用了 writeback（回写）特性，它允许我们简单地添加内容到 a_list 中，就像它实际上是常规字典中的一个值一样。这个特性在默认情况下并未开启的原因是它会加大内存的消耗，并且关闭 shelve 的速度也会更慢。

讨论了与数据持久化有关的标准库模块之后，我们观察 Python 生态系统中使用最广泛的 ORM：SQLAlchemy。

8.4.3　把数据保存到数据库

在这个例子中，我们将使用内存中的数据库，这样可以简化一些操作。在本书的源代码中，我们留下了一些注释，说明了如何生成一个 SQLite 文件。因此，我们希望读者对这方面的内容进行探索。

读者可以在 DBeaver 官网找到一个免费的 SQLite 数据库浏览器。DBeaver 是一个免费的多平台数据库工具，适合开发人员、数据库管理员、分析师以及所有需要操作数据库的人们。它支持所有流行的数据库——MySQL、PostgreSQL、SQLite、Oracle、DB2、SQL Server、Sybase、MS Access、Teradata、Firebird、Apache Hive、Phoenix、Presto 等。

在深入讨论代码之前，我们简单地介绍一下关系数据库的概念。

关系数据库是一种允许我们按照**关系模型**保存数据的数据库，它是在 1969 年由 Edgar F. Codd 所发明的。在这个模型中，数据存储在一个或多个表中。每个表具有一些行（又称**记录**或**元组**），每一行表示表中的一条数据。表还具有一些列（又称**属性**），每一列表示记录的一个属性。每条记录是通过一个独一无二的键所标识的，一般称为**主键**，它是表中的一个列或多个列的联合。我们可以观察一个例子：假设有一个称为 Users 的表，它的列包括 id、username、password、name、surname。

这个表很适合存储系统中的用户：每一行表示一个不同的用户。例如，一个值为“3, fab, my_wonderful_pwd, Fabrizio, Romano”的行就表示系统中名为 Fabrizio 的用户。

这个模型称为关系模型的原因是我们可以在表之间建立关系。例如，如果我们在这个虚构的数据库中添加了一个称为 PhoneNumbers 的表，就可以把电话号码插入这个表中，然后通过表之间的关系，确定哪个电话号码属于哪个用户。

为了在一个关系数据库中进行查询，我们需要一种特殊的语言。主要的标准称为 SQL，即**结构化查询语言**（Structured Query Language）。它是伴随一种称为**关系代数**的东西而产生的。关系代数是代数家族中一个成员，用于对按照关系模型所存储的数据进行建模并对它们进行查询。我们可以执行的最常见操作包括对行或列进行过滤、连接表、根据某些标准聚合结果等。下面是用文本描述的对一个虚构数据库进行查询的例子：提取 username 以 m 开头并且最多只有 1 个电话号码的所有用户（username, name,surname）。在这个查询中，我们请求 User 表的一个列子集。我们根据 username 以字母 m 开头对用户进行过滤，并且进一步根据最多只有 1 个电话号码为条件进行过滤。

回想法布里奇奥在意大利帕多瓦上学的时候，他花了一整个学期学习关系代码的语义和标准 SQL（以及其他一些东西）。如果不是因为考试期间的一次重大自行车事故，他肯定会认为这是他参加过的有趣的考试之一。

现在，每个数据库都拥有它自己的 SQL 风格。它们都在一定程度上遵循标准，但都没有完全遵循标准，总是在某些方面存在一些区别。这在现代的软件开发中就造成了一个问题。如果我们的应用程序包含了一些 SQL 代码，那么当我们决定使用一种不同的数据库引擎或者同一个引擎的不同版本时，很可能发现需要对 SQL 代码进行修改。

这可能是件非常痛苦的事情，尤其是因为 SQL 查询可能很快就会变得非常复杂。为了稍稍缓解这种痛苦，计算机科学家们（感谢他们）创建了代码，可以把编程语言中的对象映射到关系数据库中的表。不出所料，这种工具的名称就叫**对象-关系映射**（Object-Relational Mapping, ORM）。

在现代的应用程序开发中，我们一般使用 ORM 与数据库进行交互。有时候，我们会发现无法通过 ORM 执行自己需要的查询，这个时候就只能直接使用 SQL。这是完全不使用 SQL 和不使用 ORM 之间的适当折中，后者最终意味着对代码进行特化以便与数据库进行交互，这个时候就存在前面提到的缺点。

在本节中，我们想展示一个使用 SQLAlchemy 的例子，它是最流行的第三方 Python ORM。我们必须使用 pip 把它安装到本章的虚拟环境中。我们打算定义两个模型（Person 和 Address），各自映射到一个表。然后，我们打算填充数据库并对它执行一些查询。

我们从模型的声明开始：

```
# persistence/alchemy_models.py
from sqlalchemy.ext.declarative import declarative_base
from sqlalchemy import (
    Column, Integer, String, ForeignKey, create_engine)
from sqlalchemy.orm import relationship
```

首先，我们导入一些函数和类型。接着，我们需要做的第一件事情就是创建一个引擎。这个引擎告诉 SQLAlchemy 与这个例子所选择的数据库类型有关的信息，并说明了如何连接到它：

```
# persistence/alchemy_models.py
engine = create_engine('sqlite:///:memory:')
Base = declarative_base()

class Person(Base):
    __tablename__ = 'person'

    id = Column(Integer, primary_key=True)
    name = Column(String)
    age = Column(Integer)

    addresses = relationship(
        'Address',
        back_populates='person',
        order_by='Address.email',
        cascade='all, delete-orphan'
    )

    def __repr__(self):
        return f'{self.name}(id={self.id})'

class Address(Base):
    __tablename__ = 'address'

    id = Column(Integer, primary_key=True)
    email = Column(String)
    person_id = Column(ForeignKey('person.id'))
    person = relationship('Person', back_populates='addresses')

    def __str__(self):
        return self.email
    __repr__ = __str__

Base.metadata.create_all(engine)
```

每个模型都是从 Base 表继承的，后者在此例中就是 declarative_base()返回的默认表。我们定义了 Person，它映射到一个称为 person 的表，并提供了属性 id、name、age。我们还声明了它与 Address 模型的一个关系，指定了访问 addresses 属性将提取 address 表中与我们所处理的特定 Person 实例相关联的所有记录。cascade 选项只影响创建和删除过程，但它是一个更高级的概念，因此建议暂时跳过它，以后再对它进行研究。

最后我们声明了__repr__()方法，它为我们提供了一个对象的官方字符串表示形式。这被认为是一种可以用来完全重建该对象的表示形式。但是在这个例子中，我们简单地用它提供一些输出。Python 会把 repr(obj)重定向到一个 obj.__repr__()调用。

我们还声明了 Address 模型，它包含了电子邮件的地址以及对该地址所属人的引用。可以看到 person_id 和 person 属性都用于设置 Address 和 Person 实例之间的关系。注意我们是如何在 Address 上声明__str__()方法并为它分配一个称为__repr__()的别名的。这意味着在 Address 对象上调用 repr()和 str()最终都会产生对__str__()方法的调用。这是一个相当常见的 Python 技巧，用于避免重复相同的代码，因此我们趁机在这里展示这种方法。

在最后一行，我们指示引擎根据我们的模型在数据库中创建表。

create_engine()函数支持 echo 参数，它可以设置为 True、False 或字符串 "debug"，对所有的语句启用不同级别的日志，包括它们的参数的 repr()结果。读者可以参阅 SQLAlchemy 的官方文档，了解这方面的更多信息。

要想深入理解这段代码，需要大量的篇幅进行解释，这就超出了本书的范围。因此，我们鼓励读者自行阅读与数据库管理系统（DBMS）、SQL、关系代数、SQLAlchemy 有关的内容。

建立了模型之后，我们就可以使用它们来对数据进行持久化了！观察下面这个例子：

```
# persistence/alchemy.py
from alchemy_models import Person, Address, engine
from sqlalchemy.orm import sessionmaker

Session = sessionmaker(bind=engine)
session = Session()
```

我们首先创建了 session，它是我们用于管理数据库的对象。接着，我们创建了两个 Person 对象：

```
anakin = Person(name='Anakin Skywalker', age=32)
obi1 = Person(name='Obi-Wan Kenobi', age=40)
```

接着，我们使用了两种不同的技巧在这两个对象中添加电子邮件地址。一种方法是把它们赋值给一个列表，另一种方法是简单地添加它们：

```
obi1.addresses = [
    Address(email='obi1@example.com'),
    Address(email='wanwan@example.com'),
]

anakin.addresses.append(Address(email='ani@example.com'))
anakin.addresses.append(Address(email='evil.dart@example.com'))
anakin.addresses.append(Address(email='vader@example.com'))
```

到目前为止我们还没接触数据库。只有当我们使用 session 对象时，它的内部才会发生一些实际的操作：

```
session.add(anakin)
session.add(obi1)
session.commit()
```

添加两个 Person 实例就足以完成对它们的地址的添加（这要感谢 cascade 效果）。调用 commit()实际上就是指示 SQLAlchemy 提交事务，把数据保存到数据库。所谓**事务**，就是一种提供了与沙盒相似功能的操作，只是它适用于数据库环境。

只要事务还没有被提交，我们仍然可以回滚对数据库所进行的任何修改，这样就可以把状态恢复到事务开始之前的样子。SQLAlchemy 提供了更为复杂和粒度更精细的方式处理事务，读者可以通过官方文档对它们进行研究，这是一个相当高级的主题。现在，我们使用 like()查询名字以 Obi 开头的所有人，它被映射到 SQL 的 LIKE 操作符：

```
obi1 = session.query(Person).filter(
    Person.name.like('Obi%')
).first()
print(obi1, obi1.addresses)
```

我们取这个查询的第一个结果（我们知道只有 Obi-Wan 符合这个条件）并输出它。接着，我们使用准确的名字匹配来提取 anakin，这只是为了显示一种不同的过滤方法：

```
anakin = session.query(Person).filter(
    Person.name=='Anakin Skywalker'
).first()

print(anakin, anakin.addresses)
```

然后，我们捕捉 Anakin 的 ID，并从全局框架中删除 anakin 对象（并不会从数据库中删除这个数据项）。

```
anakin_id = anakin.id
del anakin
```

采用这种做法的原因是我们想说明如何通过 ID 获取一个对象。在此之前，我们编写了 display_info()函数，用于显示数据库的完整内容（从地址开始提取，说明如何在 SQLAlchemy 中使用关系属性来提取对象）：

```
def display_info():
    # 首先获取所有的地址
    addresses = session.query(Address).all()

    # 显示结果
    for address in addresses:
        print(f'{address.person.name} <{address.email}>')

    # 显示总共有多少个对象
    print('people: {}, addresses: {}'.format(
    session.query(Person).count(),
    session.query(Address).count())
)
```

display_info()函数输出所有的地址以及地址所属人的名字，并在最后生成一段与数据库中的对象数量有关的信息。我们调用这个函数，然后提取并删除 anakin。最后，我们再次显示信息，证明他确实已经从数据库中消失：

```
display_info()

anakin = session.query(Person).get(anakin_id)
session.delete(anakin)
session.commit()

display_info()
```

下面显示了这些代码段的全部输出（为了方便起见，我们把输出分为 4 块，以反映是 4 块代码实际产生了下面的输出）：

```
$ python alchemy.py
Obi-Wan Kenobi(id=2) [obi1@example.com, wanwan@example.com]

Anakin Skywalker(id=1) [
    ani@example.com, evil.dart@example.com, vader@example.com
]

Anakin Skywalker <ani@example.com>
Anakin Skywalker <evil.dart@example.com>
Anakin Skywalker <vader@example.com>
Obi-Wan Kenobi <obi1@example.com>
Obi-Wan Kenobi <wanwan@example.com>
people: 2, addresses: 5

Obi-Wan Kenobi <obi1@example.com>
Obi-Wan Kenobi <wanwan@example.com>
people: 1, addresses: 2
```

从最后两块输出中可以看到，删除 anakin 实际删除了 1 个 Person 对象，同时删除了与他关联的 3 个地址。同样，这是我们在删除 anakin 时启用了 cascade 选项的缘故。

现在，我们就完成了对数据持久化的简单介绍。这是一个巨大有时也是非常复杂的领域，我们鼓励读者继续探索，尽可能地学习与此有关的理论。如果缺少足够的知识或者对它的理解不够深入，在处理数据库系统时就会非常痛苦。

8.5 总结

在本章中，我们探索了文件和目录的操作。我们学习了如何打开文件用于读取和写入，以及如何使用上下文管理器更优雅地完成这样的任务。我们还探索了目录：如何列出它的内容，包括递归方式和非递归方式。我们还学习了路径，它是访问文件和目录的通道。

接着，我们简单地观察了如何创建 ZIP 文档以及如何提取它的内容。本书的源代码还包含了一个使用另一种不同的压缩格式 tar.gz 的例子。

我们讨论了数据交换格式，较为深入地探索了 JSON。我们饶有兴趣地为一些特定的 Python 数据类型编写了自定义的编码器和解码器。

接着，我们探索了 I/O，包括内存中的流和 HTTP 请求。

最后，我们描述了如何使用 pickle、shelve 和 SQLAlchemy ORM 库进行数据的持久化。

现在，读者对如何处理文件和数据持久化应该已经有了比较明确的思路，我们希望读者能够多花点时间对这些主题进行更深入的探索。

在第 9 章中，我们将介绍加密和令牌。

第 9 章 加密与令牌

"三个人里面，除非死掉了其中两个，才有可能保守秘密。"

——《穷理查年鉴》

本章的篇幅较短，我们将简单地介绍 Python 标准库提供的加密服务。我们还将简单地介绍 JSON Web 令牌的概念，这是一个非常有趣的标准，表示两方之间的安全诉求。

具体地说，我们将学习下面这些主题。

- Hashlib。
- HMAC。
- 秘密。
- 使用 PyJWT 的 JSON Web 令牌，它已经是处理 JWT 最流行的 Python 程序库。

我们首先花点时间介绍加密和它的重要性。

9.1 加密的需要

每年越来越多的人开始使用在线银行服务、在线购物，或者在社交媒体上与朋友和家庭成员交流。人们都希望自己的资金是安全的、交易是安全的、交谈是保密的。

作为应用程序开发人员，必须非常严肃地看待安全问题。不管我们的应用程序有多小或者看起来有多微不足道，安全性应该始终是需要关注的问题。

在信息技术中，可以通过几种不同的方法实现安全，但到目前为止，最重要的方法仍然是加密。我们用计算机或手机可以做的任何事情都应该包含一个进行加密的层。例如，加密可以用于确保在线支付的安全，以某种安全的方式传输信息，即使有人拦截了信息，他们也无法读取信息。在云端对文件进行备份时，也应该对文件进行加密。

本章的目的并不是向读者介绍加密的所有复杂细节。关于这个主题，足足可以用一本篇幅完整的图书来描述。本章的目的是解释如何使用 Python 提供的工具创建摘要、令牌。或者按照更广义的说法，当我们需要实现与加密相关的东西时如何做到安全。当读者阅读本章时，需要记住加密除了对数据进行加密和解密之外还意味着很多东西。事实上，读者在本章中无法找到任何关于加密或解密的例子。

加密的实用指导原则

我们始终要记住以下规则。

- 规则 1：不要试图自行创建散列或加密函数。就是这么简单。使用已经存在的工具和函数。要想创建一个良好、稳固、健壮的算法实现散列或加密的难度超乎我们的想象，因此最好让专业加密人员来完成这个任务。
- 规则 2：按规则 1 说的去做。

读者只需要记住这两个规则。除此之外，理解加密的概念也是很有帮助的。对于这个主题，读者应该尽可能多地尝试和学习。网络上可以找到与加密有关的大量信息，但是为了方便读者，我们在本章的最后列出了一些实用的网址。

现在，我们深入讨论本章的第一个标准库模块：hashlib。

9.2 Hashlib 模块

这个模块提供了丰富的加密散列算法。它们都是一些数学函数，接受任何长度的消息并生成一个固定长度的结果，称为**散列**或**摘要**。加密散列具有许多用途，包括验证数据的完整性、安全存储、验证密码等。

在理想情况下，加密散列算法应该满足以下 3 点。

- **确定性**：相同的消息总是应该产生相同的散列。
- **不可逆性**：无法根据散列推断原始的消息。
- **耐冲突性**：应该很难找到能够产生相同散列的两个不同的消息。

这些属性对于散列的安全应用是至关重要的。例如，密码只能以散列形式存储被认为是至关重要的。不可逆性保证了即使数据被破坏，攻击者侵入了我们的密码数据库，也无法获取原始密码。密码只能以散列形式存储意味着当用户登录时对他的密码进行验证的唯一方式是计算他们所提供的密码的散列值并把它与已存储的散列值进行比较。当然，如果散列算法是非确定性的，就无法实现这一点。当散列用于数据的完整性检验时，耐冲突性是非常重要的。如果我们使用散列检查一段数据是否被篡改，攻击者如果找到一个散列冲突值就可以在不修改散列的情况下修改数据，误导我们以为数据并没有发生变化。

hashlib 实际提供的确切算法集合因平台使用的底层程序库而异。但是，有些算法保证能够在所有平台中使用。下面我们观察如何确定自己的系统中可用的算法（注意，读者的结果可能与我们的不同）：

```
# hlib.py
>>> import hashlib
>>> hashlib.algorithms_available
{'mdc2', 'sha224', 'whirlpool', 'sha1', 'sha3_512', 'sha512_256',
 'sha256', 'md4', 'sha384', 'blake2s', 'sha3_224', 'sha3_384',
```

```
 'shake_256', 'blake2b', 'ripemd160', 'sha512', 'md5-sha1',
 'shake_128', 'sha3_256', 'sha512_224', 'md5', 'sm3'}
>>> hashlib.algorithms_guaranteed
{'blake2s', 'md5', 'sha224', 'sha3_512', 'shake_256', 'sha3_256',
 'shake_128', 'sha256', 'sha1', 'sha512', 'blake2b', 'sha3_384',
 'sha384', 'sha3_224'}
```

打开 Python shell，我们可以得到自己的系统中可用的算法列表。如果我们的应用程序必须与第三方的应用程序进行通信，那么最好在保证可用的算法集合中进行挑选，因为这意味着每个平台都支持它们。注意，大量的算法以 sha 开头，表示安全散列算法（secure hash algorithm）。

继续在同一个 shell 中进行操作：我们为字节字符串 b'Hash me now!'创建一个散列：

```
>>> h = hashlib.blake2b()
>>> h.update(b'Hash me')
>>> h.update(b' now!')
>>> h.hexdigest()
'56441b566db9aafcf8cdad3a4729fa4b2bfaab0ada36155ece29f52ff70e1e9d'
'7f54cacfe44bc97c7e904cf79944357d023877929430bc58eb2dae168e73cedf'
>>> h.digest()
b'VD\x1bVm\xb9\xaa\xfc\xf8\xcd\xad:G)\xfaK+\xfa\xab\n\xda6\x15^'
b'\xce)\xf5/\xf7\x0e\x1e\x9d\x7fT\xca\xcf\xe4K\xc9|~\x90L\xf7'
b'\x99D5}\x028w\x92\x940\xbcX\xeb-\xae\x16\x8es\xce\xdf'
>>> h.block_size
128
>>> h.digest_size
64
>>> h.name
'blake2b'
```

我们使用了 blake2b()加密函数。这个函数相当高级，是在 Python 3.6 中新增的。在创建了散列对象 h 之后，我们用两个步骤更新它的消息。虽非必需，但是有时候我们无法一次获取数据的散列值，因此知道如何分步骤完成这个任务是非常重要的。

当我们添加了完整的消息之后，就得到了摘要的十六进制表示形式。它的每个字节使用两个字符（因为每个字符表示 4 位，也就是半个字节）。我们还得到了摘要的字节表示形式，然后检视它的细节：它的块大小（散列算法中以字节为单位的内部块大小）为 128 字节，摘要大小（以字节为单位的结果散列值的大小）为 64 字节，另外还有一个名称。

下面我们观察是否能用 sha256()代替 black2b()函数来完成任务：

```
>>> hashlib.sha256(b'Hash me now!').hexdigest()
'10d561fa94a89a25ea0c7aa47708bdb353bbb062a17820292cd905a3a60d6783'
```

它所产生的散列值更短（因此安全性更差）。注意，我们可以使用一行代码构建具有消息的散列对象并计算摘要。

散列是一个非常有趣的主题，当然到目前为止我们看到的简单例子不过是个开端。blake2b()函数提供了大量可以进行调整的参数，从而为我们提供了极大的灵活性。这意味着它适用于不同的应用程序，或者经过调整之后可以防卫特定类型的攻击。

这里，我们简单地讨论其中一个参数。关于它的完整细节，可以参考 Python 官方文档。person 参数相当有趣。它用于对散列进行个性化，使它为同一段消息产生不同的摘要。当同一个散列函数在同一个应用程序中具有不同的用途时，这种做法可以提高安全性：

```
>>> import hashlib
>>> h1 = hashlib.blake2b(b'Important data', digest_size=16,
...                      person=b'part-1')
>>> h2 = hashlib.blake2b(b'Important data', digest_size=16,
...                      person=b'part-2')
>>> h3 = hashlib.blake2b(b'Important data', digest_size=16)
>>> h1.hexdigest()
'c06b9af95d5aa6307e7e3fd025a15646'
>>> h2.hexdigest()
'9cb03be8f3114d0f06bddaedce2079c4'
>>> h3.hexdigest()
'7d35308ca3b042b5184728d2b1283d0d'
```

这里，我们还使用了 digest_size 参数获取长度只有 16 字节的散列值。

像 blake2b()或 sha256()这样的通用散列函数并不适合安全地存储密码。通用的散列函数在现代计算机上的计算速度非常快，因此攻击者可以通过暴力穷举法还原散列值（每秒尝试上百万种可能性，直到找到匹配值）。像 pbkdf2_hmac()这样的密钥推导算法被设计得足够慢，使暴力破解法变得不可行。密钥推导算法 pbkdf2_hmac()通过反复应用一种通用的散列函数来实现这个目的（迭代的次数可以通过一个参数指定）。随着计算机的功能越来越强大，我们需要慢慢增加迭代的次数，否则随着时间的推移，我们的数据被暴力破解的可能性会增加。

优秀的密码散列函数应该使用**加盐值**（salt）。加盐值是一段随机的数据，用于对散列函数进行初始化。它可以使算法的输出随机化，以防止攻击者通过散列值与已知的散列表进行比较予以破解。pbkdf2_hmac()函数通过一个必备的 salt 参数支持加盐值。

下面是使用 pbkdf2_hmac()对密码进行散列的方法：

```
>>> import os
>>> dk = hashlib.pbkdf2_hmac('sha256', b'Password123',
...     salt=os.urandom(16), iterations=100000
... )
>>> dk.hex()
'f8715c37906df067466ce84973e6e52a955be025a59c9100d9183c4cbec27a9e'
```

注意，我们使用 os.urandom()函数提供了一个 16 字节的随机加盐值，这也是官方文档所推荐的做法。

我们鼓励读者对这个模块进行探索和试验，因为读者迟早会使用它。现在，我们把注意力转移到 hmac 模块。

9.3 HMAC 模块

这个模块实现了 HMAC 算法，参见 RFC 2104 的描述。HMAC（表示**基于散列的消息认证码或密钥散列消息认证码**）是一种广泛使用的消息认证机制，用于鉴定消息是否已经被篡改。

这种算法把一条消息与一个密钥进行组合，并生成这个组合的一个散列值，称为**消息认证码**（MAC）或**签名**。签名是和消息一起存储或传输的。在后面的某个时刻，我们可以使用同一个密钥重新计算签名，并将它与以前所计算的签名进行比较，从而验证消息有没有被篡改。密钥必须得到精心的保护，否则得到密钥的攻击者就可以修改消息并替换签名，从而破解认证机制。

下面我们观察一个计算消息认证码的简单例子：

```
# hmc.py
import hmac
import hashlib

def calc_digest(key, message):
    key = bytes(key, 'utf-8')
    message = bytes(message, 'utf-8')
    dig = hmac.new(key, message, hashlib.sha256)
    return dig.hexdigest()

mac = calc_digest('secret-key', 'Important Message')
```

hmac.new()函数接受一个密钥（key）、一个消息（message）和一种需要使用的散列算法，并返回一个 hmac 对象，后者与 hashlib 库的散列对象具有相似的接口。key 必须是 bytes 或 bytearray 对象，message 可以是任何与 bytes 相似的对象。因此，我们在创建一个 hmac 实例（dig）之前把 key 和 message 转换为 bytes 类型，用于获取散列值的十六进制表示形式。

在本章的后面，当我们讨论 JWT 时，将看到 HMAC 签名是如何使用的。在此之前，我们首先简单地介绍 secrets 模块。

9.4 secrets 模块

这个短小精致的模块是在 Python 3.6 中新增的，用于处理 3 件事情——随机数、令牌、摘要的比较。它使用底层操作系统提供的最安全的随机数生成器生成适合加密应用程序使用的令牌和随机数。下面我们简单地观察它所提供的功能。

9.4.1 随机数

我们可以使用 3 个函数处理随机数：

```
# secrs/secr_rand.py
import secrets
print(secrets.choice('Choose one of these words'.split()))
print(secrets.randbelow(10 ** 6))
print(secrets.randbits(32))
```

第一个函数 choice()在一个非空序列中随机挑选一个元素。第二个函数 ranbelow()生成 0 到调用它的参数之间的一个随机整数。第三个函数 randbits()生成一个包含了给定随机位数的整数。运行这段代码产生下面的输出（当然，每次运行的结果都是不同的）：

```
$ python secr_rand.py
one
504156
3172492450
```

当我们在加密环境中需要用到随机性时，应该使用这几个函数而不是 random 模块中的函数，因为这几个函数是专门为这个任务而设计的。下面我们观察这个模块提供的令牌功能。

9.4.2 令牌的生成

同样，我们可以使用 3 个函数来生成令牌，每个函数具有不同的格式。观察下面这个例子：

```
# secrs/secr_rand.py
print(secrets.token_bytes(16))
print(secrets.token_hex(32))
print(secrets.token_urlsafe(32))
```

token_bytes()简单地返回一个随机的字节字符串，其中包含了指定数量的字节（在此例中为 16）。另两个函数完成相同的任务，但 token_hex()返回一个十六进制格式的令牌，token_urlsafe()返回的令牌只包含适合在 URL 中出现的字符。下面我们观察这段代码的输出（是前一次运行的延续）：

```
b'\xda\x863\xeb\xbb|\x8fk\x9b\xbd\x14Q\xd4\x8d\x15}'
9f90fd042229570bf633e91e92505523811b45e1c3a72074e19bbeb2e5111bf7
bl4qz_Av7QNvPEqZtKsLuTOUsNLFmXW3O03pn50leiY
```

下面我们观察如何使用这些工具编写一个随机的密码生成器：

```
# secrs/secr_gen.py
import secrets
from string import digits, ascii_letters

def generate_pwd(length=8):
    chars = digits + ascii_letters
    return ''.join(secrets.choice(chars) for c in range(length))

def generate_secure_pwd(length=16, upper=3, digits=3):
    if length < upper + digits + 1:
        raise ValueError('Nice try!')
    while True:
        pwd = generate_pwd(length)
        if (any(c.islower() for c in pwd)
            and sum(c.isupper() for c in pwd) >= upper
            and sum(c.isdigit() for c in pwd) >= digits):
            return pwd

print(generate_secure_pwd())
print(generate_secure_pwd(length=3, upper=1, digits=1))
```

generate_pwd()函数简单地生成一个给定长度的随机字符串，它所采用的方法是从一个包含了字母表所有字母（包括小写和大写）和 10 个数字的字符串中随机选取 length 个字符。

接着，我们定义了另一个函数 generate_secure_pwd()，它简单地连续调用 generate_pwd()，直到后者生成的随机字符串满足一些简单的需求。密码的长度必须为 length，并且至少必须包含 1 个小写字母、upper 个大写字母、digits 个数字。

如果参数指定的大写字母、小写字母、数字的总数大于我们所生成的密码的长度，就永远无法满足条件。因此，为了避免陷入这样的无限循环，必须在循环体的第一行添加一条检查子句，如果无法满足需要，就触发一个 ValueError 异常。

while 的循环体相当简单：我们首先生成随机的密码，然后使用 any()和 sum()验证条件。如果可迭代对象中的任何一个元素为 True，any()就返回 True。sum()的用法稍稍有点复杂，因为它利用了多态。读者可能还记得第 2 章曾经提到过，bool 类型是 int 的一个子集，它被 sum()函数自动解释为整数（值为 1 和 0）。这是一个**多态**的例子，我们在第 6 章对它进行了简单的介绍。

运行这个例子产生下面的结果：

```
$ python secr_gen.py
nsL5voJnCi7Ote3F
J5e
```

第二个密码的安全性可能不是太强……

随机令牌在密码中的一个常见用法是重置网站的 URL。下面我们观察一个生成这种 URL 的例子：

```
# secrs/secr_reset.py
import secrets

def get_reset_pwd_url(token_length=16):
    token = secrets.token_urlsafe(token_length)
    return f'https://一个示例网站/reset-pwd/{token}'

print(get_reset_pwd_url())
```

这个函数非常简单，因此我们只显示了它的输出：

```
$ python secr_reset.py
https://一个示例网站/reset-pwd/dfVPEPl_pCkQ8YNV4er-UQ
```

9.4.3 摘要的比较

可能令人感到吃惊，但 secrets 模块还提供了 compare_digest(a, b)函数，它的作用与简单地通过 a == b 实现两个摘要之间的比较是相同的。因此，我们为什么需要这个函数呢？因为它是专门为了防止时序攻击而设计的。这种类型的攻击可以根据比较失败所需的时间推断出两个摘要在什么地方开始不同。因此，compare_digest()通过删除时间和失败之间的相关性，从而预防这种攻击。我们觉得这充分说明了高级攻击手法有多么的巧妙。如果读者对此感到惊叹，可能会越发明白为什么不应该自己实现加密函数。

至此，我们完成了 Python 标准库中加密服务的学习之旅。现在，我们介绍另一种不同类型的令牌：JWT。

9.5 JSON Web 令牌

JSON Web 令牌（**JWT**）是一种基于 JSON 的开放标准，用于创建具有一些**诉求**的令牌。JWT 常常作为认证令牌使用。在这种语境中，这些诉求一般是与一位认证用户的身份和权限有关的声明。令牌经过了加密签名，这样就可以对自发行之后未被修改的令牌的内容进行验证。读者可以通过 JWT 官网学习这项技术的具体内容。

这种类型的令牌由 3 个通过点号分隔的部分组成，形式是 A.B.C。B 是有效载荷（payload），也就是包含诉求的地方。C 是签名，用于验证令牌的合法性。A 是标头（header），它把令牌标识为 JWT，并指定了用于计算签名的算法。A、B、C 都是用 URL 安全的 Base64 编码方案（接下来称为 Base64URL）编码的。Base64URL 编码方案允许使用 JWT 作为 URL 的一部分（一般以查询参数的形式）。但是，JWT 也可以出现在许多其他地方，包括 HTTP 头部。

Base64 是一种非常流行的二进制到文本的编码方案，通过把二进制数据转换为基数 64 的表示形式，用 ASCII 字符串格式表示二进制数据。基数 64 表示形式使用字母 A ~ Z、a ~ z 和数字 0 ~ 9，加上两个符号+和/，总共 64 个符号。例如，Base64 可用于对邮件的图像附件进行编码。由于这个过程是无缝进行的，因此绝大多数人完全意识不到它的存在。Base64URL 是 Base64 编码方案的一种变型，其中+和/字符（在 URL 语境中具有特定的含义）由-和_所替换。=字符（在 Base64 中用于填充）在 URL 中也具有特殊的含义，在 Base64URL 中被省略。

这种类型的令牌的工作方式与我们在本章中到目前为止所看到的方式存在微小的区别。事实上，令牌所携带的信息总是可见的。我们只需要对 A 和 B 进行解码，获取算法和有效载荷。安全是由 C 所负责的，它是令牌的标头和有效载荷的一个 HMAC 签名。如果我们试图通过编辑标头或有效载荷对 A 或 B 部分进行修改，改回到 Base64 URL 的编码方案，并在令牌中对它进行替换，签名就不再匹配，因此令牌就变成是非法的。

这意味着我们可以根据一些诉求（例如以管理员身份登录或其他类似要求）创建一个有效载荷。只要令牌是合法的，我们就可以信任用户实际上是以管理员身份登录的。

在处理 JWT 时，需要掌握如何安全地处理它们。像不接受未签名的令牌、对用于编码和解码的算法列表进行限制以及其他安全措施是非常重要的，读者应该花些时间去了解和学习它们。

对于这个部分的代码，必须安装 PyJWT 和 cryptography 这两个 Python 程序包。和往常一样，读者可以在本章源代码的需求部分找到它们。

我们从一个简单的例子开始：

```
# jwt/tok.py
import jwt
```

```
data = {'payload': 'data', 'id': 123456789}

token = jwt.encode(data, 'secret-key')
algs = ['HS256', 'HS512']
data_out = jwt.decode(token, 'secret-key', algorithms=algs)
print(token)
print(data_out)
```

我们定义了有效载荷 data，它包含了一个 ID 和一些有效载荷数据。接着，我们使用 jwt.encode()函数创建了一个令牌，这个函数的参数至少包括有效载荷和一个安全密钥。这个密钥用于生成令牌标头和有效载荷的 HMAC 签名。然后，我们对令牌进行解码，指定打算接受的签名算法。计算令牌的默认算法是 HS256。在这个例子中，我们在解码时接受 HS256 或 HS512（如果令牌是用一种不同的算法生成的，就触发一个异常表示拒绝）。下面我们观察它的输出：

```
$ python tok.py
b'eyJ0eXAiOiJKV1QiLCJhbGciOiJIUzI1NiJ9.
eyJwYXlsb2FkIjoiZGF0YSIsImlkIjoxMjM0NTY3ODl9.WFRY-uoACMoNYX97PXXjEfXFQO
1rCyFCyiwxzOVMn40'
{'payload': 'data', 'id': 123456789}
```

可以看到，这个令牌是一个 Base64URL 编码的数据片段的二进制字符串。我们调用了 jwt.decode()，提供了正确的密钥。如果提供了错误的密钥，就会得到一个错误，因为签名只能由生成签名的同一个密钥进行验证。

JWT 常用于在双方之间传输信息。例如，允许网站依赖第三方身份提供程序对用户进行认证的认证协议常常使用 JWT。在这种情况下，用于签署令牌的密钥需要在双方之间共享。因此，它常常被称为**共享密钥**。

我们必须小心保护共享密钥，因为任何能够访问它的人都可以生成合法的令牌。

有时候，我们可能想要在不验证签名的情况下检查令牌的内容。为此，我们可以像下面这样简单地调用 decode()：

```
# jwt/tok.py
jwt.decode(token, options={'verify_signature': False})
```

这个方法非常实用，例如当我们需要使用令牌有效载荷中的值对密钥进行恢复时。但是，这个技巧过于高级，因此我们在这里不打算对它进行详细解释。不过，我们可以观察如何指定一种不同的算法来计算签名：

```
# jwt/tok.py
token512 = jwt.encode(data, 'secret-key', algorithm='HS512')
data_out = jwt.decode(token512, 'secret-key', algorithm=['HS512'])
print(data_out)
```

我们在这里使用了 HS512 算法生成令牌，并指定在解码时只接受使用 HS512 算法生成的令牌。它的输出是我们原先的有效载荷字典。

现在，虽然我们可以在令牌的有效载荷中放置自己想要放置的任何数据，但它具有一些标准化的诉求，因此允许对令牌进行极大的控制。

9.5.1 已注册的诉求

JWT 标准定义了以下官方的**注册诉求**。

- iss：令牌的发布者。
- sub：与令牌携带者有关的主题信息。
- aud：令牌的受众。
- exp：过期日期，过了这个日期之后令牌就会被认为是不合法的。
- nbf：不早于（时间），即令牌开始生效的时间。
- iat：令牌的发布时间。
- jti：令牌的 ID。

标准中并未定义的诉求也可以根据公共或私人进行分类。

- **公共**：为某一特定用途而公共分配的诉求。在 IANA JSON Web Token Claims Registry 注册的公共诉求名称可以被保留。另外，诉求的命名方式应该保证它们不会与其他任何公共或官方的诉求名称冲突（实现这个目的的一种方法是在诉求名称前面添加一个已注册的域名前缀）。
- **私人**：不属于上述类型的所有诉求都被认为是私人诉求。这种诉求的含义一般是在一个特定应用的语境中定义的，在这个语境之外是没有意义的。为了避免歧义和混淆，必须小心谨慎以避免名称冲突。

为了了解与诉求有关的信息，可以访问 Python 的官方网站。现在，让我们观察几个涉及这些诉求的一个子集的代码示例。

1. 与时间相关的诉求

下面我们观察如何使用与时间相关的诉求：

```
# jwt/claims_time.py
from datetime import datetime, timedelta, timezone
from time import sleep, time
import jwt

iat = datetime.now(tz=timezone.utc)
nfb = iat + timedelta(seconds=1)
exp = iat + timedelta(seconds=3)
data = {'payload': 'data', 'nbf': nfb, 'exp': exp, 'iat': iat}

def decode(token, secret):
    print(time())
    try:
        print(jwt.decode(token, secret, algorithms=['HS256']))
    except (
        jwt.ImmatureSignatureError, jwt.ExpiredSignatureError
    ) as err:
```

```
        print(err)
        print(type(err))

secret = 'secret-key'
token = jwt.encode(data, secret)

decode(token, secret)
sleep(2)
decode(token, secret)
sleep(2)
decode(token, secret)
```

在这个例子中，我们把发布时间（iat）诉求设置为当前的 UTC 时间（UTC 表示**世界协调时间**）。我们把不早于（nbf）和过期时间（exp）分别设置为从现在起的 1 秒和 3 秒后。然后，我们定义了一个帮助函数 decode()，通过捕捉适当的异常，对令牌尚未生效、过期等情况做出反应。我们调用了这个函数 3 次，期间穿插了两个 sleep 调用。

按照这种方式，我们将尝试在令牌尚未生效时对它进行解码，接着在令牌合法时对它进行解码，最后在令牌已经过期时对它进行解码。这个函数还尝试在解码令牌前打印一个实用的时间戳。下面我们观察它的运行结果（添加了空行以改善可读性）：

```
$ python jwt/claims_time.py
1631043839.6459477
The token is not yet valid (nbf)
<class 'jwt.exceptions.ImmatureSignatureError'>

1631043841.6480813
{'payload': 'data', 'nbf': 1631043840, 'exp': 1631043842, 'iat':
1631043839}

1631043843.6498601
Signature has expired
<class 'jwt.exceptions.ExpiredSignatureError'>
```

可以看到，这段输出符合预期。我们从异常中获取描述性信息，当令牌实际合法时获取了原始的有效载荷。

2. 与认证相关的诉求

我们观察另一个与发布者（iss）和受众（aud）诉求有关的简单例子。下面的代码在概念上与前一个例子非常相似，因此我们按照相同的方式对它进行试验：

```
# jwt/claims_auth.py
import jwt

data = {'payload': 'data', 'iss': 'hein', 'aud': 'learn-python'}

secret = 'secret-key'
token = jwt.encode(data, secret)
```

```
def decode(token, secret, issuer=None, audience=None):
    try:
        print(jwt.decode(token, secret, issuer=issuer,
                         audience=audience, algorithms=["HS256"]))
    except (
        jwt.InvalidIssuerError, jwt.InvalidAudienceError
    ) as err:
        print(err)
        print(type(err))

decode(token, secret)

# 不提供发布者不会失败
decode(token, secret, audience='learn-python')

#不提供受众导致失败
decode(token, secret, issuer='hein')

#都会导致失败
decode(token, secret, issuer='wrong', audience='learn-python')
decode(token, secret, issuer='hein', audience='wrong')

decode(token, secret, issuer='hein', audience='learn-python')
```

可以看到，这次我们指定了 issuer 和 audience。结果显示，如果我们在解码令牌时不提供发布者，并不会导致解码失败。但是，提供错误的发布者会导致解码失败。另外，未提供受众或提供错误的受众都会导致解码失败。

和前一个例子一样，我们编写了一个自定义的 decode()函数，对适当的异常做出反应。读者可以看看自己是否理解这些调用以及下面的相关输出（加上了一些空行以帮助理解）：

```
$ python jwt/claims_time.py
Invalid audience
<class 'jwt.exceptions.InvalidAudienceError'>

{'payload': 'data', 'iss': 'hein', 'aud': 'learn-python'}

Invalid audience
<class 'jwt.exceptions.InvalidAudienceError'>

Invalid issuer
<class 'jwt.exceptions.InvalidIssuerError'>

Invalid audience
<class 'jwt.exceptions.InvalidAudienceError'>

{'payload': 'data', 'iss': 'hein', 'aud': 'learn-python'}
```

现在，我们观察最后一个更加复杂的用例。

9.5.2　使用非对称（公钥）算法

有时候，使用共享密钥并不是最佳选择。在这种情况下，可以使用非对称密钥对代替 HMAC 生成 JWT 签名。在这个例子中，我们将使用一对 **RSA** 密钥创建一个令牌（并对它进行解码）。

公钥加密或非对称加密就是所有使用成对密钥的加密系统：公钥可能会广泛散布，但私钥只有拥有者自己所有。如果读者对这个话题感兴趣，可以查看本章最后的参考阅读。使用私钥可以生成签名，使用公钥可以验证签名。因此，双方可以交换 JWT，并可以在不需要共享密钥的情况下对签名进行验证。

现在，我们创建一对 RSA 密钥。我们打算使用 OpenSSH 的 ssh-keygen 工具。在本章脚本所在的文件夹中，我们创建了一个 jwt/rsa 子文件夹。在这个子文件夹中，运行下面的指令：

```
$ ssh-keygen -t rsa -m PEM
```

将这个路径取名为 key（它将保存在当前文件夹中），并在要求输入密码时简单地按 Enter 键。

生成了密钥之后，我们可以回到 ch09 文件夹并运行下面的代码：

```
# jwt/token_rsa.py
import jwt

data = {'payload': 'data'}

def encode(data, priv_filename, algorithm='RS256'):
    with open(priv_filename, 'rb') as key:
        private_key = key.read()
    return jwt.encode(data, private_key, algorithm=algorithm)

def decode(data, pub_filename, algorithm='RS256'):
    with open(pub_filename, 'rb') as key:
        public_key = key.read()
    return jwt.decode(data, public_key, algorithms=[algorithm])
token = encode(data, 'jwt/rsa/key')
data_out = decode(token, 'jwt/rsa/key.pub')
print(data_out)
```

在这个例子中，我们定义了两个自定义函数，使用私钥和公钥对令牌进行编码和解码。从 encode()函数的签名中可以看到，这次我们使用的是 RS256 算法。注意我们在进行编码时提供了私钥，它用于生成 JWT 签名。当我们对 JWT 进行解码时，我们就改用公钥，它用于对签名进行验证。

这段代码的逻辑相当简单，我们鼓励读者至少想出一个使用这种技巧的案例，相比使用共享密钥更加合适。

9.6　参考阅读

如果读者想更深入地探索加密的精彩世界，可以参考下面这些非常实用的参考资料。

- 加密技术。
- JSON Web 令牌。
- JSON Web 令牌的 RFC 标准。
- 散列函数。
- HMAC。
- 加密服务（Python 的 STD 库）。
- IANA JSON Web 令牌诉求注册中心。
- PyJWT 库。
- 加密库。

网络上还有更多的资源，还有很多书籍适合读者对这个主题进行钻研。但是，我们建议从主要的概念入手，在希望得到更深入的理解时再逐步深入到具体的细节。

9.7 总结

本章篇幅较短，我们探索了 Python 标准库中的加密世界。我们学习了如何用不同的加密函数为信息创建散列值（或摘要）。我们还学习了如何创建令牌以及如何在加密这个语境中处理随机数据。

我们还跳到标准库之外，简单地了解了 JSON Web 令牌，它在现代的系统和应用程序中广泛用于认证以及与诉求相关的功能。

最重要的是要理解，手动完成相关的操作在加密中可能极具风险，因此应该把这样的任务留给专业人员，直接使用他们所提供的工具。

第 10 章将讨论如何对代码进行测试，以保证代码能够按照预想的方式工作。

第 10 章 测试

就像智者对黄金进行加热、切割和摩擦，检测无误后才会接受它一样，我的言论之所以被人们接受是因为它们经受住了考验，而不是出于人们对我的尊敬。

我很喜欢这句话。在软件世界中，它可以完美地看成一种良好的习惯，就是绝不因为一段代码是由某个聪明人编写的或者它已经运行了很长一段时间没有出错就完全信任它。如果没有经过测试，就不应该信任它。

测试为什么非常重要？其中一个原因是它提供了可预测性，或者至少它可以帮助我们实现高度的可预测性。遗憾的是，代码中总是会不时地混入一些缺陷。但是，我们肯定希望自己的代码尽可能地做到可预测。我们不希望遇到意外，或者说不希望自己的代码具有不可预测的行为。如果对飞机的传感器进行检查的软件报告了错误使我们不得不终止休假，想必不是一件愉快的事情。

因此，我们需要对代码进行测试。我们需要检查它的行为是否正确：当处理边缘情况时，它能不能如预期的那样工作；与它进行通信的组件发生故障或者不可用时，它会不会挂起；性能是否在能够接受的范围之内。

本章讨论与这些事宜有关的内容，确保自己的代码已经做好准备迎接狂野的外部世界，并保证它具有足够的速度，能够正确地处理意外事件或异常情况。

在本章中，我们将探索下面这些主题。

◆ 通用的测试指南。

◆ 单元测试。

◆ 测试驱动的开发简介。

我们首先理解什么是测试。

10.1 对应用程序进行测试

测试有许多不同的类型。因为它的数量众多，所以很多公司通常成立一个专门的部门，称为**质量保证**（QA），这个部门的工作人员的任务就是对公司的开发人员所编写的软件进行测试。

对测试进行分类之前，我们首先把测试粗略地分为两大类：**白盒**测试和**黑盒**测试。

白盒测试就是对代码的内部细节进行测试，它非常详细地检查代码的每个细节。黑盒测试把待测软件看成一个盒子，它的内部细节被完全忽略。对于黑盒测试而言，盒子内部采用的技术甚至使用的编程语言都是不重要的，它的任务就是在盒子的一端进行输入，并对另一端的输出进行验证，就是这样！

白盒测试和黑盒测试之间还有一个中间类型，称为**灰盒**测试，它对系统的测试方法与黑盒测试相同，但需要对编写软件的算法和数据结构有所了解，并且只能访问它的部分源代码。

这几种分类包含了许多不同类型的测试，每种测试都有不同的用途。下面列出了其中的一些测试类型。

- **前端测试**：确保应用程序的客户端提供了它应该提供的信息，包括所有的链接、按钮、广告以及需要显示给客户的所有东西。它还可以验证是否可以通过一条特定的路径访问用户接口。
- **场景测试**：利用故事（或场景）帮助测试人员处理一个复杂的问题或者对系统的一部分进行测试。
- **集成测试**：当应用程序的各个不同的组件协同工作并通过接口发送信息时，对这些组件的行为进行验证。
- **冒烟测试**。在应用程序中部署一个新的更新时，这种测试就特别实用。它们检查应用程序中最为本质、最有活力的部分是否按照预期的方式工作，有没有面临风险。这个术语来自对电路进行检查确保它没有冒烟的工程师。
- **验收测试或用户验收测试**（UAT）：由开发人员和产品的用户（例如在一个 SCRUM 环境中）一起确认被委托的工作是否得到了正确的实施。
- **功能测试**：对软件的特性或功能进行验证。
- **破坏性测试**：取系统的一部分，模拟失败的情况，以测试软件剩余部分能否正确地工作。这种类型的测试被那些需要提供高可靠性服务的公司广泛使用。
- **性能测试**：其目标是验证系统在特定的数据或流量负载下的运行状况，使工程师对导致系统在高负载下性能明显下降或妨碍伸缩性的瓶颈能够得到更好的理解。
- **可用性测试**以及密切相关的**用户体验**（UX）**测试**：其目标是检查用户界面是否足够简单，是否容易理解和使用。它们的目标是向设计人员提供建议，改善用户体验。
- **安全性和渗透性测试**：其目标是验证系统在面临攻击和入侵时能够得到什么样的保护。
- **单元测试**：帮助开发人员按照一种健壮、一致的方式编写代码，对代码提供第一时间的反馈并对编码错误、重构错误等问题进行第一时间的修正。
- **回归测试**：向开发人员提供系统更新之后与某个被牺牲的特性有关的实用信息。系统需要进行回归测试的原因包括发现了旧的缺陷，或者现有的特性需要被牺牲，或者发现了新的问题。

有很多关于测试的书籍和文章，如果读者对所有不同类型的测试感兴趣，可以寻找相关的资源。在本章中，我们把注意力集中在单元测试上，因为它们是软件工艺的基石所在，在开发人员编写的测试中占据了主导地位。

测试是一门艺术，但是很难通过看书来掌握这门艺术。我们可以学习所有的定义（这是应该的）并且尽量搜集与测试有关的知识。但是，只有当我们积累了足够的经验，才有能力对软件进行正确的测试。

当我们对一小段代码进行重构时遇到了麻烦，我们所接触的每件小事情合起来导致测试难以为继时，我们要学会编写稍加变通和稍微放宽限制的测试，它仍然能够验证代码的正确性，同时能够让我们自如地对代码进行操控，按照自己的意愿对它进行塑形。

当我们太过频繁地对代码中出乎意料的缺陷进行修正时，我们要学会编写更详细的测试，制订更加全面的边缘情况的列表，并制订策略在代码遇到缺陷之前对它们进行处理。

当我们花了太多的时间阅读测试，并试图对它们进行重构以便对代码的一个小特性进行更改时，就要学会编写更简单、更短小、焦点更集中的测试。

当然，我们还可以继续灌输“当我们……，我们要学会……”这样的经验，但我们认为读者对此已经有所了解，需要亲自动手并不断积累经验。有什么建议？尽可能多地研究理论，并尝试使用不同的方法。另外，还要向经验丰富的程序员学习，这是非常有效的。

10.1.1　测试结构详解

在详细讨论单元测试之前，我们首先理解什么是测试，它的用途是什么。

测试就是一段代码，它的作用是对系统中的某样东西进行验证。它可能是我们在调用一个函数时向它传递了两个整数，或者一个对象具有一个称为 donald_duck 的属性，或者当我们通过某些 API 下订单时，过一会可以看到它被分解为数据库中的基本元素。

测试一般由 3 个阶段组成。

- **准备**：这个阶段负责设置场景。我们在适当的场所准备所有的数据、对象、服务，以便随时使用它们。
- **执行**：这个阶段负责执行我们所检查的逻辑。我们使用在准备阶段设置的数据和接口执行操作。
- **验证**：这个阶段对结果进行验证，确保它们符合自己的预期。例如，我们检查函数的返回值，或数据库中是否有数据、是否有数据不在数据库中、是否有数据发生了更改、是否发出了 HTTP 请求、是否发生了某个事件以及是否调用了某个方法等。

测试一般都采用这种结构。在测试套件中，我们一般还会找到参与测试过程的其他一些结构。

- **环境准备**：它在几种不同的测试中都相当常见。我们可以对它的逻辑进行自定义，使它适用于每个测试、类、模块甚至整个会话。在这个阶段中，开发人员通常会设置针对数据库的连接，或许还会在数据库中填充一些数据，使测试更有针对性等。
- **环境清理**：这是环境准备的反向操作。环境清理阶段是在测试运行完成之后发生的。和环境准备相似，我们可以对它进行自定义，使它适用于每个测试、类、模块或会话。

在这个阶段中，一般会销毁为测试套件创建的所有人工结构，并完成一些最终的清理工作。这是非常重要的，因为我们不想留下任何残留的对象，并且它可以帮助确保每个测试是从一个干净的状态开始的。

- **测试夹具**：它们是测试所使用的数据片段。通过使用特定的测试夹具集合，测试的结果是可以预测的，因此测试可以对这些结果执行验证。

在本章中，我们将使用 Python 的 pytest 库。这是一个功能极其强大的工具，使测试工作相较只使用标准库工具要轻松很多。pytest 提供了大量的帮助函数，使测试逻辑可以把焦点集中在实际测试中，而不是周围的相关细节。我们将会看到，当我们把 pytest 库应用于代码时，它的其中一个特点就是能够把测试夹具、环境准备、环境清理阶段合而为一。

10.1.2　测试的指导原则

与软件相似，有些测试很优秀，也有一些测试很差劲，还有很多测试位于两者之间。为了编写优质的测试，应该遵循下面这些指导原则。

- **测试应该尽可能简单**。在测试时违反一些良好的编码规则是没有问题的，例如采用硬编码的值或者使用重复的代码。对于测试而言，贯穿始终的要求是它应该尽可能容易阅读和理解。当测试很难阅读或理解时，我们就很难相信它能够确保代码正确地执行。
- **一个测试应该只验证一件事情**。这是非常重要的，可以保证测试是简短并可控的。编写多个测试对一个单独的对象或函数进行测试是非常好的做法。要确保每个测试有且只有一个用途。
- **对数据进行验证时，测试不应该有任何不必要的假设**。初看上去有点难以理解，但这是非常重要的。验证一个函数调用的结果是[1, 2, 3]与表示输出是一个包含了数字 1、2、3 的列表是不一样的。在前者，我们还假设了这些数字的顺序。在后者，我们只假设这些数字位于这个列表中。这种区别有时候几乎没有差别，但有时候却会变得非常重要。
- **测试应该关注“做什么”而不是“怎么做”**。测试应该把焦点集中在函数应该做些什么，而不是它是怎么做的。例如，把注意力集中在函数的目标是计算一个数的平方根（做什么），而不是专注于它是如何调用 math.sqrt()函数执行这个计算的（怎么做）。除非我们编写的是性能测试或者有验证某个操作是否执行的特殊需求，否则就应该避免这种类型的测试，而是把注意力集中在“做什么”上。对“怎么做”进行测试会导致测试的功能受限，使代码的重构变得困难。而且，当我们专注于“怎么做”时，如果频繁地修改软件，我们所编写的测试类型很可能会降低测试代码库的质量。
- **测试所使用的测试夹具集合应该尽可能小，只要满足需要即可**。这是另一个关键的要点。测试夹具具有随着时间的变化不断增长的趋势，它们还会不断地发生变化。如果在测试中使用了大量的测试夹具并忽略了冗余性，那么重构的时间会变得更长、发现缺陷也会变得更加困难。我们所使用的测试夹具集合能够保证测试正确地执行就可以了，不需要更多。

◆ **测试的运行速度应该尽可能快**。优秀的测试代码库最终会比它所测试的代码要长得多。它根据情况和开发人员的不同而有所不同。但是，不管测试的长度如何，我们最终需要进行的测试有几百个甚至几千个，这意味着测试的速度越快，我们就能够更早地回到代码的编写上。例如，在使用测试驱动的开发（TDD）时，我们会非常频繁地运行测试，因此测试的速度是至关重要的。

◆ **测试应该尽可能使用最少数量的资源**。原因是对我们的代码进行检查的每个开发人员都应该能够运行我们的测试，不管他们自己的机器多么强大。我们的测试可以是精简的虚拟机或者是一个 CircleCI 设置，它们在运行时不应该占用太多的资源。

CircleCI 是当前可用的最大的 **CI/CD**（**持续集成/持续交付**）平台之一。它很容易与 GitHub 这样的平台集成。我们必须在源代码中增加一些配置（一般是以文件的形式），这样当新代码准备并入当前的代码库时，CircleCI 就会运行测试。

10.1.3 单元测试

既然我们已经理解了什么是测试以及为什么需要测试，现在我们讨论开发人员最好的伙伴：**单元测试**。

在讨论实际例子之前，请允许我们提出一些告诫：我们会尽量解释与单元测试有关的基础知识，但我们不会不折不扣地遵守任何特定的思想学派和方法。在过去的一些年里，我们尝试过许多不同的测试方法，最终形成了我们自己的测试方法，而且它们仍然在不断发展。用李小龙的名言加以总结：

“吸收实用的东西，丢弃无用的东西，加上一些特别适合自己的东西。”

1. 编写单元测试

单元测试的名称来源于它们用于对小型的代码单元进行测试。为了说明如何编写单元测试，我们首先观察一段简单的代码：

```
# data.py
def get_clean_data(source):
    data = load_data(source)
    cleaned_data = clean_data(data)
    return cleaned_data
```

get_clean_data()函数负责从 source 获取数据，对它进行清理并返回给调用者。我们应该怎样对这个函数进行测试呢？

一种方法是调用它并确保 load_data()被调用一次并且把 source 作为它的唯一参数。然后，我们必须验证 clean_data()也被调用了一次，并且以 load_data 的返回值作为它的参数。最后，我们需要确保 clean_data 的返回值也是由 get_clean_data()函数所返回的。

为此，我们需要设置数据源并运行这段代码，但这可能存在一个问题。单元测试的黄金准则之一是需要对围绕应用程序边界的所有东西都进行模拟。我们不想与真正的数据源进行通信。对于那些需要与应用程序并未包含的东西进行通信的函数，我们也不想真正运行它们。我们可以模拟的东西包括数据库、搜索服务、外部 API 以及文件系统中的文件等。

我们需要把这些限制作为一种保障，这样就可以始终安全地运行测试，而不必担心它们会破坏真正数据源的内容。

另外，让开发人员在他们的计算机中复制整个测试架构是相当困难的。它可能涉及配置数据库、API、服务、文件和文件夹等，这种任务可能非常困难并且浪费时间，有时候甚至无法做到。

简言之，**应用程序编程接口**（**API**）就是一组用于创建软件应用程序的工具。API 根据它的操作、输入、输出、底层类型表达一个软件组件。例如，如果我们创建了一个需要与数据提供程序服务进行交互的软件，就很可能需要仔细研究后者的 API 以便访问数据。

因此，在单元测试中，我们需要按照某种方式模拟所有这些东西。开发人员不需要在他们的计算机中设置完整的测试系统就可以运行单元测试。

我们会尽量尝试使用的另一种不同方法是，在模拟对象时不使用虚构的对象，而是使用具有特殊用途的测试对象。例如，如果我们的代码与一个数据库进行通信，我们并不是仿造与数据库进行通信的所有函数和方法并根据这些虚构对象进行编程，使它们返回真正的对象所返回的东西，而是生成一个测试数据库，设置我们需要的表和数据，然后修改连接设置，使我们的测试在这个测试数据库上运行真正的代码。这种方法具有很大的优点，因为如果底层的程序库发生了变化导致我们的代码出了问题，这种方法就可以捕捉到这个问题。测试可能会失败，但是另一方面，使用仿制对象的测试很可能会继续成功运行，因为被仿制的接口并不知道底层程序库的变化。在这些情况下，内存中的数据库就是一个非常好的选择。

Django 是允许生成用于测试的数据库的应用程序之一。在 django.test 程序包中，我们可以找到一些能够帮助我们编写测试的工具，使我们不需要模拟与数据库的对话。按照这种方式编写测试，我们还能够检查事务、编码方式以及所有其他与数据库有关的编程方面。这种方法的另一个优点是它能够对因为不同的数据库而有所变化的对象进行检查。

但是，有时候我们无法采用这种方法。例如，当软件与一个 API 进行交互，并且该 API 并没有测试版本时，我们就需要使用仿制 API 来模拟这个 API。在现实中，我们在大多数情况下会使用一种混合的方法。在允许使用这种方法的地方，我们就使用这些技术的测试版本，在其他地方则使用仿制对象。下面我们首先讨论仿制对象。

2．对象的仿制和拼补

首先，在 Python 中，这种虚构对象称为 mock（仿制）。在 Python 3.3 版本之前，mock 库都是第三方库，基本上每个项目都要通过 pip 安装它。从 3.3 版本开始，它被包含在标准库的 unittest 模块中，从此它的重要性得到了很大的提高，并且被广泛地使用。

用仿制代替现实的对象或函数（或延伸到数据结构的任何片断）的行为称为**拼补**（patching）。mock 库提供了 patch 工具，可以作为函数或类的装饰器，甚至可以作为对象仿制的上下文管理器。

3．断言

验证阶段是通过断言完成的。在大多数情况下，断言是一个函数（或方法），用于验证对象之间的相等性，也可用于验证其他条件。当一个条件无法满足时，断言就会触发一个异常，导致测试失败。我们可以在 uinitest 模块的文档中找到一个断言列表。但是，当我们使用 pytest 时，一般会使用通用的 assert 语句，它可以简化我们的工作。

10.1.4 测试一个 CSV 生成器

现在，我们采取一种实用的方法。我们将解释如何对一段代码进行测试，并围绕这个例子介绍与单元测试有关的其他重要概念。

我们想要编写一个 export 函数，完成下面的任务：它接受一个字典列表，每个字典表示一位用户。这个函数创建一个 CSV 文件，为它设置一个标题，并添加满足某些规则的所有用户。这个函数将接受 3 个参数：用户字典的列表、需要创建的 CSV 文件的名称，并指定是否允许覆盖具有相同名称的现有文件。

用户字典必须满足下面的条件才能被认为是合法的并且被添加到输出文件中：每位用户必须至少有邮件地址、姓名、年龄。另外还可以有第 4 个字段表示角色，但它是可选的。用户的邮件地址必须是合法的，姓名必须是非空的，年龄必须是 18～65 的整数。

这就是我们的任务。现在我们打算显示代码，然后对我们为这段代码所编写的测试进行分析。但是，首先需要注意的是这段代码将使用两个第三方库：Marshmallow 和 Pytest。它们都是本书的源代码所需要的，因此要确保用 pip 安装它们。

Marshmallow 是一个优秀的库，向我们提供了对象的序列化（用 Marshmallow 的术语表示是 dump）和反序列化（用 Marshmallow 的术语表示是 load）功能。最重要的是，它允许我们定义一个方案（schema），对用户字典进行验证。Pytest 是我们看到过的最优秀的软件模块之一，它现在应用得极为广泛，例如取代了诸如 nose 这样的工具。它为我们提供了优秀的工具，帮助我们编写优美的简短测试。

现在，我们观察代码。我们称为 api.py，因为它只提供了一个完成某些任务的函数。我们将分段观察这些代码：

```
# api.py
import os
```

```
import csv
from copy import deepcopy

from marshmallow import Schema, fields, pre_load
from marshmallow.validate import Length, Range

class UserSchema(Schema):
    """表示一个"合法的"用户。"""

    email = fields.Email(required=True)
    name = fields.Str(required=True, validate=Length(min=1))
    age = fields.Int(
        required=True, validate=Range(min=18, max=65)
    )
    role = fields.String()

    @pre_load()
    def strip_name(self, data,**kwargs):
        data_copy = deepcopy(data)
        try:
            data_copy['name'] = data_copy['name'].strip()
        except (AttributeError, KeyError, TypeError):
            pass
        return data_copy

schema = UserSchema()
```

在第一部分中，我们导入了所有必需的模块（os、csv、deepcopy）和 marshmallow 的一些工具。接着，我们定义了用户方案。可以看到，这个方案是从 marshmallow.Schema 继承的。然后，我们设置了 4 个字段。注意我们使用了两个字符串字段（Str）、一个 Email 字段和一个 Integer 字段（Int）。这些字段为我们提供了 marshmallow 的一些验证方法。注意，对于 role 字段，并不要求 required=True。

但是，我们还需要添加一些自定义的代码片段。我们需要对 age 进行验证，确保年龄值位于我们所希望的范围之内。如果不满足这个条件，Marshmallow 就会触发 ValidationError 异常。如果我们传递的数据不是整数，Marshmallow 也会负责触发一个错误。

我们还对 name 进行了验证，因为字典中存在一个 name 键并不保证 name 的值是实际非空的。我们验证这个字段值的长度至少为 1。注意我们并不需要为 email 字段添加任何验证逻辑，这是因为 marshmallow 会对它进行验证。

在字段声明之后，我们编写了另一个方法 strip_name()，它是用 Marshmallow 帮助函数 pre_load()进行装饰的。这个方法是在 Marshmallow 对数据进行反序列化（load）之前运行的。可以看到，我们首先创建 data 的一个副本，因为在这个语境中，直接对一个可变对象进行操作并不是很好的思路。我们确保清除 data['name']所有的前缀和后缀空格。这个键表示我们在上面刚刚声明的 name 字段。我们通过把代码放在一个 try / except 代码块中来确保这一点，因此即使出现了错误，反序列化操作仍然能够顺利进行。这个方法返回 data 修改后的副本，Marshmallow

会完成剩下的操作。

然后，我们对 schema 进行实例化，这样就可以用它对数据进行验证。因此，我们编写了一个 export 函数：

```
# api.py
def export(filename, users, overwrite=True):
    """导出一个 CSV 文件。

    创建一个 CSV 文件并用合法的用户进行填充。
    如果'overwrite'为 False 且文件已经存在，就触发 IOError。
    """
    if not overwrite and os.path.isfile(filename):
        raise IOError(f"'{filename}' already exists.")

    valid_users = get_valid_users(users)
    write_csv(filename, valid_users)
```

可以看到，它的内部逻辑相当简单。如果 overwrite 为 False 并且文件已经存在，就触发一个 IOError 异常，并输出一条消息表示该文件已存在。否则，如果可以继续操作，就简单地获取合法用户的列表，并把它输入 write_csv()，后者负责完成实际的工作。我们可以观察这几个函数是如何定义的：

```
# api.py
def get_valid_users(users):
    """从 users 表一次生成一个合法的用户。"""
    yield from filter(is_valid, users)

def is_valid(user):
    """返回该用户是否合法。"""
    return not schema.validate(user)
```

事实上，我们把 get_valid_users()编写为生成器的形式，因为我们不需要创建一个巨大的列表并把它保存到一个文件中。我们可以逐个验证并保存每个用户。验证工作的核心很简单，就是对 schema.validate()的一个委托，后者使用了 marshmallow 的验证引擎。这个方法返回一个字典，如果数据根据方案进行验证之后是合法的，那么这个字典就是空的，否则就包含了错误信息。我们并不需要真正关注如何收集这个任务的错误信息，因此简单地将其忽略。对于 is_valid()函数而言，如果 schema.validate()的返回值为空，它就简单地返回 True，否则返回 False。

还少了最后一段代码，如下所示：

```
# api.py
def write_csv(filename, users):
    """根据一个文件名和一个用户列表编写一个 CSV。

    对于给定的 CSV 结构，假设这些用户都是合法的。
    """
    fieldnames = ['email', 'name', 'age', 'role']

    with open(filename, 'w', newline='') as csvfile:
        writer = csv.DictWriter(csvfile, fieldnames=fieldnames)
```

```
        writer.writeheader()

        for user in users:
            writer.writerow(user)
```

这段代码的逻辑同样非常简单。我们在 fieldnames 中定义了标题，然后打开文件用于写入，并指定了 newline=''，这也是官方文档在处理 CSV 文件时所推荐的换行符。创建了这个文件之后，就使用 csv.DictWriter 类获取一个 writer 对象。这个工具的优美之处在于，它能够把用户字典映射到字段名，因此我们就不需要关注字段的顺序。

我们首先写入标题，然后对用户进行循环，并逐个添加它们。注意，这个函数假设它所接收的是合法的用户列表，如果这个假设不成立就可能出错（使用了默认值之后，如果任何用户存在额外的字段，它就会出错）。

这些就是我们需要关注的完整代码。我们建议读者花点时间仔细再看一遍。并不需要记住它，事实上我们使用了一些具有直观名称的简单帮助函数，帮助我们更方便地理解测试过程。

现在我们进入有趣的部分：对 export()函数进行测试。同样，我们将分段显示代码：

```
# tests/test_api.py
import re
from unittest.mock import patch, mock_open, call
import pytest
from ch10.api import is_valid, export, write_csv
```

我们从导入部分开始：首先导入 unittest.mock 的一些工具，然后是 pytest，最后提取了想要实际进行测试的 3 个函数：is_valid()、export()、write_csv()。我们还从标准库中导入了 re 模块，其中一个测试需要用到它。

但是，在编写测试之前，我们需要创建一些新的**夹具**。可以看到，夹具就是一种用 pytest.fixture 装饰器进行装饰的函数。它们在其所应用的每个测试之前运行。在大多数情况下，我们期望夹具返回一些东西，以便在测试中使用。我们对用户字典有一些需求，因此编写了一对用户：一个具有最少的需求，另一个具有完整的需求。这两个用户都必须是合法的。下面是具体的代码：

```
# tests/test_api.py
@pytest.fixture
def min_user():
    """用最少的数据表示合法用户。"""
    return {
        'email': 'minimal@example.com',
        'name': 'Primus Minimus',
        'age': 18,
    }

@pytest.fixture
def full_user():
    """用完整的数据表示合法用户。"""
    return {
```

```
        'email': 'full@example.com',
        'name': 'Maximus Plenus',
        'age': 65,
        'role': 'emperor',
    }
```

在这个例子中，用户之间的唯一区别就是 role 键存在与否，但足以说明我们想表达的观点。

注意，我们并不是简单地在一个模块层次中声明字典，而是实际编写了两个返回一个字典的函数，并且用@pytest.fixture 装饰器对它们进行了装饰。这是因为当我们声明了一个字典并且这个字典将在模块层次用于我们的测试时，就需要确保把它复制到每个测试的开始位置。如果没有这么做，可能会有一个测试对它进行了修改，这将影响之后的所有测试，导致它们的完整性受到影响。通过使用这些夹具，pytest 在每次运行测试时会生成一个新的字典，使我们不需要实现这个复制过程。这有助于维护独立性原则，即每个测试应该是完整和独立的。

如果一个夹具返回的对象不是 dict 类型，我们在测试中也将得到这种类型的对象。

夹具也是可合成的，意味着它可以和另一个夹具一起使用，这是 pytest 的一个非常强大的特性。为了说明这一点，我们为一个用户列表编写一个夹具，包含已有的两个用户，再加上另一个因为缺少年龄而无法通过验证的用户。我们观察下面这段代码：

```
# tests/test_api.py
@pytest.fixture
def users(min_user, full_user):
    """用户列表，两个合法用户和一个非法用户。"""
    bad_user = {
        'email': 'invalid@example.com',
        'name': 'Horribilis',
    }
    return [min_user, bad_user, full_user]
```

因此，我们现在有了两个可以单独使用的用户，另外还有一个包含了 3 个用户的列表。

第一回合的测试是测试如何验证一个用户。我们把这个任务的所有测试组合在一个类中。这种做法可以给相关的测试提供一个名字空间。稍后将会看到，它还允许我们声明类层次的夹具，也就是为只属于这个类的测试所定义的夹具。在类层次声明夹具的一个额外优点是可以方便地在这个类的作用域之外对同一个名称进行重写。观察下面这段代码：

```
# tests/test_api.py
class TestIsValid:
    """测试代码是如何验证一个用户是否合法的。"""

    def test_minimal(self, min_user):
        assert is_valid(min_user)

    def test_full(self, full_user):
        assert is_valid(full_user)
```

我们首先简单地确保这些夹具实际通过了验证。这有助于确保代码对已知合法的用户进行正确的验证，不管是最少数据的用户还是完整数据的用户。注意，我们向每个测试函数提供了一个与夹具名称匹配的参数，其效果就是激活该测试所使用的夹具。当 pytest 运行这些测试时，它将检查每个测试的参数，并把对应的夹具函数的返回值作为参数传递给测试函数。

接着，我们对年龄进行测试。这里需要注意两件事情：我们不会重复类的签名，因此后面的代码缩进了 4 个空格，因为它们都是同一个类中的方法。另外，我们将相当深入地使用参数化。

参数化（parameterization）技巧允许我们多次运行同一个测试，但在每次测试时向它输入不同的数据。这是非常实用的，因为它允许我们只编写测试一次，不需要重复，pytest 可以非常智能地对结果进行处理，它在运行所有的测试时就好像它们实际上是单独编写的一样，因此在失败时能够向我们提供清晰的错误信息。另一种解决方案是在一个 for 循环中编写一个测试，在这个循环中运行我们想要测试的所有数据片段。但是，后面这种解决方案的质量要低得多，因为当我们运行不同的测试时，这个框架无法向我们提供特定的信息。而且，如果 for 循环的任何一次迭代失败，就不存在此后的信息，因为后续的迭代都不会发生。最后，由于额外的 for 循环逻辑的存在，测试体变得更难以看懂。因此，在这种使用场合，参数化是优秀得多的选择。

参数化可以让我们避免为所有的可能的场景编写一大串几乎相同的测试。下面，我们观察如何对年龄进行测试：

```
# tests/test_api.py
    @pytest.mark.parametrize('age', range(18))
    def test_invalid_age_too_young(self, age, min_user):
        min_user['age'] = age
        assert not is_valid(min_user)
```

因此，我们首先编写一个测试，检查当用户太年轻时验证会不会失败。根据规则，当年龄小于 18 时，就说明用户过于年轻。我们使用 range()对位于 0～17 的每个年龄进行检查。

如果观察参数化的工作方式，将会发现我们声明了一个对象的名称，然后把它传递给方法的签名，并指定该对象将接受哪些值。该测试对于每个值都会运行一次。以第一次测试为例，对象的名称是 age，值是 range(18)所返回的值，也就是 0～17 的所有整数。注意我们是如何在 self 之后，把 age 输入 test 方法的。

我们还在这个测试中使用了 min_user 夹具。在这个例子中，我们在 min_user 字典中修改了 age，然后验证 is_valid(min_user)的结果为 False。我们完成的最后一件事就是断言 not False 是 True。在 pytest 中，这就是我们的检查方式。我们简单地断言某件事情的正确性。如果情况确实如此，测试就得以通过。如果情况正好相反，测试就失败。

注意，对于在运行时使用了 pytest 的每个测试，pytest 将会重新计算夹具函数，因此我们可以自由地在测试中修改夹具数据，而不会影响其他测试。

下面我们继续添加使年龄验证失败需要的所有测试：

```
# tests/test_api.py
    @pytest.mark.parametrize('age', range(66, 100))
    def test_invalid_age_too_old(self, age, min_user):
        min_user['age'] = age
        assert not is_valid(min_user)
```

```
    @pytest.mark.parametrize('age', ['NaN', 3.1415, None])
    def test_invalid_age_wrong_type(self, age, min_user):
        min_user['age'] = age
        assert not is_valid(min_user)
```

因此，我们还需要两个测试。其中一个测试负责验证超出年龄的情况，也就是年龄范围为66～99。另一个测试确保当年龄不是整数时就是非法年龄。因此，我们通过向它传递诸如字符串、浮点值和 None 这样的值来证实这一点。注意，测试的结构基本上是相同的，但是受惠于参数化，我们可以向它输入完全不同的参数。

既然我们已经整理了所有类型的年龄失败问题，现在就可以添加一个测试，实际检查年龄是否位于合法范围之内：

```
# tests/test_api.py
    @pytest.mark.parametrize('age', range(18, 66))
    def test_valid_age(self, age, min_user):
        min_user['age'] = age

        assert is_valid(min_user)
```

非常简单。我们传递了正确的范围（18～65），并在断言中删除 not。注意，所有的测试都以 test_为前缀，使 pytest 可以发现它们，并且它们具有不同的名称。

我们可以认为年龄能够得到正确的测试，现在把目光转向为必填字段，为它们编写测试：

```
# tests/test_api.py
    @pytest.mark.parametrize('field', ['email', 'name', 'age'])
    def test_mandatory_fields(self, field, min_user):
        del min_user[field]
        assert not is_valid(min_user)

    @pytest.mark.parametrize('field', ['email', 'name', 'age'])
    def test_mandatory_fields_empty(self, field, min_user):
        min_user[field] = ''
        assert not is_valid(min_user)

    def test_name_whitespace_only(self, min_user):
        min_user['name'] = ' \n\t'
        assert not is_valid(min_user)
```

上面这 3 个测试仍然属于同一个类。第一个测试检测其中一个必填字段为空时用户是否为非法。注意，当每个测试运行时，min_user 这个夹具都会被恢复，因此每次测试运行时只有一个未填的字段，这也是检查必填字段的适当方式。我们简单地从字典中移除键。这一次由参数化对象接收 name 字段。通过观察第一个测试，我们可以在这个参数化的装饰器中看到所有的必填字段（email、name、age）。

在第二个测试中，情况有所变化。它并不是从字典中移除键，而是简单地把它们设置为空字符串（一次设置一个）。最后，在第三个测试中，我们检查名字是不是仅由空白字符组成。

上面这几个测试检查必填字段是否存在并且非空，并负责与用户的 name 键有关的格式化。

很好，现在我们可以编写这个类的最后两个测试。我们想要检查邮件地址是否合法，并检查 email、name、role 的类型：

```
# tests/test_api.py
    @pytest.mark.parametrize(
        'email, outcome',
        [
            ('missing_at.com', False),
            ('@missing_start.com', False),
            ('missing_end@', False),
            ('missing_dot@example', False),
            ('good.one@example.com', True),
            ('δοκιμή@παράδειγμα.δοκιμή', True),
            ('аджай@экзампл.рус', True),
        ]
    )
    def test_email(self, email, outcome, min_user):
        min_user['email'] = email
        assert is_valid(min_user) == outcome
```

这一次，参数化变得稍微复杂了一些。我们定义了两个对象（email 和 outcome），然后向装饰器传递一个元组列表而不是一个简单的列表。当每次运行测试时，其中一个元组会被拆包，分别填充 email 和 outcome 的值。这就允许我们为合法和不合法的电子邮件地址编写一个测试，而不是编写两个独立的测试。我们定义了一个电子邮件地址，并指定了期望获得的验证结果。前 4 个是非法的电子邮件地址，但最后 3 个是合法的。我们使用了几个非 ASCII 字符的例子，这是为了确保对全世界范围内的朋友的邮件地址进行验证。

注意验证是如何完成的，它断言调用的结果需要与我们已经设置的结果相匹配。

现在我们编写一个简单的测试，确保当我们输入了错误的字段类型时验证将会失败（和前面一样，年龄必须单独进行验证）：

```
# tests/test_api.py
    @pytest.mark.parametrize(
        'field, value',
        [
            ('email', None),
            ('email', 3.1415),
            ('email', {}),
            ('name', None),
            ('name', 3.1415),
            ('name', {}),
            ('role', None),
            ('role', 3.1415),
            ('role', {}),
        ]
    )
    def test_invalid_types(self, field, value, min_user):
        min_user[field] = value
        assert not is_valid(min_user)
```

和前面的做法一样，为了增加趣味，我们传递了 3 个不同的值，它们都不是字符串。这个测试可以扩展，包含更多的值。但坦率地说，我们不需要按照这种方式编写测试。我们在这里包含它的原因只是为了说明这种做法是可行的，但是在正常情况下我们需要把注意力集中在对合法的东西进行验证，这样就足够了。

在讨论下一个测试类之前，我们简单介绍一下在测试年龄时接触的一些东西。

1．边界和粒度

在检查年龄时，我们编写了 3 个测试覆盖了 3 个范围——0～17（失败）、18～65（成功）、66～99（失败）。为什么要这样做？答案是我们需要处理两个边界：18 和 65。因此，我们的测试需要把注意力集中在这两个边界所定义的区域上——小于 18 岁、18 到 65 岁、大于 65 岁。具体怎么做并不是特别重要，只要能够保证对这些边界进行正确的测试就可以了。这意味着如果有人把方案中的验证从 18 <= value <= 65 修改为 18 <= value < 65（注意少了一个=），肯定会有一个测试在 65 时失败。

这个概念称为**边界**（boundary），在代码中意识到边界的存在是非常重要的，这样就可以根据边界进行针对性的测试。

另一件重要的事情是理解需要什么样的缩放层次，也就是与边界的靠近程度。换句话说，就是在测量边界时采用什么单位。

以年龄为例，我们处理的是整数，所以单位 1 就是完美的选择（这是我们使用 16、17、18、19、20、…的原因）。但是，如果我们是对时间戳进行测试，应该使用什么单位呢？在这种情况下，正确的粒度很可能因具体情况而异。如果代码必须根据时间戳表现出不同的行为并且时间戳是用秒表示的，那么我们测试的粒度也应该缩放到秒。如果时间戳是用年表示的，则我们使用的单位也应该是年。我们希望读者能够理解这个精神。这个概念称为**粒度**（granularity），需要结合边界一起考虑。因此，在处理边界时使用正确的粒度，就可以保证自己的测试不会遗漏什么。

现在，我们继续自己的例子，测试 export 函数。

2．测试 export 函数

在同一个测试模块中，我们定义了另一个类，表示 export()函数的测试套件。下面就是这个类的定义：

```
# tests/test_api.py
class TestExport:
    """测试'export'函数的行为。"""

    @pytest.fixture
    def csv_file(self, tmp_path):
        """在一个临时文件夹中生成一个文件名。
        由于pytest的'tmp_path'夹具的工作方式，这个文件尚不存在。
        """
        yield tmp_path / "out.csv"
```

```
    @pytest.fixture
    def existing_file(self, tmp_path):
        """创建一个临时文件并在其中放入一些内容。"""
        existing = tmp_path / 'existing.csv'
        existing.write_text('Please leave me alone...')
        yield existing
```

我们首先对夹具进行分析。这次，我们在类层次定义了夹具，意味着它们的生存期就只是在这个类测试运行的时候。在这个类的外部，我们并不需要这些夹具，因此像那个 users 例子一样在模块层次定义这些夹具并没有意义。

因此，我们需要两个文件。我们在本章之初曾经提到过，如果需要与数据库、磁盘、网络等进行交互，我们应该对这些东西进行仿制。但是，只要有可能，我们都推荐使用一种不同的技巧。在这个例子中，我们将使用临时文件夹，它们在夹具中创建并消亡。如果能够避免仿制，无疑是一件令人愉快的事情。为了创建临时文件夹，我们使用了 pytest 的 tmp_path 夹具，它是一个 pathlib.Path 对象。

现在，第一个夹具 csv_file 提供了对一个临时文件夹的引用。我们可以扩展这个逻辑，包含 yield 作为环境准备阶段。就数据而言，这个夹具本身是用临时文件名表示的。这个文件本身此时还不存在。当一个测试运行时，就会创建这个夹具。当这个测试结束时，夹具代码的剩余部分（在 yield 之后，如果有）就被执行。这个部分可以看成环境清理阶段。在 csv_file 夹具的情况下，它退出函数体，意味着这个临时文件夹及其所有内容都被删除。我们可以在任何夹具的每个阶段中放入更多的代码。有了经验之后，就可以熟练地按照这种方式完成环境准备和环境清理。这种方法不仅非常自然，而且极为快速。

第二个夹具与第一个非常相似，但我们用它测试在 overwrite=False 的情况下调用 export 时是否可以防止覆盖。因此，我们在临时文件夹中创建了一个文件，并在其中写入一些内容，以验证它并没有被覆盖。

现在我们观察这些测试（和以前一样，它们都是在同一个类中定义的）：

```
# tests/test_api.py
    def test_export(self, users, csv_file):
        export(csv_file, users)
        text = csv_file.read_text()

        assert (
            'email,name,age,role\n'
            'minimal@example.com,Primus Minimus,18,\n'
            'full@example.com,Maximus Plenus,65,emperor\n'
        ) == text
```

这个测试使用了 users 和 csv_files 这两个夹具，并立即用它们调用 export()。我们期望已经创建了一个文件，其中包含了两个合法的用户（记住，这个列表包含了 3 个用户，但其中有一个是非法用户）。

为了验证这一点，我们打开这个临时文件，并把它的所有文本收集到一个字符串中。然后，我们把这个文件的内容与该文件的预期内容进行比较。注意，我们只是按照正确的顺序写入了标题和两个合法的用户。

现在，我们需要另一个测试，确保如果其中一个值中存在逗号，我们的 CSV 仍然能够正确地生成。作为一种**逗号分隔的值**（CSV）文件，我们需要确保数据中的逗号并不会导致出错：

```
# tests/test_api.py
    def test_export_quoting(self, min_user, csv_file):
        min_user['name'] = 'A name, with a comma'
        export(csv_file, [min_user])
        text = csv_file.read_text()

        assert (
            'email,name,age,role\n'
            'minimal@example.com,"A name, with a comma",18,\n'
        ) == text
```

这一次，我们并不需要整个用户列表，我们只需要一个用户，因为我们只测试一件特定的事情，以前的测试已经确保生成了包含所有用户的文件。记住，我们要尽量减少测试所完成的工作量。

因此，我们使用了 min_user，并在它的名称中包含了一个逗号。接着我们重复这个过程，它与前面的测试非常相似，最终确保放在 CSV 文件中的这个名字由双引号括起来。所有还不错的 CSV 解析器都知道不需要根据引号内的逗号对文本进行分割。

现在，我们还需要一个测试，检查文件存在时是否不对它进行覆盖，这样我们的代码就不需要对它进行操作：

```
# tests/test_api.py
    def test_does_not_overwrite(self, users, existing_file):
        with pytest.raises(IOError) as err:
            export(existing_file, users, overwrite=False)
        err.match(
            r"'{}' already exists\.".format(
                re.escape(str(existing_file))
            )
        )
        # 我们还验证文件仍然是完整的
        assert existing_file.read() == 'Please leave me alone...'
```

这是一个优美的测试，因为我们可以告诉 pytest 我们期望一个函数调用触发一个异常。为此，我们把期望触发的异常输入 pytest.raises 提供的上下文管理器，这样当我们在这个上下文管理器中进行函数调用时就可以实现这个行为。如果未触发异常，就表示测试失败。

我们希望自己的测试更彻底一些，因此不打算就此止步。我们还使用非常方便的帮助函数 err.match 对消息进行了断言。注意，我们在调用 err.match 时不需要使用 assert 语句。如果参数不匹配，这个调用就会触发一个 AssertionError，导致测试失败。我们还需要对 existing_file 的字符串版本进行转义，因为在 Windows 中，路径中包含了反斜杠，会导致我们输入 err.match()

的正则表达式存在歧义。

最后，我们打开这个文件，并把它的所有内容与预期内容进行比较，确保它仍然包含了原先的内容（这也是我们创建 existing_file 这个夹具的原因）。

3．最后的思量

在讨论下一个主题之前，我们回顾与本节内容有关的一些思量。

首先，我们希望读者已经注意到我们并没有对自己编写的所有函数进行测试。具体地说，我们没有测试 get_valid_users、validate、write_csv，原因是我们的测试套件已经对这些函数进行了隐含的测试。我们测试了 is_valid()和 export()，足以确保我们的测试方案对用户进行了正确的验证，并且 export()函数正确地对非法用户进行了过滤，根据需要保留现有的文件并写入一个适当的 CSV 文件。我们没有测试的几个函数负责处理一些内部细节，它们的代码逻辑实际上已经进行了详细的测试。对这些函数进行额外的测试是利是弊？读者可以细加思量。

这个问题的答案有点难度。我们进行的测试越多，代码的重构余地也就越小。就现在而言，我们可以很轻松地决定对 validate()进行重命名，而不需要对自己的测试进行任何修改。如果考虑到这一点，就可以明白为什么不对那几个函数进行测试。因为只要 validate()能够对 get_valid_users()函数进行正确的验证，我们就不需要知道它的细节。

反之，如果我们为 validate()函数编写了测试，以后又想给它取一个不同的名字（或者更改它的签名），就不得不对这些测试也进行修改。

因此，正确的做法是什么呢？测试还是不测试？这个由读者自行决定。读者必须找到正确的平衡。我们个人对此的态度是任何东西都需要进行彻底的测试，不管是直接测试还是间接测试。并且，我们希望编写尽可能小的测试套件保证实现这一点。按照这种方式，我们采用的测试套件具有良好的覆盖性，但又不存在浪费。我们需要维护这些测试！

我们希望读者能够理解这个例子，我们认为它可以帮助读者理解一些重要的主题。

如果检视本书 test_api.py 模块的源代码，可以发现我们添加了两个额外的测试类，它们展示了在使用仿制时可以采用的不同测试方法。确保阅读这些代码并理解它们。它们相当简单，并不比我们在本节所介绍的方法更加复杂。

现在，如果运行这些测试会怎么样呢？

```
$ pytest tests
======================== test session starts==========================
platform darwin -- Python 3.9.4, pytest-6.2.4, py-1.10.0, pluggy-0.13.1
rootdir: /Users/fab/.../ch10
collected 132 items

tests/test_api.py ........................................... [ 34%]
............................................................. [ 83%]
......................                                        [100%]

======================== 132 passed in 0.31s==========================
```

确保在 ch10 文件夹中运行$ pytest test（添加-vv 标志可以产生更加详细的输出，显示参数化是如何修改测试名称的）。pytest 扫描文件和文件夹，搜索以 test_开始或结尾的模块，例如 test_*.py 或*_test.py。在这些模块中，它抓取以 test 为前缀的函数或者在 Test 为前缀的类中抓取以 test 为前缀的方法（读者可以在 pytest 文档中阅读完整的规范）。可以看到，132 个测试的运行时间还不到半秒，并且都成功了。我们强烈建议读者仔细阅读这些代码并对它们进行试验。在代码中修改一些东西，看看会不会有任何测试失败。理解它为什么会失败。这是不是意味着该测试还不够好？或者代码中有什么地方不对劲，导致测试失败？所有这些看上去无伤大雅的问题将帮助我们更深入地理解测试的艺术。

我们还建议读者研究 unittest 模块和 pytest 库，它们是读者经常用到的工具，因此需要对它们了如指掌。

现在，我们讨论测试驱动的开发！

10.2 测试驱动的开发

下面我们简单介绍**测试驱动的开发**（Test-Driven Development，**TDD**）。这是一种由 Kent Beck 重新发现的方法论，出自他的著作 *Test-Driven Development by Example*（Addison Wesley，2002）。如果读者想了解这个主题的基础知识，可以阅读这本书。

TDD 是一种软件开发方法论，它建立在对一个非常短的开发周期进行持续重复的基础之上。

首先，开发人员编写一个测试并运行它。这个测试检查代码中尚未定型的一个特性。它可能是一个需要添加的新特性，也可能是一个需要删除或修改的特性。运行该测试会导致它失败，因此这个阶段称为**红色**（Red）阶段。

当测试失败时，开发人员编写尽可能少的代码使它能够通过测试。再次运行这个测试并成功通过时，就进入了所谓的**绿色**（Green）阶段。在这个阶段，仅仅为了让测试通过而编写一些欺骗性的代码是没有问题的。这个技巧称为“不断假冒直到成功”。在 TDD 周期的第二次迭代中，用不同的边缘类不断地丰富测试，然后那些欺骗性的代码逐渐用正确的逻辑进行重写。添加其他测试例的做法有时称为**三角测试**。

这个周期的最后一个阶段是开发人员对代码和测试进行重构，直到它们到达令人满意的状态。最后一个阶段称为**重构**（Refactor）。

因此，TDD 之曲就是**红色—绿色—重构**的反复循环。

刚开始，读者会觉得在代码之前编写测试是件奇怪的事情，我们必须承认自己也花了挺长时间才习惯这种做法。但是，如果坚持这种做法，并强迫自己学习这种稍微有点违背直觉的工作方式，在某个时刻就能看到一些奇妙的事情发生，会发现自己的代码质量得到了其他方法无法实现的提高。

当我们在测试之前编写代码时，必须同时注意代码需要做什么以及应该怎么做。反之，当我们在代码之前编写测试时，我们在编写它们的时候可以把注意力单独放在编写什么。后面编写代码时，可以把注意力集中在测试要求代码完成的任务上。这种焦点转换可以让我们在不同的时候分别解决“做什么”和“怎么做”的问题，最大限度地释放思维的力量。

这个技巧还有其他一些优点。

- **我们对重构会更有信心**：如果我们引入了缺陷，测试就会失败。而且，在测试的监控之下，软件架构的重构也会从中受益。
- **代码更容易阅读**：这是至关重要的，因为编码已经是一种社交活动，每位专业开发人员阅读代码的时间远远多于编写代码的时间。
- **代码的耦合度更低，更容易测试和维护**：首先编写测试迫使我们更深入地思考代码的结构。
- **编写测试首先要求我们对业务需求有更好的理解**：如果我们对需求的理解不足，就会发现编写测试是极为困难的，这时候就警示我们加深对业务需求的理解。
- **对所有的东西都进行单元测试意味着代码更容易调试**：而且，较小的测试非常适合提供替代文档。日常语言可能会产生误导，但一个简单测试中的 5 行 Python 代码很难被误解。
- **更快的速度**：先编写测试再编写代码要比先编写代码再花大量的时间对它进行调试更加快速。如果不编写测试，我们很可能早早就让代码误入歧途，以后不得不费力追踪缺陷并解决它们（放心，肯定会有缺陷）。首先编写代码然后对它进行调试加起来所花费的时间通常要长于使用 TDD 进行开发所需要的时间。在 TDD 中，在编写代码之前运行测试保证了缺陷的数量要比传统的方法少得多。

另外，这个技巧的主要缺点如下。

- **全公司都要信任这种方法**：否则，我们会不断地陷入与老板的争论，他无法理解为什么代码的发布时间这么长。真正的原因是，站在短期的角度，它的发布时间会长一些。但从长期来看，TDD 能够给我们节省更多的时间。但是，要看到长期效果是比较困难的，因为它不像短期效应那样一眼可见。我们多次与老板争辩，说服他们使用 TDD。这个过程有时候很痛苦，但最终却是值得的。我们从来不后悔这样的经历，因为最终产品的质量总是赢得大家的赞赏。
- **如果对业务需求缺乏理解，就会反映到我们所编写的测试中，随之反映到代码中**：这种类型的问题在执行 UAT 之前很难被发现，但是减少这种事情的发生概率的一种方法就是与另一位开发人员结对工作。结对开发不可避免地需要对业务需求进行讨论，而这种讨论可以澄清需求，帮助我们编写正确的测试。
- **低质量的测试难以维护**：这是事实。对太多的仿制进行测试，或者在测试中附加额外的假设或采用结构不佳的数据，很容易使测试成为负担。不要为此感到气馁，只要不断地进行试验，更改编写测试的方法，最终会找到一种方法，使我们每次接触代码时不需要太多的工作量。

我们对 TDD 怀有极大的热情。当我们接受工作面试时，总是会询问公司是否采用这种开发方式。我们鼓励读者研究并使用这种方法。读者应该不断地使用这种方法，直到豁然开朗。一旦掌握了这种方法，就可以根据情况自如地判断是否采用这种方法。但是，不管按照什么顺序编写代码或测试，最重要的事情是坚持对代码进行测试！

10.3　总结

在本章中，我们探索了测试的世界。

我们尝试对测试展开相对深入的讲解，尤其是单元测试，它是开发人员接触最多的测试。我们希望已经向读者传达了一个思想，就是测试并不是一种已经精确定义并且光靠看书就能熟练掌握的技巧。我们需要对它进行不断的试验，才有可能得心应手。在程序员必须一直研究和试验的所有努力中，我们认为测试是最为重要的。

在第 11 章中，我们将探索调试和性能分析的世界，这些技巧是与测试密切相关的，也是我们迫切需要掌握的。

我们在本章中指定了太多的参考材料，但没有提供链接或用法说明。这是有意如此的。作为程序员，不可能整天埋头工作，还需要在文档页面、手册、网络上查询信息。我们觉得能够有效地搜索自己所需要的信息对于程序员而言是非常重要的，因此请不要介意我们提供的额外训练。不管怎样，这都是为读者着想。

第 11 章 调试和性能分析

“如果说调试是消除软件缺陷的过程，那么编程就是产生软件缺陷的过程。”

——爱兹格·迪斯科切

在专业程序员的生活中，调试和故障排除占据了大量的时间。即使我们是在一位高手所编写的最优质代码库的基础上开展自己的工作，仍然会在代码中产生缺陷，这是必然的事情。我们花费大量的时间阅读其他人的代码。在我们看来，优秀的软件开发人员应该时刻注意潜在的缺陷，即使他们当前阅读的代码被认为是没有错误或缺陷。

能够快速有效地调试代码是每位程序员都需要完善的技能。与测试相似，调试也是一种通过实践才能掌握的技巧。我们可以遵循一些指导原则，但没有任何红宝书可以帮助我们直接成为这方面的高手。

在这个特定的主题上，我们在自己的同事身上得到了最多的感触。当我们发现有人能够非常熟练地解决某个问题时，就会感觉非常惊异。我们欣赏他们为了排除一些可能的错误原因所采取的步骤和验证方法，欣赏他们为了找到问题的最终解决方案而对问题原因所进行的推测。

与我们共事的每位同事都会让我们有所长进，或者通过一个最终被证明正确的奇思妙想让我们惊叹。出现这种情况时，我们不要止步于惊叹（或者更糟糕，陷入嫉妒），而要抓住这个时机，请教他们是怎么进行推测的，以及为什么要进行这样的推测。这种问题的答案能够让我们明白是不是有什么事情值得我们深入探究，也许下一次就轮到我们以同样的方式捕捉缺陷。

有些缺陷非常容易发现。它们可能是粗心所致，一旦发现了这类错误的后果，很容易找到修正这类错误的解决方案。但是，有一些缺陷更加微妙、更加难以捉摸，需要真正的专业技能、丰富的创造力和跳出框架的思维才能正确地处理。

至少对我们来说，最坏的情况莫过于非确定性的错误。这类错误有时候会发生，有时候不会发生。有些错误只在环境 A 中发生，在环境 B 中不会发生，即使 A 和 B 被认为是完全相同的。这类缺陷是我们陷入抓狂境地的罪魁祸首。

当然，缺陷并不仅仅在沙盒中发生。如果老板告诉我们：“不要担心！花些时间修正这个问题。先去吃饭！”这种事情很可能发生在星期五下午五点半，我们的脑子一团糟只想早点回家的时候。每个人都会遇到精神特别紧张的时候，尤其是当老板就站在边上，其粗重的呼吸声清晰可闻时。在这样的场合，我们必须保持冷静。确实如此，如果我们想要有效地与缺陷进行战斗，这是我们需要掌握的最重要的技能。如果我们的神经一直保持紧张，也就远离了创造力、逻辑推理以及为了解决缺陷需要的所有思维特性。因此，我们可以进行深呼吸，采取适当的坐姿，然后集中注意力。

在本章中，我们将介绍一些实用的技巧，读者可以根据缺陷的严重性使用这些技巧。我们还提供了一些建议，希望能够提升读者解决缺陷和问题的能力。

具体地说，我们打算讨论下面这些主题：

- 调试技巧；
- 故障排除指南；
- 性能分析。

11.1　调试技巧

在本节中，我们将介绍一些最常见的技巧。当然，这并不是一个完整的列表，但足以向读者提供一些有益的思路，理解在什么时候和什么地方开始对自己的 Python 代码进行调试。

11.1.1　用 print 进行调试

理解任何缺陷的关键在于理解当缺陷发生时我们的代码正在做什么。由于这个原因，我们将观察一些当程序运行时对它的状态进行检查的不同技巧。

在所有调试技巧中，最简单的一种可能就是在代码的不同位置添加 print()调用。它可以让我们很方便地看到哪部分代码正在执行，并看到关键变量在代码的不同执行点的值。例如，如果我们正在开发一个 Django 网站并且网页上所显示的结果并不是我们所期望的，就可以用 print 语句填充视图并在重新加载网页时观察控制台的输出。

使用 print()进行调试存在一些缺点和限制。为了使用这种技巧，我们需要能够修改源代码，并在能够看到 print()函数调用输出的终端上运行代码。这在自己的计算机上的开发环境中并不是问题，但在其他环境中却限制了这种方法的实用性。

当我们在代码中散布了一些 print()调用时，一般情况下会导致我们需要复制大量的调试代码。例如，我们可能想要找印时间戳（当我们需要测量列表解析和生成器的速度时），或者创建一个包含某些需要显示的信息的字符串。另一个问题是我们非常容易忘记代码中的 print()调用。

由于这些原因，相比单纯的 print()调用，我们有时候更倾向于使用一个自定义的调试函数。下面我们讨论这种方法。

11.1.2　用自定义函数进行调试

用一段代码表示一个自定义调试函数，可以快速抓取并粘贴到代码中帮助调试是极其实用的。如果我们动作快，随时可以根据需要编写一个这样的函数。重要的是，在编写这种函数时要做到当我们最终删除它的调用和定义时，不需要操心其他善后事宜。因此，用一种完全独立的方法编写这种函数是非常重要的。这个需求的另一个原因是，这样可以避免与代码的其他部分发生潜在的名称冲突。

我们观察一个这种函数的例子：

```
# custom.py
def debug(*msg, print_separator=True):
    print(*msg)
    if print_separator:
        print('-' * 40)

debug('Data is ...')
debug('Different', 'Strings', 'Are not a problem')
debug('After while loop', print_separator=False)
```

在这个例子中，我们使用了一个仅关键字参数，以便打印一条分隔线，也就是一条由 40 个短横线所组成的虚线。

这个函数非常简单。我们只是把 msg 中的信息重定向到一个 print()调用中，并且当 print_separator 为 True 时打印一条分隔线。运行这段代码产生下面的结果：

```
$ python custom.py
Data is ...
----------------------------------------
Different Strings Are not a problem
----------------------------------------
After while loop
```

可以看到，最后一行的后面没有分隔线。

这只是对简单的 print()调用的一种简易增强。下面我们观察如何利用 Python 的其中一个巧妙特性计算不同调用之间的时间差：

```
# custom_timestamp.py
from time import sleep

def debug(*msg, timestamp=[None]):
    print(*msg)
    from time import time    # 局部导入
    if timestamp[0] is None:
        timestamp[0] = time() #1
    else:
        now = time()
        print(
            ' Time elapsed: {:.3f}s'.format(now - timestamp[0])
        )
        timestamp[0] = now #2

debug('Entering nasty piece of code...')
sleep(.3)
debug('First step done.')
sleep(.5)
debug('Second step done.')
```

这个方法要稍微复杂一些，但仍然相当简单。首先，注意我们在 debug()函数的内部从 time 模块导入了 time()函数。这可以避免我们在这个函数的外部进行导入然后又将其忘却。

观察 timestamp 的定义方式。它是一个函数形参，以一个列表作为它的默认值。在第 4 章中，我们告诫了不要对形参使用可变的默认值，因为默认值是在 Python 对函数进行解析时初始化的，同一个对象在这个函数的不同调用之间会一直存在。在大多数情况下，这不是我们所需要的行为。但是，在这个例子中，我们利用这个特性从这个函数的以前调用中存储一个 timestamp，而不需要使用一个外部全局变量。这个技巧是我们在研究**闭合**（closure）时所借用的，我们鼓励读者学习这个技巧。

因此，打印了必要的信息并导入了 time()之后，我们对 timestamp 中仅有的那个元素的内容进行检视。如果它是 None，就不存在以前的时间戳，因此把这个值设置为当前时间（#1）。反之，如果存在一个以前的时间戳，我们就可以计算时间差（漂亮地格式化为 3 个数字），最后把当前时间放在 timestamp 中（#2）。

运行这段代码产生下面的结果：

```
$ python custom_timestamp.py
Entering nasty piece of code...
First step done.
 Time elapsed: 0.300s
Second step done.
 Time elapsed: 0.500s
```

使用自定义的调试函数可以解决与只使用 print()相关的一些问题。它减少了调试代码的复制。当我们不再需要调试代码时，也更容易将它们删除。但是，它仍然需要修改代码并在控制台中运行代码，以便观察代码的输出。在本章的后面，我们将看到如何通过在代码中添加日志来克服这些困难。

11.1.3　使用 Python 调试器

Python 的另一种非常有效的调试方式是使用一种交互式调试器。Python 标准库模块 pdb 提供了一个这样的调试器。但是，我们通常倾向于使用第三方的 pdbpp 程序包。pdbpp 是 pdb 的一种极为方便的替代品，它具有更友好的用户接口，并提供了一些实用的工具，其中我们最爱的是 **sticky 模式**，它允许我们逐步执行一个函数的指令，对它进行整体的观察。

我们可以通过几种不同的方式激活这个调试器（同样的方法对于 pdb 和 pdbpp 都适用）。最常见的用法是在代码中添加一个对调试器的调用，也就是在代码中添加一个**断点**（breakpoint）。当代码运行并且解释器到达这个断点时，执行就会暂停，然后我们就可以通过控制台访问一个交互式调试器会话，允许我们检视当前作用域中的所有名称，并一次执行一行程序代码。我们还可以随时修改数据，以更改程序的控制流。

作为一个简单的例子，假设我们有一个解析器，当一个字典中不存在某个键时触发一个 KeyError 异常。这个字典来自一个我们无法控制的 JSON 有效载荷，现在我们只想通过欺骗的方式通过控制，因为我们感兴趣的是之后发生的事情。我们可以观察如何使用调试器拦截当前时刻、检查数据并对它进行修正，然后到达代码的底部：

```
# pdebugger.py
# d 来自我们无法控制的一个 JSON 有效载荷
d = {'first': 'v1', 'second': 'v2', 'fourth': 'v4'}
# 键也是来自无法控制的一个 JSON 有效载荷
keys = ('first', 'second', 'third', 'fourth')

def do_something_with_value(value):
    print(value)

for key in keys:
    do_something_with_value(d[key])

print('Validation done.')
```

可以看到，当 key 的值为'third'时，这段代码就会出错，因为这个值在字典中不存在。记住，我们假设 d 和 keys 都动态地来自一个我们无法控制的 JSON 有效载荷，因此我们需要对它们进行检查以修正 d 并通过 for 循环。如果我们按原样运行代码，将会得到下面的结果：

```
$ python pdebugger.py
v1
v2
Traceback (most recent call last):
  File "pdebugger.py", line 11, in <module>
    do_something_with_value(d[key])
KeyError: 'third'
```

因此，我们看到 key 在字典中不存在，但由于我们每次运行这段代码时可能会得到一个不同的字典或 keys 元组，因此这段信息并不能真正帮助我们。我们在 for 循环之前插入一个 pdb 调用。我们具有两个选项：

```
import pdb
pdb.set_trace()
```

这是最常见的方式。我们导入 pbd 模块并调用它的 set_trace()方法。许多开发人员在他们的编辑器中创建了宏，用一个快捷键添加这行代码。但是在 Python 3.7 中，我们甚至可以进一步简化这个任务，就像下面这样：

```
breakpoint()
```

这个新的 breakpoint()内置函数在幕后调用了 sys.breakpointhook()，后者在默认情况下调用了 pdb.set_trace()。但是，我们可以改写 sys.breakpointhook()，调用自己想要调用的函数，因此 breakpoint()也会指向这个函数，这样就非常方便。

这个例子的代码出现在 pdebugger_pdb.py 模块中，如果我们现在运行这段代码，情况就会变得非常有趣（注意读者的输出可能略有不同，这段输出中的注释都是我们所添加的）：

```
$ python pdebugger_pdb.py
[0] > pdebugger_pdb.py(17)<module>()
-> for key in keys:
(Pdb++) l
 17
```

```
 18 -> for key in keys: # 引入断点
 19 do_something_with_value(d[key])
 20

(Pdb++) keys # 检查 keys 元组
('first', 'second', 'third', 'fourth')
(Pdb++) d.keys() # 检查 d 的键
dict_keys(['first', 'second', 'fourth'])
(Pdb++) d['third'] = 'placeholder' # 补充缺失项
(Pdb++) c # 继续
v1
v2
placeholder
v4
Validation done.
```

首先，注意当到达一个断点时，就可以在控制台中看到自己当前位于什么位置（在 Python 模块中），哪行代码是接下来将要执行的。此时，我们可以执行一连串探索性操作，例如在下一行之前和之后检查代码、打印一个堆栈踪迹以及与对象进行交互。在这个例子中，我们首先检查 keys 元组。我们还检查了 d 的键。我们发现'third'不存在，因此自己动手把它放在里面（这种操作有没有危险，读者可以细加思量）。最后，既然所有的键都已存在，我们就输入 c，表示 continue（继续）。我们将这种表示方法简便地记作(c)ontinue。

调试器还允许我们用(n)ext 一次一行地执行代码、用(s)tep into 进入一个函数进行更深入的分析，或者用(b)reak 处理跳出的情况。关于调试器命令的完整列表，可以阅读官方文档或者在控制台中输入(h)elp。

从上面运行的输出中可以看到，我们最终可以完成验证。

pdb（或 pdbpp）具有无可估量的价值，是我们每天都会使用的工具。因此，我们可以大胆地对它进行试验，在某个地方设置断点，然后对它进行检查。读者可以阅读官方文档的指南或者在自己的代码中对它的指令进行试验并观察效果，熟练掌握它们。

注意，在这个例子中，我们假设已经安装了 pdbpp。如果没有安装，可能会发现有些指令在 pdb 中的工作方式稍有不同。其中一个例子就是字母 d，它会被 pdb 解释为 down 命令。为了避免这种情况，可以在 d 的前面加个!，告诉 pdb 按照字面意思解释它，而不是把它当作指令。

11.1.4　检查日志

对行为不正确的应用程序进行调试的另一种方法是检查它的日志。**日志**是应用程序运行期间发生的事件或采取的操作的有序列表。如果日志被写入磁盘上的一个文件，这个文件就称为**日志文件**。

使用日志进行调试与添加 print()调用或使用自定义的调试函数颇为相似。关键的区别是，我们一般一开始就在代码中添加日志，以便于未来的调试，而不是在调试期间添加日志然后再将其删除。另一个区别是，日志可以很方便地进行配置，输出到一个文件或一个网络位置。这两个特点使日志更适合对运行于一台我们无法直接访问的远程计算机上的代码进行调试。

日志通常是在缺陷发生之前就添加到代码中，这就给决定记录什么提出了挑战。我们一般期望在日志中找到与应用程序中发生的重要进程的开始和结束（可能包括中间步骤）相对应的日志项。重要变量的值应该包含在这些日志项中。错误也需要包含在日志中，这样如果发生了问题，我们就可以通过检查日志来查找错误原因。

在 Python 中，可以使用许多不同的方法对日志进行配置。这为我们提供了很强大的功能，因为我们可以简单地对日志进行重新配置来更改日志的输出位置、日志的输出消息、日志消息的格式，而不需要修改任何其他代码。在 Python 中，与日志有关的 4 种主要类型的对象如下。

- **日志程序**：提供应用程序的代码可以直接使用的接口。
- **处理程序**：把日志记录（由日志程序所创建）发送给适当的目标。
- **过滤程序**：提供一个粒度更精细的工具，决定哪些记录需要输出。
- **格式化程序**：指定日志记录在最终输出中的格局。

日志是通过在 Logger 类的实例上调用方法执行的。我们添加的每行日志消息都有一个相关联的严重级别。最常用的级别包括 DEBUG（调试）、INFO（信息）、WARNING（警告）、ERROR（错误）和 CRITICAL（危急）。日志程序使用这些级别确定需要输出哪些日志消息。低于日志严重级别的所有日志消息都会被忽略。这意味着我们需要把日志配置为适当的级别。如果我们想看到 DEBUG 级别的所有日志消息，就需要把调试器配置为 DEBUG 级别（或更低），以看到所有的日志消息。这会导致日志文件很快就变得非常臃肿。如果我们在 CRITICAL 级别记录所有的日志消息，也会遇到相似的问题。

Python 为我们提供了日志写入位置的几种选择。我们可以把日志消息写入文件、网络位置、队列、控制台以及操作系统的日志工具等。日志的发送目标很大程度上取决于上下文环境。例如，当我们在开发环境中运行代码时，一般会把日志写入终端。如果应用程序是在单机上运行，可能会把日志写入文件或发送给操作系统的日志工具。另外，如果应用程序使用了跨越多台计算机的分布式架构（例如面向服务的架构或微服务架构），为日志实现一个中心化解决方案是极为实用的，这样可以在一个地方存储和检查来自每台服务器的所有日志消息。这是一种非常实用的做法，否则对几个不同来源的庞大文件进行检查以推断什么地方出现了错误会变得非常具有挑战性。

面向服务的架构（SOA）是软件设计中的一个架构模式，应用程序组件通过通信协议（一般是通过网络）向其他组件提供服务。这种系统的优美之处在于，如果采用了适当的编码方式，每个服务可以用最适当的语言编写以实现自己的用途。唯一需要关注的事情是与其他服务的通信，它需要通过一种公共格式进行，以完成数据的交换。

微服务架构是 SOA 的演化，但它遵循了一组不同的架构模式。

Python 日志的可配置性的缺点是日志机制较为复杂。好消息是我们并不需要经常对日志进行配置。如果从简单的情况入手，实际上并不困难。为此，我们展示了一个非常简单的日志例子，把一些信息写入一个文件：

```
# log.py
import logging

logging.basicConfig(
    filename='ch11.log',
    level=logging.DEBUG,
    format='[%(asctime)s] %(levelname)s: %(message)s',
    datefmt='%m/%d/%Y %I:%M:%S %p')

mylist = [1, 2, 3]
logging.info('Starting to process 'mylist'...')

for position in range(4):
    try:
        logging.debug(
            'Value at position %s is %s', position, mylist[position]
        )
    except IndexError:
        logging.exception('Faulty position: %s', position)

logging.info('Done processing 'mylist'.')
```

我们逐行对它进行解释。首先，我们导入 logging 模块，然后进行一些基础配置。我们指定了一个文件名，配置日志程序输出 DEBUG 或更高级别的所有日志消息，并设置了消息格式。我们需要生成的日志包含了日期和时间信息、严重级别、消息。

完成了配置之后，我们就可以启动日志了。我们首先把一条 info 消息写入日志中，它说明了如何对我们的列表进行处理。在循环中，我们把每个位置的值写入日志中（这次使用 debug()函数按照 DEBUG 级别写入日志）。这里使用 debug()的原因是，我们希望以后能够对这些日志进行过滤（通过把最低级别设置为 logging.INFO 或更高），因为我们有可能需要处理非常大的列表，因此不想把所有的值都写入日志中。

如果我们收到了 IndexError（肯定能收到这个错误，因为我们对 range(4)进行了循环），就调用 logging.exception()，它按照 ERROR 级别写入日志，但它还会输出异常回溯信息。

在代码的最后，我们把另一条 info 消息写入日志，表示任务已经完成。运行这段代码之后，我们就得到了一个包含下列内容的 ch11.log 文件：

```
# ch11.log
[07/19/2021 10:32:28 PM] INFO: Starting to process 'mylist'...
[07/19/2021 10:32:28 PM] DEBUG: Value at position 0 is 1
[07/19/2021 10:32:28 PM] DEBUG: Value at position 1 is 2
[07/19/2021 10:32:28 PM] DEBUG: Value at position 2 is 3
[07/19/2021 10:32:28 PM] ERROR: Faulty position: 3
Traceback (most recent call last):
  File "log.py", line 16, in <module>
    'Value at position %s is %s', position, mylist[position]
```

```
IndexError: list index out of range
[07/19/2021 10:32:28 PM] INFO: Done processing 'mylist'.
```

对一台远程计算机（而不是自己的开发环境）上运行的应用程序进行调试，这就是我们需要做的事情。我们可以看到发生了什么、所有发生异常的回溯信息等。

本节所展示的例子只涉及日志的皮毛。要想寻求更深入的解释，可以在 Python 的官方文档的 Python HOWTO 章节（Logging HOWTO 和 Logging Cookbook）寻找相关的信息。

日志是一门艺术。我们需要在“把所有东西都写入日志”和“什么都不写入日志”之间取得平衡。在理想情况下，我们应该把保证应用程序正确运行需要的所有信息都写入日志，包括可能发生的所有错误或异常。

11.1.5　其他方法

在结束对调试的讨论之前，我们简单地介绍一些实用的其他技巧。

1. 检查回溯信息

缺陷常常以未处理的异常的形式出现。因此，能够清晰地解释异常回溯信息对于成功的调试而言是至关重要的。读者要确保阅读并理解第 7 章中关于回溯信息的内容。如果想要理解一个异常为什么会发生，在回溯信息中提到的代码行检查程序的状态（使用前面所讨论的技巧）常常是极为实用的。

2. 断言

在我们的代码中，缺陷常常是不正确假设的结果。为了对这些假设进行验证，断言是一种非常实用的工具。如果我们的假设都是合法的，断言就会通过，一切如常进行。如果不是，我们就会得到一个异常，告诉我们哪个假设是不正确的。有时候，相比使用调试器或 print()语句进行检查，在代码中添加几个断言排除一些可能性是更简便的方法。下面我们观察一个例子：

```
# assertions.py
mylist = [1, 2, 3]   # 假设来自外部
assert 4 == len(mylist)      # 将会出错
for position in range(4):
    print(mylist[position])
```

在这个例子中，我们假设 mylist 来自某个我们无法控制的外部来源（可能是用户输入）。for 循环假设 mylist 具有 4 个元素，我们添加了一个断言对这个假设进行验证。当我们运行这段代码时，将会得到下面的结果：

```
$ python assertions.py
Traceback (most recent call last):
  File "assertions.py", line 4, in <module>
    assert 4 == len(mylist) # 将会出错
AssertionError
```

它准确地告诉我们问题所在。

在-O 标志激活的情况下运行程序将导致 Python 忽略所有断言。如果我们的代码依赖断言来工作，就要记住这一点。

断言还允许一种长格式，包含第二个表达式，如下所示：

```
assert expression1, expression2
```

一般情况下，expression2 是一个字符串，输入给由语句所触发的 AssertionError 异常。例如，如果我们把上一个例子中的断言修改如下：

```
assert 4 == len(mylist), f"Mylist has {len(mylist)} elements"
```

结果将会变成下面这样：

```
$ python assertions.py
Traceback (most recent call last):
  File "assertions.py", line 19, in <module>
    assert 4 == len(mylist), f"Mylist has {len(mylist)} elements"
AssertionError: Mylist has 3 elements
```

11.1.6　去哪里寻找信息

在 Python 官方文档中，有一节专门讲述调试和性能分析，我们可以在那里找到与 bdb 调试器框架有关的信息，并了解诸如 faulthandler、timeit、trace、tracemalloc 这样的模块，当然还包括 pdb。只要进入官方文档的标准库部分，就可以轻松地找到这方面的信息。

下面我们探索一些故障排除指南。

11.2　故障排除指南

本节的篇幅很短，我们给读者提供了一些故障排除经验。

11.2.1　在哪里检查

我们的第一个建议与调试断点的放置位置有关。不管我们使用的是 print()、自定义函数、pdb 还是日志，都必须选择把提供调试信息的调用放在什么地方。有些地方肯定比其他地方更加合适，有些方式总是能够比其他方式更好地处理调试进展的问题。

我们一般会避免把断点放在 if 子句中。如果包含断点的分支未被执行，就失去了获取我们需要的信息的机会。有时候，要想再现缺陷并不容易，或者代码需要执行一段时间才能到达断点，因此在设置断点之前应该细加思量。

另一件重要的事情是从哪里开始。假设我们有 100 行代码用于处理数据。数据在第 1 行输入，但在第 100 行时发生了错误。我们并不知道缺陷在哪里，因此应该怎么做呢？我们可以在第 1 行设置一个断点，然后耐心地执行每行代码并检查数据。在最坏场景下，在执行了 99 行代码（期间可以喝上好几杯咖啡）之后，我们终于发现了缺陷所在。因此，我们可以考虑使用一种不同的方法。

我们在第 50 行开始进行检查。如果数据良好，意味着缺陷是在之后发生的，此时我们可以把断点设置在第 75 行。如果在第 50 行时数据已经出错，我们可以把断点设置在第 25 行。然后，重复这个过程，每次把断点向上移动或向下移动，每次都能跳过剩下一半的代码。

在最坏情况下，调试过程将从线性方式的 1,2,3,…,99 变成像 50,75,87,93,96,…,99 这样的跳转，速度无疑要快得多。这种搜索技巧称为**二分搜索**，它基于一种分治策略，具有极高的效率，读者不妨一试。

11.2.2 使用测试进行调试

在第 10 章中，我们简单地介绍了测试驱动的开发（TDD）。就算我们并没有在整个项目中使用 TDD，但有一项 TDD 实践是非常值得采用的，就是在修改代码以修正一个缺陷之前编写一个测试来重现这个缺陷。这样做的理由很多。如果我们的代码存在一个缺陷并且所有的测试都通过了，意味着测试代码存在错误或缺失。添加这样的测试可以帮助我们真正修正这个缺陷：只有当缺陷消失时，测试才能通过。最后，当我们进一步修改代码时，这些测试可以防止我们不小心重新引入相同的缺陷。

11.2.3 监视

监视也是非常重要的。软件应用程序在遇到诸如网络故障、队列已满或某个外部组件失去响应时可能会完全失控，表现出非确定性的行为。在这些情况下，对问题发生时的整体情况有个全面的了解并且能够通过一种微妙甚至有点神秘的方式与之进行关联是非常重要的。

我们可以监视 API 端点、进程、网页可用性、加载时间，以及几乎所有可以编码的东西。一般而言，当我们从头开始一个应用程序时，知道如何对它进行监视非常有助于它的设计。

下面，我们讨论如何对 Python 代码进行性能分析。

11.3 对 Python 进行性能分析

性能分析表示在应用程序运行时追踪它的几个不同参数，例如一个函数的调用次数以及在函数内部所花费的时间。

性能分析与调试密切相关。尽管它们所使用的工具和过程区别很大，但这两项活动都涉及对代码进行探查和分析，以理解问题的根源所在，然后修改代码解决问题。区别在于，性能分析需要解决的问题并不是输出不正确或程序崩溃，而是程序的性能不佳。

有时候，性能分析能够指出性能瓶颈在哪里，我们需要在这个地方使用本章前面讨论的调试技巧，理解一段特定的代码为什么没有如预期那样工作。例如，一个数据库查询存在的错误逻辑可能会导致从表中加载数千行而不是数百行。性能分析可能会显示一个函数的调用次数远超我们的预期，因此需要使用调试技巧找出原因并修正问题。

我们可以采用几种不同的方法对 Python 应用程序进行性能分析。如果阅读标准库官方文档关于性能分析的内容，可以发现同一个性能分析接口存在两种不同的实现：profile 和 cProfile。

- cProfile 是用 C 语言编写的，具有相对较低的成本，适合对长期运行的程序进行性能分析。
- profile 是用纯 Python 实现的，因此用它对程序进行性能分析时会增加大量成本。

这个接口执行**确定性性能分析**（deterministic profiling），意味着所有的函数调用、函数的返回结果、异常事件都会被监视，并且会记录这些事件之间的准确时间间隔。另一种方法称为**统计性性能分析**（statistical profiling），它按照定期的间隔对程序的调用堆栈进行随机采样，推断时间是在哪里消耗的。

后者的成本往往更低，但只提供近似结果。而且，由于 Python 解释器运行代码的方式，确定性性能分析所增加的成本并不如我们想象中那么多，因此我们将展示一个从命令行使用 cProfile 的简单例子。

在有些情况下，即使 cProfile 相对较低的成本也是无法接受的。例如，我们可能需要对一个实时生成的 Web 服务器上的代码进行性能分析，因为我们无法在自己的开发环境中再现性能问题。对于这样的情况，我们确实需要一种满意的统计性性能分析工具。如果读者对 Python 的统计性性能分析感兴趣，可以在 GitHub 网站了解 py-spy。

我们打算使用下面的代码计算勾股数：

```
# profiling/triples.py
def calc_triples(mx):
    triples = []
    for a in range(1, mx + 1):
        for b in range(a, mx + 1):
            hypotenuse = calc_hypotenuse(a, b)
            if is_int(hypotenuse):
                triples.append((a, b, int(hypotenuse)))
    return triples

def calc_hypotenuse(a, b):
    return (a**2 + b**2) ** .5

def is_int(n): # n 预期为浮点数
    return n.is_integer()

triples = calc_triples(1000)
```

这段脚本极为简单。我们对[1, mx]范围内的 a、b 进行了迭代（通过设置 b >= a，避免重复的数对），并检查它们是否可以形成直角三角形。我们使用 calc_hypotenuse()计算 a 和 b 的斜边，并用 is_int()检查后者是否为整数，也就是(a, b, hypotenuse)是否为勾股数。当我们对这个脚本进行性能分析的时候，得到的是表格形式的信息。

其中的列包括 ncalls（函数的调用次数）、tottime（每个函数消耗的总时间）、percall（每个函数每次调用消耗的平均时间）、cumtime（一个函数加上它调用的所有函数的累积时间）、percall（每个调用消耗的平均累积时间）和 filename:lineno(function)。我们删减了几列以节省空间，因此读者不必担心实际运行结果与下面不同。下面是我们得到的结果：

```
$ python -m cProfile profiling/triples.py
1502538 function calls in 0.489 seconds
Ordered by: standard name

ncalls tottime cumtime filename:lineno(function)
500500   0.282   0.282 triples.py:13(calc_hypotenuse)
500500   0.065   0.086 triples.py:17(is_int)
     1   0.000   0.489 triples.py:3(<module>)
     1   0.121   0.489 triples.py:3(calc_triples)
     1   0.000   0.489 {built-in method builtins.exec}
  1034   0.000   0.000 {method 'append' of 'list' objects}
     1   0.000   0.000 {method 'disable' of '_lsprof.Profile...
500500   0.021   0.021 {method 'is_integer' of 'float' objects}
```

即使数据量有限，我们仍然能够推断与这段代码有关的一些实用信息。首先，可以看到我们选择的算法的时间复杂度随着输入规模的增加呈平方级的增长。calc_hypotenuse()的调用次数正好是 mx (mx + 1) / 2。我们在 mx = 1000 的情况下运行这段脚本，意味着这个函数的调用次数是 500 500。在这个循环中发生的三个主要事件包括调用 calc_hypotenuse()、调用 is_int()、在满足条件的情况下把它添加到 triples 列表中。

观察这个性能分析报告中的累积时间，我们注意到这个算法在 calc_hypotenuse()中消耗了 0.282 秒，在函数执行次数相同的情况下，它的耗时要比 is_int()的 0.086 秒多很多。假设它们的调用次数相同，让我们观察能不能稍稍改进 calc_hypotenuse()的性能。

事实上，我们可以做到这一点。如本书前面所述，乘方操作符**的成本较高，我们在 calc_hypotenuse()函数中 3 次使用了这个操作符。幸运的是，我们可以很方便地把其中的两个转换为简单的乘法，如下所示：

```
def calc_hypotenuse(a, b):
    return (a*a + b*b) ** .5
```

这个简单的变化应该能够提升这个函数的性能。如果我们再次运行性能分析，可以看到现在 0.282 秒缩短为 0.084 秒。很不错！这意味着 calc_hypotenuse()现在所消耗的时间大约只有原来的 29%。

下面我们观察是否可以提升 is_int()的性能，采取下面这样的修改方式：

```
def is_int(n):
    return n == int(n)
```

实现方式发生了变化，优点是 n 也可以是整数。当我们再次运行性能分析时，发现 is_int()函数所消耗的时间（cumtime）缩短到 0.068 秒。有趣的是，is_int()所消耗的总时间（除掉 n.is_integer()方法所消耗的时间）略有增加，但小于在 n.is_integer()中所消耗的时间。读者可以在本书的源代码中找到这三个版本。

当然，这个例子非常简单。但是，它足以说明如何对应用程序进行性能分析。知道一个函数的调用次数可以帮助我们更好地理解算法的时间复杂度。例如，我们可能无法相信居然有这么多的程序员并不知道这两个 for 循环的运行时间与输入规模的平方成正比。

有一点值得注意：根据读者使用系统的不同，性能分析的结果可能会有所不同。因此，我们对软件进行性能分析时使用的系统应该与部署这个软件的系统相同，至少应该尽可能地接近。

11.3.1　什么时候进行性能分析

性能分析是非常酷的，但我们需要知道什么时候适合进行性能分析，并且需要掌握如何衡量性能分析所返回的结果。

Donald Knuth 曾经说过："不成熟的优化是所有罪恶的根源。"尽管这种说法过于偏激，但我们多少还是表示认同。开什么玩笑！我们怎么敢和《计算机编程的艺术》、TeX 以及当我们还是大学生时就沉迷其中的一些最酷算法的作者唱反调呢？

因此，首先也是最重要的就是正确性。我们希望自己的代码产生正确的结果，因此我们需要编写测试、寻找边缘条件并按照所有合理的方法对代码进行压力测试。不要存有保护心理，也不要觉得事件不太可能发生就将其置之脑后。必须全面彻底。

其次，关注编码的最佳实践。记住下面这些指导原则：可读性、可扩展性、松耦合、模块化和设计。应用 OOP 原则——封装、抽象、单一职责、开闭原则等。理解这些概念，它们可以开拓我们的视野，并拓宽我们对代码的思考方式。

再次，像猛兽一样进行重构！Boy Scouts 的规则是：

> "结束野营的时候，要让场地比到达之前更干净。"

把这个规则应用于自己的代码中。

最后，当所有上述事项都安排妥当时，还需要关注的就是优化和性能分析了。

运行性能分析工具并确认应用程序的瓶颈。当我们对需要解决的瓶颈心中有数时，首先处理最糟糕的瓶颈。有时候，处理一个瓶颈会产生涟漪效应，扩展和改变其余代码的工作方式。取决于代码的设计和实现方式，这个问题有时候微不足道，有时候却不容小觑。因此，我们首先要解决最重要的问题。

Python 非常流行的原因之一是，它具有许多不同的实现方式。因此，如果发现单纯使用 Python 很难提升部分代码的性能，完全可以卷起自己的袖子，买上 200 升的咖啡，然后用 C 语言重写这部分性能缓慢的代码，保证非常有趣！

11.3.2　测量执行时间

在结束本章之前，我们简单介绍一下测量代码执行时间这个话题。有时候，对小段代码的性能进行测量以比较它们的性能是极有帮助的。例如，如果我们可以用几种不同的方式实现某项操作并且确实需要最快的版本，可能需要在不对整个应用程序进行性能分析的情况下对它们的性能进行比较。

在本书的前面，我们已经看到了对执行时间进行测量和比较的一些例子。例如，在第 5 章中，我们比较了 for 循环、列表解析和 map()函数的性能。现在，我们将介绍一种更好的方法，即使用 timeit 模块。这个模块使用了诸如对代码的多次重复执行进行计时的技巧以提高测量的准确性。

timeit 模块用起来稍显复杂。我们建议读者在官方文档中阅读相关信息，并通过一些例子进行实验，直到掌握它的用法。下面我们进行了简单的介绍，使用命令行界面对前面一个例子中的 calc_hypotenuse()函数的两个不同版本进行计时：

```
$ python -m timeit -s 'a=2; b=3' '(a**2 + b**2) ** .5'
500000 loops, best of 5: 633 nsec per loop
```

我们在这里运行了 timeit 模块，对(a**2 + b**2) ** .5 的执行进行计时之前初始化了变量 a = 2 和 b = 3。在输出中，我们可以看到 timeit 对执行计算的 500 000 个循环迭代运行 5 次的重复计时。在这 5 次重复计时中，500 000 次迭代的最佳平均执行时间是 633 纳秒。下面我们观察另一种计算方式(a*a + b*b) ** .5 的性能：

```
$ python -m timeit -s 'a=2; b=3' '(a*a + b*b) ** .5'
2000000 loops, best of 5: 126 nsec per loop
```

这次的结果是 2 000 000 次循环迭代，平均每次迭代的时间是 126 纳秒。这就证实了第二个版本明显更快。我们在这个例子中运行循环迭代的次数更多的原因是 timeit 会自动选择迭代次数，以保证总运行时间至少达到 0.2 秒。这就减少了测量成本的相对影响，可以提高测量的准确性。

关于测量 Python 性能的更多信息，可以参考 GitHub 网站的 psf/pyperf 和 python/pyperformance 库。

11.4 总结

本章的篇幅较短，我们观察了对代码进行调试、排除故障和性能分析的不同技巧和建议。调试是开发人员必不可少的工作之一，因此必须熟练掌握。

只要态度正确，就会发现它不仅有趣，而且会给我们带来足够的回报。

我们探索了使用自定义函数、日志、调试器、回溯信息、性能分析和断言对代码进行检视的技巧。我们看到了与它们有关的简单例子，并讨论了一些在面临问题时应该如何处理的指导方针。

记住要保持冷静、集中注意力，这样调试过程会容易很多。这也是我们必须学习并且熟练掌握的一个技巧。烦躁和紧张会让我们无法正常工作，失去逻辑性和创造力。因此，如果不强调这一点，很难充分利用自己所掌握的知识。因此，在面临一个困难的缺陷时，如果有机会，一定要走几步或打个盹，放松一下自己。经过适当的休息之后，很可能马上就找到了解决方案。

在第 12 章中，我们将探索 GUI 和脚本，对更为常见的 Web 应用程序场景展开一场有趣的学习之旅。

第 12 章 GUI 和脚本

“用户界面就像开玩笑一样。如果我们必须对它进行解释，就说明它不够好笑。”

——马丁 · 勒布朗

在本章中，我们将围绕一个项目展开讨论。我们将编写一个简单的抓取程序，在一个网页中寻找和保存图像。我们把注意力集中在 3 个部分。

◆ 用 Python 编写一个简单的 HTTP Web 服务器。

◆ 编写一个对给定的 URL 进行抓取的脚本。

◆ 编写一个对给定的 URL 进行抓取的 GUI 应用程序。

图形用户界面（GUI）是一种界面类型，它允许用户通过图标、按钮、部件与电子设备进行交互，而不是采用基于文本的界面或命令行界面，后者需要通过键盘输入指令或文本。概括地说，所有的浏览器、像 LibreOffice 这样的办公套件以及当我们点击一个图标时将会弹出的任何东西都是 GUI 应用程序。

因此，如果读者以前没有接触过 GUI 编程，现在就是一个很好的学习时机。读者可以启动控制台，并定位到本书的项目根目录中的 ch12 文件夹。在这个文件夹中，我们将创建两个 Python 模块（scrape.py 和 guiscrape.py）和一个文件夹（simple_server）。在 simple_server 中，我们将编写自己的 HTML 页面：index.html。图像将存储在 simple_server/img 中。

ch12 文件夹的结构应该如下：

```
$ tree -A
.
├── guiscrape.py
├── scrape.py
└── simple_server
    ├── img
    │  ├── owl-alcohol.png
    │  ├── owl-book.png
    │  ├── owl-books.png
    │  ├── owl-ebook.jpg
    │  └── owl-rose.jpeg
```

```
    ├── index.html
    └── serve.sh
```

如果读者使用的操作系统是 Linux 或 macOS，则可以在一个 serve.sh 文件中添加代码并启动 HTTP 服务器。如果是在 Windows 上，很可能需要使用一个批处理文件。这个文件的用途只是向读者提供一个示例，但是在当前这个简单的场景中，我们可以简单地把它的内容输入控制台就可以了。

我们将要抓取的 HTML 页面具有下面的结构：

```
# simple_server/index.html
<!DOCTYPE html>
<html lang="en">
  <head><title>Cool Owls!</title></head>
  <body>
    <h1>Welcome to our owl gallery</h1>
    <div>
      <img src="img/owl-alcohol.png" height="128" />
      <img src="img/owl-book.png" height="128" />
      <img src="img/owl-books.png" height="128" />
      <img src="img/owl-ebook.jpg" height="128" />
      <img src="img/owl-rose.jpeg" height="128" />
    </div>
    <p>Do you like these owls?</p>
  </body>
</html>
```

这是一个非常简单的网页，我们注意到其中一共有 5 幅图像，其中 3 幅是 PNG 格式，另 2 幅是 JPG 格式（注意，尽管它们都是 JPG 格式，但其中一幅图像的扩展名是.jpg，另一幅图像的扩展名是.jpeg，它们都是这种格式的合法扩展名）。

Python 为我们提供了一个非常简单的 HTTP 服务器，可以用下面的指令启动（确保在 simple_server 文件夹中运行它）：

```
$ python -m http.server 8000
Serving HTTP on :: port 8000 (http://[::]:8000/) ...
::1 - - [04/Sep/2021 10:40:07] "GET / HTTP/1.1" 200 -
...
```

最后一行是当我们访问 http://localhost:8000 时所得到的日志，这个地址正是为我们的猫头鹰网页提供服务的地方。另外，我们可以把指令保存在一个称为 serve.sh 的文件中并简单地运行它（确保它是可执行文件）：

```
$ ./serve.sh
```

它具有相同的效果。如果运行本书的代码，页面应该如图 12-1 所示。

如果读者想对这个页面中的 HTML 与源 HTML 进行比较，可以右击这个页面，浏览器应该会提供一个类似“浏览网页源代码”的选项（或其他类似信息）。

读者也可以使用任何其他图像集，只要其中至少包含了 1 个 PNG 图像和 1 个 JPG 图像，并且在 src 标签中使用了相对路径而不是绝对路径。我们从开放美工图库网站获取这些可爱的猫头鹰。

图 12-1 猫头鹰网页

12.1 第一种方法：脚本

现在，我们开始编写脚本。我们将通过 3 个步骤讨论这个脚本的源代码——导入部分、参数解析、业务逻辑。

12.1.1 导入部分

下面是脚本最开始的几行代码：

```
# scrape.py
import argparse
import base64
import json
from pathlib import Path
from bs4 import BeautifulSoup
import requests
```

我们从上往下讨论这些导入指令。可以看到，我们需要对输入脚本本身的参数进行解析（使用 argparse）。我们需要 base64 库在一个 JSON 文件中保存图像（因此还需要 json），并需要打开文件用于写入（使用 pathlib）。最后，我们需要 BeautifulSoup 轻松地抓取网页并请求提取它的内容。我们假设读者已经熟悉了 requests，因为我们在第 8 章已经使用过它。

我们将在第 14 章探索 HTTP 和 requests 机制。因此就现在而言，我们可以把任务简化为执行一个 HTTP 请求提取一个网页的内容。我们可以使用一个像 requests 这样的程序库以代码的方式完成这个任务，它多少有点类似于在浏览器中输入一个 URL 并按下 Enter 键（浏览器随后就会提取一个网页的内容并展示给我们）。

在所有的 import 语句中，只有最后两条不属于 Python 标准库，因此要确保已经安装了它们。为此，读者可以运行下面的指令对此进行检查：

```
$ pip freeze | egrep -i "soup4|requests"
beautifulsoup4==4.9.3
requests==2.26.0
```

上面的指令在 Windows 中并不适用。如果读者使用的是这个操作系统，可以使用 findstr 指令而不是 egrep 指令。另外，可以简单地输入$ pip freeze，并从结果中找到所需的版本。

当然，上面这些依赖项是在本章的 requirements.txt 文件中列出的。现在，唯一有可能对读者造成困惑的是我们所使用的 base64/json 这一对模块，因此我们在此对它们稍加解释。

如前所述，JSON 是应用程序之间最流行的数据交换格式。它还广泛用于其他用途，例如把数据保存到文件中。在我们的脚本中，我们将为用户提供把图像保存为图像文件或单个 JSON 文件的功能。在 JSON 中，我们将保存一个字典，其中键就是图像的名称，值就是它们的内容。唯一的问题是用二进制格式保存图像比较复杂，而这正是 base64 库大显身手的场合。

base64 库相当实用。例如，每当我们发送附带了图像的电子邮件时，图像在发送之前会用 base64 进行编码。在接收端，图像会被自动解码为原始的二进制格式，使邮件客户端可以显示它们。

我们在第 9 章中使用了 Base64。如果读者跳过了这一章，现在是对它进行了解的好机会。

12.1.2 参数解析

既然我们已经讨论了相关的技术细节，现在就可以观察脚本的下一部分，即参数解析，它应该位于 scrape.py 模块的最后：

```python
if __name__ == "__main__":
    parser = argparse.ArgumentParser(
        description='Scrape a webpage.')
    parser.add_argument(
        '-t',
        '--type',
        choices=['all', 'png', 'jpg'],
        default='all',
        help='The image type we want to scrape.')
    parser.add_argument(
        '-f',
        '--format',
        choices=['img', 'json'],
        default='img',
        help='The format images are saved to.')
    parser.add_argument(
```

```
        'url',
        help='The URL we want to scrape for images.')
    args = parser.parse_args()
    scrape(args.url, args.format, args.type)
```

观察第一行代码，这是一种非常常见的脚本用法。根据 Python 官方文档的说明，字符串'__main__'是顶层代码执行时所在的作用域的名称。当一个模块是从标准输入、脚本或交互性命令行读取时，它的__name__属性被设置为'__main__'。

因此，如果我们把执行逻辑放在这条 if 语句的下面，那么它将只在我们直接运行脚本时才会运行，因为此时它的__name__将是'__main__'。反之，如果我们是从这个模块导入对象，则它的名称会被设置为其他东西，因此 if 下面的逻辑将不会运行。

我们所做的第一件事情就是定义解析器。现在有一些非常实用的程序库可以为参数编写解析器，例如 Docopt 和 Click。但在这个例子中，我们推荐使用标准库模块 argparse，它足够简单，功能也相当强大。

我们想向这个脚本输入 3 段不同的数据：需要保存的图像类型、需要保存的图像格式、需要抓取的网页的 URL。

图像的类型可以是 PNG、JPG 或者两者皆是（默认选项），图像的格式可以是图像或 JSON，默认情况下为图像。URL 是唯一必须提供的参数。

因此，我们添加了-t 选项，另外也允许使用长语法版本--type。格式选项包括'all'、'png'、'jpg'。我们把默认值设置为'all'并添加了一条 help 信息。

我们对 format 参数也进行了类似的设置，允许短语法和长语法（-f 和--format）。最后，我们添加了 url 参数，它是唯一用不同的方式指定的，这样它就不会被当成可选项，而是作为一个位置参数。

为了对所有的参数进行解析，我们只需要调用 parser.parse_args()，非常简单。

最后一行就是调用 scrape()函数触发实际逻辑的地方，我们向它传递刚刚进行了解析的所有参数。稍后我们将会看到这个函数的定义。argparse 的一个出色特性是如果在调用脚本时传递了-h，它会自动为我们打印一份漂亮的用法文本。我们可以尝试一下：

```
$ python scrape.py -h
usage: scrape.py [-h] [-t {all,png,jpg}] [-f {img,json}] url

Scrape a webpage.

positional arguments:
  url                   The URL we want to scrape for images.

optional arguments:
  -h, --help            show this help message and exit
  -t {all,png,jpg}, --type {all,png,jpg}
                        The image type we want to scrape.
  -f {img,json}, --format {img,json}
                        The format images are saved to.
```

如果细加思量，可以发现它的一个真正优点是我们只需要指定参数，而不需要担心用法文本，这意味着每次当我们进行了一些修改之后，不需要与参数的定义进行同步。这可以节省大量的时间。

下面是调用 scrape.py 脚本的一些不同方法，说明了类型和格式是可选的，并且可以使用短语法或长语法：

```
$ python scrape.py http://localhost:8000
$ python scrape.py -t png http://localhost:8000
$ python scrape.py --type=jpg -f json http://localhost:8000
```

第一种方法使用了类型和格式的默认值。第二种方法只保存 PNG 图像。第三种方法只保存 JPG 图像，但是保存为 JSON 格式。

12.1.3 业务逻辑

观察了基本的框架之后，我们现在深入实际逻辑之中（如果觉得代码看上去吓人，不必担心，我们将对它进行详细的说明）。

在这个脚本中，业务逻辑位于导入部分之后和参数解析部分之前（在 if __name__子句之前）：

```
def scrape(url, format_, type_):
    try:
        page = requests.get(url)
    except requests.RequestException as err:
        print(str(err))
    else:
        soup = BeautifulSoup(page.content, 'html.parser')
        images = fetch_images(soup, url)
        images = filter_images(images, type_)
        save(images, format_)
```

我们首先讨论 scrape()函数。它所做的第一件事情是提取给定的 url 参数所指定的页面。在执行这个任务时不论发生了什么错误，我们都用 RequestException(err)进行捕捉并将其输出。RequestException 是 requests 库中所有异常类的基类。

但是，如果一切顺利，我们就通过 GET 请求获得了一个页面，然后可以继续处理（else 分支）并把它的内容输入 BeautifulSoup 解析器。BeautifulSoup 库允许我们立即对一个网页进行解析，而不需要编写在页面中寻找所有图像需要的全部逻辑，这实际上是我们并不想做的事情。它并不像看上去那么容易，一切都从头开始从来不是一种好的思路。为了提取图像，我们使用 fetch_images()函数并用 filter_images()对它们进行过滤。最后，我们对结果调用 save()。

把代码划分到几个名称含义明确的不同函数中可以帮助我们更方便地阅读代码。即使我们还没有看到 fetch_images()、filter_images()和 save()函数的逻辑，要预测它们的行为也丝毫没有难度。我们观察下面的定义：

```
def fetch_images(soup, base_url):
    images = []
    for img in soup.findAll('img'):
        src = img.get('src')
```

```
            img_url = f'{base_url}/{src}'
            name = img_url.split('/')[-1]
            images.append(dict(name=name, url=img_url))
    return images
```

固定间隔的 fetch_images()函数接受一个 BeautifulSoup 对象和一个基本 URL。它所做的事情就是对这个网页上找到的所有图像进行遍历，并在字典中写入与图像有关的名称和 url 信息（每幅图像一个字典）。所有的字典都被添加到 images 列表中，并在最后返回这个列表。

在获取一幅图像的名称时，我们采用了一些技巧。我们使用'/'作为分隔符对 img_url 字符串（例如 http://localhost:8000/img/my_image_name.png）进行了分割，然后取最后一项作为图像名称。我们可以采用更为健壮的方式完成这个任务，但对这个例子来说有点小题大做了。如果想要观察每个步骤的细节，可以把这个逻辑分解为更小的步骤，然后输出每个更小步骤的结果以帮助自己彻底理解它们。在第 11 章中，读者可以看到一种完成这个任务的更高效方式。

例如，如果我们在 fetch_images()函数的最后添加 print(images)函数，可以得到下面的结果：

```
[{'url': 'http://localhost:8000/img/owl-alcohol.png', 'name': 'owlalcohol.
png'}, {'url': 'http://localhost:8000/img/owl-book.png',
'name': 'owl-book.png'}, ...]
```

为了简单起见，我们对结果进行了删减。可以看到每个字典都有由 url 和 name 组成的键值对。我们可以使用它们按照自己的喜好提取、标识、保存图像。此时，有一个有趣的问题值得我们思考：如果图像所在的网页是用绝对路径而不是相对路径指定的，会出现什么情况呢？答案是这个脚本将无法下载它们，因为它的逻辑期望的是相对路径。

我们希望读者对 filter_images()函数的内部逻辑感兴趣。我们想展示如何使用一种映射技巧检查多个扩展名：

```
def filter_images(images, type_):
    if type_ == 'all':
        return images
    ext_map = {
        'png': ['.png'],
        'jpg': ['.jpg', '.jpeg'],
    }
    return [
        img for img in images
        if matches_extension(img['name'], ext_map[type_])
    ]

def matches_extension(filename, extension_list):
    extension = Path(filename.lower()).suffix
    return extension in extension_list
```

在这个函数中，如果 type_是'all'，就不需要进行过滤，因此我们简单地返回所有的图像。反之，当 type_不是'all'时，我们就从 ext_map 字典获取允许的扩展名，并用它对列表解析中的图像进行过滤，从而完成了这个函数体。可以看到，通过使用另一个帮助函数 matches_extension()，这个列表解析变得更简单、更容易阅读。

matches_extension()的作用就是根据图像名称获取它的扩展名，并检查它是否在允许的扩展名列表中。

读者可能会疑惑为什么我们把所有的图像收集到一个列表中然后再从中进行过滤，而不是在把图像添加到列表之前检查是否需要保存它们。这样做的原因有 3 个。第一个原因是我们需要让 GUI 应用程序中的 fetch_images()函数和现在一样。第二个原因是把提取和过滤操作组合在一起会产生一个更长、更复杂的函数，而我们想尽量降低代码的复杂度。第三个原因是我们想把这个任务作为练习留给读者。

下面我们继续讨论代码，观察 save()函数：

```
def save(images, format_):
    if images:
        if format_ == 'img':
            save_images(images)
        else:
            save_json(images)
        print('Done')
    else:
        print('No images to save.')

def save_images(images):
    for img in images:
        img_data = requests.get(img['url']).content
        with open(img['name'], 'wb') as f:
            f.write(img_data)

def save_json(images):
    data = {}
    for img in images:
        img_data = requests.get(img['url']).content
        b64_img_data = base64.b64encode(img_data)
        str_img_data = b64_img_data.decode('utf-8')
        data[img['name']] = str_img_data
    with open('images.json', 'w') as ijson:
        ijson.write(json.dumps(data))
```

可以看到，当 images 列表不为空时，它基本上可以看成分派器。根据 format_变量所存储的信息，我们要么调用 save_images()，要么调用 save_json()。

我们差不多完成了所有的工作，现在转到 save_images()函数。我们对 images 列表进行循环，对于其中的每个字典，我们在图像 URL 上执行一个 GET 请求，并把它的内容保存到一个文件中，将之命名为图像本身。

最后，我们进入 save_json()函数的内部。它与前面那个函数非常相似。它的基本工作就是填充 data 字典。图像的名称就是键，它的二进制内容的 Base64 表示形式就是值。当我们完成了字典的填充之后，就使用 json 库把它导入 images.json 文件中。下面是它的一个简便的预览：

```
# images.json (truncated)
{
```

```
    "owl-alcohol.png": "iVBORw0KGgoAAAANSUhEUgAAASwAAAEICA...
    "owl-book.png": "iVBORw0KGgoAAAANSUhEUgAAASwAAAEbCAYAA...
    "owl-books.png": "iVBORw0KGgoAAAANSUhEUgAAASwAAAElCAYA...
    "owl-ebook.jpg": "/9j/4AAQSkZJRgABAQEAMQAxAAD/2wBDAAEB...
    "owl-rose.jpeg": "/9j/4AAQSkZJRgABAQEANAA0AAD/2wBDAAEB...
}
```

就是这样了！在学习 12.2 节前，我们要确保熟悉这个脚本并理解它的工作方式。可以尝试修改一些东西、打印中间结果、添加一个新参数或新功能，或者尝试扰乱它的逻辑。现在，我们打算把它迁移到 GUI 应用程序中，后者增加了一层复杂性，因为我们必须要创建 GUI 界面，因此熟悉这个应用程序的业务逻辑是非常重要的，这样我们就可以把注意力集中在代码的剩余部分。

12.2　第二种方法：GUI 应用程序

Python 提供了几个程序库，用于编写 GUI 应用程序。其中著名的有 **Tkinter**、**wxPython**、**Kivy**、**PyQt**。它们都提供了范围极广的工具和部件，可用于合成 GUI 应用程序。

我们在本章中将要使用的是 Tkinter。Tkinter 表示 Tk **界面**，它是 Tk GUI 工具箱的标准 Python 界面。Tk 和 Tkinter 在大多数 UNIX 平台和 macOS X 系统中都是可用的，在 Windows 系统中也是如此。

我们可以运行下面这条指令，确保在自己的系统中已经正确地安装了 tkinter：

```
$ python -m tkinter
```

它应该会打开一个对话框窗口，演示一个简单的 Tk 界面。如果读者可以看到这个窗口，说明已经正确地安装了这个程序库。但是，如果不成功，可以搜索 Python 官方文档中关于 tkinter 的内容。读者可以在那里找到一些资源的链接，帮助安装并运行这个程序库。

我们打算创建一个非常简单的 GUI 应用程序，它的行为基本上与我们在本章前半部分看到的脚本相同。我们不会添加功能对图像类型进行过滤，但在完成本章的学习之后，读者应该能够熟练地操控代码，添加自己想要的功能。

图 12-2 就是我们的目标。

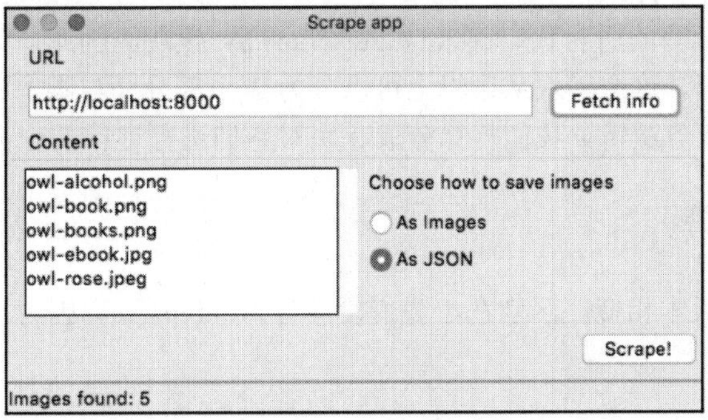

图 12-2　Scrape 应用程序的主窗口

是不是很华丽？可以看到，这是一个非常简单的界面（图 12-2 显示了它在 Mac 上的样子）。它包含了一个框架（即容器），其中包含了 **URL** 字段和 **Fetch info** 按钮。它还包含了另一个框架，里面是一个用于容纳图像名称的 **Listbox（Content）**和用于控制图像保存方式的单选按钮，最后还有一个位于右下角的 **Scrape!**按钮。窗口底部还有一个状态栏，它向我们显示了一些信息。

为了实现这个布局，我们可以把所有的部件都放在根窗口中，但这样会导致布局逻辑相当混乱，以及不必要的复杂性。因此，我们使用框架把空间划分为几个部分，把部件分别放在这几个框架中。这种方式可以实现更为出色的结果。因此，图 12-3 就是这个应用程序的布局草图。

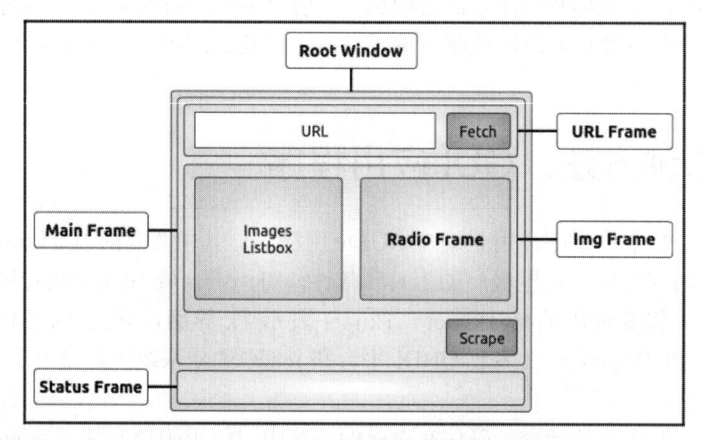

图 12-3　Scrape 应用程序的布局草图

我们有一个 **Root Window**（根窗口），它是应用程序的主窗口。我们把它划分为两行，第一行用于放置 **Main Frame**（主框架），第二行用于放置 **Status Frame**（状态栏框架，用于容纳状态栏文本）。**Main Frame** 又被划分为 3 行。在第一行中，我们放置了 **URL Frame**，用于容纳 URL 部件。在第二行中，我们放置了 **Img Frame**，用于容纳 **Listbox**（列表框）和 **Radio Frame**（单选按钮框架），后者又包含了一个标签和一个单选按钮部件。第三行用于容纳 **Scrape** 按钮。

为了对框架和部件进行布局，我们将使用一个称为 **grid** 的布局管理器，它简单地把空间划分为行和列，就像矩阵一样。

现在，我们将要编写的所有代码都来自 guiscrape.py 模块。因此，为了节省空间，我们不会重复每个片断的内容。这个模块从逻辑上可以分为 3 个部分（与脚本版本并无差别）——导入部分、布局逻辑、业务逻辑。我们打算分成 3 块对它们进行逐行的分析：

12.2.1 导入部分

导入部分与脚本版本相似，区别在于我们没有导入 argparse，因为不再需要它。另外，我们还新添加了两行：

```
# guiscrape.py
from tkinter import *
```

```
from tkinter import ttk, filedialog, messagebox
...
```

第一行是使用 tkinter 时相当常见的做法，尽管在一般情况下使用*语法进行导入并不是很好的做法。它有可能导致名称冲突，造成屏蔽问题。如果导入的模块非常大，导入所有对象的成本也会非常高昂。

在第二行，我们显式地导入了 ttk、filedialog、messagebox，并遵循了这个程序库的常规使用方法。ttk 是 Tkinter 的一组新的风格化部件。它们的行为基本上与旧部件相同，但能够根据操作系统设置的风格正确地绘制自身，这是一个非常出色的特性。

导入部分的剩余语句（已省略）是为了实现我们已经熟知的任务所需要的。注意在第二部分中，我们不需要使用 pip 进行额外的安装。如果读者已经安装了本章要求的内容，一切都已就绪。

12.2.2　布局逻辑

我们将逐段展示布局逻辑，这样可以很方便地向读者进行解释。可以看到，我们在布局草图中讨论的这些片段被排列和黏合。和前面的脚本一样，我们首先展示的是 guiscrape.py 模块的最后一部分。中间部分的业务逻辑将在最后讨论：

```
if __name__ == "__main__":
    _root = Tk()
    _root.title('Scrape app')
```

读者现在已经知道，只有当模块直接运行时才需要执行实际的逻辑，因此第一行代码并不会让读者吃惊。

在最后两行中，我们设置了主窗口，它是 Tk 类的一个实例。我们对它进行实例化并提供了一个标题。

注意，我们使用了下线前缀表示 tkinter 对象的所有名称，这是为了避免与业务逻辑中的名称发生潜在的冲突。这可能并不是最养眼的解决方案，但它可以很好地实现目的。

```
_mainframe = ttk.Frame(_root, padding='5 5 5 5')
_mainframe.grid(row=0, column=0, sticky=(E, W, N, S))
```

这两行代码用于设置 **Main Frame**，它是一个 ttk.Frame 实例。我们把_root 设置为它的父对象并进行了一些 padding（内边距）设置。padding 是一种以像素为单位的间隔方式，表示内部的内容和边界之间应该插入多少空间，使布局看上去更从容一些。内边距太小或没有内边距会产生沙丁鱼效应，就是所有的部件密密麻麻地排列在一起。

第二行更为有趣。我们把_mainframe 放在父对象（_root）的第一行 row (0)和第一列 column(0)。我们还在 sticky 参数中指定了全部 4 个方向，表示这个框架需要向每个方向进行扩展。读者可能会疑惑它们来自何方，它们是由 from tkinter import *这个魔法为我们带来的：

```
_url_frame = ttk.LabelFrame(
    _mainframe, text='URL', padding='5 5 5 5')
_url_frame.grid(row=0, column=0, sticky=(E, W))
_url_frame.columnconfigure(0, weight=1)
_url_frame.rowconfigure(0, weight=1)
```

接着，我们开始放置 **URL Frame**。它的父对象是_mainframe，这正是我们在图 12-3 的草图中所设计的。它不仅仅是一个简单的 Frame，实际上还是一个 LabelFrame（标签框架），意味着我们可以设置文本参数，并期望围绕这段文本绘制一个矩形，文本的内容出现在这个矩形的左上方（可以参考图 12-2）。我们把这个框架放在(0, 0)，并指定它向左边（W）和右边（E）进行扩展。我们并不需要让它向其他两个方向扩展。最后，我们使用 rowconfigure()和 columnconfigure()确保它在改变大小之后具有正确的行为。这只是我们的当前布局使用的一种形式：

```
_url = StringVar()
_url.set('http://localhost:8000')
_url_entry = ttk.Entry(
    _url_frame, width=40, textvariable=_url)
_url_entry.grid(row=0, column=0, sticky=(E, W, S, N), padx=5)
_fetch_btn = ttk.Button(
    _url_frame, text='Fetch info', command=fetch_url)
_fetch_btn.grid(row=0, column=1, sticky=W, padx=5)
```

现在，我们编写代码设置 URL 文本框和_fetch 按钮的布局。Tkinter 环境中的文本框称为 Entry。我们和往常一样对它进行实例化，把_url_frame 设置为它的父对象，并指定它的像素宽度。接着就是最有趣的部分，我们把 textvariable 参数设置为_url。_url 是一个 StringVar 类型的对象，它现在是一个连接到 Entry 的对象，用于操控后者的内容。这意味着我们并不需要直接修改_url_entry 实例中的文本，而是通过访问_url 来完成这个任务。在这个例子中，我们对_url 调用 set()方法，把它的初始值设置为我们的本地网页的 URL。

我们把_url_entry 放在(0, 0)，并设置向 4 个主要方向进行扩展，同时使用 padx 在左边缘和右边缘设置一些额外的内边距，padx 用于设置 *x* 轴（水平）方向的内边距，而 pady 负责垂直方向的内边距。

到了现在，读者显然应该明白，当我们在一个对象上调用.grid()方法时，相当于指示 grid 布局管理器根据 grid()调用中的参数所指定的规则把这个对象放在某个地方。

类似地，我们设置并放置了_fetch 按钮。唯一有趣的参数是 command=fetch_url。这意味着当我们点击这个按钮时，会调用 fetch_url()函数。这个技巧称为**回调**（**callback**）。

```
_img_frame = ttk.LabelFrame(
    _mainframe, text='Content', padding='9 0 0 0')
_img_frame.grid(row=1, column=0, sticky=(N, S, E, W))
```

这是我们在布局草图中称为 **Img Frame**（图像框架）的东西。它放置在父对象_mainframe 的第二行。它用于容纳 **Listbox** 和 **Radio Frame**：

```
_images = StringVar()
_img_listbox = Listbox(
    _img_frame, listvariable=_images, height=6, width=25)
_img_listbox.grid(row=0, column=0, sticky=(E, W), pady=5)
_scrollbar = ttk.Scrollbar(
    _img_frame, orient=VERTICAL, command=_img_listbox.yview)
_scrollbar.grid(row=0, column=1, sticky=(S, N), pady=6)
_img_listbox.configure(yscrollcommand=_scrollbar.set)
```

上面这段很可能是整个布局逻辑中最有趣的部分。就像设置_url_entry 一样，我们需要把

Listbox 连接到一个_images 变量来驱动它的内容。我们把 Listbox 的父对象设置为_img_frame，把_images 设置为它所连接的变量。另外，我们还传递了一些维度选项。

有趣之处来自_scrollbar 实例。我们传递了 orient=VERTICAL 以设置它的方向。

为了把它的位置连接到 Listbox 的垂直滚动条，当我们实例化它时，把它的指令设置为_img_listbox.yview。这是 Listbox 和 Scrollbar 之间契约的前半部分。另半部分是由_img_listbox.configure()方法所提供的，它设置 yscrollcommand=_scrollbar.set。

通过设置这种双向的绑定，当我们在 Listbox 上进行滚动时，Scrollbar 也会相应地移动。反过来也是一样，当我们对 Scrollbar 进行操作时，Listbox 也会相应地滚动。

```
_radio_frame = ttk.Frame(_img_frame)
_radio_frame.grid(row=0, column=2, sticky=(N, S, W, E))
```

我们放置了 **Radio Frame**，准备填充它的内容。注意 Listbox 占据_img_frame 的(0, 0)，Scrollbar 占据(0, 1)，因此_radio_frame 将出现在(0, 2)。下面我们对它进行填充：

```
_choice_lbl = ttk.Label(
    _radio_frame, text="Choose how to save images")
_choice_lbl.grid(row=0, column=0, padx=5, pady=5)
_save_method = StringVar()
_save_method.set('img')
_img_only_radio = ttk.Radiobutton(
    _radio_frame, text='As Images', variable=_save_method,
    value='img')
_img_only_radio.grid(
    row=1, column=0, padx=5, pady=2, sticky=W)
_img_only_radio.configure(state='normal')
_json_radio = ttk.Radiobutton(
    _radio_frame, text='As JSON', variable=_save_method,
    value='json')
_json_radio.grid(row=2, column=0, padx=5, pady=2, sticky=W)
```

首先，我们放置标签，并设置了一些内边距。注意，标签和单选按钮都是_radio_frame 的子对象。

与 Entry 和 Listbox 对象一样，Radiobutton 也是通过与一个外部变量的绑定而驱动的，这个变量称为_save_method。每个 Radiobutton 实例都设置一个值参数，通过检查_save_method 的值，我们就知道是哪个按钮被选中：

```
_scrape_btn = ttk.Button(
    _mainframe, text='Scrape!', command=save)
_scrape_btn.grid(row=2, column=0, sticky=E, pady=5)
```

在_mainframe 的第三行，我们放置了 Scrape!按钮。它的指令是 save，它在我们成功地解析了一个网页之后保存 Listbox 所列出的图像。

```
_status_frame = ttk.Frame(
    _root, relief='sunken', padding='2 2 2 2')
_status_frame.grid(row=1, column=0, sticky=(E, W, S))
_status_msg = StringVar()
_status_msg.set('Type a URL to start scraping...')
```

```
_status = ttk.Label(
    _status_frame, textvariable=_status_msg, anchor=W)
_status.grid(row=0, column=0, sticky=(E, W))
```

布局部分的最后一个步骤是放置状态框架，它是一个简单的 ttk.Frame。为了向它提供一些状态栏效果，我们把它的 relief 属性设置为'sunken'，并统一设置 2 像素的内边距。它需要固定在_root 窗口的左边、右边、底部，因此我们把它的 sticky 属性设置为（E, W, S）。

然后，我们在它里面放置一个标签，这次我们把它连接到一个 StringVar 对象，因为我们想在每次对状态栏文本进行更新时必须对它进行修改。现在，读者应该已经熟悉了这个技巧。

最后，我们在最后一行通过在这个 Tk 实例上调用 mainloop()方法运行这个应用程序：

```
_root.mainloop()
```

记住，所有这些指令都是出现在原先脚本的 if __name__ =="__main__":子句的下面。

可以看到，设计 GUI 应用程序的代码并不困难。当然，在一开始，我们需要花点时间进行熟悉。在第一次尝试的时候，不可能所有的东西都会完美地运行。但是在网上找到实用的教程是非常容易的。现在我们转到有趣的部分，也就是业务逻辑部分。

12.2.3 业务逻辑

我们将分 3 段分析这个 GUI 应用程序的业务逻辑。它们分别是提取逻辑、保存逻辑、警示逻辑。

1. 提取网页

我们首先分析提取页面和图像的代码：

```
config = {}

def fetch_url():
    url = _url.get()
    config['images'] = []
    _images.set(())  # 初始化为一个空元组
    try:
        page = requests.get(url)
    except requests.RequestException as err:
        sb(str(err))
    else:
        soup = BeautifulSoup(page.content, 'html.parser')
        images = fetch_images(soup, url)
        if images:
            _images.set(tuple(img['name'] for img in images))
            sb('Images found: {}'.format(len(images)))
        else:
            sb('No images found')
        config['images'] = images

def fetch_images(soup, base_url):
    images = []
```

```
    for img in soup.findAll('img'):
        src = img.get('src')
        img_url = f'{base_url}/{src}'
        name = img_url.split('/')[-1]
        images.append(dict(name=name, url=img_url))
    return images
```

我们首先讨论 config 字典。我们需要一种方式在 GUI 应用程序和业务逻辑之间传递数据。现在，我们不想让很多不同的变量污染全局名字空间，而是使用一种简单的技巧，用一个字典保存需要来回传递的所有对象。

在这个简单的例子中，我们将简单地使用从网页提取的图像生成 config 字典，但我们还想通过这个例子展示一种技巧。

这种技巧来自我们的 JavaScript 编程经验。当我们为一个网页编写代码时，常常会导入几个不同的程序库。如果每个库都在全局名字空间中充斥了所有类型的变量，就有可能出现问题，因为有可能会出现名称冲突和变量重写。

在这个例子中，我们觉得使用一个 config 变量能够很好地解决这个问题。

fetch_url()函数与我们在脚本中所编写的函数极为相似。首先，我们通过调用_url.get()获取 url 值。记住，_url 对象是一个 StringVar 实例，它连接到_url_entry 对象，后者是一个 Entry 类型的对象。我们在 GUI 中看到的文本字段是 Entry 对象，但幕后的文本却是 StringVar 对象的值。

通过在_url 上调用 get()，我们就得到了显示在_url_entry 中的文本值。

下一个步骤是准备 config['images']，使之成为一个空列表，并清空连接到_img_listbox 的_images 变量。当然，这个操作的效果就是清空_img_listbox 中的所有项。

在这个准备步骤之后，我们可以使用与本章之初的脚本中的相同 try/except 逻辑提取网页。有一个区别是在出现错误的情况下所采取的行动。在 GUI 应用程序中，我们调用 sb(str(err))。稍后我们将看到 sb()帮助函数的代码。它基本上相当于在状态栏上设置文本。如果读者知道 sb 表示状态栏（status bar），就会觉得这个名称很合理。但是，我们还是觉得这不是一个好的名称。我们必须向读者解释它的行为，意味着它的自释性不是很好。我们把它作为一个质量不佳的代码例子。只有当我们认真关注它时，才能明白它的含义，因此很难一眼就明白它的用途。

如果我们可以提取网页，就创建 soup 实例并从它提取图像。fetch_images()的逻辑与前面所解释的完全相同，因此这里不再重复。

如果提取了图像，就使用一个简单的元组解析（它实际上是一个传递给元组构造函数的生成器表达式），我们以 StringVar 的形式输入_images，其效果是用全部的图像名称填充我们的_img_listbox。最后，我们更新状态栏。

如果没有提取到图像，我们仍然会更新状态栏。在这个函数的最后，不管找到了多少幅图像，我们都更新 config['images']以容纳 images 列表。按照这种方式，我们可以通过检查 config['images']在其他函数中访问 images，而不必向这些函数传递这个列表。

2．保存图像

保存图像的逻辑相当简单，如下所示：

```
def save():
    if not config.get('images'):
        alert('No images to save')
        return
    if _save_method.get() == 'img':
        dirname = filedialog.askdirectory(mustexist=True)
        save_images(dirname)
    else:
        filename = filedialog.asksaveasfilename(
            initialfile='images.json',
            filetypes=[('JSON', '.json')])
        save_json(filename)

def save_images(dirname):
    if dirname and config.get('images'):
        for img in config['images']:
            img_data = requests.get(img['url']).content
            filename = Path(dirname).joinpath(img['name'])
            with open(filename, 'wb') as f:
                f.write(img_data)
        alert('Done')

def save_json(filename):
    if filename and config.get('images'):
        data = {}
        for img in config['images']:
            img_data = requests.get(img['url']).content
            b64_img_data = base64.b64encode(img_data)
            str_img_data = b64_img_data.decode('utf-8')
            data[img['name']] = str_img_data
        with open(filename, 'w') as ijson:
            ijson.write(json.dumps(data))
        alert('Done')
```

当用户点击**Scrape!**按钮时，save()函数就通过回调机制被调用。

这个函数所做的第一件事情是确认实际上是否有任何图像需要保存。如果没有，它通过另一个帮助函数 alert()向用户提醒这个情况。稍后我们将看到这个函数的代码。如果没有图像，就不需要执行进一步的操作。

另外，如果 config['images']列表并不为空，save()的行为就像一个分派器一样，它根据_save_method 变量的值调用 save_images()或 save_json()。记住，这个变量被连接到单选按钮，因此我们期望它的值是'img'或'json'。

这个分派器与脚本中的对应函数略有不同。分派到 save_images()或 save_json()之前，必须采取一些额外的步骤。如果我们想把图像保存为图像格式，就需要让用户选择一个目录。我们通过调用 filedialog.askdirectory 并把这个调用的结果赋值给 dirname 变量来完成这个任务。它将打开一个对话框窗口，要求我们选择一个目录。我们选择的目录必须已经存在，这是这个方法的调用方式所指定的。这样就可以了，我们不需要编写代码处理在保存文件时目录不存在这个潜在情况。

图 12-4 是这个对话框在一台 Mac 计算机上所显示的样子。

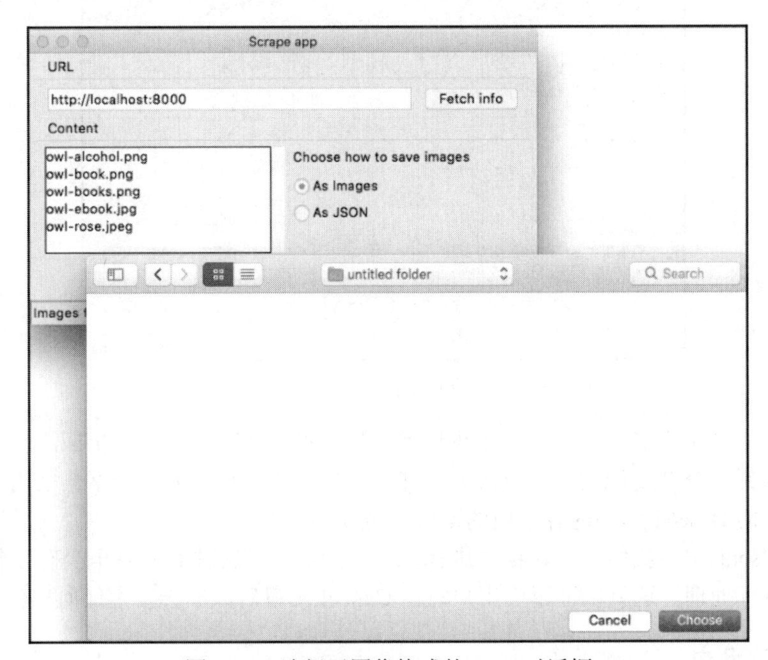

图 12-4　选择了图像格式的 Save 对话框

如果我们取消操作，dirname 就被设置为 None。

在结束分析 save 中的逻辑之前，我们首先简单讨论一下 save_images()函数。

它与我们在脚本中编写的版本非常相似。因此我们只需要注意，在一开始为了保证实际上可以进行一些操作，我们不仅对 dirname 进行检查，还检查 config['images']中至少有 1 幅图像。

如果符合要求，就意味着至少有 1 幅图像需要保存，并且它的保存路径是合法的，这样我们就可以继续进行处理。前面我们已经解释了保存图像的逻辑，这次我们所做的一件不同的事情是通过 Path.joinpath()方法将目录（表示完整的路径）与图像名进行合并。

在 save_images()函数的最后，如果我们至少保存了 1 幅图像，就提醒用户已经完成了任务。

现在，我们回到 save 函数的另一个逻辑分支。这个分支是当用户在点击 **Scrape!**按钮之前选择了 **As JSON** 单选按钮时执行的。在这种情况下，我们想把数据保存到 JSON 文件，并要求用户选择文件名。因此，我们触发一个不同的对话框：filedialog. asksaveasfilename。

我们传递一个初始的文件名，作为向用户提供的建议。如果用户不喜欢这个文件名，可以对它进行修改。而且，由于我们保存的是 JSON 文件，因此传递了 filetypes 参数迫使用户使用正确的扩展名。这个参数是一个列表，包含了任意数量的二元组（描述, 扩展名），运行这个对话框的逻辑。

图 12-5 是这个对话框在 macOS 中的样子。

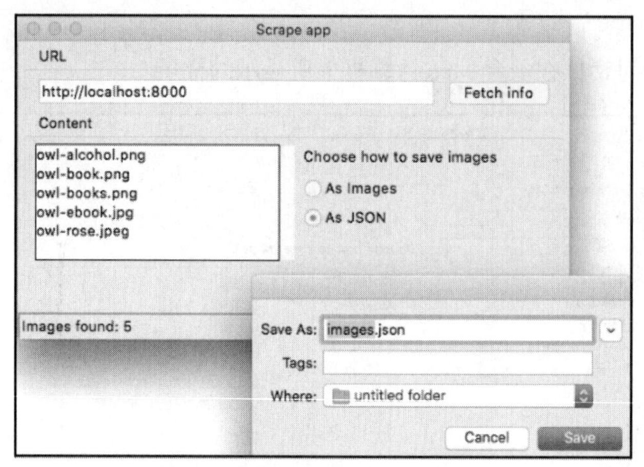

图 12-5　JSON 格式的 Save 对话框

选择了位置和文件名之后，我们就可以继续执行保存逻辑，它与这个应用程序的脚本版本相同。我们根据一个 Python 字典（data）创建一个 JSON 对象，而这个字典的内容是我们用图像的名称和它的 Base64 编码内容组成的键/值对填充的。

在 save_json()中，我们一开始也要进行检查，确保已有文件名并且至少有 1 幅图像需要保存时才继续进行处理。这就保证了当用户点击 Cancel 按钮后，不会发生任何操作。

3. 警示用户

最后，我们观察警示逻辑。它极其简单：

```
def sb(msg):
    _status_msg.set(msg)

def alert(msg):
    messagebox.showinfo(message=msg)
```

就是这样了！为了更改状态栏的状态，我们需要做的就是访问_status_msg 这个 StringVar 对象，因为它被连接到_status 标签。

如果我们想向用户显示视觉效果更明显的信息，可以触发一个消息框。图 12-6 是这种消息框在 Mac 中的样子。

这个 messagebox 对象也可用于警告用户（messagebox.showwarning）或提示出现了错误（messagebox.showerror）。但是，它也可以用于提供对话框，询问是否确实要执行当前的操作，或者是否真的要删除某个文件等。

如果我们简单地输出 dir(messagebox)返回的内容，对 messagebox 进行检查，将会发现 askokcancel()、askquestion()、askretrycancel()、askyesno()、askyesnocancel()等方法，另外还可以发现一组常量用于验证用户的响应，例如 CANCEL、NO、OK、OKCANCEL、YES、YESNOCANCEL。我们可以把这些常量与用户的选择进行比较，这样就可以知道当对话框关闭时应该执行的操作是什么。

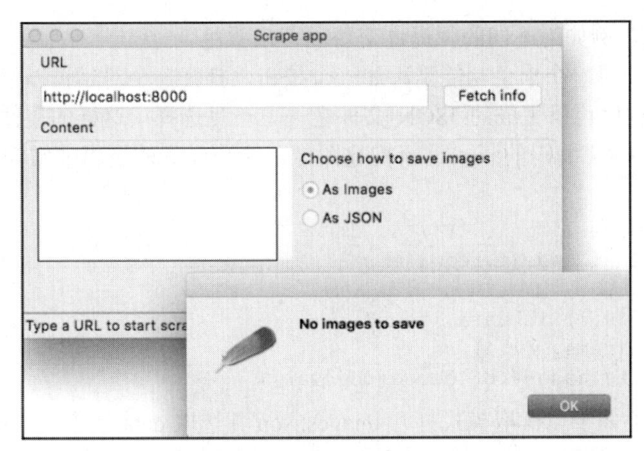

图 12-6　消息框警示例子

我们已经完成了对这个应用程序的代码的探索，可以通过下面的指令观察它所带来的变化：

```
$ python guiscrape.py
```

12.2.4　如何改进这个应用程序

既然读者已经熟悉了设计 GUI 应用程序的基础知识，现在我们可以提供一些建议，对这个应用程序进行完善。

我们可以从代码的质量入手。读者觉得这些代码已经足够好还是存在进一步的完善空间？如果是，又该如何着手？我们将对它进行测试，确保它足够健壮并且能够妥善地处理用户在应用程序中点击鼠标时可能出现的各种场景。我们还需要确保当我们抓取的网站由于各种原因无法访问时，应用程序表现出来的行为与我们预期的一致。

另一处可以改进的地方是我们所选择的名称。我们对所有的组件进行命名时很谨慎地加上了下线前缀，不仅强调它们的私有性质，同时避免与它们所链接的底层对象发生名称冲突。但是回过头来思考，许多组件其实可以使用更好的名称，因此读者可以根据自己的意愿对它们进行重构，直到觉得这种形式最为适合。读者首先可以为 sb()函数提供一个更好的名称！

至于用户界面，我们可以试着改变主应用程序的大小，观察会发生什么情况。整个内容仍然会保持原样。如果我们扩大了主界面，多出来的地方就显示为空白。如果我们不断缩小主界面，所有部件就会逐渐消失。这个行为是不可接受的，因此一个简单的解决方案是使根窗口保持固定（即无法改变大小）。

我们对应用程序可以进行的另一处改进就是添加脚本所提供的功能，也就是能够只保存 PNG 或 JPG 图像。为了完成这个任务，我们可以在某个地方放置一个组合框，它包含了 3 个值——ALL、PNG、JPG，或者其他类似的组合。

用户在保存图像之前应该能够在这些选项中选择其一。

我们甚至可以更进一步，更改 Listbox 的设置，使它能够同时选择多幅图像，只有被选中的图像才会被保存。如果读者想尝试这种做法（它并不像看上去那么困难），可以考虑优化

Listbox 的显示形式，例如为不同的行提供交替的背景颜色。

我们可以提供的另一个出色功能是添加一个按钮，打开一个对话框以便选择一个文件。这个文件必须是应用程序可以生成的 JSON 文件之一。一旦选择了这样的文件，就可以运行一些逻辑根据它们的 Base64 编码的版本重新构建图像。这个任务的逻辑非常简单，下面就是一个例子：

```
with open('images.json', 'r') as f:
    data = json.loads(f.read())

for (name, b64val) in data.items():
    with open(name, 'wb') as f:
        f.write(base64.b64decode(b64val))
```

可以看到，我们需要以读取模式打开 images.json 并选取 data 字典。一旦选取了这个字典，就可以对它的元素进行循环，用 Base64 解码的内容保存每幅图像。我们把这个逻辑链接到应用程序中的一个按钮的任务作为练习留给读者。

我们可以添加的另一个优异特性是提供打开一个预览面板的功能，显示我们在 Listbox 中选择的所有图像，这样用户在决定保存图像之前可以先对它们进行预览。

这个应用程序的最后一个建议是添加一个菜单。它可以是一个简单的 File 或?菜单，提供普通的 Help 或 About 功能。添加菜单并不复杂，我们还可以在菜单中添加文本、快捷键、图像等。

至于业务逻辑，值得试验不同的方法，对当前存储在 config 字典中的数据进行存储。另一种方法是使用一个专用的对象。读者将会发现，如果熟悉了用不同的方法完成这样的任务，就可以在不同的场合选择最合适的方法。

12.3 下一步的方向

如果读者对深入挖掘 GUI 的世界非常感兴趣，我们可以提供下面这些建议。

12.3.1 turtle 模块

turtle 模块是对 Python 2.5 版本之前的标准发布中的 eponymous 模块的一种扩展的重新实现。它是介绍儿童学习编程的一种非常流行的方式。

它建立在一个虚拟的海龟初始位于笛卡儿平面的(0, 0)的思路之上。我们可以使用编程的方式命令海龟向前或向后移动以及进行旋转等操作。通过组合所有可能的移动，可以绘制所有类型的复杂形状和图像。

这个模块显然极为值得探索，哪怕只是为了领略一种不同的风景。

12.3.2 wxPython、Kivy 和 PyQt

探索了广阔的 tkinter 王国之后，我们建议读者对其他 GUI 程序库也进行探索，包括

wxPython、PyQt 和 Kivy。读者可能会发现这些程序库更加适合自己的工作，或者更容易编写自己需要的应用程序。

我们相信，只有当程序员对他们可以使用的工具感到好奇之后才能实现他们的思路。如果读者的工具集太过狭窄，其思路就很难或根本无法转换为现实，只能停留在思路上。

当然，如今的技术类型极其庞杂，要想了解所有的工具是不可能的。因此，当读者打算学习一项新的技术或一个新的主题时，我们的建议是首先通过探索它的广度扩大自己的知识面。

对一些技术或工具进行调查，并深入探索其中一个或几个看上去最有前景的。通过这种方式，读者至少能够熟练掌握一种工具。当这种工具无法满足自己的需要时，也能够知道应该往哪个方向深入挖掘，这也是得益于以前所进行的探索。

12.3.3　最小惊讶原则

在设计应用程序的界面时，需要记住许多不同的原则。其中之一对我们来说是最为重要的，就是**最小惊讶原则**。它的基本含义是，如果我们所设计的一个必要特性具有很强的惊讶因素，很可能需要重新设计自己的应用程序。

例如，如果读者习惯了使用 Windows，习惯了最小化、最大化、关闭窗口的按钮是在窗口的右上角，就会对 Mac 很不适应，因为这些功能在 Mac 中出现在左上角。读者会自然而然地在右上角寻找这些按钮，结果却发现它们是在另一边。

如果应用程序中的某个按钮非常重要，被设计者放在一个显著的位置，就不要试图对它进行更改，只要遵照约定即可。如果用户必须浪费时间寻找一个原先在这个位置现在却被挪往其他地方的按钮时，无疑会感到沮丧。

12.3.4　线程方面的考虑

这个话题超出了本书的范围，但我们还是想稍微提一下。

如果读者编写的 GUI 应用程序在一个按钮被点击时需要执行长时间的操作，将会发现自己的应用程序会被冻结，直到这个操作完成。为了避免这种情况并维护应用程序的响应性，可以在不同的线程（甚至不同的进程）中运行这个耗时良久的操作，这样操作系统随时可以为 GUI 分配一些运行时间，使它具有响应性。

首先要熟练掌握基础知识，然后才能对它们进行有趣的探索！

12.4　总结

在本章中，我们围绕一个项目展开讨论。我们编写了一个脚本对一个简单的网页进行抓取，并提供了一些命令选项在完成这个任务时更改它的行为。我们还创建了一个 GUI 应用程序，通过点击按钮而不是在控制台进行输入来完成相同的任务。我们希望读者在阅读本章时能够充满乐趣，就像我们在编写本章时满怀激情一样。

我们看到了许多不同的概念，例如对文件进行操作和执行 HTTP 请求。我们还讨论了关于可用性和设计的指导原则。

本章所介绍的知识仅仅是些皮毛，但我们希望它能够作为一个良好的起点，帮助读者更深入地探索这个主题。

在本章中，我们提出了对这个应用程序可以进行改进的一些不同方法，并为读者留下了一些练习和问题。我们希望读者能够花点时间研究这些思路。通过摆弄一个像本章这样的有趣应用程序，读者可以学会很多东西。

在第 13 章中，我们将讨论数据科学，至少对 Python 程序员在面临这个主题时可以使用的工具有所了解。

第 13 章 数据科学简介

“如果我们有数据，就观察数据。如果我们都有自己的思路，就按我的思路来。”

——吉姆·巴克斯代尔

数据科学是一个范围极广的术语，根据不同的上下文、不同的理解、不同的工具等具有不同的含义。为了正确地探索数据科学，我们至少需要了解数学和统计学。然后，我们还可能需要深入挖掘其他主题，例如模式识别和机器学习。当然，我们可以从大量的语言和工具中进行选择。

我们不会在这里讨论所有的概念。因此，为了让本章的内容更有意义，我们打算围绕一个项目展开讨论。

在 2012/2013 年，法布里奇奥在伦敦的一家顶级社交媒体公司工作。他在那里待了两年，有幸与一些履历极为耀眼的人士共事。这家公司是世界上第一批接触到 Twitter Ads API 的公司，他们与 Facebook 也是伙伴关系。这意味着他们会接触到大量的数据。

该公司的分析师的工作就是处理海量的推广活动，他们挣扎于忙不完的工作，因此法布里奇奥所在的开发队伍向他们介绍了 Python 及 Python 用于处理数据的工具，帮助他们从繁忙的工作中解脱出来。这是一段非常有趣的经历。他在公司中指导了一些人，最终导致他被派往马尼拉，在两个星期的时间内为当地的分析师提供了 Python 和数据科学的高强度训练。

我们在本章中将要完成的项目是法布里奇奥在马尼拉向他的学生们展示的最后一个例子的轻量级版本。我们对它进行了改写使之适应本章的篇幅，并出于教学的目的做了一些调整。但是，所有的主要概念依然存在，因此它应该非常有趣，并且很有教学意义。

具体地说，我们将探索下面这些主题。

- Jupyter Notebook 和 JupyterLab。
- pandas 和 numpy：Python 中用于数据科学的主要程序库。
- 围绕 Pandas 的 DataFrame 类的一些概念。
- 创建和操作数据集。

我们首先讨论 Jupyter，这个名称与名称来自罗马神话中的朱庇特相同。

13.1 IPython 和 Jupyter Notebook

在 2001 年，Fernando Perez 还是科罗拉多大学博尔德分校物理系的一名研究生。他试图对 Python shell 进行改进，融入他在使用 Mathematical 和 Maple 这样的工具时所体验的优美特性。他的努力成果导致了 **IPython** 的诞生。

概括地说，这个小脚本一开始是作为 Python shell 的增强版本，后来在其他程序员的努力下和一些不同公司的赞助下，如今已经成长为一个优秀而成功的项目。在它诞生差不多 10 年之后，在诸如 WebSockets、Tornado Web 服务、jQuery、CodeMirror、MathJax 这类技术的驱动之下成功创建了一种 Notebook 环境。ZeroMQ 库也用于在 Notebook 接口和它背后的 Python 内核之间处理消息。

IPython Notebook 变得极为流行，得到了广泛的应用。随着时间的推移，它添加了各种类型的功能。它可以处理部件、并行计算、各种类型的媒体格式以及其他很多事务。而且在某个时刻，它可以使用 Python 之外的其他语言在 Notebook 中编写代码。

这就导致了一个巨大的项目，因此它最终被分割为两个项目：IPython 被剥离出来，其注意力主要集中在内核部分和 shell，而 Notebook 则成为一个全新的项目，称为 **Jupyter**。Jupyter 允许使用超过 40 种的语言实现交互性的科学计算。最近，Jupyter 项目创建了 **JupyterLab**，这是一种基于 Web 的 **IDE**，与 Jupyter Notebook、交互式控制台、代码编辑器等进行了融合。

本章的项目都将在一个 Jupyter Notebook 中编写和运行，因此我们首先解释一下 Notebook 是什么。Notebook 环境是一个网页，它提供了一个简单的菜单和一些单元格，我们可以在这些单元格中运行 Python 代码。尽管这些单元格都是独立的实体，可以单独运行，但它们共享同一个 Python 内核。这意味着我们在一个单元格中定义的所有名称（变量、函数等）也可以被任何其他单元格所访问。

简言之，Python 内核就是一个运行 Python 的进程。因此，Notebook 网页就是向用户提供的一个界面，用于驱动这个内核。这个网页使用一种非常快速的消息机制与内核进行通信。

除了图形方面的所有优点之外，这种环境的优美之处还在于能够分块运行一个 Python 脚本，这是一个极为显著的优点。假设我们需要使用一个连接到数据库的脚本来提取数据，然后对数据进行操作。如果采用常规方法使用 Python 脚本完成这个任务，每次当我们处理数据时都需要提取它们。在 Notebook 环境中，我们可以把数据提取到一个单元格，然后在其他单元格中操作和试验它们，因此不需要每次都提取它们。

Notebook 环境对于数据科学也具有极大的价值，因为它允许对结果进行逐步的检查。我们完成一块工作，然后对它进行验证。接着我们可以完成另一块工作并再次对它进行验证，以此类推。

这项功能对于原型开发模式具有无可估量的价值，因为结果就摆在我们面前，可以立即进行体验。

如果想要了解与这些工具有关的详细信息，可以访问 ipython.org 和 jupyter.org。

我们用 fibonacci()函数创建了一个非常简单的 Notebook 例子，它向我们提供小于某个特定的 *N* 值的斐波那契数列。它看上去如图 13-1 所示。

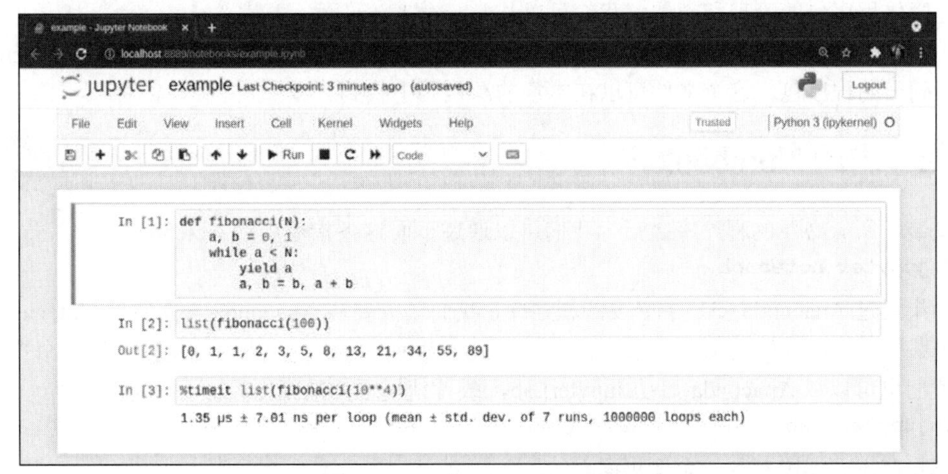

图 13-1　一个 Jupyter Notebook

每个单元格都有一个 **In** []标签。如果方括号之内没有任何东西，就表示一个单元格从未被执行。如果其间有一个数字，表示这个单元格已经被执行，这个数字就表示它的执行顺序。最后，*表示这个单元格当前正在被执行。

在图 13-1 中可以看到，在第一个单元格中，我们定义了 fibonacci()函数并执行了它。它的效果相当于把 fibonacci 这个名称放在与 Notebook 相关联的全局作用域中，使其他单元格也可以使用 fibonacci()函数。事实上，在第二个单元格中，我们可以运行 list(fibonacci(100))并在 **Out** [2]中观察结果。在第三个单元格中，我们展示了 Notebook 所提供的几个神奇函数之一：%timeit 数次运行代码，并提供它的一个出色的基准测试结果（这是使用 timeit 模块实现的，在第 11 章进行了简单的介绍）。

我们可以根据需要多次执行一个单元格，并更改它们的运行顺序。单元格具有很强的可塑性，我们可以在其中放入 Markdown 文本或把它们渲染为标题。

Markdown 是一种轻量级的标记语言，它使用普通的文本格式化语法，可以转换为 HTML 和其他许多格式。

它的另一个实用特性是我们在一个单元格的最后一行放置的东西都会被自动输出。这是非常方便的，因为我们可以不必显式地编写 print(...)。

13.1.1　使用 Anaconda

和往常一样，我们可以根据本章源代码中的 requirements.txt 文件安装必要的程序库。但是，有时候安装数据科学程序库是非常痛苦的事情。如果读者觉得在自己的虚拟环境中安装本章所需要的程序库非常困难，可以选择另一个替代方案，也就是安装 Anaconda。Anaconda 是 Python 和 R 编程语言的一个免费和开放源代码的版本，用于数据科学以及与机器学习相关的应用程序，目标是简化程序包的管理和部署。我们可以从 anaconda.org 网站下载 Anaconda。一旦在自己的系统中安装了 Anaconda，就可以使用 Anaconda 界面创建一个虚拟环境，并安装 requirements.txt 文件所列出的程序包。这个文件可以在本章的源代码中找到。

13.1.2 启动 Notebook

安装了所有必要的程序库之后，我们可以通过下面这条指令启动 Notebook：

```
$ jupyter notebook
```

如果通过 Anaconda 安装了必要的程序库，我们还需要从 Anaconda 界面启动 Notebook。不管采用哪种方式，我们的浏览器都将打开 http://localhost:8888/（端口可能不同）的一个页面。

我们也可以从 Anaconda 启动 JupyterLab，或者使用下面的指令：

```
$ jupyter lab
```

它将在浏览器中打开一个新页面。

读者可以对这两种界面进行探索。创建一个新的 Notebook，或打开上面所示的 example.ipynb 这个 Notebook。读者可以选择自己熟悉和喜欢的界面，并用它完成本章接下来的学习。我们已经包含了一个保存后的 JupyterLab 工作空间，其中包含了本章源代码的剩余部分使用的 Notebook（这个文件称为 ch13.jupyterlab-workspace）。读者可以用它与 JupyterLab 一起使用，或者沿用自己喜欢的传统 Notebook 界面。

为了便于读者学习，我们将为本章的每个代码示例加上标签，显示它所属的 Notebook 单元格编号。

如果读者熟悉键盘快捷键（可以参考经典 Notebook 的 **Help** 菜单或 JupyterLab 的 Advanced Settings Editor），以便在不使用鼠标的情况下在单元格之间移动并处理它们的内容。这可以使工作更加高效，更快地在 Notebook 中进行操作。

现在，我们转而讨论本章最为有趣的一个部分：数据。

13.2 处理数据

一般情况下，当我们处理数据时，会采用下面的路径：提取数据，对它进行清理和操作，对它进行分析并以值、电子表格、图表等形式展示结果。我们希望能够主导这个过程的全部 3 个步骤，而不需要任何数据提供程序的外部依赖性。因此，我们需要完成下面这些任务。

（1）创建数据，并模拟一个事实：数据来自某种格式，它并不完美或者无法直接进行处理。

（2）清理数据，并把它输入这个项目所使用的主要工具，即来自 pandas 程序库的 DataFrame

对象。

（3）对 DataFrame 对象中的数据进行操作。

（4）把 DataFrame 对象保存为不同格式的文件。

（5）分析数据，并根据数据得出一些结论。

13.2.1　设置 Notebook

首先，我们需要产生数据。我们从 ch13-dataprep 这个 Notebook 开始着手。单元格#1 负责导入部分：

```
#1
import json
import random
from datetime import date, timedelta
import faker
```

除了 random 和 faker 之外，其他几个模块我们都曾经看到过。random 是标准库模块，用于生成伪随机数。faker 是第三方模块，用于生成模仿数据。它在测试中非常实用，它可以在我们准备夹具时帮助获取所有类型的对象，如姓名、电子邮件地址、电话号码、信用卡信息等。

13.2.2　准备数据

我们想要实现下面这些数据结构：一个用户对象的列表。每个用户对象将链接到一些推广（campaign）对象。在 Python 中，所有的东西都是对象，因此我们按照通常的方式使用这个术语。用户对象可以是字符串、字典或其他对象。

在社交媒体的世界里，推广是一个媒体机构针对某位客户在社交媒体网络上进行的促销活动。注意，我们在准备数据时希望它处于不完美的状态（但也不至于太过糟糕）。首先，我们实例化这个用于创建数据的 Faker 对象：

```
#2
fake = faker.Faker()
```

接着，我们需要用户名。我们需要 1000 个不同的用户名，因此我们进行循环，直到 usernames 集合包含了 1000 个元素。集合中不允许出现重复的元素，因此需要保证唯一性：

```
#3
usernames = set()
usernames_no = 1000

# 用 1000 个各不相同的用户名生成集合
while len(usernames) < usernames_no:
    usernames.add(fake.user_name())
```

接着，我们创建了一个 users 列表。每个 username 都被强化为一个完整的 user 字典，包含了诸如 name、gender、email 等其他细节。然后，每个 user 字典被转换为 JSON 字符串并添加到列表中。当然，这种数据结构并不是最优的，但我们是在模拟用户以这种形式出现时的场景。

```
#4
def get_random_name_and_gender():
    skew = .6    # 60%的用户将是女性
    male = random.random() > skew
    if male:
        return fake.name_male(), 'M'
    else:
        return fake.name_female(), 'F'

def get_users(usernames):
    users = []
    for username in usernames:
        name, gender = get_random_name_and_gender()
        user = {
            'username': username,
            'name': name,
            'gender': gender,
            'email': fake.email(),
            'age': fake.random_int(min=18, max=90),
            'address': fake.address(),
        }
        users.append(json.dumps(user))
    return users

users = get_users(usernames)
users[:3]
```

get_random_name_and_gender()函数相当有趣。我们使用 random.random()函数获取一个 0 和 1 之间均匀分布的随机数。我们把这个随机数与 0.6 进行比较，以决定是生成一个男性姓名还是女性姓名。其效果相当于 60%的用户为女性。

另外注意这个单元格的最后一行。每个单元格自动输出最后一行的内容。因此，#4 的输出是包含前 3 个用户的列表：

```
['{"username": "susan42", "name": "Emily Smith", "gender": ...}',
'{"username": "sarahcarpenter", "name": "Michael Kane", ...}',
'{"username": "kevin37", "name": "Nathaniel Miller", ...}']
```

我们希望读者能在自己的 Notebook 上同步完成这个过程。如果读者就是这么做的，请注意所有的数据是使用随机函数和随机值生成的。因此，读者将会看到不同的结果。它们在每次执行 Notebook 时都是不同的。另外，我们不得不对本章的大多数输出进行删减以适合本书的版面，因此读者在自己的 Notebook 中看到的信息要比这里显示的详细得多。

分析师一直使用的是电子表格。他们会竭尽所能，用尽所有的编码技巧把尽可能多的信息压缩到推广名称中。我们所选择的格式就是这种技巧的一个简单例子，代码告诉我们推广的类型，然后是起始日期和结束日期，接着是目标年龄（age）和目标性别（gender），最后是货币。

所有的值都是用下线分隔的。单元格#5 包含了生成这些推广名称的代码：

```
#5
# 推广名称格式：
# InternalType_StartDate_EndDate_TargetAge_TargetGender_Currency
def get_type():
    #只是一些杂乱的内部代码
    types = ['AKX', 'BYU', 'GRZ', 'KTR']
    return random.choice(types)

def get_start_end_dates():
    duration = random.randint(1, 2 * 365)
    offset = random.randint(-365, 365)
    start = date.today() - timedelta(days=offset)
    end = start + timedelta(days=duration)

    def _format_date(date_):
        return date_.strftime("%Y%m%d")
    return _format_date(start), _format_date(end)

def get_age():
    age = random.randrange(20, 46, 5)
    diff = random.randrange(5, 26, 5)
    return '{}-{}'.format(age, age + diff)

def get_gender():
    return random.choice(('M', 'F', 'B'))

def get_currency():
    return random.choice(('GBP', 'EUR', 'USD'))

def get_campaign_name():
    separator = '_'
    type_ = get_type()
    start, end = get_start_end_dates()
    age = get_age()
    gender = get_gender()
    currency = get_currency()
    return separator.join(
        (type_, start, end, age, gender, currency))
```

在 get_type()函数中，我们使用 random.choice()从一个集合中随机地获取一个值。get_start_end_dates()更为有趣。我们计算两个随机数：一个是以天为单位的推广持续时间（1 天到 2 年之间），另一个是时间偏移量（−365 到 365 之间的一个数）。我们把今天的日期减去这个偏移量（以 timedelta 的形式）就是推广的起始日期，然后加上持续时间以获取推广的结束日期。最后，我们返回这两个日期的字符串表示形式。

get_age()函数生成一个随机的目标年龄范围。这个范围的两端都是 5 的倍数。我们使用 random.randrange()函数，它返回由 start、stop、step 参数（这些参数与我们在第 3 章中所介绍的

range 对象具有相同的含义）所定义的范围中的一个随机数。我们生成随机数 age（20 和 46 之间 5 的倍数）和 diff（5 和 26 之间 5 的倍数）。我们把 diff 与 age 相加获取年龄范围的上限，并返回这个年龄范围的字符串表示形式。

剩余的函数只是对 random.choice()的一些应用，最后一个函数 get_campaign_name()只是一个收集器，把这些问题片段收集在一起，并返回最终的推广名称。

在#6 中，我们编写了一个函数，创建了一个完整的推广对象。

```
#6
# 推广数据:
# name, budget, spent, clicks, impressions
def get_campaign_data():
    name = get_campaign_name()
    budget = random.randint(10**3, 10**6)
    spent = random.randint(10**2, budget)
    clicks = int(random.triangular(10**2, 10**5, 0.2 * 10**5))
    impressions = int(random.gauss(0.5 * 10**6, 2))
    return {
        'cmp_name': name,
        'cmp_bgt': budget,
        'cmp_spent': spent,
        'cmp_clicks': clicks,
        'cmp_impr': impressions
    }
```

我们使用了一些来自 random 模块的不同函数。random.randint()为我们提供两个极值之间的一个整数。它的问题在于采用了一种均匀的概率分布，意味着这个区间中的任何数出现的概率都是相同的。为了避免让所有的数据看上去相似，我们选择对 clicks 和 impressions 使用 triangular 和 gauss 函数。它们使用了不同的概率分布模型，这样我们最终能够看到一些更加有趣的结果。

确保理解这些术语的含义：clicks 表示一个推广广告的点击次数，budget 表示为分配给这个推广的总金额，spent 表示这笔金额有多少已经被用掉，impressions 表示这个推广以资源的形式从它的来源被提取的次数，不管这个推广被点击了多少次。正常情况下，impressions 的数量大于 clicks 的数量，因为广告常常在没有被点击的情况下也会被看到。

既然我们已经有了数据，现在就可以把它们整合在一起：

```
#7
def get_data(users):
    data = []
    for user in users:
        campaigns = [get_campaign_data()
                     for _ in range(random.randint(2, 8))]
        data.append({'user': user, 'campaigns': campaigns})
    return data
```

可以看到，data 中的每一项都是一个字典，其中包含了一个 user 和一个与该 user 相关联的推广列表。

13.2.3　清理数据

我们首先对数据进行清理：

```
#8
rough_data = get_data(users)
rough_data[:2]   # 首先进行预览
```

我们模拟了从一个数据源提取数据并对它进行检查的操作。Notebook 是一种对步骤进行检查的完美的工具。

我们可以根据自己的需要更改粒度。rough_data 中的第一项如下所示：

```
{'user': '{"username": "susan42", "name": "Emily Smith", ...}',
 'campaigns': [{'cmp_name': 'GRZ_20210131_20210411_30-40_F_GBP',
   'cmp_bgt': 253951,
   'cmp_spent': 17953,
   'cmp_clicks': 52573,
   'cmp_impr': 500001},
  ...
  {'cmp_name': 'BYU_20220216_20220407_20-25_F_EUR',
   'cmp_bgt': 393134,
   'cmp_spent': 158930,
   'cmp_clicks': 46631,
   'cmp_impr': 500000}]}
```

现在我们开始对数据进行操作。为了操作数据，我们需要做的第一件事情就是对它进行去规范化。**去规范化**（denormalization）就是把数据重建到一个表的过程。这个过程一般就是连接多个表的数据或者把嵌套的数据结构“弄平”。但是，它通常会导致数据的重复。它通过消除处理嵌套结构或者查询多个表的需要，简化了数据分析。在这个例子中，这意味着所有数据都被转换到一个列表中，其中的数据项是推广字典加上它们相关联的用户字典。每个用户会在与它们相关联的每个推广中被复制：

```
#9
data = []
for datum in rough_data:
    for campaign in datum['campaigns']:
        campaign.update({'user': datum['user']})
        data.append(campaign)
data[:2] # 再次进行预览
```

data 中的第一项如下所示：

```
{'cmp_name': 'GRZ_20210131_20210411_30-40_F_GBP',
 'cmp_bgt': 253951,
 'cmp_spent': 17953,
 'cmp_clicks': 52573,
 'cmp_impr': 500001,
 'user': '{"username": "susan42", "name": "Emily Smith", ...}'}
```

现在，我们将为读者提供帮助，使本章的第二部分尽可能地具有确定性。因此，我们打算保存这里所生成的数据，以便我们（包括读者）能够在下一个 Notebook 中加载这些数据，并且应该得到相同的结果：

```
#10
with open('data.json', 'w') as stream:
    stream.write(json.dumps(data))
```

读者可以在本书的源代码中找到 data.json 文件。现在，我们已经完成了 ch13-dataprep，因此可以关闭它并打开 ch13 Notebook。

13.2.4 创建 DataFrame

既然我们已经准备好了数据，现在就可以对它进行分析了。首先，我们需要另一组导入语句：

```
#1
import json
import arrow
import numpy as np
import pandas as pd
from pandas import DataFrame
```

我们在第 8 章中已经看到过 json 模块。我们还在第 2 章简单地介绍了 arrow。它是非常出色的第三方程序库，使日期和时间的处理变得更加轻松。numpy 表示 NumPy 库，是在 Python 中进行科学计算的基础程序包。NumPy 表示 Numeric Python（数值 Python），是数据科学环境中使用最广泛的程序库之一。稍后我将对它展开进一步的介绍。pandas 是一个非常核心的程序库，也是整个项目的基础所在。**pandas** 表示 Python Data Analysis Library（Python **数据分析库**）。它（以及其他很多程序库）提供了 DataFrame，这是一种类似矩阵的数据结构，提供了很多高级的处理功能。把 pandas 导入为 pd 并单独导入 DataFrame 是惯常的做法。

在导入部分之后，我们可以使用 pandas.read_json()把数据加载到一个 DataFrame 对象：

```
#2
df = pd.read_json("data.json")
df.head()
```

我们使用 DataFrame 的 head()方法检查前 5 行。读者应该看到类似图 13-2 的结果。

	cmp_name	cmp_bgt	cmp_spent	cmp_clicks	cmp_impr	user
0	GRZ_20210131_20210411_30-40_F_GBP	253951	17953	52573	500001	{"username": "susan42", "name": "Emily Smith",...
1	BYU_20210109_20221204_30-35_M_GBP	150314	125884	24575	499999	{"username": "susan42", "name": "Emily Smith",...
2	GRZ_20211124_20220921_20-35_B_EUR	791397	480963	39668	499999	{"username": "susan42", "name": "Emily Smith",...
3	GRZ_20210727_20220211_35-45_B_EUR	910204	339997	16698	500000	{"username": "susan42", "name": "Emily Smith",...
4	BYU_20220216_20220407_20-25_F_EUR	393134	158930	46631	500000	{"username": "susan42", "name": "Emily Smith",...

图 13-2　DataFrame 的前几行

Jupyter 自动把 df.head()调用的输出渲染为 HTML。为了生成普通的文本表示形式，可以简单地把 df.head()调用包装在一个 print 调用中。

DataFrame 结构的功能非常强大。它允许我们对它的内容进行各种操作。我们可以按行或列对数据进行过滤、聚合或者进行许多其他操作。我们可以对整行或整列进行操作，它需要的时间要比使用纯 Python 处理数据时少得多。这是因为 pandas 在幕后利用了 NumPy 程序库的威力，后者由于其内核的低层实现方式，能够以令人难以置信的速度绘制自身。

使用 DataFrame 允许我们结合 Numpy 和类似电子表格的功能，这样我们就能够采用一种与分析师相似的方式对数据进行处理。只不过，我们是通过代码进行操作。

下面我们观察快速获取数据鸟瞰图的两种方法：

```
#3
df.count()
```

count()方法返回每列中所有非空单元格的计数。它可以帮助我们理解数据的稀疏度。在这个例子中，我们不存在缺失的值，因此输出是：

```
cmp_name   5140
cmp_bgt    5140
cmp_spent  5140
cmp_clicks 5140
cmp_impr   5140
user       5140
dtype: int64
```

我们共有 5140 行。假设一共有 1000 个用户，每个用户的推广数量是 2 和 8 之间的一个随机数，结果非常符合我们的预期。

输出中的最后一行 dtype: int64 表示 df.count()的返回值是 NumPy int64 对象。dtype 表示“数据类型”，int64 表示 64 位整数。NumPy 很大程度上是用 C 语言实现的。它并没有使用 Python 的内置数值类型，而是使用了自己的类型，后者与 C 语言的数据类型密切相关。这就允许它执行比纯 Python 快得多的数值运算。

describe 方法非常实用，可以帮助我们快速获取数据的统计性总结：

```
#4
df.describe()
```

在下面的结果中可以看到，它为我们提供了几种测量值，例如 count、mean（平均值）、std（标准差）、min、max，并显示了数据在各个象限中是如何分布的。感谢这个方法，我们对自己数据的结构有了一个大致的了解：

```
            cmp_bgt      cmp_spent    cmp_clicks      cmp_impr
count   5140.000000    5140.000000   5140.000000   5140.000000
mean  496331.855058  249542.778210  40414.236576 499999.523346
std   289001.241891  219168.636408   1704.136480      2.010877
min     1017.000000     117.000000    355.000000 499991.000000
25%   250725.500000   70162.000000  22865.250000 499998.000000
50%   495957.000000  188704.000000  37103.000000 500000.000000
75%   741076.500000  381478.750000  55836.000000 500001.000000
max   999860.000000  984005.000000  98912.000000 500007.000000
```

下面我们观察预算最高的 3 个推广：

```
#5
df.sort_index(by=['cmp_bgt'], ascending=False).head(3)
```

它产生下面的输出：

```
                              cmp_name  cmp_bgt  cmp_clicks  cmp_impr
5047 GRZ_20210217_20220406_35-45_B_GBP   999860       78932    499999
922  AKX_20211111_20230908_40-50_M_GBP   999859       73078    499996
2113 BYU_20220330_20220401_35-45_B_USD   999696       42961    499998
```

调用 tail()显示了具有最低预算的推广：

```
#6
df.sort_values(by=['cmp_bgt'], ascending=False).tail(3)
```

1. 对推广名称进行拆包

现在是时候增加复杂度了。首先，我们想要摆脱恐怖的推广名称（cmp_name）。我们需要把它分解为几个部分，并把每一部分放在专门的列中。为了完成这个任务，我们可以使用 Series 对象的 apply()方法。

pandas.core.series.Series 类是一个功能强大的数组包装器（可以把它看成具有增强功能的列表）。我们可以从 DataFrame 提取一个 Series 对象，并按照在字典中访问键的方式对它进行访问，并且可以在 Series 对象上调用 apply()方法，这将在 Series 的每一项上调用一个特定的函数，并返回一个包含结果的新 Series 对象。我们把结果合成到一个新的 DataFrame，并把这个 DataFrame 与 df 合并：

```
#7
def unpack_campaign_name(name):
    # 非常乐观的方法，总是假设推广名称中的数据处于良好状态
    type_, start, end, age, gender, currency = name.split('_')
    start = arrow.get(start, 'YYYYMMDD').date()
    end = arrow.get(end, 'YYYYMMDD').date()
    return type_, start, end, age, gender, currency

campaign_data = df['cmp_name'].apply(unpack_campaign_name)
campaign_cols = [
    'Type', 'Start', 'End', 'Target Age', 'Target Gender',
    'Currency']
campaign_df = DataFrame(
    campaign_data.tolist(), columns=campaign_cols, index=df.index)
campaign_df.head(3)
```

在 unpack_campaign_name()内部，我们对 name 进行分割。我们使用 arrow.get()从这些字符串中得到一个适当的 date 对象，然后返回这个对象。快速浏览前 3 行显示了下面的结果：

```
  Type       Start         End Target Age Target Gender Currency
0  GRZ  2021-01-31  2021-04-11      30-40             F      GBP
1  BYU  2021-01-09  2022-12-04      30-35             M      GBP
2  GRZ  2021-11-24  2022-09-21      20-35             B      EUR
```

看上去好多了！有一件重要的事情需要记住：虽然日期是以字符串的形式打印的，但它们只不过是 DataFrame 中存储的真正 date 对象的表示形式而已。

另一件非常重要的事情：合并两个 DataFrame 实例时，它们具有相同的 index 是至关重要的，否则 pandas 就无法知道哪一行应该出现在哪里。因此，当我们创建 campaign_df 时，我们把它的 index 设置为 df 的 index，这样就能够合并它们。

```
#8
df = df.join(campaign_df)
```

在 join()之后，我们进行预览，希望看到匹配的数据：

```
#9
df[['cmp_name'] + campaign_cols].head(3)
```

它的输出如下所示：

```
                           cmp_name Type      Start        End
0 GRZ_20210131_20210411_30-40_F_GBP  GRZ 2021-01-31 2021-04-11
1 BYU_20210109_20221204_30-35_M_GBP  BYU 2021-01-09 2022-12-04
2 GRZ_20211124_20220921_20-35_B_EUR  GRZ 2021-11-24 2022-09-21
```

可以看到，join()是成功的。推广的名称和独立的列显示了相同的数据。能不能看出我们是在哪里完成这个任务的？我们使用方括号语法访问 DataFrame，并传递了一个列名列表。这就生成了一个全新的包含那些列（顺序相同）的 DataFrame，然后我们可以在它上面调用 head()方法。

2. 对用户数据进行拆包

现在，我们对 user 的 JSON 数据的每个片段执行完全相同的操作。我们在 user 系列上调用 apply()，运行 unpack_user_json()函数，后者接受一个 JSON 形式的 user 对象并把它转换为一个由它的各个字段组成的列表。我们创建一个全新的 DataFrame 对象 user_df，其中包含了这些数据：

```
#10
def unpack_user_json(user):
    # 也是非常乐观，期望用户对象具有所有的属性
    user = json.loads(user.strip())
    return [
        user['username'],
        user['email'],
        user['name'],
        user['gender'],
        user['age'],
        user['address'],
    ]

user_data = df['user'].apply(unpack_user_json)
user_cols = [
    'username', 'email', 'name', 'gender', 'age', 'address']
user_df = DataFrame(
    user_data.tolist(), columns=user_cols, index=df.index)
```

它与此前的操作非常相似。接着，我们用 df 合并 user_df（就像合并 campaign_df 一样），然后浏览结果：

```
#11
df = df.join(user_df)

#12
df[['user'] + user_cols].head(2)
```

输出显示一切都非常顺利。但是，我们还没有完成任务。如果在一个单元格中调用 df.columns，将会看到列仍然具有丑陋的名称。我们对此进行修改：

```
#13
new_column_names = {
    'cmp_bgt': 'Budget',
    'cmp_spent': 'Spent',
    'cmp_clicks': 'Clicks',
    'cmp_impr': 'Impressions',
}
df.rename(columns=new_column_names, inplace=True)
```

rename()方法可以用于修改列（或行）标签。我们向它提供了一个字典，把旧的列名映射到我们喜欢的名称。字典中没有提到的所有列保持不变。现在，除了'cmp_name'和'user'之外，其他列都具有漂亮的名称。

下一个步骤就是添加一些额外的列。对于每个推广，都有一个点击数量和印象数量，并且具有一些开支。这就允许我们引入 3 个测量指标——CTR、CPC、CPI。它们分别表示点击率（click through rate）、每次点击的成本（cost per click）、每次印象的成本（cost per impression）。

最后两个指标相当简单，但 CTR 却非如此。它足以说明点击和印象之间的比率。它向我们提供了一个测量指标，就是在一个推广广告中，每个印象导致了多少次点击，这个数字越高，表示广告在吸引用户点击方面也就越好。下面我们编写一个函数，计算这 3 个比率，并把它们添加到 DataFrame 中：

```
#14
def calculate_extra_columns(df):
    # 点击率
    df['CTR'] = df['Clicks'] / df['Impressions']
    #每次点击的成本
    df['CPC'] = df['Spent'] / df['Clicks']
    #每次印象的成本
    df['CPI'] = df['Spent'] / df['Impressions']
calculate_extra_columns(df)
```

注意我们分别用 1 行代码添加了这 3 个列，但 DataFrame 会对适当列中的每一对单元格自动执行相应的运算（在此例中为除法）。因此，即使我们看上去只用了 3 个除法，但实际上执行了 5140 × 3 个除法，因为这些运算在每一行都会发生。pandas 会为我们完成大量的工作，同时能够很好地隐藏这些工作的复杂度。

calculate_extra_columns()函数接受一个 DataFrame（df）为参数，并直接对它进行操作。这

种操作模式称为**原地**（in-place）操作。这类似于 list.sort()方法对列表进行排序的方式。我们可以认为这个函数并不是纯函数，意味着它具有副作用，因为它会修改作为参数传递给它的可变对象。

我们可以对相关的列进行过滤并调用 head()，对结果进行观察：

```
#15
df[['Spent', 'Clicks', 'Impressions',
    'CTR', 'CPC', 'CPI']].head(3)
```

它显示了对每一行所执行的计算都是正确的：

```
   Spent Clicks Impressions       CTR       CPC       CPI
0  17953  52573      500001 0.105146  0.341487  0.035906
1 125884  24575      499999 0.049150  5.122442  0.251769
2 480963  39668      499999 0.079336 12.124710  0.961928
```

现在，我们想手动验证第一行结果的正确性：

```
#16
clicks = df['Clicks'][0]
impressions = df['Impressions'][0]
spent = df['Spent'][0]
CTR = df['CTR'][0]
CPC = df['CPC'][0]
CPI = df['CPI'][0]
print('CTR:', CTR, clicks / impressions)
print('CPC:', CPC, spent / clicks)
print('CPI:', CPI, spent / impressions)
```

它产生下面的输出：

```
CTR: 0.10514578970842059 0.10514578970842059
CPC: 0.3414870751146026 0.3414870751146026
CPI: 0.03590592818814362 0.03590592818814362
```

值是匹配的，证实了我们的计算是正确的。当然，我们一般并不需要这样做，但我们想向读者展示如何通过这种方式执行计算。我们可以通过把一个 Series 对象（一个列）的名称放在方括号中并传递给 DataFrame 来访问这个 Series 对象（这类似于在字典中查找键）。然后，我们可以根据位置访问这一列中的每一行，就像在常规的列表或元组中进行操作一样。

我们几乎已经完成了这个 DataFrame，现在所缺的只是一个表示推广持续时间的列和一个表示每个推广的起始日期对应于星期几的列。持续时间是非常重要的，因为它允许我们把诸如已花费金额或印象数量这样的相关数据与推广的持续时间进行关联（我们可以期望更长的推广时间会导致更大的花费和更多的印象）。起始日期是星期几也是重要的。例如，有些推广可能绑定到特定的星期几所发生的事件（例如星期六或星期日所举行的体育比赛）。

```
#17
def get_day_of_the_week(day):
    return day.strftime("%A")
def get_duration(row):
    return (row['End'] - row['Start']).days
```

```
df['Day of Week'] = df['Start'].apply(get_day_of_the_week)
df['Duration'] = df.apply(get_duration, axis=1)
```

get_day_of_the_week()非常简单。它接受一个 date 对象，并把它格式化为一个字符串，只包含对应星期几的名称。get_duration()更为有趣。首先，注意它接受一个整行而不是一个单值。在它的函数体中，我们执行推广的结束日期和起始日期之间的减法。日期对象相减的结果是 timedelta 对象，表示特定数量的时间。我们取它的.days 属性的值，以获取以天数为单位的持续时间。

现在，我们介绍有趣的部分，也就是这两个函数的应用。首先，我们对 Start 列（以 Series 对象的形式）应用 get_day_of_the_week()。这类似于我们对'user' 和'cmp_name'所执行的操作。接着，我们对整个 DataFrame 应用 get_duration()。为了指示 pandas 在行上执行这个操作，我们传递了 axis = 1。

我们可以非常方便地对结果进行验证，如下所示：

```
#18
df[['Start', 'End', 'Duration', 'Day of Week']].head(3)
```

这就产生了下面的输出：

```
       Start        End Duration Day of Week
0 2021-01-31 2021-04-11       70      Sunday
1 2021-01-09 2022-12-04      694    Saturday
2 2021-11-24 2022-09-21      301   Wednesday
```

因此，现在我们知道在 2021 年 1 月 9 日与 2022 年 12 月 4 日之间一共有 694 天，并且 2021 年 1 月 31 日是星期天。

3. 完成清理任务

既然我们已经实现了自己需要的所有功能，现在就可以进行最后的清理了。记住，我们仍然还有'cmp_name' 和'user'这两个列。现在它们已经没用了，所以必须被清理掉。我们还想对 DataFrame 中的列进行重新排序，使它们与现在包含的数据具有更好的相关性。为此，我们只需要在所需的列列表中对 df 进行过滤。我们将会得到一个全新的 DataFrame，可以重新赋值给 df 本身：

```
#19
final_columns = [
    'Type', 'Start', 'End', 'Duration', 'Day of Week', 'Budget',
    'Currency', 'Clicks', 'Impressions', 'Spent', 'CTR', 'CPC',
    'CPI', 'Target Age', 'Target Gender', 'Username', 'Email',
    'Name', 'Gender', 'Age'
]
df = df[final_columns]
```

我们采用的分组方式首先是推广信息，然后是测量指标，最后是用户数据。现在，我们的 DataFrame 非常清晰，可以随时对它进行检查。

在对图表进行疯狂的操作之前，我们打算取 DataFrame 的一个快照，这样就可以很方便地根据一个文件对它进行重构，而不是重新执行之前的所有步骤。有些分析师可能需要电子表格的形式，以便执行一些与我们所做的不同类型的分析。因此，我们可以观察如何把 DataFrame 保存到文件中。它做起来比说起来容易。

13.2.5　把 DataFrame 保存到文件中

我们可以用许多不同的方式保存 DataFrame。我们可以输入 df.to_，然后按 Tab 键弹出自动完成窗口，从中观察所有可能的选项。

为了有趣起见，我们打算用 3 种不同的格式保存 DataFrame。首先是 CSV：

```
#20
df.to_csv('df.csv')
```

然后是 JSON：

```
#21
df.to_json('df.json')
```

最后是 Excel 电子表格：

```
#22
df.to_excel('df.xls')
```

to_excel()方法需要安装 openpyxl 程序包。它包含在本章的 requirements.txt 文件中，因此如果读者按照这个文件安装需求，就应该在自己的虚拟环境中包含它。

因此，把 DataFrame 保存为不同的格式是极其简单的，而且还有一个好消息是它们的逆操作也同样简单：把一个电子表格加载到 DataFrame 也是非常容易的（只要使用 pandas 的 read_csv()或 read_excel()函数）。pandas 的幕后开发人员做了大量的工作，使我们的任务变得轻松。感谢他们的付出。

13.2.6　显示结果

最后也是最吸引人的地方。在本节中，我们打算显示一些结果。站在数据科学的角度，我们对数据的深入分析并没有太大的兴趣，尤其是因为这些数据是完全随机的。但是，这些例子仍然能够帮助我们熟悉图表和其他特性。

我们从自己的经历中总结出一个结论，那就是外观也是非常重要的，这可能令读者感到吃惊。因此当我们展示自己的结果时，我们应该尽量使它们漂亮地呈现出来，这是非常重要的。

pandas 使用 Matplotlib 绘图库绘制图形。我们不会直接使用它，只是配置一下绘图风格。读者可以在 Matplotlib 官网上了解这个功能丰富的绘图程序库。

首先，我们指示 Notebook 在单元格输出框架中而不是在独立的窗口中渲染 Matplotlib 图形。我们用下面的代码完成这个任务：

```
#23
%matplotlib inline
```

接着，我们继续进行一些绘图风格的设置：

```
#24
import matplotlib.pyplot as plt
plt.style.use(['classic', 'ggplot'])
plt.rc('font', family='serif'})
```

我们使用matplotlib.pyplot接口设置绘图风格。我们选择了使用经典和ggplot样式单的组合。样式单是从左向右应用的，因此任何样式项如果同时定义了这两种样式，ggplot 会覆盖经典风格。我们还把绘图使用的字体系设置为 serif。

既然我们已经完成了 DataFrame，现在可以再次运行 df.describe()（#25）。其结果应该如图 13-3 所示。

	Duration	Budget	Clicks	Impressions	Spent	CTR	CPC	CPI	Age
count	5140.000000	5140.000000	5140.000000	5140.000000	5140.000000	5140.000000	5140.000000	5140.000000	5140.000000
mean	365.923930	496331.855058	40414.236576	499999.523346	249542.778210	0.080829	9.816749	0.499086	55.503891
std	213.233798	289001.241891	21704.136480	2.010877	219168.636408	0.043408	17.649877	0.438338	20.803059
min	1.000000	1017.000000	355.000000	499991.000000	117.000000	0.000710	0.003580	0.000234	18.000000
25%	180.000000	250725.500000	22865.250000	499998.000000	70162.000000	0.045730	1.778724	0.140325	38.000000
50%	369.000000	495957.000000	37103.000000	500000.000000	188704.000000	0.074206	4.977531	0.377409	56.000000
75%	553.000000	741076.500000	55836.000000	500001.000000	381478.750000	0.111673	11.620850	0.762962	73.000000
max	730.000000	999860.000000	98912.000000	500007.000000	984005.000000	0.197824	517.287324	1.968014	90.000000

图 13-3　清理数据的一些统计数据

这种类型的简单结果非常适用于那些只提供 20 秒的时间让我们进行概括的经理，他们只需要粗略的数字。

再次注意，我们的推广具有不同的货币，因此光看这些数字是没有意义的。这里的关键在于说明 DataFrame 的功能，而不是提供真实数据的正确而详细的分析。

另外，图形通常比只包含数字的表格更加优秀，因为它更容易看懂，能够为我们提供直接的反馈。因此，下面我们绘制每项活动所具有的 4 个信息片段——'Budget'、'Spent'、'Clicks'、'Impressions'：

```
#26
df[['Budget', 'Spent', 'Clicks', 'Impressions']].hist(
    bins=16, figsize=(16, 6));
```

我们提取这 4 个列（这将生成一个只由这 4 列组成的 DataFrame），并调用 hist()方法绘制柱状图。我们通过一些参数指定了 bins 和 figsize 的大小，其他所有设置都是自动完成的。

由于柱状图指令是单元格中的最后一条语句，因此 Notebook 在绘制图形之前会输出它的结果。

为了防止这个行为，只绘制图形而不输出结果，只要在最后添加一个分号。图 13-4 是实际绘制的图形。

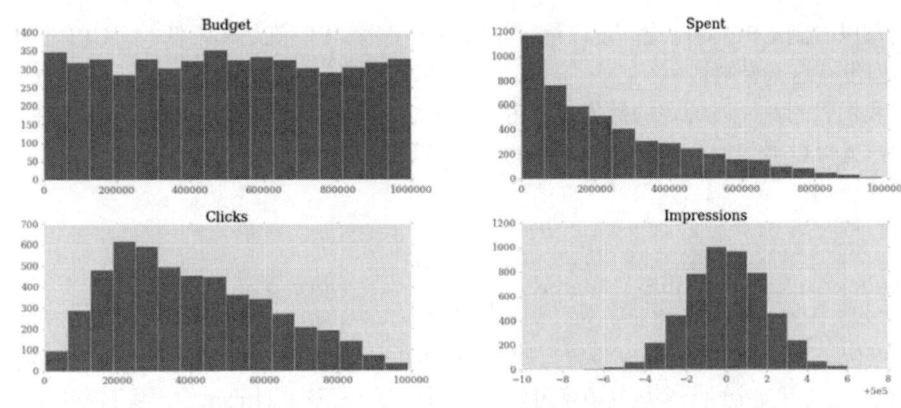

图 13-4　推广数据的柱状图

这些图形非常漂亮。有没有注意到 serif 字体？这些数字的含义是什么？如果回头观察我们生成数据的方式，就会明白这几幅图的结果是极为合理的。

- **Budget**（**预算**）是从某个区间随机选择的，因此我们期望它在这个区间内是均匀分布的。观察图形，可以看到结果符合我们的预期：它几乎是一条固定的直线。
- **Spent**（**开支**）也是均匀分布的，但它的上限是预算，而预算并非常数。这意味着我们期望看到一条从左向右递减的对数曲线，而实际结果也正是如此。
- **Clicks**（**点击**）是均值约为区间大小 20%的三角分布，我们可以看到峰值大约就在距离左边缘 20%的地方。
- **Impressions**（**印象**）属于高斯分布，图形呈著名的钟形。均值正好就在中间，标准差为 2。我们可以看到实际的图形与这些参数是相符的。

很好！下面我们绘制计算产生的测量指标：

```
#27
df[['CTR', 'CPC', 'CPI']].hist(
    bins=20, figsize=(16, 6))
```

图 13-5 是它的图形表示形式：

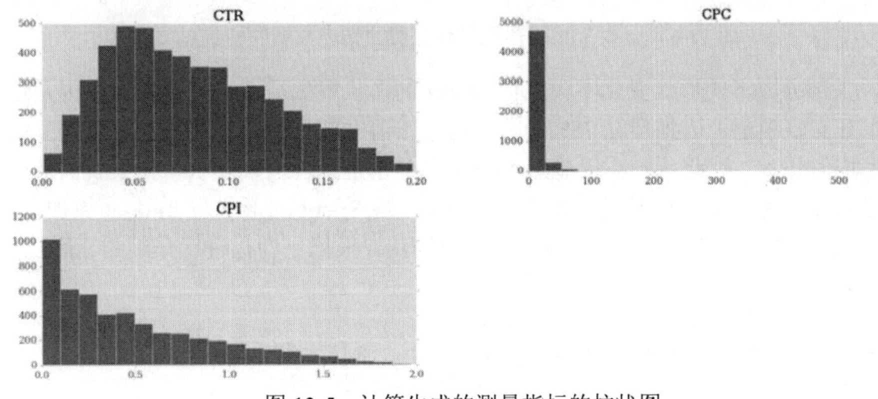

图 13-5　计算生成的测量指标的柱状图

我们可以看到 **CPC** 向左边高度收缩，意味着大多数 **CPC** 值是非常低的。**CPI** 也具有类似的形状，但没有这么极端。

假设我们只想对一段特定的数据进行分析该怎么办呢？我们可以在 DataFrame 中应用一个掩码，这样就可以得到一个只满足掩码条件的行的新的 DataFrame，就像使用一条对行进行过滤的全局 if 子句：

```
#28
selector = (df.Spent > 0.75 * df.Budget)
df[selector][['Budget', 'Spent', 'Clicks', 'Impressions']].hist(
    bins=15, figsize=(16, 6), color='green');
```

在这个例子中，我们把 selector 设置为过滤掉那些开支金额少于或等于预算金额 75%的行。换句话说，我们只包含开支金额至少达到预算四分之三的推广。注意在 selector 中，我们采用了另一种请求一个 DataFrame 列的方法，即直接的属性访问（object.property_name）而不是类似字典的访问方式（object['property_name']）。如果 property_name 是合法的 Python 名称，那么这两种用法是等价的。

selector 的应用方式与我们用键访问字典的方式相同。当我们把 selector 应用于 df 时，我们得到另一个 DataFrame，并从其中只选择相关的列，然后再次调用 hist()。这一次，纯粹出于娱乐的目的，我们将柱状图的绘制颜色配置为绿色，如图 13-6 所示。

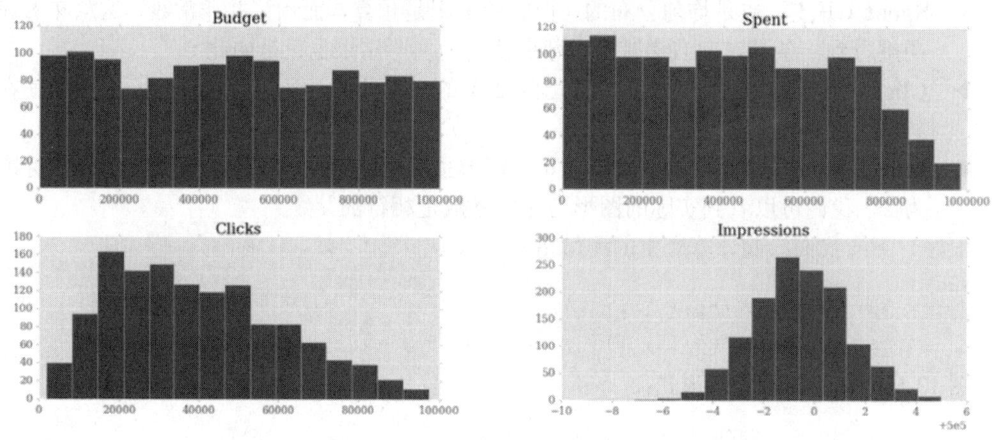

图 13-6 至少 75%的预算已被花费的推广数据的柱状图

注意，大部分图形的形状变化不大，但 **Spent** 的形状发生了很大的变化，原因是这一次我们只提取了开支金额至少达到预算 75%的行。这意味着图中只包含开支金额接近预算的行。预算的数字呈均匀分布。因此，现在很显然 **Spent** 图形也是呈现这种形状。如果我们进一步限制边界，只提取开支达到预算 85%或更高的行，将会发现 **Spent** 的形状与 **Budget** 更加相似。

现在，我们请求一些不同的东西。我们应该怎样获取根据星期几进行分组的'Spent'、'Clicks'、'Impressions'测量指标呢？

```
#29
df_weekday = df.groupby(['Day of Week']).sum()
df_weekday[['Impressions', 'Spent', 'Clicks']].plot(
    figsize=(16, 6), subplots=True);
```

第一行创建了一个新的 DataFrame 对象 df_weekday，这是请求在 df 上根据'Day of Week'分组而实现的。用于聚合数据的函数是加法。

第二行使用一个列名称的列表获取 df_weekday 的一个片段，现在我们已经熟悉了这种方法。我们在结果上调用了 plot()，它与 hist()稍有不同。subplots=True 这个选项使 plot 绘制 3 个独立的图形，如图 13-7 所示。

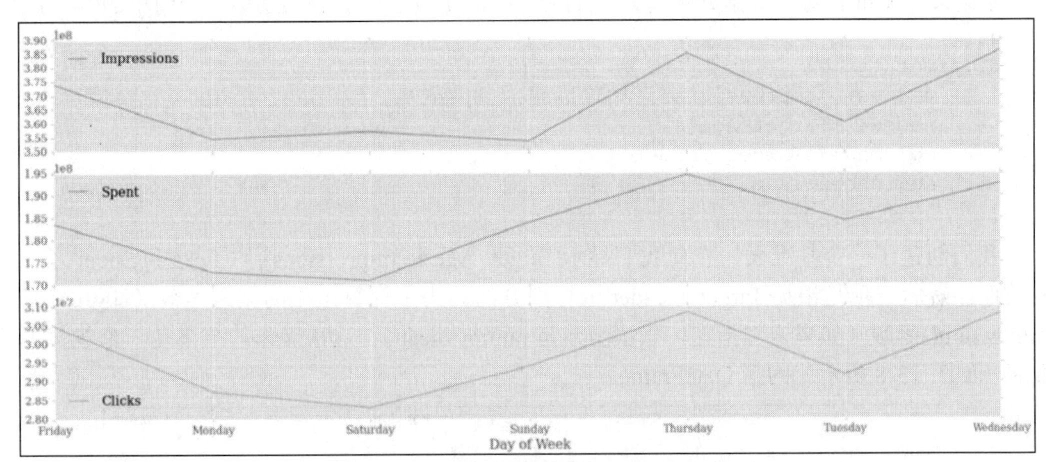

图 13-7　根据星期几聚合的推广数据图

相当有趣的是，我们可以看到大多数操作发生在星期四和星期三。如果这个数据很有意义，它很可能就是应该向客户提供的潜在重要信息，这也是我们向读者展示这个例子的原因。

注意，星期几是按字母顺序存储的，这使得它们看上去有点混乱。能不能想出一个简单的解决方案解决这个问题？我们把这个任务当作练习留给读者。

我们再介绍几个概念，从而完成本节的介绍。首先是一个简单的聚合。我们想要根据'Target Gender'（目标性别）和'Target Age'（目标年龄）进行聚合并显示'Impressions'和'Spent'。对于这些数据，我们想看到'mean'（均值）和标准差（'std'）：

```
#30
agg_config = {
    'Impressions': ['mean', 'std'],
    'Spent': ['mean', 'std'],
}
df.groupby(['Target Gender', 'Target Age']).agg(agg_config)
```

任务非常简单。我们准备一个字典作为配置使用。接着，我们在'Target Gender'和 'Target Age'列上执行分组操作，并把这个配置字典传递给 agg()方法。其输出如下所示：

```
                            Impressions                      Spent
                                   mean       std             mean
Target Gender Target Age
B             20-25       499999.513514 2.068970 225522.364865
              20-30       499999.233766 2.372519 248960.376623
              20-35       499999.678161 1.742053 280387.114943
...                                 ...      ...             ...
```

```
M                45-50       499999.000000 1.490712 323302.200000
                 45-55       499999.142857 1.956674 344844.142857
                 45-60       499999.750000 1.332785 204209.750000
```

在结束本章之前，我们再完成一个更加有趣的任务。我们想介绍一个称为**基准表**（pivot table）的概念。基准表是一种对数据进行分组的方法，为每一组计算一个聚合值，并以表格形式显示结果。基准表对于数据分析而言是至关重要的工具，因此我们观察一个简单的例子：

```
#31
df.pivot_table(
    values=['Impressions', 'Clicks', 'Spent'],
    index=['Target Age'],
    columns=['Target Gender'],
    aggfunc=np.sum
)
```

我们创建了一个基准表，它向我们显示'Target Age'和'Impressions'、'Clicks'和'Spent'之间的相关性。最后三项是根据'Target Gender'进行细分的。用于计算结果的聚合函数（aggfunc）是 numpy.sum()函数（如果未加指定，默认函数是 numpy.mean）。这项操作的结果是一个包含了基准表（如图 13-8 所示）的新 DataFrame。

	Clicks			Impressions			Spent		
Target Gender	B	F	M	B	F	M	B	F	M
Target Age									
20-25	2866528	2736143	3752471	36999964	35499973	42499984	16688655	15609550	22026226
20-30	3377741	3479775	3297034	38499941	39999978	39499933	19169949	17810108	15777111
20-35	2978342	2727771	2981045	43499972	34499979	38499964	24393679	18132970	17653304
20-40	3312590	3269549	3163736	41499964	40499964	37999981	19582113	22317003	19464410

图 13-8　一个基准表

图 13-8 显示了一批输出。它的内容相当清晰，如果数据具有实际意义，这样的图就能提供非常实用的信息。

就是这样了！我们希望读者花更多的时间探索 IPython、Jupyter 和数据科学的精彩世界。我们强烈建议读者熟练掌握 Notebook 环境。它比控制台要好得多，极其实用并且非常有趣，读者甚至可以用它创建幻灯片和文档。

13.3 下一步的方向

数据科学确实是一个引人入胜的主题。正如我们在本章之初所说的，要想从事这个领域的工作，必须在数学和统计学方面具有良好的基本功。如果采集的数据不可靠，它的分析结果也就没有意义。如果数据的推断方式不正确或者采样频率不正确，结果也同样没有意义。例如，我们可以考虑一个在队列中排队的人群。如果由于某种原因，排队人群的性别呈男女交替模式，类似 F-M-F-M-F-M-F-M-F…。

如果只对偶数位置的元素采样，我们就会得出结论，这个人群都是由男性组成的。如果只对奇数位置的元素采样，结论正好相反。

当然，这只是一个笨拙的例子。但是，在这个领域很容易犯错，尤其在必须对大数据集进行采样时。因此，我们的分析质量很大程度上取决于采样本身的质量。

关于数据科学和 Python，下面是我们可以考虑的主要工具。

- **NumPy**：这是用 Python 进行科学计算的主要程序包。它包含了一个功能强大的 *N* 维数组对象、复杂（广播）的函数、用于集成 C/C++和 Fortran 代码的工具、实用的线性代数、傅里叶变换、随机数功能和其他许多功能。
- **Scikit-learn**：它很可能是 Python 最流行的机器学习程序库。它提供了一些简单而高效的工具用于数据挖掘和数据分析，可供任何人使用，并且可以在各种不同的上下文环境中被复用。它建立在 NumPy、SciPy、Matplotlib 的基础之上。
- **pandas**：这是一个开放源代码的 BSD 许可的程序库，提供了高性能、容易使用的数据结构和数据分析工具。我们在本章中深入使用了这个程序库。
- **IPython/Jupyter**：它们为交互性计算提供了一个功能丰富的架构。
- **Matplotlib**：这是一个 Python 2D 绘图程序库，能够生成各种硬拷贝格式的出版级质量的图片，并且可以应用于跨平台的交互性环境。Matplotlib 可用于 Python 脚本、Python 和 IPython shell、Jupyter Notebook、Web 应用服务器，并提供了一些图形用户界面工具包。
- **Numba**：这个程序库提供了一些直接用 Python 编写的高性能函数，能够提高应用程序的速度。通过一些注解，面向数组和高度使用数学的 Python 代码可以即时编译为本地机器指令，具有与 C、C++、Fortran 相似的性能，而不必切换语言或使用 Python 解释器。
- **Bokeh**：这是一个 Python 交互性可视化程序库，其目标是在现代的 Web 浏览器进行展现。它的目标是提供一种优雅的、简洁的采用 D3.js 风格的新型图形结构。它的这个功能还可以用于实现巨大的数据集或流数据集的高性能交互。

除了这些单独的程序库之外，我们还可以找到一些生态系统，例如 SciPy 和前面提到的 Anaconda，它们都集成了几个不同的程序包，为我们提供了一些“开箱即用”风格的功能。

安装所有这些工具以及它们的一些依赖项在某些系统中是非常困难的，因此我们建议读者对生态系统进行尝试，看看哪些比较适合自己使用。这样的尝试是非常值得的。

13.4　总结

在本章中，我们简单介绍了数据科学。我们并没有宽泛地解释这个极其广阔的主题的所有概念，而是围绕一个项目展开讨论。我们熟悉了 Jupyter Notebook 以及不同的程序库，例如 pandas、Matplotlib、numPy。

当然，把所有这些信息压缩在一章的篇幅之内意味着我们只能简单地了解这些主题的皮毛。我们希望和读者一起讨论的这个项目具有足够的综合性，使读者以后从事这个领域的工作时能够心中有数。

第 13 章专门介绍 API 开发。

第 14 章 API 开发

"富有同情心的沟通的一个目标是帮助他人减少痛苦。"

——一行禅师

在本章中，我们将学习**应用程序编程接口**（**API**）的概念。

我们将围绕一个铁路项目探索这个重要的主题。在这个过程中，我们将接触到下面这些概念。

- HTTP、请求和响应。
- Python 的类型提示。
- Django Web 框架。

有很多图书专门讲述 API 设计，因此我们无法用一个单章的内容涵盖这个主题的所有知识。考虑到这一点，我们决定采用 FastAPI 作为这个项目的主要技术。这是一个设计得非常优秀的框架，允许我们用干净、简洁和具有优秀表达能力的代码创建 API。我们认为它非常适用于本书。

我们强烈建议读者下载并查看本章的源代码，这对于理解整个项目是极有帮助的。

我们还将以一种更抽象的方式讨论 API 的概念，希望读者能够对它进行深入的研究。事实上，作为开发人员，读者在自己的职业生涯中肯定需要处理 API，很可能还需要创建一些 API。随着时间的变化，技术也在不断发展，现在我们有大量可以使用的选择。因此，花点精力学习设计 API 所需的一些抽象概念和思想是非常重要的，这样当我们使用其他框架时不至于太过迷失。

下面我们花点时间讨论这个项目背后的基础知识。

14.1 什么是 Web

万维网（World Wide Web，**WWW**），或简称 **Web**，是一种通过称为**因特网**（**Internet**）的

媒介访问信息的方式。因特网是一个由各种网络组成的巨大网络，是一种网络基础设施。它的作用是把全球范围内数以十亿计的设备连接在一起，使它们彼此之间可以通信。信息通过各种丰富的语言（称为**协议**）在因特网上传播。协议能够让不同的设备相互理解，共享它们的内容。

Web 是一种建立在因特网之上的信息共享模型，使用**超文本传输协议**（**HTTP**）作为数据通信的基础。因此，Web 只是通过因特网交换信息的几种不同方法之一。电子邮件、即时通信、新闻组等都依赖于不同的协议。

14.1.1　Web 的工作方式

概括地说，HTTP 是一种非对称的**请求-响应式的客户-服务器**协议。HTTP 客户向 HTTP 服务器发送一个请求消息，而服务器则对此返回一条响应消息。换句话说，HTTP 是一种**拉取式协议**，也就是客户从服务器拉取信息（反之，**推送式协议**就是服务器把信息推送给客户）。观察图 14-1。

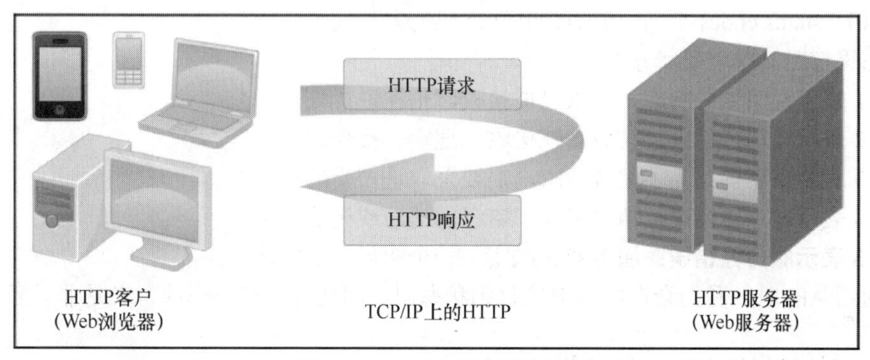

图 14-1　HTTP 的简单图解

HTTP 是通过 **TCP/IP**（传输控制协议/因特网协议）进行传输的，后者提供了通过因特网进行可靠的信息交换的工具。

HTTP 的一个重要特性是它不保存状态。这意味着当前的请求对于以前的请求所发生的事情并不知晓。这是一个具有良好理由的技术限制，但是我们在浏览网站时会产生的一个幻觉就是我们已经登录。当用户登录时，会保存用户信息令牌（大多是在客户端，在一种称为 **cookie** 的特殊文件中），因此用户创建的每个请求可以让服务器识别该用户并提供一个自定义的界面，例如显示他们的姓名、保留他们的购物车等。

尽管 HTTP 的世界非常精彩，但我们并不打算深入讨论它的丰富细节和它的工作方式。

HTTP 定义了一组方法，又称动词（verb），表示在一个特定资源上执行的目标操作。每个动词都是不同的，但有些动词共享一些特性。我们不会介绍所有的动词，只会讨论我们的 API 中使用的那些动词。

- **GET**：GET 方法请求指定资源的一种表示形式。使用 GET 的请求应该只提取数据。
- **POST**：POST 方法用于把一个实体提交给指定的资源，它常常导致服务器状态发生变化或者产生副作用。

◆ **PUT**：PUT 方法请求目标资源用该请求封装的表示形式所定义的状态创建或更新自己的状态。

◆ **DELETE**：DELETE 方法请求目标资源删除它的状态。

HTTP 的其他方法包括 HEAD、CONNECT、OPTIONS、TRACE、PATCH。关于这些方法的全面解释，可以参考维基百科中的 Hypertext Transfer Protocol 页面。

我们将要编写的 API 和它的两个消费者（一个是基于控制台的，另一个是简单的本地网站）都是通过 HTTP 工作的，意味着我们必须编写代码执行和处理 HTTP 请求与响应。从现在开始，我们不会在“请求”和“响应”之前加上“HTTP”的前缀，因为我们相信这不会造成任何混淆。

14.1.2 响应状态码

关于 HTTP 响应，我们需要知道它具有状态码，后者以一种简洁的方式表达了请求的结果。状态码由一个数值和一个简短的描述组成，例如 404 Not Found。读者可以通过维基百科中的 List of HTTP status codes 页面了解 HTTP 状态码的完整列表。

状态码按照第一个数字分类。

◆ **1 表示说明性的响应**：请求已被接收，正在进行处理。

◆ **2 表示成功**：请求已被成功地接收、理解、接受。

◆ **3 表示重定向**：为了完成请求，需要采取进一步的操作。

◆ **4 表示客户端错误**：请求包含了错误的语法或无法实现。

◆ **5 表示服务器错误**：服务器无法实现一个明显合法的请求。

在使用 API 时，我们会在响应中接收到状态码，因此理解状态码的含义是非常重要的。

14.2 类型提示：概述

在讨论 API 这个话题之前，我们首先介绍 Python 的类型提示（type hinting）。

我们选择 FastAPI 创建这个项目的原因之一是它建立在类型提示的基础之上。**类型提示**是 Python 3.5 根据 PEP 484 而新增的，而这个 PEP 则是建立在 Python 3.0 中由 PEP 3107 所新增的另一个功能——**函数注释**（function annotation）的基础之上。

PEP 484 受到了 Mypy 的很大启发，后者是 Python 的一种可选的静态类型检查程序。

Python 既是一种**强类型**语言，也是一种**动态类型**语言。

强类型意味着变量具有类型，而我们在变量上执行的操作就与类型有关。下面我们用一种虚构的语言通过一个例子来解释这个概念：

```
a = 7
b = "7"
a + b == 14
concatenate(a, b) == "77"
```

在这个例子中，我们假设了一种弱类型的语言（与强类型相反）。可以看到，不同类型的代码行并不容易区分。当我们想对整数 7 与字符串"7"进行求和时，该语言能够理解这种运算，它应该把后者解释为数值，并生成 14 作为求和的结果。

另外，对整数和字符串调用的连接函数将执行相反的操作，它把整数转换为字符串，生成字符串"77"作为结果。

Python 并不允许这种类型的行为，因此如果我们对一个整数和一个字符串进行求和或者将它们连接，Python 就会报告类型不兼容，因此无法实现我们所请求的运算。这是好消息，因为弱类型在处理类型时会导致一些很难发现的问题。

动态类型意味着变量的类型是在运行时确定的。这会导致一个变量在执行时的不同时刻具有不同的类型。观察下面这段 Python 代码：

```
a = 7
a * 2 == 14
a = "Hello"
a * 2 == "HelloHello"
```

在这个例子中，我们可以看到 Python 允许我们把 a 声明为整数，并执行对它乘 2 的运算。在此之后，我们重新把 a 声明为字符串，这样同样的乘 2 指令现在被解释为连接操作，因为 a 的类型现在是字符串。我们在第 2 章中学习过，a 并没有真正发生变化。实际发生的事情是 a 这个名称指向一个不同的内存位置，也就是此例中的新对象（即字符串"Hello"）所在的位置。

其他语言则具有不同的行为，它们采用的是静态类型。下面我们观察一个例子：

```
String greeting = "Hello";
int m = 7;
float pi = 3.141592;
```

在这个静态类型的语言例子中，我们看到变量在声明时指定了它们的类型。这意味着它们在程序的整个执行期间无法更改类型。

这两种方法各有利弊。静态类型允许编译器在运行之前发现一些问题，例如在软件编译时可以提示我们“试图把一个数值赋值给一个被声明为字符串的变量”。由于 Python 是动态类型的，允许变量的类型发生变化，因此无法做到这一点。

另外，静态类型存在一些限制，而动态类型则提供了更多的自由，允许我们使用静态类型语言无法实现（或至少是不容易实现）的编程模式。

14.2.1　类型提示的优点

那么，为什么在经过多年之后，Python 又进行了扩展，支持类型注释呢？

它的一个优点是，如果知道一个特定变量的类型，像 PyCharm、Visual Studio Code 等现代 IDE 可以提供智能代码完成和错误检查等优秀功能。

另一个优点是可读性。知道一个特定变量的类型使我们更容易理解代码在这个对象上执行的操作。

当然，由于类型提示，有大量的工具可以从代码中提取信息并自动为它创建文档。这也是 FastAPI 利用类型提示的方式之一，稍后我们将看到这种做法。

总之，这个特性被证明是相当实用的，因此类型提示现在被越来越多的 Python 社区所采纳也在情理之中。

14.2.2 类型提示的精华

现在我们将讨论一些类型提示的例子，尽管我们只观察稍后讨论的 FastAPI 代码严格所需的概念。

我们首先从一个函数注释的例子开始。观察下面的代码片段：

```
def greet(first_name, last_name, age):
    return f"Greeting {first_name} {last_name} of age {age}"
```

greet()函数接受 3 个参数并返回一个欢迎字符串。我们可能想要向它添加一些注释。例如，我们可以像下面这样采用一种夸张的做法：

```
def greet(
    first_name: "First name of the person we are greeting",
    last_name: "Last name of the person we are greeting",
    age: "The person's age"
) -> "Returns the greeting sentence":
    return f"Greeting {first_name} {last_name} of age {age}"
```

这段看上去有些怪异的代码实际上是合法的 Python 代码，它在功能上与前一个没有注释的例子相同。我们可以在冒号后面添加任意的表达式。甚至可以在参数声明之后，使用箭头记法对返回值进行注释。

上面这样的做法就允许我们使用类型提示。下面我们介绍一个这方面的例子：

```
def greet(first_name: str, last_name: str, age: int = 18) -> str:
    return f"Greeting {first_name} {last_name} of age {age}"
```

这段代码相当重要。它告诉我们 first_name 和 last_name 参数被认为是字符串，而 age 被认为是默认值为 18 的整数。它还告诉我们返回值是字符串。我们采用“……参数被认为是……”这种说法是因为我们仍然可以使用其他类型来调用这个函数。下面的代码证实了这一点：

```
greet(123, 456, "hello")
# returns: 'Greeting 123 456 of age hello'
```

Python 没有办法迫使参数的类型一定与它们的声明对应。但是，在编写这个调用时，IDE 建议 first_name 和 last_name 应该是字符串，而 age 应该是默认值为 18 的整数，如图 14-2 所示。

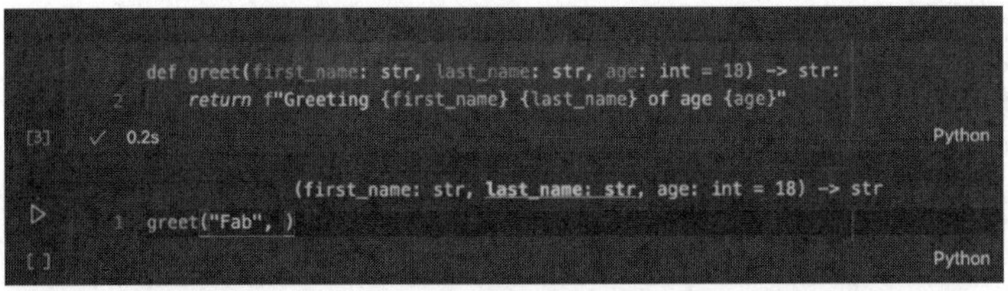

图 14-2 Visual Studio Code（Jupyter Notebook 扩展）利用了类型提示

我们可以使用所有的标准 Python 类型：int、str、float、complex、bool、bytes 等。

有些 Python 数据结构（例如列表、字典、集合、元组）可以包含其他值。它们的内部值也可以具有自己的类型。为了声明这些类型以及它们的内部值的类型，需要使用标准库的 typing 模块。

这个模块是我们学习类型提示的一个非常好的起点。我们可以在 Python 官网找到它的文档。这个网页不仅记录了 typing 模块，还在一开始列出了与类型提示有关的所有 PEP，使我们能够对它们进行深入的探索，学习与类型提示有关的知识，了解它的来龙去脉。

下面我们观察另一个例子：

```
from typing import List
def process_words(words: List[str]):
    for word in words:
        # do something with word
```

在这段简短的代码中，我们立刻就能明白 worlds 应该是字符串列表。

```
from typing import Dict
def process_users(users: Dict[str, int]):
    for name, age in users.items():
        # do something with name and age
```

在这个例子中，我们可以看到另一个容器类 Dict。按照这种方式声明 users，我们期望它是一个字典，其中的键表示用户的姓名，值表示他们的年龄。

在 Python 3.9 中，不再提倡使用 Dict 和 List，而是使用 dict 或 list，后者现在也支持[...]语法。

typing 模块中的另一个重要类是 Optional。Optional 用于声明某种特定类型的参数，但它也可以是 None（即它是可选的）：

```
from typing import Optional
def greet_again(name: Optional[str] = None):
    if name is not None:
        print(f"Hello {name}!")
    else:
        print("Hey dude")
```

Optional 在 FastAPI 中扮演了重要的角色。稍后我们将会看到，它允许我们在查询一个 API 端点时定义可能使用也可能不使用的参数。

在最后一个例子中，我们想展示自定义类型：

```
class Cat:
    def __init__(self, name: str):
        self.name = name

def call_cat(cat: Cat):
    return f"{cat.name}! Come here!"
```

call_cat()函数期望接受一个 cat 参数，后者应该是 Cat 类的一个实例。这个特性在 FastAPI

中非常重要，因为它允许程序员声明表示查询参数、请求体等的方案。

现在，读者已经掌握了理解本章主要内容所需要的知识。我们鼓励读者更深入地了解 Python 的类型提示，因为它在源代码中越来越常见。

14.3 API 简介

在深入介绍本章这个特定项目的细节之前，我们首先花点时间介绍 API 的基本概念。

14.3.1 什么是 API

在本章之初，我们提到了 API 表示应用程序编程接口。

这个接口的作用是计算机或计算机程序之间的一个连接层，因此它是一种为其他软件提供服务的软件接口，而不是像用户接口一样连接计算机和人。

API 在正常情况下具有一个规范文档（或标准），描述了如何创建和使用这个 API。满足这个规范的系统就被认为是实现或提供了这个 API。API 这个术语既可以描述实现也可以描述规范。

API 在正常情况下由不同的部分组成，它们都是编写软件的程序员用来与 API 进行交互的工具。这些部分具有不同的名称，最常见的包括方法、子程序或端点（在本章中，我们称之为端点）。当我们使用这些部分时，用技术术语表示就是调用它们。

API 规范告诉我们如何调用每个端点、需要创建什么类型的请求、需要传递哪些参数和标题、需要到达哪些地址等。

14.3.2 API 的用途

有多个原因支持我们在系统中引入 API。此前已经提到的一个原因是创建允许不同的软件片段之间通信的方法。

另一个重要原因是允许在访问一个系统时隐藏它的内部细节和实现，只向程序员展示安全、必要的部分。

API 隐藏了它们所交互的系统的内部细节这个事实提供了另一个优点：如果系统内部细节在技术、语言甚至工作流上面发生了变化，API 可以根据它连接到系统的方式进行修改，同时仍然向另一端（即向公共展示的那个部分）提供一致性的接口。如果我们把一封信放在一个信箱中，我们并不需要知道或控制邮递服务的处理方式，只要这封信能够到达它的目的地就行。因此，接口（邮箱）保持了一致，而另一端（邮递员、运送邮件的交通工具、技术、工作流等）可以自由地发展和变化。

最后，API 能够提供必要的特性，例如**认证**和**授权**，以及数据验证。作为展示给公共世界的一个层，由它们负责这些任务是合理的。

认证表示系统能够验证用户的证书，以便明确地确认它们的身份。授权表示系统能够授予用户具有什么访问权限。

用户、系统、数据是在边界上进行检查和验证的。如果它们通过了检查，它们就能与系统的其他部分进行交互（通过 API）。

从概念上说，这种机制类似于降落在机场并向警察出示自己的护照。成功通过检查之后，我们就能自由地与系统进行交互，相当于可以自由地进入我们所落地的国家，而不必再次出示护照。

理解上面这些概念之后，就可以理解我们当前拥有的几乎所有连接到 Web 的电子设备基本上都与一定范围（很可能极广）的 API 进行通信以完成它们的任务。

14.3.3　API 协议

API 有一些不同的类型。它们可以是公共的或私有的。它们可以提供对数据或服务的访问，也可以同时提供对两者的访问。API 在编写和设计时可以采用极为不同的方法和标准，并可以使用不同的协议。

下面是最常见的协议。

- **REST（表述性状态传输）**是一种 Web 服务 API。采用 REST 协议的 API 是现代 Web 应用程序（如 Netflix、Uber、Amazon 等）的关键组成部分。一个 API 必须遵循一组规则，才能被认为实现了 REST 协议。这些规则包括无状态、提供统一的接口和客户-服务器独立性。
- **SOAP（简单对象访问协议）**是一种与 REST 相似的成熟协议，它属于 Web API 类型。SOAP 是对应用程序使用网络连接管理服务的方式进行标准化的第一种协议。相比 REST，它的规范非常严格。一般而言，它需要更大的带宽。
- **RPC（远程过程调用）**是最老也是最简单的 API 类型。这种协议允许程序员通过远程调用一个过程（也是其名称的由来）在服务器端执行代码。这种类型的 API 与它们允许访问的服务器的实现紧密耦合，因此它们一般不是公开的。对它们进行维护通常也是一项相当复杂的任务。

如果读者对这个话题感兴趣，可以在网络上查询与 API 协议有关的丰富信息。

14.3.4　API 数据交换格式

我们曾提及 API 是至少两个计算机系统之间的接口。与其他系统进行交互时，数据必须适应系统实现的格式是件非常不愉快的事情。因此，API 提供了系统之间的一个通信层，不仅指定了通信发生时使用的协议，而且指定了交换数据时必须采用的语言（一种或多种）。

当前最常见的数据交换格式包括 **JSON、XML、YAML**。我们已经在第 8 章中使用了 JSON，它也是本章的 API 使用的格式。如今 JSON 已经被很多 API 广泛采用，许多框架提供了把数据转换到 JSON 以及从 JSON 转换回来的功能。

14.4 铁路 API

既然我们已经熟悉了 API 的一些理论，现在可以转向更具体的内容。

在展示代码之前，我们必须强调这些代码并不完整，还无法作为产品代码。完整的产品代码实在过长，而且对于本章的内容而言增加了不必要的复杂性。但是，这些代码很好地完成了它们的任务，如果读者决定认真研究并完善它们，可以学到相当多的东西。在本章的最后，我们将提出在这方面如何着手的一些建议。

我们有一个数据库，其中包含了一些对铁路进行建模的实体。我们想允许一个外部系统在这个数据库上执行 **CRUD** 操作。因此，我们打算编写一个 API 与这个外部系统进行交互。

CRUD 表示创建、读取、更新、删除。它们是 4 种基本的数据库操作。许多 HTTP 服务还通过 REST 或类似 REST 的 API 对 CRUD 操作进行建模。

我们首先观察项目文件，以便对项目整体有一个基本的概念。读者可以在本书源代码的 ch14 文件夹中找到它们：

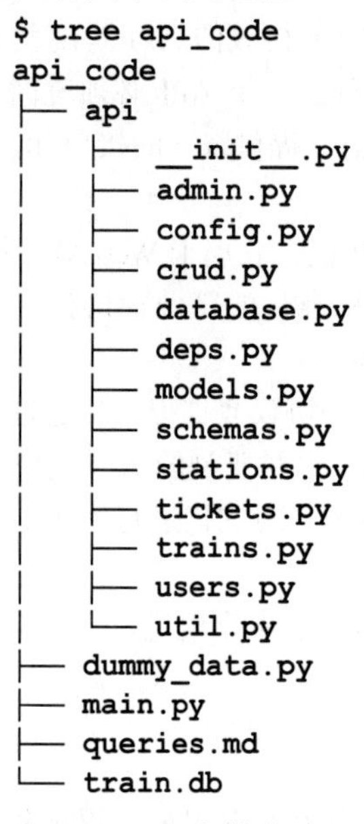

```
$ tree api_code
api_code
├── api
│   ├── __init__.py
│   ├── admin.py
│   ├── config.py
│   ├── crud.py
│   ├── database.py
│   ├── deps.py
│   ├── models.py
│   ├── schemas.py
│   ├── stations.py
│   ├── tickets.py
│   ├── trains.py
│   ├── users.py
│   └── util.py
├── dummy_data.py
├── main.py
├── queries.md
└── train.db
```

在 api_code 文件夹中，可以找到 FastAPI 项目的所有文件。主应用程序模块是 main.py。我们提供了 dummy_data.py 脚本，读者可以用它生成一个新的 train.db，也就是数据库文件。确保阅读 ch14 文件夹的 README.md 文件中关于如何完成这项操作的指南。我们还在 queries.md 文件中收集了这个 API 的查询列表，供读者复制和练习。

api 程序包包含了应用程序模块。models.py 对数据库进行建模，schemas.py 提供了向 API

描述数据库的方案。其他模块的用途能根据它们的名称（users.py、stations.py、tickets.py、trains.py、admin.py）明显看出来，它们包含了这个 API 中对应端点的定义。util.py 包含了一些工具函数，deps.py 定义了依赖关系提供程序，config.py 包含了配置设置的样板，crud.py 包含了对数据库执行 CRUD 操作的函数。

在软件工程中，**依赖注入（dependency injection）**是一种设计模式。在这种模式中，一个对象接收它所依赖的其他对象，称为依赖关系。负责创建和注入依赖关系的软件称为注入程序或提供程序。因此，依赖关系提供程序是软件中创建和提供依赖关系的一段代码，使该软件的其他部分可以在不关心创建、设置、销毁的情况下使用这个依赖关系。关于这个模式的详细信息，可以参阅维基百科的 Dependency Injection 页面。

14.4.1　对数据库进行建模

在准备这个项目的实体-关系方案时，我们寻求设计一个有趣的数据库，同时使之保持简单，但又具有丰富的内容。这个应用程序考虑了 4 个实体——Stations（车站）、Trains（列车）、Tickets（车票）、Users（用户）。一辆列车从一个车站行驶到另一个车站。车票是列车和用户之间的关联。根据 API 的设定，用户可以是乘客也可以是管理员。

在图 14-3 中，可以看到这个数据库的**实体-关系（ER）**模型。它描述了 4 个实体以及这些实体之间的相互关系。

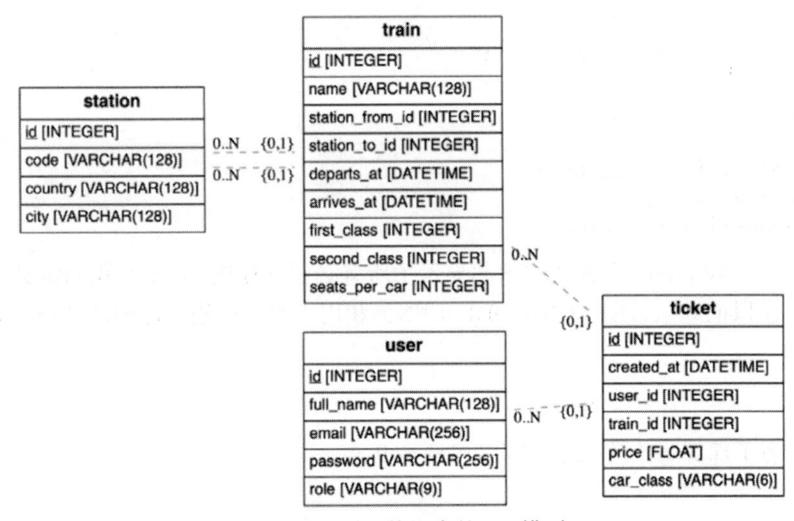

图 14-3　项目数据库的 ER 模型

ERAlchemy 是一种根据数据库或 SQLAlchemy 模型生成实体-关系图的非常实用的工具。我们用它生成了图 14-3 的 ER 图。

我们使用 SQLAlchemy 定义了数据库模型。为了简单起见，我们选择了 SQLite 作为 DBMS（数据库管理系统）。

如果读者跳过了第 8 章，现在是阅读它的一个好时机，因为那一章包含了理解本章项目中的模型需要的所有知识。

下面我们观察 models 模块：

```
# api_code/api/models.py
import enum
import hashlib
import os
import secrets

from sqlalchemy import (
    Column, DateTime, Enum, Float, ForeignKey, Integer, Unicode
)
from sqlalchemy.orm import relationship

from .database import Base

UNICODE_LEN = 128
SALT_LEN = 64

# Enums
class Classes(str, enum.Enum):
    first = "first"
    second = "second"

class Roles(str, enum.Enum):
    admin = "admin"
    passenger = "passenger"
```

和往常一样，我们在这个模块的顶部导入了所有必要的模块。然后，我们定义了一些变量，表示 Unicode 字段的默认长度（UNICODE_LEN）和用于对密码进行散列的盐值（salt）的长度（SALT_LEN）。

为了理解盐值的概念，可以回顾第 9 章。

我们还定义了两个枚举：Classes 和 Roles，它们将在这个模型的定义中使用。

下面我们观察 Station 模型的定义：

```
# api_code/api/models.py
class Station(Base):
    __tablename__ = "station"

    id = Column(Integer, primary_key=True)
    code = Column(
        Unicode(UNICODE_LEN), nullable=False, unique=True
    )
    country = Column(Unicode(UNICODE_LEN), nullable=False)
    city = Column(Unicode(UNICODE_LEN), nullable=False)

    departures = relationship(
        "Train",
        foreign_keys="[Train.station_from_id]",
        back_populates="station_from",
    )
    arrivals = relationship(
        "Train",
        foreign_keys="[Train.station_to_id]",
        back_populates="station_to",
    )

    def __repr__(self):
        return f"<{self.code}: id={self.id} city={self.city}>"
    __str__ = __repr__
```

Station 模型相当简单。它具有一些属性：id 是这个模型的主键，另外还有 code、country、city，它们组合起来表达了车站所需的信息。有两种关系将车站实例与所有入站列车和出站列车相关联。代码的剩余部分定义了__repr__()方法，后者提供了一个实例的字符串表示形式，并且它的整个实现被赋值给__str__。因此，不管我们调用的是 str(station_instance)还是 repr(station_instance)，输出都是相同的。这个技巧常常用于避免代码重复。

注意我们在 code 字段中定义了一个唯一性约束条件，因此确保了数据库中不会存在 code 相同的车站。像罗马、伦敦、巴黎这样的大城市都有不止一个车站，因此 city 和 country 字段有可能相同，但每个车站具有唯一的 code 字段。

在此之后，我们可以找到 Train 模型的定义：

```
# api_code/api/models.py
class Train(Base):
    __tablename__ = "train"

    id = Column(Integer, primary_key=True)
    name = Column(Unicode(UNICODE_LEN), nullable=False)

    station_from_id = Column(
        ForeignKey("station.id"), nullable=False
    )
```

```
    station_from = relationship(
        "Station",
        foreign_keys=[station_from_id],
        back_populates="departures",
    )

    station_to_id = Column(
        ForeignKey("station.id"), nullable=False
    )
    station_to = relationship(
        "Station",
        foreign_keys=[station_to_id],
        back_populates="arrivals",
    )

    departs_at = Column(DateTime(timezone=True), nullable=False)
    arrives_at = Column(DateTime(timezone=True), nullable=False)
    first_class = Column(Integer, default=0, nullable=False)
    second_class = Column(Integer, default=0, nullable=False)
    seats_per_car = Column(Integer, default=0, nullable=False)
    tickets = relationship("Ticket", back_populates="train")

    def __repr__(self):
        return f"<{self.name}: id={self.id}>"
    __str__ = __repr__
```

在 Train 模型中，我们可以找到描述列车实例所需的全部属性，再加上一个实用的关系 tickets，它允许我们访问为一个列车实例创建的所有车票。first_class 和 second_class 字段表示一辆列车拥有的一等座车厢和二等座车厢的数量。

我们还向车站实例添加了关系：station_from 和 station_to。它们允许我们以对象的形式提取车站实例，而不仅仅是访问它们的 ID。

接下来是 Ticket 模型：

```
# api_code/api/models.py
class Ticket(Base):
    __tablename__ = "ticket"

    id = Column(Integer, primary_key=True)
    created_at = Column(DateTime(timezone=True), nullable=False)
    user_id = Column(ForeignKey("user.id"), nullable=False)
    user = relationship(
        "User", foreign_keys=[user_id], back_populates="tickets"
    )

    train_id = Column(ForeignKey("train.id"), nullable=False)
    train = relationship(
        "Train", foreign_keys=[train_id], back_populates="tickets"
    )
```

```
    price = Column(Float, default=0, nullable=False)
    car_class = Column(Enum(Classes), nullable=False)

    def __repr__(self):
        return (
            f"<id={self.id} user={self.user} train={self.train}>"
        )
    __str__ = __repr__
```

Ticket 实例也具有一些属性，并且包含了两个关系 user 和 train，它们分别指向购买车票的用户和车票所关联的列车。

注意，我们在 car_class 属性的定义中是如何使用 Classes 枚举的。它可以转换为数据库方案定义中的一个枚举字段。

最后是 User 模型：

```
# api_code/api/models.py
class User(Base):
    __tablename__ = "user"
    pwd_separator = "#"

    id = Column(Integer, primary_key=True)
    full_name = Column(Unicode(UNICODE_LEN), nullable=False)
    email = Column(Unicode(256), nullable=False, unique=True)
    password = Column(Unicode(256), nullable=False)
    role = Column(Enum(Roles), nullable=False)

    tickets = relationship("Ticket", back_populates="user")

    def is_valid_password(self, password: str):
        """Tell if password matches the one stored in DB."""
        salt, stored_hash = self.password.split(
            self.pwd_separator
        )
        _, computed_hash = _hash(
            password=password, salt=bytes.fromhex(salt)
        )
        return secrets.compare_digest(stored_hash, computed_hash)

    @classmethod
    def hash_password(cls, password: str, salt: bytes = None):
        salt, hashed = _hash(password=password, salt=salt)
        return f"{salt}{cls.pwd_separator}{hashed}"

    def __repr__(self):
        return (f"<{self.full_name}: id={self.id} "
                f"role={self.role.name}>")
    __str__ = __repr__
```

User 模型为每位用户定义了一些属性。注意我们在用户的角色中使用了另一个枚举。用户可以是乘客或管理员。我们提供了一个简单的例子，说明如何编写一个端点，只允许授权用户才能进行访问。

User 模型包含了一些方法，用于对密码进行散列和验证。在第 9 章中，我们学习了密码不应按原样存储在数据库中。因此在我们的 API 中，我们在存储一位用户的密码时创建一个散列值并与过程中使用的盐值一起处理。在本书的源代码中，读者可以在这个模块的最后找到_hash()函数的实现。为了简单起见，我们在这里将其省略。

14.4.2 主要的设置和配置

我们首先讨论这个应用程序的主访问点：

```
# api_code/main.py
from api import admin, config, stations, tickets, trains, users
from fastapi import FastAPI

settings = config.Settings()
app = FastAPI()

app.include_router(admin.router)
app.include_router(stations.router)
app.include_router(trains.router)
app.include_router(users.router)
app.include_router(tickets.router)

@app.get("/")
def root():
    return {
        "message": f"Welcome to version {settings.api_version} of our
API"
    }
```

这些就是 main.py 模块的所有代码。它导入了各个特定的端点模块，并在主应用程序中包含了它们的路由器（router）。在主应用程序中包含路由器之后，我们就可以让应用程序为使用这个特定路由器所声明的所有端点提供服务。稍后我们就能理解这一点。

这个模块中只有一个端点，它的作用就是提供一条欢迎信息。端点就是一种简单的函数，如此例中的 root，它包含了当端点被调用时执行的代码。这个函数什么时候被调用以及如何被调用取决于装饰设置。在这个例子中，我们只提供了两段信息：.get()指示 API 在端点因为一个 GET 请求被调用时为其提供服务；"/"告诉应用程序这个端点可以在 root 找到，也就是应用程序运行时所在的基本 URL。稍后当我们使用这个 API 时，将会看到更多的细节。这里稍做解释：例如，如果这个 API 是在基本 URL http://localhost:8000 提供服务的，那么当我们在浏览器中通过 http://localhost:8000 或 http://localhost:8000/（注意区别在于是否存在缀尾的斜杠）发出请求时，这个端点就会被调用。

添加设置

在最后一段代码的欢迎信息中有一个变量 api_version，它来自 settings 对象。所有的框架允许使用一组设置集合，以便在应用程序运行之前对它进行配置。在这个示例项目中，我们实际上并不需要使用设置，我们可以在 main 模块中以硬编码的形式写入这些值。但是，我们觉得还是有必要解释一下它们的工作方式：

```
# api_code/api/config.py
from pydantic import BaseSettings

class Settings(BaseSettings):
    secret_key: str
    debug: bool
    api_version: str

    class Config:
        env_file = ".env"
```

设置是在一个 Pydantic 模型中定义的。**Pydantic** 程序库使用 Python 的类型注释提供了数据验证和设置管理功能。在这个例子中，我们在设置中定义了三段信息。

- secret_key：用于签署和验证 JSON Web 令牌（JWT）。
- debug：例如，当它设置为 True 时，它指示 SQLAlchemy 引擎记录完整日志，这对于调试查询是很有帮助的。
- api_version：API 的版本。除了在欢迎信息中显示它之外，我们并不真正需要使用这个信息。但是，版本在一般情况下扮演了一个重要角色，因为 API 规范是根据运行版本而发生改变的。

FastAPI 从一个.env 文件提取这些设置，这是由 Settings 模型中嵌套的 Config 类所指定的。下面是这个文件的内容示例：

```
# api_code/.env
SECRET_KEY="ec604d5610ac4668a44418711be8251f"
DEBUG=false
API_VERSION=1.0.0
```

为了能够正常工作，FastAPI 需要一个称为 python-dotenv 的程序库的帮助。它是本章需求的一部分，因此如果读者在自己的虚拟环境中安装了它们，就不会有问题。

14.4.3　车站端点

现在，我们打算编写一些 FastAPI 端点。由于这个 API 是面向 CRUD 的，因此代码中存在一些重复。我们将展示每个 CRUD 操作的一个示例，并通过 Station 端点的例子来说明这一点。读者可以阅读源代码，了解与其他模型相关的端点。可以发现，它们都遵循相同的模式和约定，主要的区别就是它们与不同的数据库模型相关。

在讨论代码示例的过程中，我们将逐步介绍概念和技术细节，使代码的内容自然地展现在读者面前。

1. 读取数据

我们首先对所有请求类型中最简单的一种（即 GET）进行探索。在此例中，我们将获取数据库中所有的车站。

```
# api_code/api/stations.py
from typing import Optional
from fastapi import (
    APIRouter, Depends, HTTPException, Response, status
)
from sqlalchemy.orm import Session
from . import crud
from .deps import get_db
from .schemas import Station, StationCreate, StationUpdate, Train

router = APIRouter(prefix="/stations")

@router.get("", response_model=list[Station], tags=["Stations"])
def get_stations(
    db: Session = Depends(get_db), code: Optional[str] = None
):
    return crud.get_stations(db=db, code=code)
```

在 stations.py 模块的内部，我们首先从 typing 和 fastapi 模块导入必要的对象。我们还从 sqlalchemy 导入了 Session，并从本地代码库导入了一些其他工具。

get_stations()函数用一个 router 对象而不是像它在主文件中一样使用 app 进行装饰。APIRouter 可以看成微缩版的 FastAPI 类，因为它采用了所有相同的选项。我们声明 router 并为它分配了一个前缀（在此例中为"/stations"），意味着由这个路由器装饰的所有函数都是可以通过地址 http://localhost:8000/stations 予以调用的端点。在此例中，输入到装饰器的.get()方法的空字符串指示应用程序在这个路由器的根 URL 为这个端点提供服务。如前所述，这个根 URL 是由基本 URL 与路由器前缀连接而成的。

然后我们传递了 response_model，它是一个 Station 实例的列表，稍后我们将看到它的实现。最后，tags 用于组织文档（稍后将看到它们完成了什么任务）。

这个函数本身接受一些参数，包括一个数据库会话 db 和一个可选的字符串 code。一旦指定了 code，就指示端点只为那些 code 字段与这个参数匹配的车站提供服务。

下面是一些需要注意的事项。

- 来自请求的数据（例如查询参数）是在端点声明中指定的。如果端点函数要求数据在请求体中发送，则这是由 Pydantic 模型指定的（在本项目中，它们是在 schemas.py 模块中定义的）。
- 无论端点返回什么，都将成为响应体。如果未定义 response_model 参数，FastAPI 就会尝试把返回数据序列化为 JSON。但是，如果设置了响应模式，序列化首先会根据 response_model 指定的 Pydantic 模型进行，然后才根据 Pydantic 模型序列化为 JSON。

- 为了在端点的代码体中使用一个数据库会话，我们使用了一个依赖关系提供程序，它在此例中是用 Depends 类指定的，我们把 get_db()函数传递给它。这个函数生成一个本地数据库会话，并在端点调用结束时将其关闭。
- 我们使用 typing 模块的 Optional 类指定了请求中可能存在也可能不存在的所有可选参数。

get_stations()函数体简单地返回 crud 模块中的同名函数所返回的对象。负责管理与数据库进行交互的所有函数都位于 crud 模块中。

这种设计选择使代码更容易被复用和测试。而且，它极大地简化了进入点代码的阅读。下面，我们观察 get_stations()的函数体：

```
# api_code/api/crud.py
from datetime import datetime, timezone
from sqlalchemy import delete, update
from sqlalchemy.orm import Session, aliased
from . import models, schemas

def get_stations(db: Session, code: str = None):
    q = db.query(models.Station)
    if code is not None:
        q = q.filter(models.Station.code.ilike(code))
    return q.all()
```

注意这个函数的签名与调用它的那个端点的签名的相似之处。get_stations()返回 Station 的所有实例，并且可以使用 code（当它不是 None 时）进行过滤。

为了启动这个 API，需要激活虚拟环境并在 api_code 文件夹中运行下面的指令：

```
$ uvicorn main:app --reload
```

Uvicorn 是一种快如闪电的 **ASGI 服务器**，它建立在 uvloop 和 httptools 的基础之上。它是 FastAPI 推荐使用的服务器，可以无缝地与常规函数和异步函数协同工作。

根据 ASGI 文档页面的说明：

> **ASGI**（**异步服务器网关接口**）是 **WSGI**（**Web 服务器网关接口**）的一种精神传承，其用途是提供可异步 Python Web 服务器、框架和应用程序之间的标准接口。
>
> WSGI 提供的是 Python 应用程序之间进行同步的一个标准，而 ASGI 同时为同步和异步应用程序提供了一个标准，并具有 WSGI 向后兼容的实现以及多服务器和应用程序框架。

就本章的项目而言，我们选择了一种简单的方法，因此并没有编写任何异步代码。

读者可以阅读 FastAPI 的官方文档页面，了解如何编写异步的端点并了解在什么场合中适用这种方法。

在上面的指令中，除非我们对 API 的源代码进行操作并且希望当一个文件被保存时需要服务器重新加载，否则就不需--reload 标记。在开发 API 时，这是一个相当实用的工具。

如果我们调用这个端点，将会看到下面的结果：

```
$ http http://localhost:8000/stations
HTTP/1.1 200 OK
content-length: 702
content-type: application/json
date: Thu, 19 Aug 2021 22:11:10 GMT
server: uvicorn

[
    {
        "city": "Rome",
        "code": "ROM",
        "country": "Italy",
        "id": 0
    },
    {
        "city": "Paris",
        "code": "PAR",
        "country": "France",
        "id": 1
    },
    ... some entries omitted ...
    {
        "city": "Sofia",
        "code": "SFA",
        "country": "Bulgaria",
        "id": 11
    }
]
```

注意我们调用这个 API 时使用的指令是 http。这个指令是由 **Httpie** 工具库所提供的。

在 API 时代，Httpie 是一种用户友好的命令行 HTTP 客户端。它提供了 JSON 支持、语法强调、持久性会话、类似 wget 的下载、插件等功能。读者也可以选择像 curl 这样的其他工具来执行请求。选择什么工具对于在命令行创建请求而言是没有区别的。

这个 API 默认是在 http://localhost:8000 提供服务的。我们可以在 uvicorn 指令中添加参数对这个行为进行自定义，但在此例中并没有这个需求。

响应的前几行是来自 API 引擎的信息。我们可以看到它使用的协议是 HTTP1.1，并且请求是成功的（状态码 200 OK）。我们还可以看到的信息包括内容的长度和类型（JSON）。最后是时间戳和服务器的类型。从现在开始，我们将省略这部分重复出现的信息。

响应体是一个 Station 实例的列表。这些实例以 JSON 表示形式出现，这要归功于我们传递给端点声明的 response_model=list[Station]。

如果我们想根据 code 进行搜索，例如使用伦敦车站的 code，可以使用下面的指令：

```
$ http http://localhost:8000/stations?code=LDN
```

上面的指令使用了相同的 URL，但增加了一个 code 查询参数（在?的后面）。其结果如下所示：

```
$ http http://localhost:8000/stations?code=LDN
HTTP/1.1 200 OK
...
[
    {
        "city": "London",
        "code": "LDN",
        "country": "UK",
        "id": 2
    }
]
```

注意，我们得到了一个 Station 对象，它对应于伦敦车站。但是，这个对象仍然出现在一个列表中，这是该端点的 response_model 的类型所期望的。

下面我们介绍一个专门根据 ID 提取单个车站的端点：

```
# api_code/api/stations.py
@router.get(
    "/{station_id}", response_model=Station, tags=["Stations"]
)
def get_station(station_id: int, db: Session = Depends(get_db)):
    db_station = crud.get_station(db=db, station_id=station_id)
    if db_station is None:
        raise HTTPException(
            status_code=404,
            detail=f"Station {station_id} not found.",
        )
    return db_station
```

对于这个端点，我们配置了路由器，使之在 URL http://localhost:8000/stations/{station_id}监听一个 GET 请求，其中的 station_id 是一个整数。我们希望读者现在能够理解 URL 的构建方式。基本地址是 http://localhost:8000，然后是路由器的前缀/stations，最后是我们传递给每个端点的特定 URL 信息，在此例中为/{station_id}。

下面我们提取 ID 为 3 的基辅（Kyiv）车站：

```
$ http http://localhost:8000/stations/3
HTTP/1.1 200 OK
...

{
    "city": "Kyiv",
    "code": "KYV",
    "country": "Ukraine",
    "id": 3
}
```

注意，这次我们获取一个对象本身而不是像 get_stations()端点一样把它包装在一个列表中。这与该端点设置为 Station 的响应模型相对应。这是合理的，因为我们需要根据 ID 提取单个 Station 对象。

get_station()函数接受 station_id（类型提示其为整数）和普通的 db 会话对象。使用类型提示指定参数之后，FastAPI 就可以对我们调用端点时使用的参数进行类型验证。

如果我们向 station_id 传递一个非整数值，就会发生下面的情况：

```
$ http http://localhost:8000/stations/kyiv
HTTP/1.1 422 Unprocessable Entity
...
{
    "detail": [
        {
            "loc": [
                "path",
                "station_id"
            ],
            "msg": "value is not a valid integer",
            "type": "type_error.integer"
        }
    ]
}
```

FastAPI 向我们做出响应，提供了实用的信息：来自 path 的 station_id 不是一个合法的整数。注意，这次的状态码是 422 Unprocessable Entity（无法处理的实体）而不是 200 OK。一般而言，四百开头的状态码（4xx）表示客户端错误，而五百开头的状态码（5xx）表示服务器错误。在这个例子中，我们使用不正确的 URL（未使用整数）进行了一个调用，因此错误出自客户端。很多 API 框架在这种场景下会返回一个简单的状态码 400 Bad Request，而 FastAPI 返回 422 Unprocessable Entity，能够提供的特定信息其实非常有限。但是，在 FastAPI 中，我们很容易对遇到不良请求时返回的状态码进行自定义，官方文档中就提供了一些示例。

下面我们观察用一个不存在的 ID 提取一个车站时会发生什么：

```
$ http http://localhost:8000/stations/100
HTTP/1.1 404 Not Found
...
{
    "detail": "Station 100 not found."
}
```

这次 URL 是正确的，因为 station_id 是一个整数。但是，并不存在 ID 为 100 的车站。API 返回状态码 404 Not Found 为响应体，告知这个信息。

如果回顾这个端点的函数体，可以注意到它的逻辑非常简单：只要传递的参数是正确的（即类型无误），它就使用 crud 模块的另一个简单函数从数据库提取对应的车站。如果未找到车站，就触发一个具有特定状态码（404）的 HTTPException，并提供详细信息（detail），希望能够帮助客户理解为什么出错。如果找到了车站，它就简单地返回。它所返回的对象的 JSON 序列化版本的过程是由 FastAPI 自动为我们完成的。从数据库提取的对象是 Station 类（models.Station）的一个 SQLAlchemy 实例。这个实例被传递给 Pydantic 的 Station 类（schemas.Station），用于生成由端点所返回的 JSON 表示形式。

看上去很复杂，但这实际上是一个很好的去除耦合的例子。工作流已经存在，无须我们操心。我们需要做的就是编写自己需要处理的一些小问题：请求参数、响应模型、依赖关系等。

2. 创建数据

下面我们观察一些更有趣的东西：如何创建车站。首先是端点：

```
# api_code/api/stations.py
@router.post(
    "",
    response_model=Station,
    status_code=status.HTTP_201_CREATED,
    tags=["Stations"],
)
def create_station(
    station: StationCreate, db: Session = Depends(get_db)
):
    db_station = crud.get_station_by_code(
        db=db, code=station.code
    )
    if db_station:
        raise HTTPException(
            status_code=400,
            detail=f"Station {station.code} already exists.",
        )
    return crud.create_station(db=db, station=station)
```

这次我们指示路由器希望向根 URL（记住：就是基本地址加上路由器前缀）发送一个 POST 请求。我们把响应模型指定为 Station，因为这个端点将返回新创建的对象。我们还指定了响应的默认状态码是 201 Created。

create_station()函数接受常规的 db 会话和一个车站对象。这个车站对象是在幕后为我们创建的。FastAPI 从请求体提取数据，并把它传递给 Pydantic 的 StationCreate 方案。这个方案定义了我们需要提取的所有数据片段，其结果是车站对象。

请求体的逻辑是按这个流程进行的：它尝试用参数指定的 code 查找车站。如果找到了一个车站，我们就无法用这些数据创建一个车站。code 字段被定义为唯一的，因此创建一个具有相同 code 的车站会导致数据库错误。因此，我们返回状态码 400 Bad Request，通知调用者这个车站已经存在。如果没有找到这个车站，我们就可以创建并返回它。下面我们首先观察这个 Pydantic 方案的声明：

```
# api_code/api/schemas.py
from pydantic import BaseModel

class StationBase(BaseModel):
```

```
    code: str
    country: str
    city: str

class Station(StationBase):
    id: int
    class Config:
        orm_mode = True

class StationCreate(StationBase):
    pass
```

这个方案的结构使用了继承。让一个基类为所有的子类提供通用功能是一种常规的做法。然后，每个子类独自指定了自己的需求。在此例的基类方案中，我们找到了 code、country、city。在提取车站时，我们还想返回 id，因此在 Station 类中指定了这一点。而且，由于这个类用于转换 SQLAlchemy 对象，我们需要向这个模型提供与它有关的信息，这是在一个嵌套的 Config 类中完成的。记住，SQLAlchemy 是一种对象-关系映射（ORM）技术，因此我们需要设置 orm_ mode = True，指示这个模型打开 ORM 模式。

StationCreate 模型并不需要任何额外的东西，因此我们简单地使用 pass 指令作为它的代码体。

下面我们观察这个端点的 CRUD 函数：

```
# api_code/api/crud.py
def get_station_by_code(db: Session, code: str):
    return (
        db.query(models.Station)
        .filter(models.Station.code.ilike(code))
        .first()
    )

def create_station(
    db: Session,
    station: schemas.StationCreate,
):
    db_station = models.Station(**station.dict())
    db.add(db_station)
    db.commit()
    db.refresh(db_station)
    return db_station
```

get_station_by_code()函数相当简单。它通过 code 的忽略大小写的匹配（这是使用 ilike 的原因，前缀“i”表示忽略大小写）对 Station 对象进行过滤。

执行忽略大小写的比较还有其他方式，并不一定要使用 ilike。当性能非常重要时，这可能是正确的做法。但对于本章而言，这个项目较为简单，ilike 完全可以满足需要。

更有趣的是 create_station()函数。它接受一个 db 会话和一个 Pydantic 的 StationCreate 实

例。首先，我们以 Python 字典的形式获取车站数据。我们知道所有的数据都必须已经存在，否则这个端点在初始的 Pydantic 验证阶段就已经失败。

我们使用 station.dict()的数据创建了一个 SQLAlchemy 的 Station 模型的实例。我们把它添加到数据库并提交事务，然后刷新这个对象并返回它。需要刷新这个对象的原因是我们想在返回它的同时返回 id，但只有在刷新它之后才能做到这一点。刷新意味着从数据库中重新提取这个对象，id 原先并不存在，只有当这个对象被保存到数据库时才会被分配一个 id。

下面我们观察这个端点的实际使用。注意我们在 http 指令中是如何指定 POST 请求的，它允许我们以 JSON 格式在请求体中发送数据。以前的请求都是 GET 类型的，这也是 http 指令的默认类型。注意，由于本书的篇幅限制，我们把这条指令拆分为两行显示：

```
$ http POST http://localhost:8000/stations \
code=TMP country=Temporary-Country city=tmp-city
HTTP/1.1 201 Created
...
{
    "city": "tmp-city",
    "code": "TMP",
    "country": "Temporary-Country",
    "id": 12
}
```

很好！我们用这些数据创建了一个车站。下面我们再次尝试，但这次省略了一些必选项，如下面的代码所示：

```
$ http POST http://localhost:8000/stations \
country=Another-Country city=another-city
HTTP/1.1 422 Unprocessable Entity
...
{
    "detail": [
        {
            "loc": [
                "body",
                "code"
            ],
            "msg": "field required",
            "type": "value_error.missing"
        }
    ]
}
```

非常优秀。和预期的一样，我们再次得到了状态码 422 Unprocessable Entity，因为 Pydantic 的 StationCreate 模型验证失败，响应体告知了原因：请求体中缺少 code。

3. 更新数据

为了更新车站，逻辑稍微有些复杂，但也不会复杂很多。下面我们对它进行讲解，首先是端点：

```
# api_code/api/stations.py
@router.put("/{station_id}", tags=["Stations"])
def update_station(
    station_id: int,
    station: StationUpdate,
    db: Session = Depends(get_db),
):
    db_station = crud.get_station(db=db, station_id=station_id)
    if db_station is None:
        raise HTTPException(
            status_code=404,
            detail=f"Station {station_id} not found.",
        )
    else:
        crud.update_station(
            db=db, station=station, station_id=station_id
        )
        return Response(status_code=status.HTTP_204_NO_CONTENT)
```

路由器现在按照指示对 PUT 请求进行监听，这是我们修改 Web 资源时使用的请求类型。这个 URL 以 station_id 结尾，它表示我们想要更新的车站。这个函数接受的参数包括 station_id、一个 Pydantic 的 StationUpdate 实例、一个常规的 db 会话。

我们首先从数据库提取目标车站。如果在数据库中没有找到这个车站，就简单地返回状态码 404 Not Found，因为没有什么可更新的。否则，我们就更新车站并返回状态码 204 No Content，这也是我们在处理 PUT 请求时采用的常见响应方式。我们也可以返回 200 OK，但在此例中，我们应该在响应体内返回更新后的资源。

下面我们观察负责更新车站的 CRUD 函数的代码：

```
# api_code/api/crud.py
from sqlalchemy import delete, update

def update_station(
    db: Session, station: schemas.StationUpdate, station_id: int
):
    stm = (
        update(models.Station)
        .where(models.Station.id == station_id)
        .values(station.dict(exclude_unset=True))
    )
    result = db.execute(stm)
    db.commit()
    return result.rowcount
```

update_station()接受的参数包括对需要更新的车站进行标识的 station_id、用于更新数据库记录的车站数据和常规的 db 会话。

我们使用 sqlalchemy 的帮助函数 update()生成了一条语句。我们用一个 where 子句根据 id

对车站进行过滤，并要求 Pydantic 的车站对象向我们提供字典时排除未传递给这个调用的所有参数，从而指定了需要更新的新值。它的作用是允许部分更新。如果我们在代码中省略了 exclude_unset=True，所有未传递的参数将在字典中被设置为默认值（None）。

正常情况下我们使用 PATCH 请求进行部分更新，但如今使用 PUT 进行完整更新和部分更新是相当常见的做法。为了简单起见，我们在这里也采用了这种做法。

我们执行这条语句并返回受这个操作影响的行数。我们在端点体中并没有使用这个信息，但这是一个很好的练习，可供读者尝试。我们将在删除车站的端点中看到如何使用这个信息。

用于更新车站的 Pydantic 模型如下：

```
# api_code/api/schemas.py
from typing import Optional

class StationUpdate(StationBase):
    code: Optional[str] = None
    country: Optional[str] = None
    city: Optional[str] = None
```

所有的属性都被声明为可选的，因为我们想允许调用者只传递他们想要更新的数据。

下面我们在前面创建的那个 ID 为 12 的全新车站上使用这个端点。

```
$ http PUT http://localhost:8000/stations/12 \
code=SMC country=Some-Country city=Some-city
HTTP/1.1 204 No Content
...
```

非常好，我们得到的结果完全符合预期。下面我们验证更新是成功的：

```
$ http http://localhost:8000/stations/12
HTTP/1.1 200 OK
...
{
    "city": "Some-city",
    "code": "SMC",
    "country": "Some-Country",
    "id": 12
}
```

确实如此。ID 为 12 的那个对象的全部 3 个属性都进行了修改。下面我们尝试进行部分更新：

```
$ http PUT http://localhost:8000/stations/12 code=xxx
HTTP/1.1 204 No Content
...
```

这次我们只更新 code。下面我们验证它的结果：

```
$ http http://localhost:8000/stations/12
HTTP/1.1 200 OK
...
{
    "city": "Some-city",
    "code": "xxx",
```

```
    "country": "Some-Country",
    "id": 12
}
```

很好，只有 code 如预期的那样发生了变化。

4. 删除数据

最后，我们讲述如何删除一个车站。和前面一样，我们首先讨论端点：

```
# api_code/api/stations.py
@router.delete("/{station_id}", tags=["Stations"])
def delete_station(
    station_id: int, db: Session = Depends(get_db)
):
    row_count = crud.delete_station(db=db, station_id=station_id)
    if row_count:
        return Response(status_code=status.HTTP_204_NO_CONTENT)
    return Response(status_code=status.HTTP_404_NOT_FOUND)
```

在删除时，我们指示路由器对 DELETE 请求进行监听。它使用的 URL 与获取单个车站和更新车站时使用的 URL 相同。delete_station()函数接受的参数包括 station_id 和 db 会话。

在端点的函数体中，我们获取受到这个操作影响的行数。在这个例子中，如果至少有 1 行受影响，就返回状态码 204 No Content，向调用者表示删除是成功的。如果没有任何行受影响，就返回状态码 404 Not Found。注意，我们也可以按照这种方式编写更新方法，利用受影响的行数这个信息，但是，我们选择了一种不同的风格，向读者提供了一个可供学习的不同例子。

下面我们观察 CRUD 函数：

```
# api_code/api/crud.py
from sqlalchemy import delete, update

def delete_station(db: Session, station_id: int):
    stm = delete(models.Station).where(
        models.Station.id == station_id
    )
    result = db.execute(stm)
    db.commit()
    return result.rowcount
```

这个函数使用了 sqlalchemy 的帮助函数 delete()。与更新场景中的情况相似，我们创建了一条语句，根据 ID 确定一个车站并指示予以删除。我们执行这条语句并返回受影响的行数。

下面我们观察这个端点的实际运行效果，首先是成功的场景：

```
$ http DELETE http://localhost:8000/stations/12
HTTP/1.1 204 No Content
...
```

我们得到了状态码 204 No Content，表示删除是成功的。下面我们间接对它进行验证，采用的方式是再次删除 ID 为 12 的车站。这次我们预期该车站已经不存在，因此我们希望看到返回状态码 404 Not Found：

```
$ http DELETE http://localhost:8000/stations/12
HTTP/1.1 404 Not Found
...
```

确实，我们这次接收到状态码 404 Not Found，表示没有找到 ID 为 12 的车站，证明了第一次删除是成功的。stations.py 模块中还有一些端点，读者可以对它们进行探索。

我们编写的其他端点包括创建、读取、更新和删除用户、列车、车票的操作。除了在不同的数据库和 Pydantic 模型中进行操作之外，它们并没有什么新鲜的东西。因此，我们只观察一个对用户进行认证的例子。

14.4.4　用户认证

在这个项目中，认证是通过一个 JSON Web 令牌完成的。读者可以回顾第 9 章，对 JWT 进行复习。

我们首先讨论 users.py 模块中的认证端点。

```
# api_code/api/users.py
from .util import InvalidToken, create_token, extract_payload

@router.post("/authenticate", tags=["Auth"])
def authenticate(
    auth: Auth,
    db: Session = Depends(get_db),
    settings: Settings = Depends(get_settings),
):
    db_user = crud.get_user_by_email(db=db, email=auth.email)
    if db_user is None:
        raise HTTPException(
            status_code=status.HTTP_404_NOT_FOUND,
            detail=f"User {auth.email} not found.",
        )

    if not db_user.is_valid_password(auth.password):
        raise HTTPException(
            status_code=status.HTTP_401_UNAUTHORIZED,
            detail="Wrong username/password.",
        )

    payload = {
        "email": auth.email,
        "role": db_user.role.value,
    }
    return create_token(payload, settings.secret_key)
```

这个路由器具有前缀"/users"。为了对用户进行认证，我们需要为这个端点创建一个 POST 请求。它接受的参数包括一个 Pydantic 的 Auth 方案、常规的 db 会话和 settings 对象，后者是创建令牌时使用密钥所需要的。

如果未找到用户，我们就简单地返回状态码 404 Not Found。如果找到了用户，但提供的密码与数据库中的密码并不对应，我们可以认为是证书错误，并返回状态码 401 Unauthorized（未授权）。最后，如果找到了用户并且证书是正确的，我们就创建一个包含两个诉求（email 和 role）的令牌。我们将使用 role 执行认证函数。

create_token()函数是 jwt.encode()的一个简单而方便的包装器，它还向令牌的有效载荷增加了两个时间戳。在这里显示它的代码并无必要。下面我们观察 Auth 模型：

```
# api_code/api/schemas.py
class Auth(BaseModel):
    email: str
    password: str
```

和预期的一样，它非常简单。我们用电子邮件（作为用户名）和密码对用户进行认证。这也是我们在 SQLAlchemy 的 User 模型中为 email 字段设置了唯一性约束条件的原因。我们要求每位用户具有唯一的用户名，而电子邮件是满足这个需要的常用字段。

下面我们对这个端点进行实践：

```
$ http POST http://localhost:8000/users/authenticate \
email="fabrizio.romano@example.com" password="f4bPassword"
HTTP/1.1 200 OK
...
"eyJ0eXAiOiJKV1QiLCJhbGciOiJIUzI1NiJ9...g2cQhgyDpmyvCr75Qb_7snYI"
```

非常好！我们回收了一个令牌（为了简单起见，对它进行了简化）！

既然我们已经有了一个令牌，现在就可以使用它了。用户已经被认证为管理员，因此我们想展示如何在编写端点时只允许管理员删除车站。下面我们观察代码：

```
# api_code/api/admin.py
...
from .util import is_admin

router = APIRouter(prefix="/admin")

def ensure_admin(settings: Settings, authorization: str):
    if not is_admin(
        settings=settings, authorization=authorization
    ):
        raise HTTPException(
            status_code=status.HTTP_401_UNAUTHORIZED,
            detail=f"You must be an admin to access this endpoint.",
        )

@router.delete("/stations/{station_id}", tags=["Admin"])
def admin_delete_station(
    station_id: int,
    authorization: Optional[str] = Header(None),
    settings: Settings = Depends(get_settings),
    db: Session = Depends(get_db),
):
```

```
    ensure_admin(settings, authorization)
    row_count = crud.delete_station(db=db, station_id=station_id)
    if row_count:
        return Response(status_code=status.HTTP_204_NO_CONTENT)
    return Response(status_code=status.HTTP_404_NOT_FOUND)
```

在这个例子中，可以看到端点的声明和端点的函数体实际上与它们的原始版本是相同的。主要区别是：在删除任何东西之前，我们确保调用了 ensure_admin()。在这个端点中，我们需要从请求抓取认证的头部，后者负责承载令牌信息，使我们可以把它传递给 ensure_admin()函数。为此，我们在函数签名中把它声明为一个来自 Header 对象的可选字符串。上面所定义的 ensure_admin()函数委托给 util.is_admin()函数，后者对令牌进行拆包，验证它的合法性，并检查有效载荷中的 role 字段，观察它是否属于管理员。如果所有的检查都是成功的，它就返回 True，否则返回 False。当检查成功时，ensure_admin()函数不执行任何操作，但是当检查不成功时，它触发一个状态码为 401 Unauthorized 的 HTTPException 异常。这意味着，如果由于任何原因，用户在进行这个调用时未得到授权，端点的函数体就会立即终止执行，并在第一行之后返回。

当然，认证和授权还有更加高级方法，但在本章的篇幅中涵盖它们是不切实际的。但是，这个简单的例子足以作为一个良好的起点，帮助读者理解如何在编写 API 时实现安全。

14.4.5 创建 API 文档

创建 API 文档很可能是烦人的工作之一。因此，有一个很好的消息!我们不需要创建 FastAPI 项目的文档，因为文档工作是由框架为我们完成的。我们必须感谢 Python 的类型提示和 Pydantic，感谢 FastAPI 为我们提供的礼物。确保 API 正在运行，然后打开浏览器并输入 http://localhost:8000/docs。此时将会打开一个页面，如图 14-4 所示。

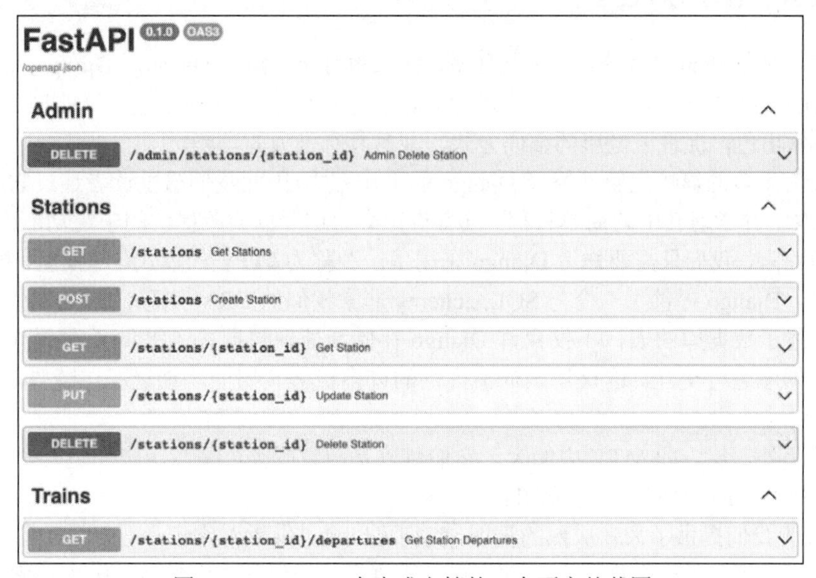

图 14-4 FastAPI 自生成文档的一个不完整截图

在图 14-4 中，我们可以看到一个端点列表。它们是根据 tags 参数分类的，这个参数是我们在每个端点的声明中指定的。这个页面的优美之处不仅在于我们可以看到每个端点并检视它的细节，还可以使用一个非常友好的界面对它们进行练习。读者一定要尝试一下！

14.5 消费 API

消费 API 的方式有好几种。我们已经看到了非常常见的一种：控制台。这是一种很好的对 API 进行试验的方式，但是当我们需要与请求一起传递的数据（包括查询参数、头信息等）变得越来越复杂时，这种方法可能有点麻烦。对于这些情况，可以使用其他选择。

我们经常使用的一种选择是在 Jupyter Notebook 中与 API 进行交互。我们可以使用 Requests 库（或其他等效的对象）在 Notebook 中调用端点和检查数据。这是一种相当舒适的解决方案。

另一种选择是使用提供了图形用户界面的专用工具，例如包装了大量功能的 Postman。读者可以通过 Postman 官网了解 Postman。

安装了扩展的浏览器也允许我们方便地与 API 进行交互。

当然，我们也可以创建一个控制台或 GUI 应用程序对 API 进行练习。我们在第 12 章中进行了类似的操作。

最后，与 API 进行交互也可以作为消费者应用程序的一部分实现。后者具有自己的业务逻辑，调用 API 提取或操作数据。智能手机就是这方面的一个好例子，因为它的几乎所有应用都与 API 进行交互。

在本章的剩余部分，我们将展示最后一种选择的一个例子。

通过 Django 调用 API

如果读者对 Python 的生态系统有所了解，那么很可能看到过 Django。**Django** 是一个完全用 Python 编写的 Web 框架。由于一些合理的原因，它是 Python 社区使用最广泛的框架之一。它的编写方式非常出色，促进了健康的编码方式，并且具有强大的功能。

我们没有太多的篇幅完整地解释 Django 的工作方式，因此我们鼓励读者通过它的官方网站对它进行探索，并学习其中的简单教程。读者肯定会为这个框架所提供的丰富功能而感到惊讶。

就本章而言，我们只需要知道 Django 采用了一种称为 **MTV** 的模式，即**模型**、**模板**、**视图**。

简言之，Django 提供了一个与 SQLAlchemy 非常相似的 ORM 引擎，围绕各个模型开展工作。模型描述了数据库的表，不仅允许 Django 存储和处理数据，还提供了一个自生成的管理员面板与数据库进行交互。这只是该框架提供的许多极其实用的功能之一。模型就是 MTV 中的 M。

视图是另外一层，即 MTV 中的 V。它们可以是函数或类，是当用户浏览一个特定的 URL 时运行的。每个 URL 对应于一个视图。

Django 为我们提供了大量成熟的视图，我们可以通过继承对它们进行扩展，处理通用页面、表单、对象列表等。当一个视图运行时，它一般执行一个任务，例如从数据库检索对象或者解释表单的数据。正常情况下，一个视图的业务逻辑的最后一个步骤是渲染一个页面，向后者发送它从视图体中收集的数据。

页面几乎都来自模板。模板是一个混合了 HTML 代码（或其他等效对象）和 Django 模板语言代码的文件。按照这种方式，视图可以收集一些数据并传递给模板。模板知道如何使用这些数据，把它显示给请求该页面的用户。模板就是 MTV 中的 T。

本节的篇幅较短，我们打算探索一些用 Django 编写的并与我们的铁路 API 进行交互的视图和模板。我们打算使用 Django 的 Requests 库访问 API。如果读者想要完整地查看这个 Django 项目，可以阅读 apic 文件夹中的源代码。

下面我们首先讨论显示车站的视图：

```
# apic/rails/views.py
...
from urllib.parse import urljoin
import requests
from django.conf import settings
from django.views import generic
from requests.exceptions import RequestException

class StationsView(generic.TemplateView):
    template_name = "rails/stations.html"

    def get(self, request, *args, **kwargs):
        context = self.get_context_data(**kwargs)
        api_url = urljoin(settings.BASE_API_URL, "stations")
    try:
        response = requests.get(api_url)
        response.raise_for_status()
    except RequestException as err:
        context["error"] = err
    else:
        context["stations"] = response.json()
    return self.render_to_response(context)
```

这个视图是 TemplateView 的一个子视图，TemplateView 是 Django 提供的通用视图之一。为了用一些数据渲染一个模板，我们需要创建一个 context 字典并把它传递给 render_to_response() 方法调用。与这个视图相关联的模板是以类属性的形式指定的。

注意，使用基类方法 get_context_data()获取一个上下文之后，我们使用标准库的 urljoin() 函数为 API 准备 URL。这个函数会负责处理连接 URL 时需要注意的繁杂细节。

当我们负责与 API 进行交互时（在此例中，我们请求所有的车站），如果通信是成功的，我们就把 JSON 解码后的响应体放在 context["stations"]，然后对模板进行渲染。

如果 API 在响应时表示出错，我们就在 err 异常中捕捉这个错误，并把它放在 context 字典的 error 键中。通过这种方式，视图不会被破坏，仍然能够正确地对页面进行渲染，但 context 字典的内容与成功的场景大不相同。我们需要调用 raise_for_status()确保处理了与 API 的通信无关的所有问题。如果与 API 的通信是成功的，但是如果我们得到的状态码是 500 Internal Server

Error（内部服务器错误），表示 API 的内部出现了某种错误，此时 try/except 代码块无法捕捉这种错误，因为对于请求而言，一切都是正常的。因此，raise_for_status()在此时就可以挽回局面，它在状态码位于 4xx/5xx 范围时触发一个适当的异常。

通过使用 RequestException，也就是 Requests 库的所有自定义异常的基类，我们确保捕捉了通过 Requests 库与 API 进行通信的过程中必须捕捉的所有错误。在有些场景中，这可能并不是最好的处理方式，但对于这个简单的例子而言已经足够。

为了运行这个 Django 项目，需要激活本章的虚拟环境并在 apic 文件夹中运行下面的指令：

```
$ python manage.py runserver 8080
```

注意，我们把端口设置为 8080 而不允许 Django 使用默认的 8000，这是因为 API 已经在这个端口运行，后者在此时是不可用的。读者可以阅读本章的 README.md，了解如何设置和运行本章的所有代码。

在浏览器中访问 http://localhost:8080/stations 产生图 14-5 所示的结果。

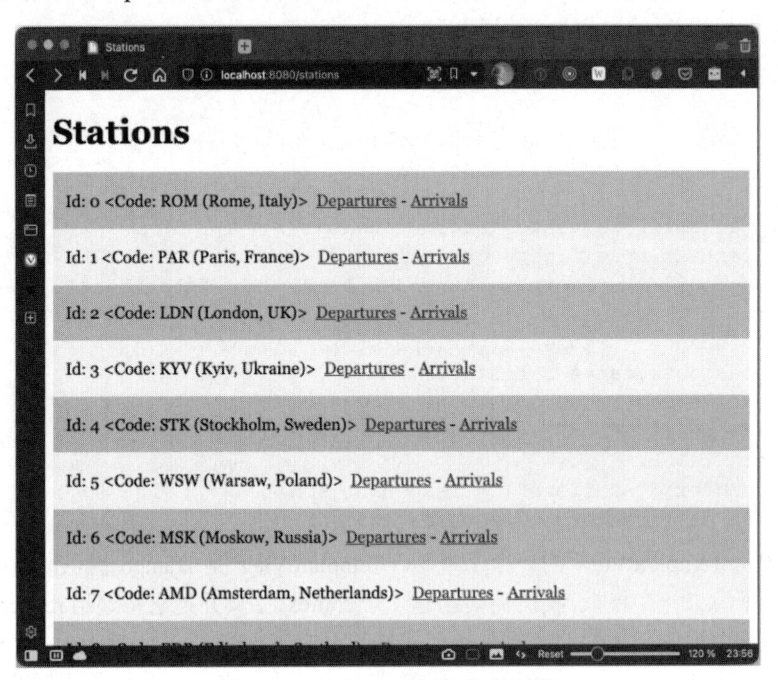

图 14-5 从 Django 提取车站列表

在图 14-5 中，可以看到渲染与 StationsView 相关联的模板的结果。下面我们观察这个模板的主要部分：

```
# apic/rails/templates/rails/stations.html
{% extends "rails/base.html" %}
{% block content %}
{% if stations %}
  <h1>Stations</h1>
{% endif %}
```

```
{% for station in stations %}
  <div class="{% cycle 'bg_color1' 'bg_color2' %}">
    <p>Id: {{ station.id }} &lt;Code: {{ station.code }}
      ({{ station.city }}, {{ station.country }})&gt; 
      <a href="{% url 'departures' station.id %}">Departures</a> -
      <a href="{% url 'arrivals' station.id %}"">Arrivals</a>
      </p>
  </div>
{% empty %}
  {% if error %}
    <div class=" error">
      <h3>Error</h3>
      <p>There was a problem connecting to the API.</p>
      <code>{{ error }}</code>
      <p>
        (<em>The above error is shown to the user as an example.
          For security reasons these errors are normally hidden
          from the user</em>)
      </p>
    </div>
  {% else %}
    <div>
      <p>There are no stations available at this time.</p>
    </div>
  {% endif %}
{% endfor %}
{% endblock %}
```

注意由花括号包围的 Django 模板标签是如何插入设计页面结构的 HTML 代码中的。这个模板首先声明对基类模板进行扩展。这是极为常见的，之所以这样做是因为基类包含了所有常用的面板，不需要在所有的模板中重复。基类模板声明了称为 block 的代码段，可以由其他模板重写。在此例中，我们重写了 content 代码段，表示页面的主体。

记住，我们在 context 字典的 stations 键中保存了车站对象的一个列表。

因此，如果这个列表中有任何车站，我们就显示一个 H1 标题，然后对这个集合进行迭代。每个实体都有自己的 div。我们使用 Django 的 cycle 标签交替显示行的颜色。然后，我们简单地写入每一行的骨架，并使用{{ variable }}的记法在模板的这个部分对 variable 进行渲染。标签表示执行某项任务的指令，例如 for、if、block 等，写成{% command %}这样的形式。

每一行还创建了两个链接，分别引导我们进入每个车站的进站口和出站口。我们并不想在模板中以硬编码的形式编写这些页面的 URL，因此使用了 Django 的 url 标签，后者检查应用程序的 urls 模块中的 URL 设置，为我们计算这些 URL。这种做法的优点是如果我们改变了某个页面的 URL，并不需要修改与它链接的模板，因为链接是 Django 为我们计算产生的。

如果集合为空，empty 标签内的代码就会被执行。如果其中存在一个错误，我们就向用户显示它的内容和一些其他信息。否则，我们就简单地表示没有需要显示的车站。注意，empty 标签是 for 循环的一部分，它使这段代码的逻辑既简洁又清晰。

点击罗马车站的 departures 链表后会进入图 14-6 所示的页面。

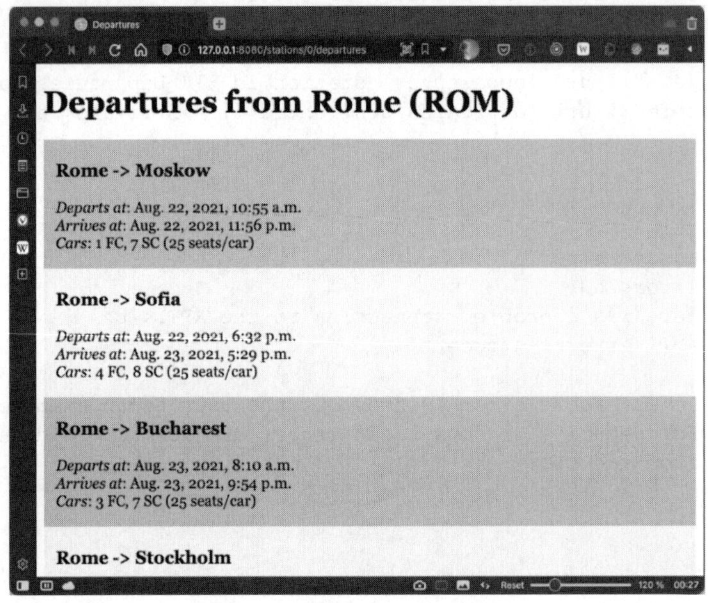

图 14-6　罗马的所有出站口

下面我们观察对图 14-6 显示的页面进行渲染的代码。首先是视图：

```
# apic/rails/views.py
class DeparturesView(generic.TemplateView):
    template_name = "rails/departures.html"

    def get(self, request, station_id, *args, **kwargs):
        context = self.get_context_data(**kwargs)
        api_url = urljoin(
            settings.BASE_API_URL,
            f"stations/{station_id}/departures",
        )
        try:
            response = requests.get(api_url)
            response.raise_for_status()
        except RequestException as err:
            context["error"] = err
        else:
            trains = prepare_trains(response.json(), "departs_at")
            context["departures"] = trains
        return self.render_to_response(context)

def prepare_trains(trains: list[dict], key: str):
    return list(
        map(
            parse_datetimes,
```

```
            sorted(trains, key=itemgetter(key)),
        )
    )

def parse_datetimes(train: dict):
    train["arrives_at"] = datetime.fromisoformat(
        train["arrives_at"]
    )
    train["departs_at"] = datetime.fromisoformat(
        train["departs_at"]
    )
    return train
```

这些代码与 StationsView 的代码非常相似。唯一的变化就是 api_url 的值，它现在指向一个特定车站的出站口。对于出站和进站，我们使用 datetime 信息进行了一些数据操作。

我们把这些信息解析到 Python 的 datetime 对象中，使它在模板中以一种漂亮、人眼可读的方式被渲染。与 API 进行通信并捕捉所有错误的技巧保持不变，而且模板也非常相似，因此没有在这里重复它们的代码。

本节向读者展示了一个小例子，说明了如何在另一个应用程序中通过代码消费 API。我们为本章编写的 Django 项目只显示了车站、进出站口和用户。它还包含了一个页面允许用户根据 API 进行认证。我们在本章讨论的第二个小项目的背后思路是帮助读者了解如何在一个 Django 项目中与 API 进行通信。读者还有很大的空间自行扩展和增加它的功能，在学习 Django 的同时对 API 的设计进行试验。

14.6　未来的方向

我们希望读者已经对 API 的设计有了一个初步的了解。当然，读者必须检视源代码并花些时间对它们进行研究，以加深对这个主题的理解。要确保不断地进行试验、修改一些东西、破坏一些东西，然后看看会发生什么。如果读者想深入研究这个主题，下面是我们提供的一些建议。

- Learn FastAPI。这个网站为初学者提供了一个优秀的教程，也为具有一定经验的程序员提供了一个教程。这是我们所推荐的。它涵盖了 FastAPI 的所有细节以及如此设计的原因，这些正是本章由于篇幅原因未能涵盖的。
- 试验本章的源代码。我们在编写源代码时尽可能地保持简单，因此它们存在大量的优化空间。
- 学习 WSGI。如果读者熟悉异步编程，还可以学习 aWSGI，也就是前者的异步实现。
- 对本章的 API 进行增强，增加高级搜索、过滤、更高级的认证系统、后台任务、标记页码、排序等功能。读者也可以只为管理员用户增加其他端点，对管理员部分进行扩展。
- 学习 FastAPI 的中间件以及类似 CORS（**跨域资源共享**）的概念，它们对于在现实世界中运行 API 是极为重要的。

- 修改订购车票的端点，使它的逻辑实际检查列车上是否有空余的座位。每辆列车指定了一等座和二等座的数量，并指定了每节车厢的座位数量。我们按照这种方式设计列车模型，目的就是允许读者对此进行试验。在完成修改之后，读者应该编写测试，对自己的代码进行验证。
- 学习 Django，对它有一定的把握之后，可以尝试使用 Django 的 Rest 框架重新创建部分铁路 API，这是一个基于 Django 的用于编写 API 的应用程序。
- 学习使用其他技术编写 API，例如 Falcon。观察它们与 FastAPI 的相似之处，这可以帮助读者理解底层 API 设计的概念以及框架背后的理论。
- 更深入地学习 REST（表述性状态传输）API，因为它们现在极为流行，而编写它们的方式不止一种，因此读者必须将自己对这个主题的理解与同事和队友进行比较。
- 更全面地学习 API。学习版本控制，学习如何适当地对标题、数据格式、协议等进行操作。
- 最后，也是读者在未来可能会迈出的一步，探索 FastAPI 的异步端。这是一个非常有趣的主题，如果在适当的场景中应用，它能够稍微提高一些性能。

记住在使用 API 时，在.env 文件中设置 DEBUG=true，这样就可以在自己的终端自动完成所有数据库查询的日志，并且可以检查它们所生成的 SQL 代码是否如实反映了我们的意图。当 SQLAlchemy 操作变得有些复杂时，这是一个相当实用的工具。

网络上有大量的资源，因此读者可以免费收集丰富的知识。现在，API 开发是一种需要精通的重要技能。如果读者想要深入钻研这个主题，再怎么强调它的重要性也不为过。

14.7 总结

在本章中，我们探索了 API 的世界。我们首先对 Web 进行了概述，然后讨论了一个相对较新的 Python 主题：类型提示。它本身就是一个有趣的主题。但在本章中，它是 FastAPI 框架的一个基础特征，因此在本章中对它进行介绍是非常重要的。

接着，我们用通用术语讨论了 API。我们看到了对它们进行分类的不同方法以及它们的用途和优点。我们还探索了协议和数据交换格式。

最后，我们深入源代码，分析为本章编写的一个 FastAPI 项目的一小部分，并探索了消费这些 API 的不同方式。

在本章结束之时，我们提出了一系列的针对下一步的建议。由于这个主题如今极为流行，因此我们认为这些建议是非常重要的。

第 15 章将讨论 Python 应用程序的打包。

第 15 章 打包 Python 应用程序

"你那里有奶酪吗？"

"没有。"

——《奶酪店》剧本

在本章中，我们将学习如何为 Python 项目创建一个可安装程序包，并将其发布供其他人使用。

我们有很多理由需要发布自己的代码。在第 1 章中，我们提到 Python 的其中一个优点就是可以使用 pip 免费安装庞大的第三方程序包生态系统，其中大部分就是和我们一样的开发人员所创建的。把自己的项目贡献给公众，也可以为 Python 社区的繁荣出一份力。站在长远的角度，这种做法也有助于完善我们的代码，因为把它展示给更多的用户意味着代码中的缺陷很快会被发现。最后，如果读者想得到一个软件开发人员的工作，在面试中指出自己成功完成的项目是极有帮助的。

学习打包的最好方式是完整地经历一个创建程序包并将其发布的过程。这也是我们在本章中将要进行的。为了使学习过程更加有趣，我们将对一个列车调度应用程序进行操作，这个程序是围绕第 14 章中的列车 API 而创建的。

在本章中，我们将学习下列内容。

- 为自己的项目创建可发行程序包。
- 发布自己的程序包。
- 用于打包的不同工具。

在深入学习列车调度项目之前，我们首先简单地介绍 Python 包索引以及与 Python 的打包有关的一些重要术语。

15.1 Python 包索引

Python 包索引（PyPI，参见 PyPI 官网）是一个在线 Python 程序包资源库。它提供了一个网页接口，可以浏览或搜索程序包，并查看它们的细节。它还为 pip 这样的工具提供了 API，用于查找和下载需要安装的程序包。PyPI 是公开的，任何人都可以免费注册和发布他们的项目。任何人都可以从 PyPI 免费安装任何程序包。

这个资源库组织为**项目**、**发行**（release）、**发布包**（distribution package）的形式。项目是指程序库、脚本或应用程序及其相关联的数据或资源。例如，FastAPI、Requests、Pandas、SQLAlchemy 和列车调度应用程序都是项目。pip 本身也是一个项目。发行是项目的一种特定版本（或某个时间快照）。发行是由版本号标识的。例如，pip 21.2.4 就是 pip 项目的一个发行。发行是以发布包的形式发布的，是以发行版本为标签的存档文件，其中包含了组成发行的 Python 模块、数据文件等。发布包也包含了与项目和发行有关的元数据，例如项目的名称、作者、发行版本以及需要安装的依赖项等。发布包又称**发布**，或者简称为**程序包**或**包**。

在 Python 中，程序包这个词表示可导入的模块，后者也可以包含其他模块，其形式通常是一个包含了__init__.py 文件的文件夹。注意，不要把这种类型的可导入程序包与发布包混淆，这一点很重要。在本章中，我们大多使用程序包这个术语表示发布包。在存在歧义的地方，我们将明确地使用可导入程序包或发布包的术语。

发布包可以是源发布包（又称 sdists）或生成发布包。前者在安装之前需要一个生成步骤。后者在进行安装时只需要把归档内容转移到正确的位置。源发布包的格式是由 PEP 517 定义的。标准生成发布包格式称为 wheel，最初是在 PEP 427 中定义的。wheel 规范的当前版本可以在 Python Packaging 网站找到。wheel 格式替换了（现在已被摒弃的）**egg** 生成发布包格式。

Python 包索引最初的绰号是奶酪店，来源于本章一开始的引语中 Monty Python 的著名剧本。因此，wheel 发布包格式并不是根据汽车的车轮而命名的，而是根据奶酪推车而命名的。

为了帮助读者理解上面这些概念，下面我们观察一个简单的例子，观察当我们运行 pip 安装时会发生什么：

```
$ pip install --no-cache -v -v -v requests==2.26.0
```

我们指示 pip 安装 requests 项目的 2.26.0 发行。通过 3 次传递-v 命令行选项，我们指示 pip 尽可能完整地输出信息。我们还添加了--no-cache 命令行选项，使 pip 从 PyPI 下载程序包，而不是使用可能存在的本地缓存。它的输出类似下面这样（注意我们对输出进行了裁剪便于显示，并省略了几行）：

```
...
1 location(s) to search for versions of requests:
* https://pypi.org/simple/requests/
```

pip 表示它在 PyPI 官网找到了与 requests 项目有关的信息。接下来的输出是 requests 项目的所有可用发布包的列表：

```
Found link https://.../requests-0.2.0.tar.gz..., version: 0.2.0
```

```
...
Found link https://.../requests-2.26.0-py2.py3-none-any.whl...,version: 2.26.0
Found link https://.../requests-2.26.0.tar.gz..., version: 2.26.0
```

现在，pip 收集我们所请求的发行的发布包，并下载最合适的程序包。在此例中为 wheel requests-2.26.0-py2.py3-none-any.whl：

```
Collecting requests==2.26.0
  ...
  Downloading requests-2.26.0-py2.py3-none-any.whl (62 kB)
```

接着，pip 从这个程序包提取依赖关系列表，并以同样的方式查找和下载它们。一旦所有必要的程序包都已经下载，就可以安装它们了：

```
Installing collected packages: urllib3, idna, charset-normalizer,
certifi, requests
...
Successfully installed certifi-2021.5.30 charset-normalizer-2.0.4
idna-3.2 requests-2.26.0 urllib3-1.26.6
```

如果 pip 下载了任何程序包的一个源发布包（如果不存在合适的 wheel 发布包，就可能发生这种情况），在安装之前就需要生成程序包。

既然我们已经知道了项目、发行、程序包之间的区别，现在就可以观察列车调度项目，并开始着手打包发布了。

15.2 列车调度项目

本节我们将要处理的项目是一个显示列车进站和出站调度的简单应用程序。它允许我们选择一个车站并观察所有到达该车站或者从该车站离开的所有列车的列表。这个应用程序的所有数据来自我们在第 14 章创建的列车 API。这个应用程序同时提供了一个 tkinter GUI 和一个**命令行界面**（**CLI**），它们都是我们使用第 12 章所介绍的工具和技巧创建的。

读者需要拥有第 14 章的列车 API 才能让这个列车调度应用程序正常工作。我们建议读者打开第二个控制台窗口，在对本章的项目进行操作时使这个 API 保持运行状态。

这个项目位于本章源代码的 train-project 子文件夹。可导入的主程序包称为 train_schedule。我们不会详细讨论它的代码，而是解释一下它的结构，读者可以自行对代码进行更深入的研究。它们都基于我们在本书中所学习的技巧和概念，我们还在代码中添加了注释帮助读者理解每段代码的用途。在本章的后面，我们会更详细地观察代码的特定部分，解释它们与打包的关联所在。

下面我们使用 tree 指令观察代码是如何组织的：

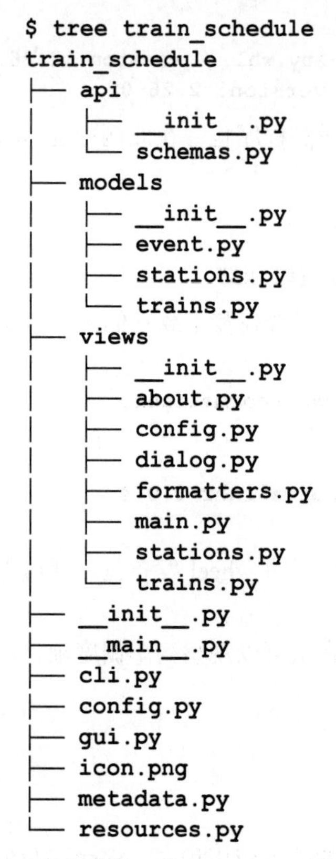

```
$ tree train_schedule
train_schedule
├── api
│   ├── __init__.py
│   └── schemas.py
├── models
│   ├── __init__.py
│   ├── event.py
│   ├── stations.py
│   └── trains.py
├── views
│   ├── __init__.py
│   ├── about.py
│   ├── config.py
│   ├── dialog.py
│   ├── formatters.py
│   ├── main.py
│   ├── stations.py
│   └── trains.py
├── __init__.py
├── __main__.py
├── cli.py
├── config.py
├── gui.py
├── icon.png
├── metadata.py
└── resources.py
```

可以看到，train_schedule 是一个可导入的 Python 程序包，具有 3 个子程序包——api、models、views。

api 程序包定义了列车 API 的接口。api/__init__.py 文件定义了 TrainAPIClient 类，它负责与 API 的所有通信。schemas.py 模块定义了一些 Pydantic 方案，表示我们从 API 接收的 Train 和 Station 对象。

这个 GUI 应用程序的结构是根据**模型-视图-控制器**（**MVC**）设计模式创建的。models 程序包包含了负责管理车站和列车数据的模型（在 models/stations.py 和 models/trains.py 模块中）。models/events.py 模块实现了一种回调机制，允许应用程序的其他部分在模型中的数据发生变化时得到通知。

MVC 模式是开发图形用户界面和 Web 应用程序的常用模式。读者可以在维基百科上了解它的详细信息。

views 程序包实现了负责把数据展示给用户的视图。views/stations.py 模块定义了 StationChooser 类，在一个下拉列表中显示车站，使用户可以选择他们感兴趣的车站。views/trains.py 定义了 TrainsView 类，以表格形式显示与列车有关的信息。views/formatters.py 定义了一些用于格式化数据的帮助函数。应用程序主窗口是在 views/main.py 中定义的，而 views/dialog.py 包含了 views/about.py 和 views/config.py 所使用的用于创建 About 对话框和 Configuration 对话框的基类。

gui.py 模块定义了 TrainApp 类，它是负责协调模型和视图之间交互方式的控制器。

这个应用程序的命令行界面是在 cli.py 中定义的。在 config.py 中，我们定义了一个 pydantic 设置类，用于处理应用程序的配置。为了使代码更具移植性，我们使用了非常实用的 platformdirs 程序包，不管我们运行的是什么平台，它都会在一个适当的位置存储一个配置文件。

resource.py 和 metadata.py 模块包含了处理数据文件（如 icon.png）的源代码以及发布包所包含的元数据。我们将在本章的后面更详细地讨论它们。

唯一还没有讨论的模块是__main__.py。在一个可导入的 Python 程序包中，名称为__main__.py 的模块会被特殊对待。它允许程序包作为脚本执行。

下面我们观察这个文件以及当它运行时会发生什么：

```
# train/train_schedule/__main__.py
import sys

from .cli import main as cli_main
from .gui import main as gui_main

if __name__ == "__main__":
    if len(sys.argv) > 1:
        cli_main()
    else:
        gui_main()
```

我们导入了标准库的 sys 模块，并从 cli 和 gui 模块加载了 main 函数，分别为它们设置了 cli_main 和 gui_main 的别名。然后，我们使用相同的 if__name__ == "__main__"检查我们在第 12 章看到的内容。最后，我们通过一个简单的技巧，根据是否有命令行参数来决定运行 CLI 或 GUI 版本的应用程序。我们通过检查 sys.argv 文件的长度实现这个目标，后者是一个包含了脚本命令行参数的列表。这个长度至少是 1，因为 sys. argv[0]包含了我们所运行的脚本的名称。如果长度大于 1，意味着它具有参数，因此我们就调用 cli_main，否则就调用 gui_main。下面我们观察它的实际效果：

```
$ python -m train_schedule
```

为了以脚本形式执行__main__.py 文件中的程序包，我们必须在 Python 解释器中使用-m 选项。它指示解释器在执行程序包之前首先导入它。如果没有这个选项，解释器就会试图以一个独立的脚本形式运行__main__.py 文件，这将导致失败，因为它无法从程序包中导入其他模块。关于这方面的详细信息，可以访问 Python 官网。

我们还需要安装本章源代码中的 requirements/main.txt 文件列出的依赖项才能运行这个应用程序。现在我们暂时可以忽略 requirements/build.txt 文件。它列出了我们在本章的后面生成和发布这个发布包时需要的依赖项。

第一次运行这个应用程序时，会出现一个配置对话框，提示我们输入列车 API 的 URL。图 15-1 显示了它在一台 Windows 计算机上的运行效果。

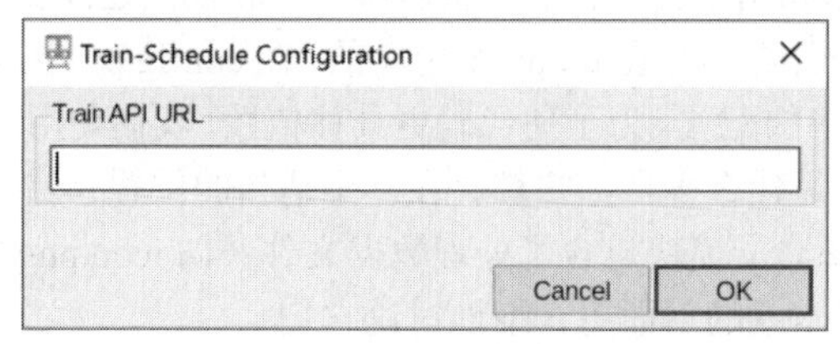

图 15-1　列车调度配置对话框

输入 http://localhost:8000 并点击 **OK** 按钮继续。URL 将保存在一个配置文件中，因此当我们下次运行这个应用程序时不会再次要求我们输入 URL。如果我们想修改 URL，可以点击 **Edit** 菜单下面的 **Preferences...**再次打开配置对话框。

现在我们可以从下拉列表中选择一个车站，观察进站列车和出站列车。图 15-2 显示了当我们选择罗马车站时的窗口。

Train-Schedule

Train-Schedule　Edit　Help

Station

Rome, Italy (ROM)

Arrivals　Departures

From	Departs	Arrives	1st class cars	2nd class cars	Seats/car
Moskow, Russia (MSK)	Mon Aug 23 09:50:57 2021	Mon Aug 23 13:08:46 2021	2	9	40
London, UK (LDN)	Sun Aug 29 02:49:21 2021	Mon Aug 30 01:09:13 2021	5	9	40
London, UK (LDN)	Fri Sep 10 00:54:10 2021	Fri Sep 10 16:16:04 2021	3	10	25
London, UK (LDN)	Fri Sep 10 04:47:00 2021	Sat Sep 11 02:08:03 2021	5	8	10
Moskow, Russia (MSK)	Tue Sep 7 15:23:38 2021	Wed Sep 8 10:31:40 2021	2	4	40
Kyiv, Ukraine (KYV)	Mon Aug 30 02:03:51 2021	Mon Aug 30 03:18:33 2021	0	8	10
Moskow, Russia (MSK)	Sun Sep 5 01:26:22 2021	Sun Sep 5 09:07:54 2021	3	5	40
Sofia, Bulgaria (SFA)	Tue Aug 31 14:28:04 2021	Wed Sep 1 04:22:41 2021	4	7	25
Sofia, Bulgaria (SFA)	Thu Sep 9 16:41:18 2021	Fri Sep 10 10:23:09 2021	2	1	40
Amsterdam, Netherlands (AMD)	Thu Sep 9 07:26:00 2021	Thu Sep 9 09:03:31 2021	3	5	10

图 15-2　列车调度应用程序的主窗口

在讨论下面的内容之前，我们简单地观察一下命令行界面：

```
$ python -m train_schedule stations
0: Rome, Italy (ROM)
1: Paris, France (PAR)
2: London, UK (LDN)
3: Kyiv, Ukraine (KYV)
4: Stockholm, Sweden (STK)
5: Warsaw, Poland (WSW)
6: Moskow, Russia (MSK)
```

```
7: Amsterdam, Netherlands (AMD)
# 以下结果省略
```

我们可以看到每个车站的 id、city、country、code 的输出。

读者可以自行展开更深入的探索。如果其中存在读者不理解的东西，可以参阅 Python 的官方文档或者回顾本书前面的章节。我们在第 11 章中讨论的一些技巧，如添加打印语句（或自定义调试函数），也有助于理解代码运行时发生了什么。

既然我们已经熟悉了这个项目，现在可以开始准备一个发行并生成发布包。

15.3　用 setuptools 进行打包

我们将使用 setuptools 库对我们的项目进行打包。setuptools 是当前最流行的 Python 打包工具。这是最初的打包系统 distutils 标准库的一个扩展。setuptools 提供了 distutils 不具备的很多特性，并得到了更好的维护。直接使用 distutils 已经多年不被提倡。distutils 模块将在 Python 3.10 中被摒弃，并在 Python 3.12 中被排除出标准库。

在本节中，我们将观察如何设置项目，以使用 setuptools 生成程序包。

15.3.1　必要的文件

为了生成并发布一个程序包，我们需要在项目中添加一些文件。如果观察本章源代码的 train-project 文件夹的内容，可以发现除了 train_schedule 文件夹之外，还有下面这些文件：

```
CHANGELOG.md LICENSE MANIFEST.in README.md pyproject.toml setup.cfg
setup.py
```

我们将依次讨论每个文件，首先讨论 pyproject.toml。

1．pyproject.toml

这个文件是由 PEP 518 所引入的，并由 PEP 517 进行了扩展。这两个 PEP 的目标是定义允许项目指定依赖项的标准，并指定应该使用什么生成工具生成它们的程序包。

当一个项目使用了 setuptools 时，它具有下面这样的代码：

```
# train-project/pyproject.toml
[build-system]
requires = ["setuptools>=51.0.0", "wheel"]
build-backend = "setuptools.build_meta"
```

我们指定了至少需要 setuptools 的 51.0.0 版本，并指定了可以使用 wheel 项目的任何已发布版本，这是 wheel 发布格式的参考实现。注意这里的 requires 字段并没有指定运行代码所需的依赖项，只是列出了生成发布包所需要的依赖关系。稍后我们将讨论如何指定运行代码所需要的依赖项。

build-backend 指定了用于生成程序包的 Python 对象。对于 setuptools 而言，这是 setuptools（可导入的）程序包中的 build_meta 模块。

pyproject.toml 文件使用 TOML 配置文件格式。关于 TOML 的详细信息，可以访问 TOML 网站。

PEP 518 允许在 pyproject.toml 文件中包含其他开发工具的配置。当然，这些工具也需要支持从这个文件中读取它们的配置。

```
# train-project/pyproject.toml
[tool.black]
line-length = 66

[tool.isort]
profile = 'black'
line_length = 66
```

我们添加了 black 的配置，这是一种流行的代码格式工具。我们还添加了 isort 的配置，这是一种排序工具，按照字母顺序导入我们的 pyproject.toml 文件。我们把这两个工具配置为使用每行 66 个字符，以保证代码适应本书的页面。我们还把 isort 配置为与 black 保持兼容。

关于 black 和 isort 的详细信息，可以访问它们的网站。

2. License

我们应该在项目中包含一个许可（License），它定义了与发布代码有关的条款。我们可以在很多软件许可中做出选择。如果不确定使用哪个，可以参考 Choose a license 网站。如果对任何特定许可的合法性存疑或者需要建议，可以向法律专业人士咨询。

我们根据 MIT 许可发布列车调度项目。这是一个简单的许可，允许任何人使用、发布或修改代码，只要他们在自己的项目中包含了我们的原始版权说明和许可。

按照约定，许可包含在一个称为 LICENSE 或 LICENSE.txt 的文本文件中，不过有些项目还使用像 COPYING 这样的其他名称。

3. README

我们的项目还应该包含一个描述项目的 README 文件，说明它为什么存在，甚至包括一些基本的用法指南。这个文件可以是纯文本文件，也可以使用如 reStructuredText 或 Markdown 这样的标记语法。这个文件如果是纯文本文件，则一般称为 README 或 README.txt；如果使用了 reStructuredText 语法，则一般称为 README.rst；如果使用了 Markdown 语法，则一般称为 README.md。

我们的 README.md 文件包含了一段简短的文字，描述了项目的用途和一些简单的用法指南。

4. Changelog

尽管并非必需，但是在项目中包含一个 changelog 文件是一种很好的做法。这个文件对项目的每个发行所进行的修改进行了总结。changelog 可以有效地向用户告知软件的新特性或者软件行为上的变化，这些信息往往是用户迫切需要了解的。

我们的 changelog 文件称为 CHANGELOG.md，是按照 Markdown 格式编写的。

5. setup.cfg

setup.cfg 文件是 setuptools 的配置文件。它是一种 INI 风格的配置文件，以分段的形式组织了 key = value 的配置项。每段配置都以方括号内的一个名称开始，例如[metadata]。

setup.cfg 可用于配置项目的所有元数据。它还可以定义我们的发布包需要包含的（可导入）程序包、模块、数据文件。在本章接下来的几节内容中，我们将会讨论 setup.cfg 的内容。

与 pyproject.toml 相似，setup.cfg 也可以用于对其他工具进行配置。我们在 setup.cfg 文件的底部对 flake8 工具进行了一些配置。

```
# train-project/setup.cfg
[flake8]
max-line-length = 66
```

flake8 是一种 Python 代码风格检查器，可以指出代码中违反 PEP 8 的地方。我们对它进行了配置，当我们的任何代码行长于 66 个字符时就发出警告。如前所述，这个配置短于 PEP 8 规定的 80 个字符，用于确保我们的代码能够正确地显示在本书的页面上。

6. setup.py

由于 setuptools 实现了 PEP 517，因此 setup.py 文件不再必需。它只需要支持不符合 PEP 517 的遗留工具。如果这个文件存在，它必须是一个调用了 setuptools.setup()函数的 Python 脚本。我们的版本类似下面这样：

```
# train-project/setup.py
import setuptools

setuptools.setup()
```

在 setup.cfg 中可以配置的所有选项也可以作为关键字参数传递给 setuptools.setup()函数。有些项目的一些程序包选项或元数据需要动态计算，因此无法在 setup.cfg 中静态配置，此时这种做法就非常实用。但是，一般来说应该避免这种做法，尽量通过 setup.cfg 进行配置。

旧版本的 setuptools 并不支持通过 setup.cfg 对程序包选项进行配置，因此项目必须在 setup.py 中以设置参数的形式传递所有信息。许多项目仍然采用这种做法，因为它们在支持 setup.cfg 之前就开始使用 setuptools，并没有很迫切的理由进行修改。

在新项目中仍然包含 setup.py 文件的主要原因是允许我们对项目进行可编辑的安装。与生成一个 wheel 并安装在自己的虚拟环境中的做法不同，可编辑安装只是在虚拟环境中提供了指向项目源文件夹的一个链接。这意味着 Python 的行为就像程序包是从一个 sdist 或 wheel 安装的一样，但我们对代码进行的任何修改也会直接生效，不需要重新生成或重新安装。

开发期间在虚拟环境中安装项目的主要优点是代码的行为与其他人通过一个发布包安装了该项目时的行为更为相似。例如，我们不需要在自己的项目文件夹中运行 Python 以导入自己的代码。如果我们的代码对它执行时所在的环境做出了无效的假设，就很容易发现可能出现的缺陷。可编辑安装很容易做到这一点，因为我们每次修改代码之后不需要重新安装。

需要一个 setup.py 文件才能进行可编辑安装的原因是 PEP 517 并不支持这种安装。因此，pip 必须向后支持这种遗留行为，直接执行 setup.py 脚本。

下面我们对它进行试验。进入本书源代码的 ch15 文件夹，激活虚拟环境并运行下面的指令：

```
$ python -m train_schedule
```

我们应该会得到一个类似下面的错误：

```
/.../ch15/.venv/bin/python: No module named train_schedule
```

现在，我们再次安装并重新尝试。我们通过向 pip install 传递-e 选项进行可编辑安装：

```
$ pip install -e ./train-project
```

在 pip 成功运行之后，我们就可以再次运行这个应用程序：

```
$ python -m train_schedule
```

这次它能够正常运行。我们可以通过停止应用程序、对代码进行一些修改、再次运行应用程序并观察结果，从而验证成功完成了可编辑安装。

如果在运行 pip install -e 之后观察 train-project 文件夹的内容，可以发现有一个新的 train_schedule.egg-info 文件夹。这个文件夹包含了我们的可编辑安装的元数据。名称中的 egg-info 后缀是旧式的 egg 发布格式的遗留。

7. MANIFEST.in

在默认情况下，源发布包中只包含了有限的文件集合。MANIFEST.in 文件可用于添加其他任何文件，这些文件可能是我们从一个 sdist 生成和安装程序包时所需要的。如果我们把 setuptools 配置为从项目包含的文件中读取一些程序包元数据，常常就有这个需求。稍后我们将看到这方面的一个例子。

读者可以在 Python Packaging 网站找到自动包含在源发布包中的准确文件列表的详细信息以及 MANIFEST.in 文件的语法细节。

既然我们已经了解了需要添加到项目中的所有文件，现在可以近距离地观察 setup.cfg 的内容。

15.3.2 程序包的元数据

我们的 setup.cfg 文件的第一段定义了程序包的元数据。下面我们同时观察它的几个配置项：

```
# train-project/setup.cfg
[metadata]
name = train-schedule
author = Heinrich Kruger, Fabrizio Romano
author_email = heinrich@example.com, fabrizio@example.com
```

metadata 配置段从[metadata]开始。前几个元数据配置项相当简单。我们定义了项目的名称，并使用 author 字段标识了作者，并在 author_email 字段中列出了作者的邮件地址。

对于这个示例项目，我们使用了虚构的邮件地址。但是在真实的项目中，应该使用真实的邮件地址。

PyPI 要求所有的项目都具有不同的名称。当我们启动自己的项目时应该对此进行检查，确保其他项目没有使用这个项目名称。另外，建议项目的名称不会轻易地与其他名称混淆，这可以降低其他人不小心安装了错误的程序包的概率。

接下来是发行版本的配置项：

```
# train-project/setup.cfg
[metadata]
...
version = 1.0.0
```

version 字段指定了发行的版本号。我们可以为自己的项目选择任何适用的版本方案，但必须遵循 PEP 440 所定义的规则。遵循 PEP 440 的版本由一系列由点号分隔的数字组成，然后是可选的预发行、后发行或开发性发行指示符。预发行指示符由字母 a（表示 alpha）、b（表示 beta）或者 rc（表示发行候选）开头，然后是一个数字。后发行指示符由单词 post 加一个数字组成。开发性发行指示符由单词 dev 加一个数字组成。没有发行指示符的版本号称为最终发行。举例如下。

- 1.0.0.dev1 是项目的 1.0.0 版本的第一个开发性发行。
- 1.0.0.a1 是第一个 alpha 发行。
- 1.0.0.b1 是一个 beta 发行。
- 1.0.0.rc1 是第一个发行候选。
- 1.0.0 是 1.0.0 版本的最终发行。
- 1.0.0.post1 是第一个后发行。

同一个主版本号的开发性发行、预发行、最终发行、后发行是按上面的顺序发布的。

流行的版本方案包括**语义版本**，其目标是通过版本方案传达与发行版本之间兼容性有关的信息。另外还有**基于日期的版本**，一般使用一个发行的年和月来指定版本。

语义版本方案使用由 3 个数字组成的版本号，它们由点号分隔，分别称为主、次、补丁版本。这种方案生成的版本号具有 major.minor.patch 这样的形式。如果一个新的发行与它的前一个发行完全兼容，只有补丁号需要增加。这样的发行通常只包含了少量的缺陷修复。对于增加了新功能但又不破坏与以前发行的兼容性的发行，次版本号也会增加。如果发行与旧版本不兼容，主版本号也应该增加。关于语义版本的详细信息，可以参考 Semantic Versioning 官网。

我们的项目的 setup.cfg 文件中的接下来几个配置项是：

```
# train-project/setup.cfg
[metadata]
...
description = A train app to demonstrate Python packaging
long_description = file: README.md, CHANGELOG.md
long_description_content_type = text/markdown
```

description 字段应该是一个短句，是项目的总结，而 long_description 可以包含更长、更详细的描述。我们指示 setuptools 使用 README.md 和 CHANGELOG.md 文件作为长描述。long_description_content_type 指定了长描述的格式。在此例中，我们使用 text/markdown 指定了使用 Markdown 格式。

我们需要把 README.md 和 CHANGELOG.md 文件包含在源发布包中，这样当我们从源发布包生成或安装时可以把它们添加到程序包元数据的长描述中。README.md 是 setuptools 自动包含到源发布包的文件之一，但 CHANGELOG.md 文件并不会被自动包含。因此，我们必须明确地把它包含到自己的 MANIFEST.in 文件中：

```
# train-project/MANIFEST.in
include CHANGELOG.md
```

setup.cfg 文件中的接下来几个元数据配置项是项目中的一些 URL：

```
# train-project/setup.cfg
[metadata]
...
url = https:// ...# 项目的主页
project_urls =
    Learn Python Programming Book = https://... # 其他相关链接
```

url 字段包含了项目的主页。项目使用这个字段链接到代码主机服务（例如 GitHub 或 GitLab）上的源代码是相当常见的做法，我们在这里就是这样做的。project_url 字段可用于指定任意数量的附加 URL。这些 URL 可以用分隔的 key = value 对的形式在单行输入，也可以像上面这样以每行一个 key = value 对的形式输入。它们常用于链接到在线文档、缺陷追踪器或者与项目有关的其他网站。我们可以使用这个字段增加出版社网站上与本书信息有关的链接。

这个项目的许可也应该在元数据中指定：

```
# train-project/setup.cfg
[metadata]
...
license = MIT License
license_files = LICENSE
```

license 字段用于对项目发布时所遵循的许可进行命名，而 license_files 字段列出了应该包含在发行包中的与项目许可相关的文件。这里列出的文件会被自动包含在发布包中，不需要添加到 MANIFEST.in 文件中。

最后一些元数据配置项用于帮助潜在的用户在 PyPI 上找到我们的项目：

```
# train-project/setup.cfg
[metadata]
...
classifiers =
    Intended Audience :: End Users/Desktop
    License :: OSI Approved :: MIT License
    Operating System :: MacOS
    Operating System :: Microsoft :: Windows
    Operating System :: POSIX :: Linux
    Programming Language :: Python :: 3
    Programming Language :: Python :: 3.8
    Programming Language :: Python :: 3.9
    Programming Language :: Python :: 3.10
keywords = trains, packaging example
```

classifiers 字段可用于指定 trove 分类器的列表，后者用于在 PyPI 上对项目进行分类。PyPI 网站允许用户在搜索项目时根据 trove 分类器进行过滤。项目的过滤器必须从 PyPI 官网的分类列表中进行选择。

我们使用分类器指定了项目的目标人群是桌面终端用户，并根据 MIT 许可进行发行，可以在 macOS、Windows、Linux 系统上运行，并且与 Python 3（具体地说，是 3.8、3.9 和 3.10 版本）兼容。注意，分类器纯粹是为了向用户提供信息，帮助他们在 PyPI 网站上找到我们的项目。它们对我们的程序包实际安装在哪个操作系统或哪个 Python 版本上并没有影响。

keywords 字段可用于提供额外的关键字，帮助用户找到我们的项目。与分类器不同，我们可以使用的关键字并没有任何限制。

在代码中访问元数据

如果能够在自己的代码中访问发布包的元数据常常是很实用的。例如，许多程序库以 __version__ 或 VERSION 属性的形式提供它们的发行版本。这就允许其他程序包设法适配已安装的程序库的版本（例如，在一个特定的版本中处理一个已知的缺陷）。访问代码中的元数据是完成这个任务的一种方法，这样就不需要在两个地方保存最新的版本。

在这个项目中，我们使用应用程序的 About 对话框中的元数据中的项目名、作者、描述版本、许可信息。下面我们观察如何进行这项操作：

```
# train-project/train_schedule/metadata.py
from importlib.metadata import PackageNotFoundError, metadata

def get_metadata():
    try:
        meta = metadata(__package__)
    except PackageNotFoundError:
        meta = {
            "Name": __package__.replace("_", "-"),
            "Summary": "description",
            "Author": "author",
            "Version": "version",
```

```
            "License": "license",
        }
    return meta
```

我们使用标准库模块 importlib.metadata 的 metadata 函数加载程序包的元数据。

为了获取元数据，我们必须向元数据提供（可导入）程序包的名称。解释器通过全局变量__package__为我们提供了这个功能。

importlib.metadata 模块是在 Python 3.8 中新增的。如果需要支持旧版本的 Python，可以通过 PyPI 官网了解 importlib- metadata 项目。

metadata 函数返回一个包含了元数据的类似字典的对象，其中的键与我们用于定义元数据的 setup.cfg 配置项的名称相似但并不相同。关于键以及它们的含义的详细信息，可以访问 Python Packaging 网站的元数据规范。

元数据只有在程序包已被安装的情况下才能被访问。如果未安装程序包，就会得到一个 PackageNotFoundError。为了确保在未安装的情况下仍然能够运行代码，我们需要捕捉这个异常并为需要使用的元数据键提供一些哑值。

我们在__init__.py 文件中使用元数据设置一些全局变量：

```
# train-project/train_schedule/__init__.py
from .metadata import get_metadata

_metadata = get_metadata()

APP_NAME = _metadata["Name"]
APP_TITLE = APP_NAME.title()
VERSION = _metadata["Version"]
AUTHOR = _metadata["Author"]
DESCRIPTION = _metadata["Summary"]
LICENSE = _metadata["License"]

ABOUT_TEXT = f"""{APP_TITLE}

{DESCRIPTION}

Version: {VERSION}
Authors: {AUTHOR}
License: {LICENSE}
Copyright: © 2021 {AUTHOR}"""
```

如果在没有安装的情况下运行这个应用程序并在 Help 菜单中点击 About...，就可以在 About 对话框中看到一些哑值，如图 15-3 所示。

这并不是理想的方法，但是在开发期间足以让我们看到这个对话框的正确工作方式，我们在正确的地方显示了正确的哑值。当用户从 PyPI 安装了我们的程序包之后，这个对话框能够显示更明确的信息。按照这种方式，我们能够保证元数据被正确地读取和显示。

如果我们进行了可编辑的安装并再次运行这个应用程序，那么 About 对话框如图 15-4 所示。

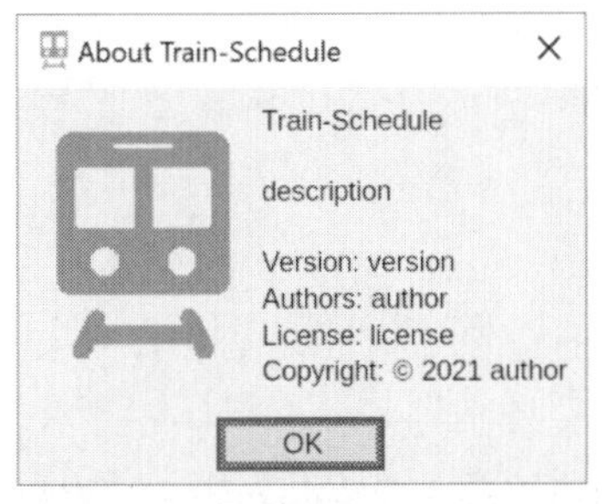

图 15-3　列车调度的 About 对话框

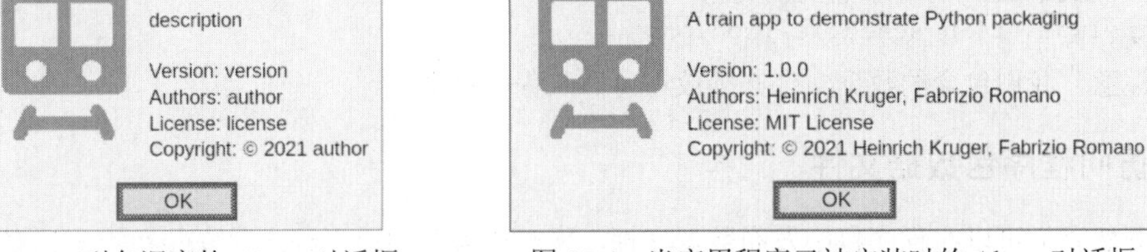

图 15-4　当应用程序已被安装时的 About 对话框

这样看起来好多了，这也是用户安装并运行这个应用程序后所看到的对话框。

现在我们就完成了对 setup.cfg 文件中元数据段的讨论。接下来我们讨论[options]段，它用于定义程序包的内容和依赖项。我们首先观察如何指定程序包的内容。

15.3.3　定义程序包的内容

我们需要添加到发布包的最重要的内容当然是代码。我们使用 setuptools 的 packages 和 py_modules 选项完成这个任务。packages 选项接受需要添加到发布包中的一个（可导入的）程序包列表。我们需要同时列出顶层程序包（如 train_schedule）和每个子程序包（如 train_schedule.api、train_schedule.models 等）。在较大的项目中，这可能是严重的问题，尤其是在需要对程序包进行重新命名和重新组织的情况下。幸运的是，这个问题存在一个解决方案。我们可以使用 find:指令指示 setuptools 自动包含它在项目文件夹中找到的所有可导入程序包。

下面我们观察它的内容：

```
# train-project/setup.cfg
[options]
packages = find:
```

是不是相当容易？如有必要，也可以配置为让 setuptools 在项目文件夹的某个位置查找程序包，并指定在查找中应该包含或排除的程序包。读者可以阅读 setuptools 文档中关于这个主题的详细信息。

py_modules 选项允许我们指定应该被包含在发布包中的不属于可导入程序包的 Python 模块列表。它应该是一个没有.py 扩展名的顶层 Python 文件列表。py_modules 选项并不支持 packages 选项所支持的 find:指令。这并不是一个真正的问题，因为项目中具有多个不属于程序包的模块是相当罕见的（我们的项目中就一个也没有）。

有时候，我们还需要在发布包中包含非代码文件。在我们的项目中，我们需要包含 icon.png 文件，这样就可以在窗口的标题栏和 About 对话框中显示它。完成这个任务最容易的方式是在 setup.cfg 文件中使用 include_package_data 选项。

```
# train-project/setup.cfg
[options]
...
include_package_data = True
```

我们还必须在 MANIFEST.in 文件中列出想要发布的文件：

```
# train-project/MANIFEST.in
include train_schedule/icon.png
```

注意，我们包含的数据文件必须放在可导入程序包中。

访问程序包数据文件

既然我们可以在程序包中发布数据文件，现在还需要知道当程序包安装在用户计算机的虚拟环境时如何访问这些文件。在开发环境中，很容易采用硬编码的形式编写相对于项目文件夹的文件路径，这种做法很有诱惑力。当代码安装在一个虚拟环境中并在项目文件夹之外运行时，这种做法是不可行的。更糟的是，我们甚至无法保证数据文件会以文件系统中的一个独立文件的形式存在。例如，Python 能够从 ZIP 文档中导入程序包和模块。

幸运的是，Python 提供了一种机制在 packages 中访问数据文件（称为 **resources**）。实现这种机制的工具可以在 importlib.resources 模块中找到。下面我们观察来自当前项目的一个例子：

```
# train-project/train_schedule/resources.py
from importlib import resources

def load_binary_resource(name):
    return resources.read_binary(__package__, name)
```

我们定义了 load_binary_resource()帮助函数，它使用 importlib.resources.read_binary()从程序包的资源中读取二进制数据。为此，我们必须提供程序包的名称和资源的名称，后者也就是数据文件的名称。这个函数类似于：

```
with open(resource, "rb") as stream:
    return stream.read()
```

区别在于 Python 在幕后做了更多的工作，因为我们无法保证这个资源以磁盘文件的形式实际存在。

下面我们观察如何在 train_schedule/views/main.py 模块中使用 load_binary_resource()帮助函数加载 icon.png 文件（注意我们省略了一些代码，只显示相关的部分）：

```
# train-project/train_schedule/views/main.py
import tkinter as tk
from ..resources import load_binary_resource

ICON_FILENAME = "icon.png"

class MainWindow:
    def __init__(self):
        self.root = tk.Tk()
        self._set_icon()
```

```
    def _set_icon(self):
        """Set the window icon"""
        self.icon = tk.PhotoImage(
            data=load_binary_resource(ICON_FILENAME)
        )
        self.root.iconphoto(True, self.icon)
```

我们导入了 tkinter 模块和 load_binary_resource()函数。我们使用 ICON_FILENAME 全局变量定义图标文件的名称。MainWindow 类的_set_icon()方法调用 load_binary_resource()读取图像文件，并用它创建一个 tkinter 库的 PhotoImage 对象。我们把这个 PhotoImage 对象传递给 Tk 对象 self.root 的 iconphoto()方法，设置窗口的图标。

可以看到，在发布包的一个程序包数据文件中加载数据就像从其他任何文件读取数据一样简单。importlib.resources 还提供了其他几个实用的函数。我们鼓励读者在标准库文件中阅读与它们有关的信息。但是，现在是时候观察如何指定程序的依赖项了。

15.3.4　指定依赖项

正如本章之初所述，发布包可以提供它所依赖的项目列表，这样当 pip 安装程序包时能够保证这些项目的发行会被安装。当然，这意味着我们在生成程序包时需要在 setuptools 中指定依赖项。

我们使用 install_requires 选项来完成这个任务：

```
# train-project/setup.cfg
[options]
...
install_requires =
    platformdirs>=2.0
    pydantic>=1.8.2,<2.0
    requests~=2.0
```

可以看到，我们的项目依赖于 platformdirs、pydantic、requests 项目。我们还可以使用**版本指示符**（version specifier）指定需要依赖项的哪个发行。除了使用常规的 Python 比较操作符之外，版本指示符还可以使用~=指定可兼容发行。可兼容发行指示符是一种能够指定预期兼容语义版本方案的方法。例如，在 requests~=2.0 这个例子中，我们要求 requests 项目的任何 2.x 版本，从 2.0 到 3.0（不包括后者）。版本指示符也可以接受逗号分隔的版本子句列表，表示这些版本条件都必须满足。例如，pydantic>=1.8.2,<2.0 表示至少需要 pydantic 版本 1.8.2，但不能是版本 2.0 或更高。注意这与 pydantic~=1.8.2 并不相同，后者意味着版本至少是 1.8.2，但不能是版本 1.9 或更高。关于依赖项语法的完整细节以及版本是如何匹配的，可以参考 PEP 508。

我们必须小心谨慎，不要使 install_requires 版本指示符过于严格。记住我们的程序包很可能与其他各种程序包安装在同一个虚拟环境中。对于供开发人员使用的程序库或工具，情况更是如此。依赖项的版本要求应该尽可能宽松，这样如果一个项目既依赖于我们的项目又依赖于其他项目，遇到依赖项冲突的可能性也就更低。版本指示符的要求过于严格还意味着用户无法受益于其中一种依赖关系的缺陷修补或安全补丁，除非我们发布一个新的发行更新我们的版本指示符。

除了对其他项目的依赖之外，我们还可以指定自己的项目需要什么版本的 Python。在我们的项目中，我们使用了 Python 3.8 的新增特性，因此我们指定了至少需要 Python 3.8：

```
# train-project/setup.cfg
[options]
...
python_requires = >=3.8
```

和 install_requires 一样，一般来说，最好避免过分限制项目支持的 Python 版本。只有当我们知道自己的代码无法在 Python 3 的所有活跃支持版本中工作时才对 Python 版本进行限制。

读者可以在 Python 的官方下载页面中找到活跃的 Python 发行列表。

我们应该确保自己的代码能够实际工作于所有的 Python 版本上，并适配我们的设置配置支持的依赖项。完成这个任务的一种方法是用不同的 Python 版本和已安装的依赖项的不同版本创建几个虚拟环境。然后，我们可以在所有这些环境中运行自己的测试套件。手动执行这样的操作是非常耗时的。

幸运的是，有些工具可以帮我们自动完成这个过程。这些工具中最知名的就是 tox。读者可以在 tox 文档中了解它的详细信息。

我们还可以指定程序包的可选依赖项。pip 只有在用户特别请求时才会安装这种依赖项。如果有一个特性是很多用户不太可能需要的，它需要的依赖项就可以设置为可选依赖项。需要这个额外特性的用户可以安装可选的依赖项，而其他用户可以不用安装从而节省磁盘空间和网络带宽。例如，我们在第 9 章中所使用的 PyJWT 项目就依赖加密项目使用非对称密钥签署 JWT。PyJWT 的许多用户并不使用这个特性，因此开发人员把加密作为一个可选的依赖项。

可选（或额外）依赖项是在 setup.cfg 文件的[options.extras_require]段指定的。这段配置可以包含任意数量的可选依赖项的名称列表。这些列表称为 extra。在我们的项目中有一个 extra，称为 dev ：

```
# train-project/setup.cfg
[options.extras_require]
dev =
    black
    flake8
    isort
    pdbpp
```

这是一种在项目开发期间以可选依赖项的形式列出工具的常见约定。许多项目还具有一个 extra 测试依赖项，它只是在安装程序包仅用于运行项目测试套件时所需要的。

为了在安装一个程序包时包含可选依赖项，必须在运行 pip 进行安装的时候在方括号中添加需要的 extra 的名称。例如，为了在包含 dev 依赖项的情况下对我们的项目进行可编辑安装，可以运行下面的指令：

```
$ pip install -e ./train-project[dev]
```

我们已经接近完成 setuptools 的配置。在生成程序包并发布它之前，还有一段内容需要讨论。

15.3.5　入口

到目前为止，我们通过输入下面的指令运行应用程序：

```
$ python -m train_schedule
```

这种方法对用户而言并不是很友好。如果我们只要输入下面的指令就能运行应用程序，无疑会很好多：

```
$ train-schedule
```

好消息是这种方式是可行的。我们可以为自己的发布包配置脚本的入口来实现这个目的。脚本入口是我们希望能够以命令行或 GUI 脚本形式执行的函数。安装包后，pip 将自动生成导入指定函数的脚本，并运行它们。

我们在 setup.cfg 文件的[options.entry_points]段配置入口。下面我们观察这个项目的入口是如何配置的：

```
# train-project/setup.cfg
[options.entry_points]
console_scripts =
    train-schedule-cli = train_schedule.cli:main
gui_scripts =
    train-schedule = train_schedule.gui:main
```

entry_points 配置包含了多个组，每个组包含了名称和对象引用之间的一个映射。console_scripts 组用于定义命令行脚本（或控制台脚本），而 gui_scripts 组定义了 GUI 脚本。我们定义了一个称为 train-schedule-cli 的控制台脚本，映射到 train_schedule.cli 模块的 main()函数。我们还定义了一个称为 train-schedule 的 GUI 脚本，映射到 train_schedule.gui 模块的 main()函数。

Windows 操作系统以不同的方式处理控制台和 GUI 应用程序。控制台应用程序被加载到一个控制台窗口，可以输出到屏幕并通过控制台读取键盘输入。GUI 应用程序在加载时不需要控制台窗口。在其他操作系统中，console_scripts 和 gui_scripts 之间并没有区别。

当 pip 安装程序包时，它将生成称为 train-schedule 和 train-schedule-cli 的脚本并将它们放在虚拟环境的 bin 文件夹（如果是 Windows 系统，则是 Scripts 文件夹）中。

console_scripts 和 gui_scripts 这两个入口组名具有特殊的含义，但也可以使用其他组名。pip 不会在其他组中为入口生成脚本，但它们具有其他用途。具体地说，许多支持通过插件扩展自身功能的项目使用特定的入口组名表示插件发现。这是一个非常高级的主题，不会在这里详细介绍。如果读者感兴趣，可以在 setuptools 的官方文档中阅读与此有关的详细信息。

现在我们完成了准备阶段的讨论。setuptools 的配置已经完成，一切均已就绪，我们可以生成自己的发布包了。

15.4　生成和发布程序包

我们打算使用 build 项目提供的程序包生成器生成我们的发布包。我们还需要使用 twine 工具把程序包上传到 PyPI。读者可以根据本章源代码附带的 requirements/build.txt 文件安装这些工具。我们推荐把这些工具安装在一个新的虚拟环境中。

由于 PyPI 上的项目名称必须是唯一的，因此读者无法在不修改名称的情况下上传列车调度项目。在生成发布包之前，读者应该在 setup.cfg 文件中对项目名称进行修改。记住，这意味着读者的发布包中的文件名将与我们的不同。

15.4.1　生成

build 项目提供了一种简单的脚本，根据 PEP 517 规范生成程序包。它会负责生成发布包的所有细节。当我们运行 build 项目时，它会完成下面这些任务。

（1）创建一个虚拟环境。

（2）把 pyproject.toml 文件列出的生成需求安装到虚拟环境中。

（3）导入 pyproject.toml 文件指定的生成后端（build backend）并使之运行，生成一个源发布包。

（4）创建另一个虚拟环境并安装生成需求。

（5）导入生成后端并用它根据步骤（3）生成的源发布包生成一个 wheel 发布包。

下面我们观察它的实际效果。进入本章源代码的 train-project 文件夹，并运行下面的指令：

```
$ python -m build
* Creating venv isolated environment...
* Installing packages in isolated environment...
 (setuptools>=51.0.0, wheel)
* Getting dependencies for sdist...
...
* Building sdist...
...
* Building wheel from sdist
* Creating venv isolated environment...
* Installing packages in isolated environment...
 (setuptools>=51.0.0, wheel)
* Getting dependencies for wheel...
...
* Installing packages in isolated environment... (wheel)
* Building wheel...
...
```

```
Successfully built train-schedule-1.0.0.tar.gz and
 train_schedule-1.0.0-py3-none-any.whl
```

我们在输出中删除了大量的行，这样更容易看清它是如何按照上面列出的步骤进行操作的。如果观察 train-project 文件夹的内容，将会注意到有一个新的 dist 文件夹，其中包含了两个文件：train-schedule-1.0.0.tar.gz 是源发布包，train_schedule-1.0.0-py3-none-any.whl 是 wheel 发布包。

在上传程序包之前，最好对它进行检查以确保它的生成是正确的。首先，我们可以使用 twine 证实 long_description 会在 PyPI 网页上正确地显示。

```
$ twine check dist/*
Checking dist/train_schedule-1.0.0-py3-none-any.whl: PASSED
Checking dist/train-schedule-1.0.0.tar.gz: PASSED
```

如果 twine 报告了任何问题，首先应该修正这些问题并重新生成程序包。在我们的例子中，检查顺利通过，因此我们可以安装 wheel 并确保它能够工作。在一个独立的虚拟环境中，运行下面的指令：

```
$ pip install dist/train_schedule-1.0.0-py3-none-any.whl
```

在虚拟环境中安装了 wheel 发布包之后，可以尝试运行应用程序，最好是在项目目录之外运行。如果在安装或运行代码的过程中遇到了任何错误，可以仔细检查自己的设置配置，避免错误的拼写。setuptools 会忽略所有它无法识别的段或选项，因此如果名称拼写错误会导致 wheel 出错。另外，确保项目依赖的所有数据文件都正确地在 MANIFEST.in 文件中列出。

我们的程序包看上去已经成功地生成，因此现在可以考虑对它进行发布。

15.4.2　发布

由于这只是一个示例项目，因此我们把它上传到 TestPyPI 而不是真正的 PyPI。TestPyPI 是一个专门创建的包索引独立实例，允许开发人员测试程序包的上传，并对打包工具和过程进行试验。

在上传程序包之前，还需要注册一个账户。进入 TestPyPI 网站并点击 Register（注册）。完成了注册过程并验证了电子邮件地址之后，需要生成一个 API 令牌。读者可以在 TestPyPI 网站的 Account Settings（账户设置）页面完成这个操作。确保复制这个令牌并在关闭网页之前将其保存。读者应该把令牌保存到用户根目录的一个.pypirc 文件中。这个文件的内容如下：

```
[testpypi]
  username = __token__
  password = pypi-...
```

当然，password 的值应该替换为实际的令牌。

我们强烈建议读者同时为自己的 TestPyPI 账户和真正的 PyPI 账户启用双重认证，尤其是后者。

现在，读者可以运行 twine 上传自己的发布包：

```
$ twine upload --repository testpypi dist/*
```

twine 会显示一个简单的进度条，表示上传正在进行中。当上传完成时，它会输出一个 URL，表示可以在这个地址看到程序包的详细信息。在浏览器中打开这个 URL，可以看到项目描述，其中包含了 README.md 和 CHANGELOG.md 文件的内容。在这个网页的左边可以看到项目 URL 的链接、作者的详细信息、许可信息、关键字、分类器。

图 15-5 显示了这个列车调度项目的网页。读者可以仔细观察这个网页上的所有信息，确保它们符合自己的预期。如果和预想的不同，就需要在 setup.cfg 中修正元数据，并重新生成和上传。

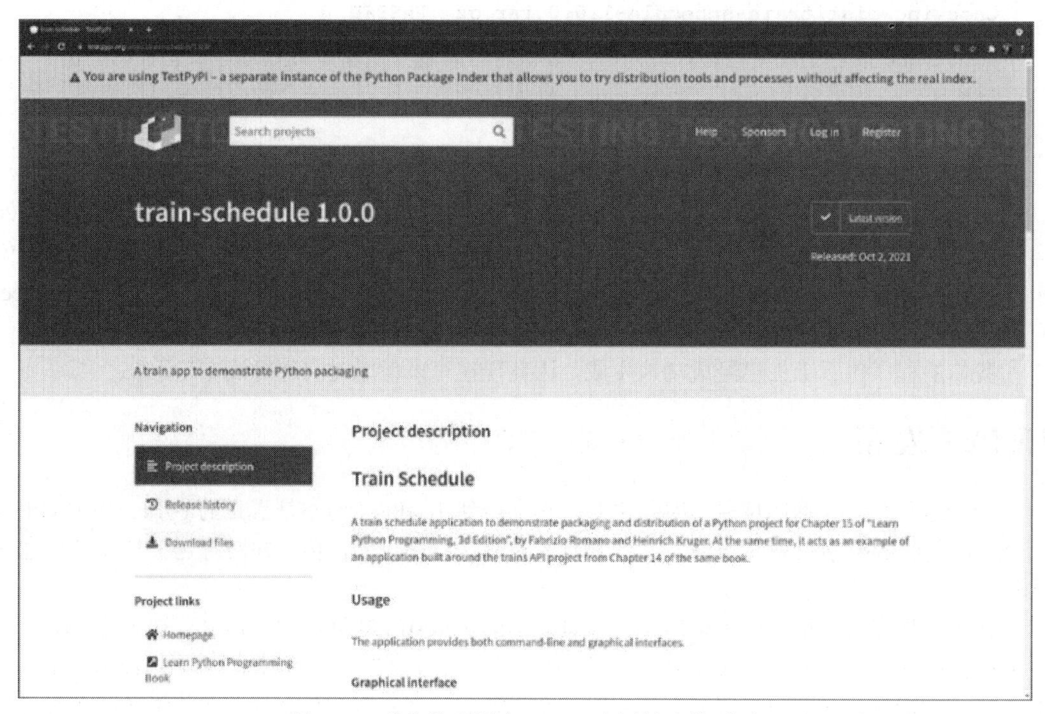

图 15-5　我们的项目在 TestPyPI 网站上的页面

PyPI 不允许我们重新上传与以前上传的程序包具有相同文件名的发布包。为了修正元数据，必须增加程序包的版本号。由于这个原因，在 100%确保所有东西都正确之前，最好使用开发性发行号。

现在我们可以从 TestPyPI 资源库安装我们的程序包。

如果是一个真正的项目，我们就可以上传到真正的 PyPI，其过程与上传到 TestPyPI 是相同的。在保存自己的 PyPI API 密钥时，应该把它添加到现有的.pypirc 文件中[pypi]标题的下面，如下所示：

```
[pypi]
  username = __token__
  password = pypi-...
```

为了把程序包上传到真正的 PyPI，我们并不需要使用--repository 选项，而是只需要运行下面的指令：

```
$ twine upload dist/*
```

可以看到，打包并发布一个项目并不是很困难，但还是有很多细节值得关注。好消息是大部分工作只需要完成一次，也就是在第一次发布时。对于后续的发行，通常只需要更新版本，可能还需要对依赖项进行调整。在 15.5 节中，我们将提供一些使这个过程更加轻松的建议。

15.5　启动新项目的建议

从头开始完成打包的全部准备工作可能会非常乏味。如果我们在第一次发布程序包之前编写全部的设置配置，很可能会犯错，例如忘了列出一个必要的依赖项。如果以非常简单的只包含基本配置和元数据的 pyproject.toml 和 setup.cfg 文件起步，情况就会变得容易很多。然后，我们可以在开发项目时添加元数据和配置项。例如，每次在代码中使用一个新的第三方项目时，可以立即把它添加到 install_requires 列表中。尽早开始编写 README 文件并不断地对它进行扩展是一个很好的思路。读者甚至会发现随时编写一两段话对项目进行描述有助于对想要实现的目标产生更清晰的理解。

为了帮助读者，我们创建了一个自认为非常适合新项目的初始框架。读者可以在本章源代码的 skeleton-project 文件夹中找到它：

```
$ tree skeleton-project/
skeleton-project/
├── example
│   └── __init__.py
├── tests
│   └── __init__.py
├── README.md
├── pyproject.toml
├── setup.cfg
└── setup.py
```

读者可以复制这个文件，并按照自己的需要对它进行修改，把它作为自己项目的起点。

15.6　其他工具

在结束本章之前，我们简单讨论对项目进行打包的一些其他选择。在 PEP 517 和 PEP 518 之前，使用 setuptools 之外的其他工具生成程序包是非常困难的。项目没有办法指定在生成它们时需要哪些程序库，或指定如何生成它们，因此 pip 和其他工具简单地假设程序包应该使用 setuptools 生成。

感谢 pyproject.toml 文件中的生成系统信息，现在很容易使用自己想要的任何打包程序库。虽然可用的其他选择并不是很多，但还是有一些方法值得一提。

- Flit 项目在 PEP 517 和 PEP 518 标准的开发上起到了很大的作用（Flit 的创建者是 PEP 517 的作者之一）。Flit 的目标是使打包变得简单，不需要复杂生成步骤（就像编译 C 语言代码一样）的纯 Python 项目应该尽可能简单。Flit 还提供了一个命令行界面，用于生成程序包并把它们上传给 PyPI（因此就不需要 build 工具或 twine）。
- Poetry 同时提供了一个用于生成和发布程序包的命令行界面和一个轻量级的 PEP 517 生成后端。但是，Poetry 真正的亮点是它的高级依赖项管理特性。Poetry 甚至可以为我们管理虚拟环境。
- Enscons 与我们看到的其他工具有所不同，因为它基于 SCons 这个通用的生成系统。这意味着与 Flit 或 Poetry 不同，Enscons 可用于生成包含 C 语言扩展的发布包。

我们在本章讨论的工具都专注于通过 PyPI 发布程序包。但取决于目标受众，这并不一定是最佳选择。PyPI 主要适用于发布如程序库和开发工具这样由 Python 开发人员使用的项目。通过 PyPI 安装和使用程序包还需要一个可用的 Python 安装，并掌握通过 pip 安装程序包的 Python 知识。

如果项目的目标受众是技术不熟练的人群，可能需要考虑其他选择。*Python Packaging User Guide* 对发布应用程序的各种选择提供了非常实用的介绍。

15.7 进一步的学习方向

现在我们即将结束打包的学习之旅。在本章的最后，我们将提供一些资源链接，帮助读者更好地理解打包这个概念。

- Python Packaging Authority 的 Python 打包历史网页是一项非常实用的资源，可以帮助读者理解 Python 打包的演化。
- *Python Packaging User Guide* 提供了一些实用的教程和指南，介绍了一些打包术语，提供了打包规范的链接，并介绍了与打包有关的各种有趣项目的简介。
- setuptools 文档包含了大量的实用信息。

当读者阅读这些材料（以及其他打包资源）时，需要记住的是 PEP 517 和 PEP 518 在最近几年才完成，很多文档讲解的仍然是旧的操作方法。

15.8 总结

在本章中，我们学习了如何通过 Python 的包索引（PyPI）打包和发布 Python 项目。我们首先介绍了一些打包理论，并介绍了 PyPI 上项目、发行、发布的概念。

我们讨论了 setuptools，它是 Python 使用得最广泛的打包程序库。我们还介绍了使用 setuptools 为一个项目进行打包的准备过程。在这个过程中，我们介绍了应该提供的对项目进行描述的元数据，帮助用户在 PyPI 上找到它。我们还介绍了如何在发布包中添加代码和数据文件、如何指定依赖项、如何定义入口，使 pip 能够自动为我们生成脚本。我们还观察了 Python 提供的在代码中查询发布包元数据的工具以及在代码中访问打包数据资源的工具。

接下来我们介绍了如何生成发布包以及如何使用 twine 把程序包上传到 PyPI。我们还提供了关于启动新项目的一些建议。在结束打包学习之旅时，我们简单地介绍了 setuptools 之外的其他选择，并提供了一些资源的链接，帮助读者了解与打包有关的更多的知识。

我们真诚地建议读者把自己的代码发布到 PyPI。不管读者觉得自己的代码多么微不足道，仍然很有可能给世界上其他地方的人提供帮助。能够为 Python 社区的发展做出自己的一份贡献无疑会产生很好的成就感。另外，它也可以在读者的工作履历中添加光彩的一笔。